普通高等学校土建类“十二五”应用型规划教材

路基路面工程

主　编　黄学欣　孙晓英　李国力
副主编　吕连盛　袁玉伟　史红宇
　　　　董连成　杨生萍

黄河水利出版社
·郑州·

内 容 提 要

本书为普通高等学校土建类“十二五”应用型规划教材，以当前有关公路及城市道路设计、施工的最新工程技术、规范为依据，着重系统阐述路基路面工程的基本概念、理论及基本设计方法，介绍本领域内的新理论、新技术和最新发展情况。本书共分13章，其内容包括：绪论、行车荷载、一般路基设计、路基边坡稳定性分析、路基边坡防护与软土地基加固、挡土墙设计、路基路面排水设计、碎(砾)石路面与基层、无机结合料稳定路面、沥青路面、沥青路面结构设计、水泥混凝土路面、水泥混凝土路面结构设计等。

本书可作为高等院校土木工程专业和交通土建领域中公路工程、城市道路工程、市政工程、桥梁隧道工程、机场工程、港口航道工程等专业课程的教材，也可作为有关专业学生学习的工具书和参考书，还可作为从事路基路面工程技术工作科技人员的参考书。

图书在版编目(CIP)数据

路基路面工程/黄学欣，孙晓英，李国力主编．—郑州：黄河水利出版社，2013.11

普通高等学校土建类“十二五”应用型规划教材

ISBN 978-7-5509-0587-0

Ⅰ.①路… Ⅱ.①黄…②孙…③李… Ⅲ.①路基工程-高等学校-教材②路面-道路工程-高等学校-教材 Ⅳ.①U416

中国版本图书馆CIP数据核字(2013)第257007号

出 版 社：黄河水利出版社

地址：河南省郑州市顺河路黄委会综合楼14层　　邮政编码：450003

发行单位：黄河水利出版社

发行部电话：0371-66026940、66020550、66028024、66022620(传真)

E-mail：hhslcbs@126.com

承印单位：河南地质彩色印刷厂

开本：787 mm×1 092 mm　1/16

印张：19.25

字数：445千字　　印数：1—2 000

版次：2013年11月第1版　　印次：2013年11月第1次印刷

定价：32.00元

前　言

本书为普通高等学校土建类“十二五”应用型规划教材之一。

路基路面工程是土木工程专业的必修课，课程涉及内容广泛，涵盖了建筑工程、交通土建工程、桥梁工程、地下工程等，并且这门课程与工程实践联系密切，具有一定的地区特点。

本书力争反映本领域最新的科学技术成果，吸取国内外成功的经验和成熟的理论与方法，并且以我国最新出版的有关工程技术标准、规范为依据，叙述路基路面工程中的关键技术，以达到理论与实际相结合的目的。

由于路基路面工程涉及路基的设计与施工、路面的设计与施工等基本概念、基础理论和设计方法，编者结合了多年的教学和科研经验，力求使读者通过本书的学习达到拓实基础、扩宽视野的目的。因此，本书主要内容包括绪论、行车荷载、一般路基设计、路基边坡稳定性分析、路基边坡防护与软土地基加固、挡土墙设计、路基路面排水设计、碎（砾）石路面与基层、无机结合料稳定路面、沥青路面、沥青路面结构设计、水泥混凝土路面、水泥混凝土路面结构设计等，为了更好地掌握本课程的现状与趋势，读者应在认真学习本书的同时，浏览相关的规范与专著等。

全书由黑龙江科技大学黄学欣、小浪底水利水电工程有限公司孙晓英、黄河建工集团有限公司李国力担任主编；由黄河建工集团有限公司吕连盛、袁玉伟、杨生萍，河南省交通运输厅京港澳高速公路新乡至郑州管理处史红宇和黑龙江科技大学董连成担任副主编。本书具体编写分工为：黄学欣编写第一、六章，杨生萍编写第二、十二章，李国力编写第三、五章，孙晓英编写第四、十三章，袁玉伟编写第七、九章，吕连盛编写第八、十章，史红宇编写第十一章。

本书采用国家法定计量单位，即国际单位制（SI）进行公制与国际单位制换算。

由于时间仓促，加上编者水平有限，书中纰漏之处在所难免，敬请广大读者批评指正。

编　者

2013 年 5 月

目　录

第一章 绪 论

第一节 道路工程发展概况

中国是一个文明古国,道路历史悠久,是世界上最早记录道路建设的国家。道路的名称,我国历代有各种说法。考诸史志,周时已有“道路”之称,秦以后的各朝有的称为“驰道”,也有的称为“驿道”,元时则称为“大道”。清时由京都至各省会的道路称为“官路”,各省会之间的道路称为“大路”,市区内的街道称为“马路”。到民国初期,由于汽车和新式筑路法的传入,则称道路为“汽车路”,简称为“公路”。我国古代道路自上古时期起到清末止,大致可以分为三个历史时期。公元前221年前为上古时期,据载从黄帝拓土开疆,统一政治,文化勃兴,发明舟车起,就开始了我国道路交通的新纪元。到唐尧时期,道路已经发展到“天下广狭,险易远近,始有道里”,并且已经出现管理道路的路政机构以及管理道路的官职:司空官和共工官。到了商代,人们已经懂得夯土筑路,并利用石灰稳固土壤。周代时,已经有了比较完善的道路体系。战国时期,道路的作用显得更加重要。公元前221年至公元960年为中古时期,此时秦代修筑的驰道可与罗马的道路网相媲美。秦始皇统一六国后立即开始修建以首都咸阳为中心,通向全国的驰道网。而后,汉代在继承了秦代的制度上,更加完善,驿站按其大小分为邮、亭、驿、传四类。到了唐代,唐太宗更是下诏书,要保持全国道路畅通无阻,对道路的保养也做了明文规定。公元960年至1911年为近古时期。此期间,宋、元、明三代的道路均在过去的道路建设基础上有所提高,尤其是元代地域辽阔,从大都通往全国有7条主干道,形成了一个宏大的道路网。而后清代利用原有驿道修建了长约15万km的“邮差路线”。在筑路及养路方面也有新的提高,规定得很具体。直到清末我国上海进口了两辆汽车,我国道路交通才正式进入汽车时代。

1912~1949年,为近代道路时期。在政府支持、民间商人大力投入下,我国的公路建设发展迅速。到1949年新中国成立前我国公路已有131 912 km,机动车69 122辆。1949年以后,新中国的成立,为我国公路发展开创了一个优越的社会环境,公路事业蓬勃发展,并以较快的速度稳步前进。到目前为止,虽然中间的发展过程曲折不平,但我国的道路建设依旧取得了喜人的成绩。

随着现代科技的发展,应用于道路工程的科技也越来越多,所含的科技含量也越来越高。其中主要包含四类:一是道路勘测技术,主要有航空摄影测量技术,全数字化测图,遥感技术等;二是道路CAD技术;三是道路检测技术;四是路基路面新技术,其中又包括岩石爆破新技术、筑路机械自动化、路面设计自动化等。这些新技术的应用无疑会使道路工程的发展更加快捷,从而也会为整个人类的发展奠定坚实的基础。

半个世纪以来,我国广大道路工程科技工作者从我国实际和建设需要出发,引进外国先进技术,刻苦钻研、反复实践,在路基路面工程建设和科学研究中,取得了许多突破性的成就。现做如下简介。

一、公路自然划分

我国幅员辽阔,各地自然条件和道路的特点相差很大。为此,将自然条件大致相近者划分为区,在同一区划内从事公路规划、设计、施工、管理时,有许多共性因素可以相互参照。我国现行的《公路自然区划标准》(JTG 003—1986)分三级区划,一级区划是根据地理、地貌、气候、土质等因素将我国划分为七个大区,二级区划以气候和地形为主导因素,三级区划以行政区域作为界限。

二、土的工程分类

土是填筑公路路基的主要材料,由于天然成因的差异,不同的路基土表现出截然不同的工程特性。我国依据土颗粒的组成特性、土的塑性指标(塑限、液限和塑性指标)及土中有机物存在情况,将公路用土按不同的工程特性划分为巨粒土、粗粒土、细粒土和特殊土四大类,并细分为11种土。

三、路基强度与稳定性

路基作为路面结构的基础应具有足够的强度和稳定性,我国较早就确定了以回弹模量作为评价路基强度和稳定性的力学指标,并形成了成套的室内外试验标准方法和仪器。为了在施工中以物理性质指标控制施工质量,从而保证达到规定的强度指标,广泛开展不同土中的最佳含水率和最大密实度相关关系研究,并且统一以重型击实试验法作为基本控制指标。为了提高路基强度和稳定性,根据不同的类别土的特性,研究了粒料加固、石灰加固、水泥加固、专用固化剂加固等行之有效的技术措施。在多年冻土、膨胀土、沙漠、黄土、盐渍等特殊地区,通过研究采用各种有效技术修建公路路基取得了十分宝贵的经验。

四、高路堤修筑技术与支挡结构

为了提高高路堤路基的稳定性,研究提出的技术措施包括减轻路堤自重,采用粉煤灰或轻质塑料块修筑路基,修筑轻型路基支挡结构。特别是加筋土挡墙的研究和工程建设在我国取得了许多成果,例如条带加筋、网络加筋、土工织物加筋等均取得了良好的成果。

五、软土路基稳定技术

在软土地基上修筑路基路面,天然地面的自然平衡状态发生改变,在很长时间内路基将处于不平衡状态。为此广泛研究了软土的调查与判别方法,改变软土性质的技术措施,如砂井或塑料板排水固结法、砂垫层排水加载预压法、无机结合料深层加固法等。在力学分析方面,通过现场跟踪观测、研究、建立预测分析模型,预估与控制软土地基加固后的工后沉降,从而提高道路的稳定性。

六、岩石路基爆破技术

利用爆破技术开山筑路在我国有悠久的历史。最近几十年,我国在山区筑路工程中有新的发展，创造了系统的大爆破技术，每次总装炸药量多达数十吨，一次爆破可清除岩石 10 万 m^3。大爆破以现代爆破理论为基础，事先进行周密的勘察和调查，经过精心设计的大爆破不仅能降低造价，缩短工期，而且能够使爆破后形成的坡面状况十分接近路基横断面的设计要求。

七、沥青路面结构

20 世纪 60 年代初，随着我国石油资源的大规模开采，拉开了用国产沥青筑路的序幕。早期的沥青路面主要是铺设在现有中级路面上的薄层表面处治层，以改善其行车条件。20 世纪 70 年代末，逐步形成了以贯入式路面为主的沥青路面承载结构。20 世纪 80 年代末，开始兴建高速公路，沥青路面作为一种主要形式，大量采用总厚度超过 70 cm 的重型沥青路面结构。通过长期的科学研究，形成了适合我国实际的沥青路面整套技术，包括沥青原材料的生产工艺、装备，沥青材料的技术指标与标准、试验设备及方法，沥青混合料的技术指标与标准、沥青改性与沥青混合料设计技术、沥青混合料检测设备及方法，沥青路面现代化施工整套设备、施工技术与施工管理等。

八、水泥混凝土路面结构

20 世纪 70 年代中期，交通运输发展加快，部分干线公路、城市道路及厂矿道路为提高承载能力，相继采用水泥混凝土路面结构。随后，针对水泥混凝土路面各方面存在的问题，开展了系统而具有相当规模的科学研究，从而在我国形成了关于水泥混凝土路面结构的整套技术。包括道路水泥的性能、指标、标准以及生产工艺；水泥混凝土路面基层的作用，水泥混凝土路面结构性能与设计方法，接缝构造、工作原理以及接缝设计方法；水泥混凝土路面大规模现代化施工和滑模摊铺施工成套装备及施工方法、施工组织管理等。

九、柔性路面设计原理与方法

半个世纪来，我国道路科技工作者通过广泛的调查研究和理论实践，形成了符合我国实际的柔性路面设计原理与方法体系。它吸取了世界上各种流派的学术思想，以及各个国家设计方法的优点，在力学基础方面，建立了弹性力学多层结构承受多个圆形荷载的分析系统及相应的计算机程序；提出了能控制路基结构主要性能的设计指标体系；形成了符合我国当前交通状况的荷载模式及交通分析方法；制定了完整的设计参数指标、标准、测试仪器与方法，建立了切实可行的设计计算方法系统。近年来，在路面功能设计、可靠度设计等方面的研究取得了明显的进步，将不断地充实到现有的系统中去。

十、刚性路面设计原理与方法

20 世纪 70 年代起，我国道路科技工作者对刚性路面设计进行了较系统而具有相当规模的研究。在力学基础理论方面，运用了解析法以有限元建立弹性力学层状结构，弹性地基板体模型，形成了整套的分析计算方法与计算机程序；建立了以弹性力学为基础，以混凝土弯拉应力为设计控制指标，综合考虑荷载应力与温度应力的作用并应用可靠度分析设计体系方法；研究并建立了地基承载力、疲劳效应、动力效应等一整套设计参数的取值预计量测方法;对钢纤维混凝土路面、连续配筋混凝土路面、碾压混凝土路面、复合结构混凝土路面等新行路面结构系统进行研究,取得一批实用性研究成果。

十一、半刚性路面结构

利用石灰、水泥、工业废料等无机结合料修筑的半刚性路面始于20世纪60年代初,40多年间,对半刚性路面的强度发展规律、强度机制、路用性能等进行了广泛的研究。由于这种路面结构具有很多优势,目前已广泛用于高等级公路与城市道路,成为一种主要的结构形式。目前对它的长期使用性能和变形规律等问题正进行深入的观察与研究,此外,对于面层结构的半刚性技术途径也正在研究当中。

十二、路面使用性与表面特征

路面的平整度、破损程度、承载能力及抗滑性能是路面使用性能的重要方面。目前,我国已研究这方面性能对行车的影响与路面结构设计、材料、施工的关系;量测手段与量测方法;评定的指标与标准;在车辆的反复作用下性能的衰减及恢复等开展了广泛的研究,有的已经成功地应用于工程之中。

十三、路面养护与管理

将系统工程的理论与方法应用于协调路面养护,形成路面管理系统是20世纪80年代的新动向。20多年来,我国在路面性能的非破损快速跟踪检测,路面性能预估模型建立,路面管理网络系统的建立以及网级优化管理决策等方面取得了系列研究成果。

综上所述,路基路面工程结构作为一门工程科学分支,在我国,随着交通运输的发展,正在以较快的速度接近国外同类学科的前沿。21世纪,交通运输不论是在中国,还是在其他发达国家,仍然是一个重要的科技领域。我国道路科技工作者从我国实际出发,不断吸取交叉学科的新成就以及世界各国的成功经验,全面推动路基路面工程学科发展,为我国交通运输发展作出贡献。根据当前路基路面工程科学技术的发展趋势,对于以下几方面科学的交叉与发展特别应该引起重视。

(一)材料科学

回顾历史,路基路面工程每一项新技术的出现,首先在材料方面有所突破。如路基土壤的改良与稳定性路基的技术措施,沥青材料、水泥材料的改性研究,路用塑料等都与材料学科有关。材料的微观结构研究、复合材料研究的许多成果也正在被引入路基路面工程。

(二)岩土工程学

路基路面作为地基结构物,依托天然地表的岩石与土壤构建而成,因此路基路面工程在诸多方面借鉴岩土工程学的科技成果,如土力学、岩石力学、地质学、土质学、水文地质学等都是路基路面工程科学的重要基础理论。

(三)结构分析理论

路基路面设计由以经验为主的方法演变成以结构分析理论为主的方法是一次飞跃。由于结构的复杂性以及车辆荷载与环境因素变化的复杂性,目前多数国家的设计方法所依据的静力线弹性力学分析理论不能完全满足要求，许多学者仍致力于路基路面结构分析的力学基础研究，如动力荷载与结构动力效应，非线性、黏弹性等数学及力学模型的建立，以及适用于各种要求、各种边界条件的数学分析方法和数值解方法，今后进一步发展有可能将宏观结构分析与材料组成、材料的特性以及材料的微观结构与微观力学相融为一体，成为路基路面工程设计的重要基础。

（四）机电工程

现代化道路与机场路基路面工程的固有性能及品质越来越多地依赖于施工装备的性能与施工工艺，如振动压路机的吨位、频率与振幅对于各种结构层产生的效果截然不同。许多专用施工设备就是根据结构强度形成的理论和工艺要求专门进行设计的，因此有些国家在研究的一项路面工程性技术时，施工工艺与施工装备也列入研究计划，作同步开发研究。

（五）自动控制与量测检测技术

为确保路基路面的工程质量和良好的使用品质，必须在施工过程中严格控制各项指标，如材料用量、加热温度、碾压吨位、碾压质量，竣工以及开放运行后在使用过程中也需要长期作跟踪监测。所有这些控制与测量都在逐步采用高新技术，如配料自动控制、平整度自动控制等，已达到较高的精确度；在测量技术方面引用高速摄影、激光装置、红外线装置等测量材料和构造物的各项质量指标及性能指标等。

（六）现代管理科学

从现代管理科学的角度来看，路基路面工程在一个区域内属于一个大系统，而且从规划、设计、施工、养护、维修、管理全过程来看，延续数十年之久，通过大型的管理系统，对区域范围内路基路面工程各个阶段的信息进行跟踪、采集、存储、处理、定期作评估和预测；必要时提出维修决策，投放资金进行维修养护，使路基路面始终具有良好的使用性能，这是现代化管理的总概念。许多国家已在这方面取得了实质性的进展，并用于工程实践。这对于节约维修养护投资、提高运输效率具有重要的作用。

第二节　路基路面工程结构的特点

路基路面是道路的主要工程结构物。路基是在天然地表面按照道路的设计线形（位置）和设计横断面（几何尺寸）的要求开挖或填筑而成的带状结构物。路面是在路基顶面的行车部分用各种混合料铺筑而成的层状结构物。路基是路面结构的基础，坚固而又稳定的路基为路面结构长期承受车辆荷载提供了重要的保证，而路面结构的存在又保护了路基，使之避免直接经受车辆和大气的破坏作用，长期处于稳定状态。路基和路面相辅相成，实际上是不可分离的整体，应综合考虑它们的工程特点，综合解决两者的强度、稳定性等工程技术问题。

路基和路面是道路工程的主要组成部分，工程数量十分可观，以平原微丘区的三级公路为例，每千米土石方数量为 8 000 ~ 16 000 m^3，而山岭、重丘区的三级公路每千米土石方数量可达 20 000 ~ 60 000 m^3，对于高速公路，土石方数量更为巨大。路面结构在道路造价中所占比例很大，一般都要达到 30% 左右。因此，精心设计、精心施工，使路基路面能长时期具备良好的使用性能，对节约投资、提高运输效益具有十分重要的意义。

路基路面是一项线形工程，有的道路延续数百千米，甚至上千千米。道路沿线地形起伏，地质、地貌、气象特征变化无常，再加上沿线城镇经济发达程度与交通繁忙程度不一，因此决定了路基路面工程复杂多变的特点，工程技术人员必须掌握广博的知识，善于识别各种变化的环境因素，恰当地进行处理，建造出理想的路基路面工程结构。

现代化道路运输，不仅要求道路能全天候通行车辆，而且要求车辆能以一定的速度，安全、舒适、经济地在道路上运行。这就要求路基路面只具有良好的使用性能，能够提供良好的行驶条件和服务水平。

为了保证道路最大限度地满足车辆运行的要求和延长道路使用寿命，路基路面应满足下述要求。

一、具有足够的强度和适宜的刚度

车辆在路面上行驶，除要克服各种阻力外，还通过车轮把垂直力和水平力施加给路面，在水平力中又分为纵向和横向两种。此外，对于汽车发动机的机械振动和悬挂系统与车身的相对运动，路面还会受到车辆的振动力和冲击力作用；在车身后还会产生真空吸力。

在上述各种外力的综合作用下，路面结构内会产生不同大小的压应力、拉应力和剪应力。如果这些应力超过路面结构整体或某一组成部分的强度，则路面会出现断裂、沉陷、波浪和磨损等破坏。这就会影响道路的使用性能，严重时还可能中断交通。因此，路面结构整体及其各组成部分必须具备足够的强度，以抵抗在行车作用下所产生的各种应力，避免破坏。

所谓刚度，是指路面抵抗变形的能力。路面结构整体或某一组成部分刚度不足，即使强度足够，在车轮荷载作用下也会产生过大的变形而产生车辙、沉陷和波浪等破坏；同时，刚度太大，路面材料脆性增大，极限变形能力减小，极易产生断裂破坏。因此，除研究路面结构的应力与强度之间的关系外，还要研究其荷载与变形或应力与应变之间的关系，使整个路面结构及其各组成部分的变形量控制在容许范围内。

二、具有足够的稳定性

路面结构袒露于大气之中，经常受到温度和水分变化的影响，其力学性能也会随之发生变化，强度和刚度不稳定，路况时好时坏。

大气温度周期性的变化对路面稳定性有很大的影响。例如，沥青路面在夏季高温时会变软而产生车辙和推挤；冬季低温时又可能会收缩、变脆而开裂；水泥混凝土路面在高温时会发生拱胀破坏，温度骤降变化时会翘曲而产生破坏；刚性基层越低温收缩越大，会产生开裂，并易引起沥青面层产生反射裂缝；北方低温冰冻季节，温度和湿度的综合作用会引起路基路面的冻胀和翻浆。

大气降水使路面结构内部的湿度状态发生变化而影响路面结构的稳定性。水泥混凝土路面因排水不畅产生唧泥、冲刷基层导致结构破坏；由于水分的侵蚀，沥青面层会产生剥落、松散等水损害；砂石路面在雨季时，会因雨水渗入路面结构，使其含水率增大，强度下降，而产生沉降、轮辙或波浪等。

因此，应研究路面结构的温度和湿度状况及其对路面结构性能的影响，以便在此基础上，修筑在当地气候条件下具有足够稳定性的路面结构。

三、具有足够的耐久性

路面结构要承受行车荷载及冷热、干湿等气候因素的重复作用，由此而产生疲劳破坏和塑性变形累积。此外，路面材料还可能由于老化衰变而导致破坏，这些都将缩短路面的使用年限，增加养护工作量。因此，路面结构必须具备足够的抗疲劳强度以及抗老化和抗形变累积的能力。

四、具有足够的表面平整度

不平整的路表面会增大行车阻力，并使车辆产生附加的振动作用，这种振动作用会造成行车颠簸，影响行车的速度和安全、驾驶的平稳和乘客的舒适。同时，振动作用还会对路面施加冲击力，从而加剧路面和汽车机件的损坏和轮胎的磨损，并增大油料的消耗，而且不平整的路面还会积滞雨水，加速路面的破坏。平整的路表面，要依靠优良的施工机具、精细的施工工艺、严格的施工质量控制以及经常和及时的养护来保证。同时，路面的平整度还与整个路面结构的强度和抗变形能力有关，强度和抗变形能力差的路面结构，经不起车轮荷载的反复作用，极易出现沉陷、车辙和推挤等破坏，从而形成不平整的路表面。

五、具有足够的表面抗滑性

路面表面要求平整，但不宜光滑，车辆在光滑的路面上行驶时，车轮与路面之间缺乏足够的附着力或摩擦阻力。雨天高速行车、紧急制动、突然启动，或爬坡、转弯时，车轮也易产生空转或打滑，致使行车速度降低，油料消耗增多，甚至引起严重的交通事故。通常用摩擦系数表征抗滑性能，摩擦系数小，则抗滑能力低，容易引起滑溜交通事故。对于高速公路，要求路面具有较高的抗滑性能。

六、具有良好的抗渗透性

透水的路面，水分容易渗入路面结构和路基，这些滞留于路面表层和路面结构内部的水分，在高速行驶车辆荷载的反复作用下，自由水产生很大的动水压力而不断冲刷路面，路面会产小剥落、坑槽、唧浆和网裂等水损害现象。在降水量大的潮湿多雨地区，交通量大、载重车辆多的高等级道路沥青路面，水损害现象更为严重。因此，除透水性路面外，路面应具有良好的抗渗透性，设置密实有效的防水层；同时，为避免路面水损害，应尽量采用水稳定性好的路面结构层并设置路面结构内部的排水系统。

七、具有低噪声及低扬尘性

噪声与扬尘会对环境造成污染，影响正常的行车秩序，对行车密度大的高等级道路，这是必须予以重视的问题。

行车噪声主要因路面平整度差以及路面面层材料的刚度大而产生；还与不良的线形

设计导致车辆频繁的加速、减速、转向有关,扬尘主要发生在砂石路面,是因车轮后面所产生的真空吸力将面层细集料吸出而引起的。值得注意的是,即使是高等级路面,如不及时清扫路面浮土和灰尘,也同样会导致严重的扬尘。因此,对于行车噪声和扬尘,应从道路工程的设计、施工、养护和管理等方面统筹考虑,才能保证路面具有尽可能小的噪声和尽可能低的扬尘。

第三节　路基路面结构及层位功能

一、路基横断面

在路基顶面铺筑面层结构,路基横断面沿横断面方向由行车道、中间带、硬路肩和土路肩组成。各部分的宽度与道路等级、设计行车速度等有关。图 1-1 是典型的路基横断面和几种高速公路的路基横断面。

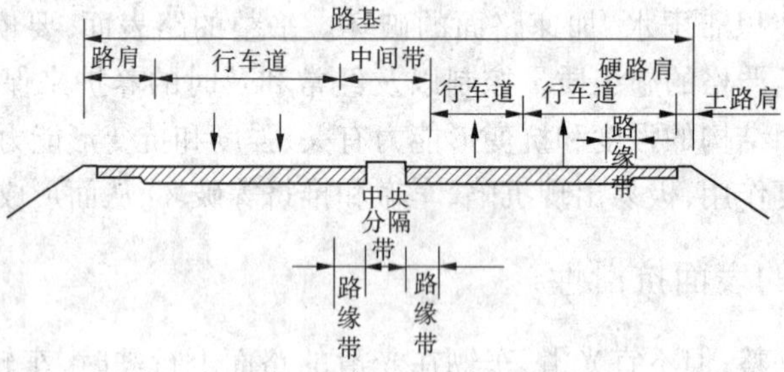

(a)路基横断面

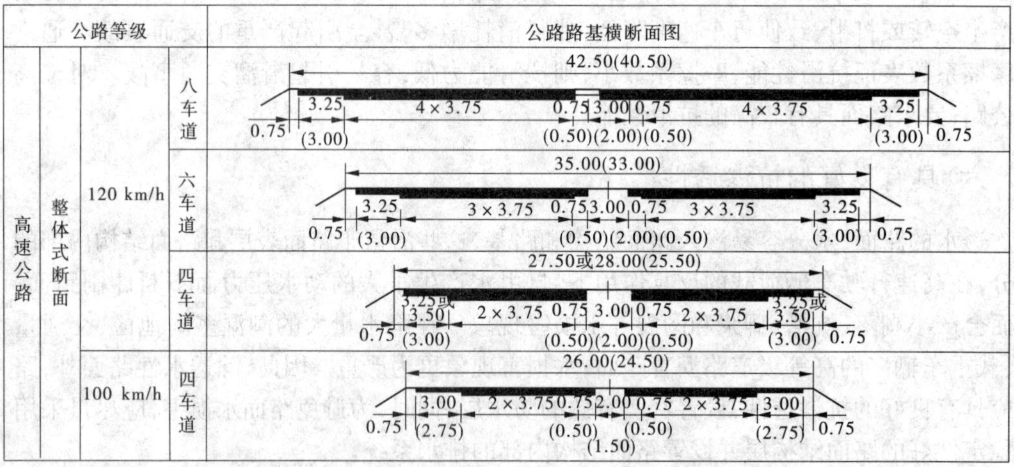

(b)几种高速公路的路基横断面

图 1-1　路基横断面图　(单位:m)

填方路基结构 0 ~ 30 cm 称为上路床、30 ~ 80 cm 称为下路床、80 ~ 150 cm 称为上路堤、150 cm 以下称为下路堤,不同的路堤范围对填土有不同的要求。

路面横断面的形式随路堤、等级的不同,可选择不同的形式,通常分为槽式横断面和全铺式横断面,如图 1-2 所示。

(a)槽式横断面　　(b)全铺式横断面

1—路面;2—路肩;3—路基;4—路缘石;5—加固路肩

图 1-2　路面横断面形式

(一)槽式横断面

在路基上按路面行车道及硬路肩设计宽度开挖路槽,保留土路肩,形成浅槽,在槽内铺筑路面。也可采用培槽方法,在路基两侧培槽,或半填半挖的方法培槽。这种路面横断面由于路肩部分采用不透水的材料填筑,进入路面结构的水将不易被排出路肩外,槽式横断面形式如图 1-2(a)所示。

(二)全铺式横断面

在路基全部宽度内都铺筑路面。在高等级公路建设中,有时为了将路面结构内部的水分迅速排出,在全宽范围内铺筑基层材料保证水分由横向排入边沟。有时考虑到道路交通的迅速增长,适应扩建的需要,将硬路肩及土路肩的位置全部按行车道标准铺筑面层。此种断面适用于盛产石料的山区或较窄的路基上,全宽铺筑中、低级路面。路面横断面形式如图 1-2(b)所示。

二、路拱横坡度

为了保证路面上雨水及时排出,缓解因雨水对路面的浸润和渗透而减弱路面结构强度,路面表面应做成直线形含水率或抛物线形含水率的路拱。等级高的路面,平整度和水稳定性较好,透水性也小。通常采用直线形含水率路拱和较小的路拱横坡度。等级低的路面,为了有利于迅速排出路表积水,一般采用抛物线形含水率路拱和较大的路拱横坡度。表 1-1 列出了各种不同类型路面的路拱平均横坡度。

表 1-1　路拱坡度

路面类型	路拱坡度(%)
沥青混凝土、水泥混凝土	1~2
其他沥青路面	1.5~2.5
半整齐石块	2~3
碎、砾石等粒料路面	2.5~3.5
低等级路面	3~4

选择路拱横坡度,应充分考虑有利于行车平稳和有利于横向排水两方面的要求。在干旱和有积雪、浮冰地区,应采用低值,多雨地区采用高值。当道路纵坡较大或路面较宽,

或行车速度较高,或交通量和车辆载重较大时,或常有拖挂汽车行驶时,应采用平均横坡度的低值;反之,则应取用高值。

高速公路和一级公路设有中央分隔带。通常采用两种方式布置路拱横断面。若分隔带未设置排水设施,则做成中间路面高,两侧路面低,由单向横坡向路肩方向排水。若分隔带设置排水设施,则两侧路面分别单独做成中间高两边低的路拱,向中间排水设施和路肩两个方向排水。

路肩横坡度一般较路面横坡大1%。但是高速公路和一级公路的硬路肩采用与路面行车道相同的结构时,应采用与路面行车道相同的路面横坡度。路拱坡度主要是考虑路面排水的要求,路面越粗糙,要求路拱坡度越大。因此,路拱坡度应根据路面类型和当地自然条件来确定,按规定的数值采用。路拱坡度过大对行车不利,故路拱坡度应限制在一定范围内,具体按表1-1 规定的数值采取。同时,路肩横向坡度一般应较路面横向坡度大1%~2%。

三、路基路面结构分层及层位功能

行车荷载和自然因素对路基路面的影响,随深度的增加而逐渐减弱。因此,对路面材料的强度、抗变形能力和稳定性的要求也随深度的增加而逐渐降低。为了适应这一特点,路面结构通常分层铺筑,按照使用要求、受力状况、土基支承条件和自然因素影响程度的不同,分成若干层次。通常按照各个层位功能的不同,路面结构一般分为面层、基层和垫层。

(一)面层

面层是直接同行车和大气接触的表面层次,它承受较大的行车荷载的垂直力、水平力和冲击力的作用。同时,受到降水的浸蚀和气温变化的影响。因此,同其他层次相比,面层应具备较高的结构强度、抗变形能力,较好的水稳定性和温度稳定性,而且应当耐磨,不透水;其表面还应有良好的抗滑性和平整度。

修筑面层所用的材料主要有水泥混凝土、沥青混凝土、沥青碎(砾)石混合料、砂砾或碎石。

沥青面层有时分两层、三层或更多的层次铺筑,如高速公路沥青面层总厚度在16~30 cm时可分为上、中、下三层铺筑,并根据各分层的要求采用不同的级配类型。水泥混凝土路面也有分上、下两层铺筑,分别采用不同强度等级的水泥混凝土材料。也有水泥混凝土路面或连续配筋水泥混凝土上加铺4~10 cm 沥青混凝土这样的复合式结构。但是砂石路面上所铺的2~3 cm厚的磨耗层或1 cm 厚的保护层,以及厚度不超过1 cm的简易沥青表面处治,不能作为一个独立的层次,而应看作是面层的一部分。

(二)基层

基层主要承受由面层传来的车辆荷载的垂直力,并扩散到下面的垫层和土基中去,实际上,基层是路面结构中的承重层,应具有一定的强度和刚度,并具有良好的扩散应力的能力。基层遭受大气因素的影响虽然比面层小,但是仍然有可能经受地下水和通过面层渗入雨水的浸蚀,所以基层结构应具有足够的水稳定性。基层表面虽不直接供车辆行驶,但仍然要求有较好的平整度,这是保证面层平整性的基本条件。

修筑基层的材料主要有各种结合料(如石灰、水泥等)稳定土底基层,沥青稳定基层(包括沥青稳定基层 ATM、大碎石沥青混合料基层 LSAM、排水性沥青稳定基层 ATPB)及各种结合料(如石灰、水泥等)稳定碎(砾)石、贫水泥混凝土、普通水泥混凝土、天然砂砾、各种碎石或砾石、片石、块石或圆石的基层,各种工业废渣(如煤渣、粉煤灰、矿渣、石灰渣等)和土、砂、石所组成的混合料等。

基层厚度太大时,为保证工程质量可分为两层、三层或更多的层次铺筑。当采用不同材料修筑基层时,基层的最下层称为底基层,对底基层材料质量的要求可以降低,可使用当地材料来修筑。

沥青混凝土路面必须采取措施保证沥青层与沥青层、沥青层与无机结合料稳定材料基层之间具有良好的黏结状态,增加整体性材料的疲劳寿命。

水泥混凝土路面与基层之间也应设置水稳定性好的材料(如乳化沥青封层、贫混凝土基层等),减少由于水的作用而产生的水泥混凝土路面与基层之间的唧泥现象。

(三)垫层

垫层介于土基与基层之间,它一方面的功能是改善土基的湿度和温度状况,以保证面层和基层的强度、刚度和稳定性不受土基水温状况变化所造成的不良影响。另一方面的功能是将基层传下的车辆荷载应力加以扩散,以减小土基产生的应力和变形,同时也能阻止路基土挤入基层中,影响基层结构的性能。

修筑垫层的材料,强度要求不一定高,但水稳定性和隔温性能要好。常用的垫层材料分为两类:一类是由松散粒料,如砂、砾石、炉渣等组成的透水性垫层;另一类是用水泥或石灰稳定土等修筑的稳定类垫层。

第四节 影响路基路面稳定性的因素

路基路面裸露在大气中,其稳定性在很大程度上由当地自然条件所决定。因此,深入调查道路沿线的自然条件,从总体到局部,从大区域到具体路段的自然情况进行分析研究,掌握其规律及对路基路面稳定性的影响,因地制宜地采取有效的工程措施,以确保路基路面具有足够的强度和稳定性。影响路基路面强度和稳定性的因素包括地理条件、地质条件、气候条件、水文条件和水文地质条件、土的类别等。

一、地理条件

道路沿线的地形、地貌和海拔高度不仅影响路线的选定,也影响到路基与路面的设计。平原、丘陵、山岭各区地势不同,路基的水温状况也不同。平原区地势平坦,排水困难,地表易积水,地下水位较高,因而路基需要保持一定的最小填土高度。路面结构层应选择水稳定性良好的材料,并采取一定的排水设施;丘陵区和山岭区,地势起伏较大,路基路面排水设计至关重要,否则会导致稳定性下降,出现破坏现象,影响路基路面的稳定性。

二、地质条件

沿线的地质条件,如岩石的种类、成因、节理、风化程度和裂隙情况,岩石走向、倾向、倾角、层理和岩层厚度,有无夹层或遇水软化的岩层,以及有无断层或其他不良地质现象(岩溶、冰川、泥石流、地震等),对路基路面的稳定性都有一定的影响。

三、气候条件

气候条件,如气温、降水、湿度、冰冻深度、日照、蒸发量、风向、风力等,都会影响道路沿线地表水和地下水的状况,并且影响到路基路面的水温情况。

在一年之中,气候有季节性的变化,因此路基路面的水温状况也随之变化。气候还受地形的影响,例如山顶与山脚,南山坡与北山坡气候有很大的差别,这些因素都会严重影响路基路面的稳定性。

四、水文条件和水文地质条件

水文条件主要包括:道路沿线地表水的排泄,河流洪水位、常水位,有无地表积水和积水时期的长短,河岸的淤积情况等。水文地质条件主要包括:地下水位、地下水移动的规律,有无层间水、裂隙水、泉水等。所有这些水文条件和水文地质条件都会影响路基路面的稳定性,如果处理不当,常会引起各种病害。

五、土的类别

土是建筑路基和路面的基本材料,不同的土类具有不同的工程性质,因而将直接影响路基路面的强度与稳定性。

不同的土类含有不同粒径的土颗粒。砂粒成分多的土,强度构成以内摩阻力为主,强度高,受水的影响小,但施工时不易压实。较细的砂,在渗流情况下,容易流动,形成流沙。黏粒成分多的土,强度形成以黏结力为主,其强度随密实程度的不同,变化较大,并随湿度的增大而降低。粉土类土毛细现象强烈,路基路面的强度和承载力随着毛细水上升,湿度增大而下降,在负温差作用下,水分通过毛细作用移动并积聚,使局部土层限度大幅度增加,造成路基冻胀,最后导致路基翻浆,路面结构层断裂等各种破坏。

第五节　公路自然区域划分

我国地域辽阔,又是一个多山国家,从北向南处于寒带、温带和热带。从青藏高原到东部沿海高程相差 4 000 m 以上,因此自然因素变化极为复杂。不同地区自然条件的差异同公路建设有密切关系。为了区分各地自然区域的筑路特性,经过长期研究,制定了《公路自然区划标准》(JTJ 003—1986)。公路自然区划的划分主要根据以下三个原则:

(1)道路工程特征相似的原则。即在同一区划内,在同样的自然因素下筑路具有相似性,例如,北方不利季节主要是春融时期,有翻浆病害;南方不利季节在雨季,有冲刷、水毁等病害。

(2)地表气候区划差异性的原则。即地表气候是地带性差异与非地带性差异的综合结果。通常,地表气候随着当地纬度而变,如北半球,北方寒冷,南方温暖,这称为地带性差异。此外,还与高程的变化有关,即沿垂直方向的变化,如青藏高原,由于海拔高,与纬度相同的其他地区相比,气候更加寒冷,即称为非地带性差异。

(3)自然气候因素既有综合又有主导作用的原则。即自然气候的变化是各种因素综合作用的结果,但其中又有某种因素起着主导作用。例如:道路冻害是水和热综合作用的结果,但是在南方,只有水而没有寒冷气候的影响,不会有冻害,说明温度起主导作用;西北干旱区与东北潮湿区,同样都有负温度,但前者冻害轻于后者,说明水起主导作用。

我国公路自然区划采用三级分区。一级区划主要按大范围的气候、地理和地貌等条件的差异,将全国划分为冻土、湿润、干湿过渡、湿热、潮暖、干旱和高寒七大区。二级区划是在一级区划的基础上以潮湿系数为主进行划分。三级区划是在二级区划内划分更低一级的区域或类型单元。

一、一级区划

一级区划以全国性的纬向地带性和构造区域性为依据,根据对公路工程具有控制作用的地理、气候因素来拟定,对纬向性的,特别是东部地区的界线,采用了气候指标;对非纬向性的,特别是西部地区的界线,则较多地强调构造和地貌因素;中部个别地区则采用土质作为指标。

(1)以全年平均温度 -2 ℃等值线作为多年冻土和季节性冻土的分界线。

(2)以 1 月份平均温度 0 ℃等值线作为季节性冰冻区的分界线。

(3)按我国自然和地形的特点,以 1 000 m 和 3 000 m 等高线为界划分三级阶梯。三级阶梯的存在使气候具有不同的特色,成为划分一级区的主要标志。

(4)秦岭淮河以南不冻区,因雨型、雨量、不利季节与不利月份的差异,划分为东、西两大片。

(5)根据黄土对筑路的特殊性及其处于过渡的地区位置,同其他区域分开。

这样,根据气候、地理、地貌等综合性指标相互交错与叠合,将全国划分为七个区,如图 1-3 所示。

Ⅰ区——北部多年冻土区:

该区北部为连续分布多年冻土,南部为岛状分布多年冻土。对于泥沼地多年冻土层,最重要的道路设计原则是保温,不可轻易挖去覆盖层,使路堤下保持冻结状态,若受大气热量影响而融化,后患无穷。对于非多年冻土层的处理方法则不同,须将泥炭层全部或局部挖去,排干水分,然后填筑路堤。该区主要是林区道路,路面结构为中级路面。林区山地道路,因表土湿度大,地面径流大,最易翻浆,应采取换土、稳定土、砂垫层等处理方法。

Ⅱ区——东部温润季冻区:

该区路面结构突出的问题是防止翻浆和冻胀。翻浆的轻重程度取决于路基的潮湿状态。可根据不同的路基潮湿状态采取措施。该区缺乏砂石材料,采用稳定土基层已取得一定的经验。

Ⅲ区——黄土高原干湿过渡区:

该区特点是黄土对水分的敏感性,干燥土基强度高、稳定性好。在河谷盆地的潮湿路段以及灌区耕地,土基稳定性差,强度低,必须认真处理。

Ⅳ区——东南湿热区:

该区雨量充沛集中,雨型季节性强,台风暴雨多,水毁、冲刷、滑坡是道路的主要病害,路面结构应结合排水系统进行设计。该区水稻田多,土基湿软,强度低,必须认真处理。由于气温高、热季长,要注意黑色面层材料的热稳定性和防透水性。

Ⅴ区——西南潮暖区:

该区山多,筑路材料丰富,应充分利用当地材料筑路,对于水文不良路段,必须采取措施,稳定路基。

Ⅵ区——西北干旱区:

该区大部分地下水位很低,虽然冻深多在 100 ~ 150 m 以上,但一般道路冻害较轻。个别地区,如河套灌区,内蒙古草原洼地,地下水位高,翻浆严重。丘陵区 1.5 m 以上的深路堑冬季积雪厚,雪水浸入路面造成危害,所以沥青面层材料应具有良好的防透水性,路肩也应作防水处理。由于气候干燥,砂石路面经常出现松散、搓板和波浪现象。

Ⅶ区——青藏高寒区:

该区局部路段有多年冻土,须按保温原则设计,由于地处高原,气候寒冷,昼夜气温相差很大,日照时间长,沥青老化很快,又因为年平均气温相对偏低,路面易遭受冬季雪水渗入而破坏。

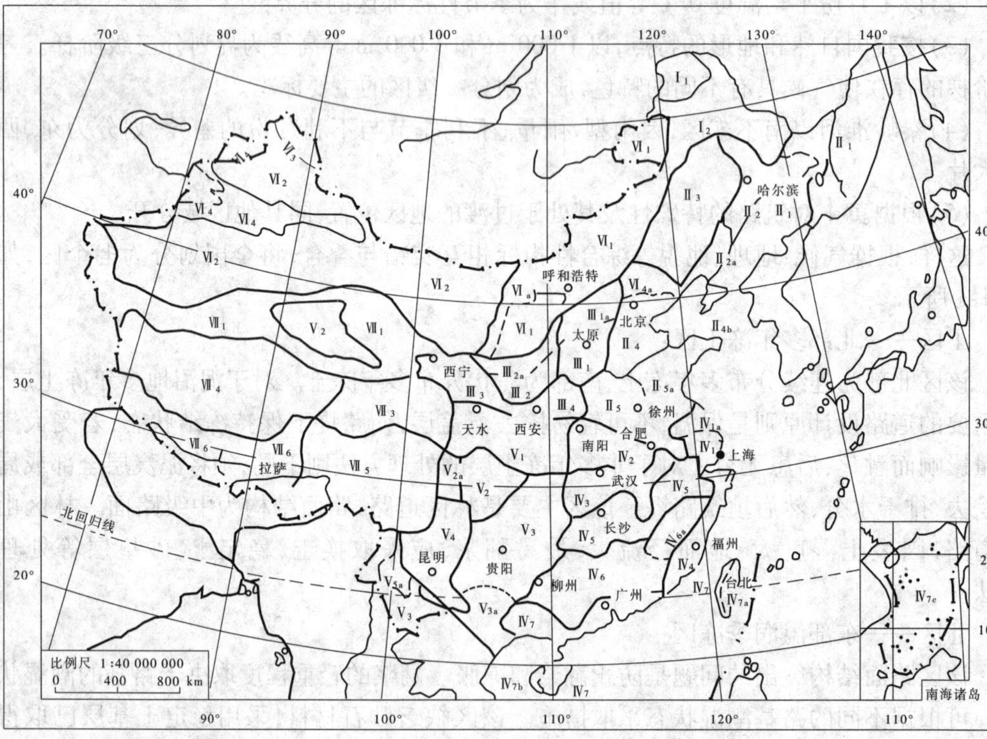

图 1-3　气候分区图

二、二级区划

在一级区划的基础上,以潮湿系数 K 为主要指标,综合考虑其他气候、地貌、土质、地下水和自然病害等多种因素,将全国划分为33个二级区和19个副区(亚区)。

潮湿系数K值为年降水量R与年蒸发量Z之比,即

$$K = \frac{R}{Z}$$

潮湿系数K值按大小分为6个等级:

过湿区　$K > 2.00$

中湿区　$2.00 \geqslant K > 1.50$

润湿区　$1.50 \geqslant K > 1.00$

润干区　$1.00 \geqslant K > 0.50$

中干区　$0.50 \geqslant K > 0.25$

过干区　$K \leqslant 0.25$

三、三级区划

三级区划是二级区划的进一步具体化,按各区内气候、地貌、土质、水文等方面的差异,划分为更低一级的区划单位或类型单位。三级区划目前未列入全国区划图内,由各省、市和自治区结合当地自然条件自行划分。

各级区划的范围不同,在公路工程上的应用也各有侧重。一级区划主要为全国性的公路总体规划和设计服务;二级区划主要为各地的公路路基路面设计、施工、养护提供较全面的地理、气候依据和有关计算参数,如土基和路面材料的回弹模量、路基临界高度、土基压实标准等。

第六节　路面的等级与分类

一、路面等级

通常按路面面层的使用品质、材料组成类型以及结构强度和稳定性,将路面等级分为四个等级,如表1-2所示。

表1-2　各等级路面所具有的面层类型及其适用公路等级

路面等级	面层类型	所适用的公路等级
高级	水泥混凝土、沥青混凝土、厂拌沥青碎石、整齐石块或条石	高速、一级、二级
次高级	沥青贯入碎(砾)石、路拌沥青(砾)石、沥青表面处治、半整齐石块	二级、三级
中级	泥结或级配(砾)石、水结碎石、不整齐石块、其他粒料	三级、四级
低级	各种粒料或当地材料改善土,如炉渣土、砾石土和砂砾土等	四级

(一)高级路面

高级路面的特点是强度高,刚度大,稳定性好,使用寿命长,能适应较大的交通量,路面平整,无尘埃,能保证高速行车。高级路面的养护费用少,运输成本低,但初期建设投资

大，需要用高质量的材料来修筑。

（二）次高级路面

与高级路面相比，次高级路面的强度和刚度较低，使用寿命较短，所适应的交通量较小，行车速度也较低。次高级路面的初期建设投资虽较高级路面低些，但要求定期修理，养护费用和运输成本也较高。

（三）中级路面

中级路面的强度和刚度低，稳定性差，使用寿命短，平整度差，易扬尘，仅能适应较小的交通量，行车速度低。中级路面的初期建设投资虽然很低，但是养护工作量大，需要经常维修和补充材料才能延长使用年限，运输成本高。

（四）低级路面

低级路面的强度和刚度很低，水稳定性差，路面平整性差，易扬尘，故只能保证低速行车，所适应的交通量很小，在雨季有时不能通车。低级路面的初期建设投资很低，但要求经常养护修理，而且运输成本很高。

二、路面分类

路面类型可以从不同角度来划分，但是一般都按面层所用的材料划分，如水泥混凝土路面、沥青路面、砂石路面等。但是在工程设计中，主要从路面结构的力学特性和设计方法的相似性出发，将路面划分为柔性路面、刚性路面和半刚性路面三类。

（一）柔性路面

柔性路面的总体结构刚度较小，在行车荷载作用下产生较大的弯沉变形，路面结构本身的抗弯拉强度较低，它通过各结构层将行车荷载传递给路基，使路基承受较大的单位压力。路基路面结构主要靠抗压强度和抗剪强度承受行车荷载的作用。柔性路面主要包括各种用沥青处理和未经处理的粒料基层和各类沥青面层、碎（砾）石面层或块石面层组成的路面结构。

（二）刚性路面

刚性路面主要指用水泥混凝土做面层或基层的路面结构。水泥混凝土的强度高，与其他筑路材料比较，它的抗弯拉强度高，并且有较高的弹性模量，故呈现出较大的刚性。在行车荷载作用下，水泥混凝土结构层处于板体工作状态，竖向弯沉较小，路面结构主要靠水泥混凝土面板的抗弯拉强度承受行车荷载，通过板体的扩散分布作用，传递给基础上的单位压力较柔性路面小得多。

应该说明，用水泥、石灰等无机结合料稳定的土或碎（砾）石以及含有水硬性结合料的工业废渣修筑的基层，在前期具有柔性路面的力学性质（初期强度和刚度较小），后期的强度和刚度均有较大幅度的增长，但是最终的强度和刚度仍远小于水泥混凝土。由于这种材料的刚度处于柔性路面与刚性路面之间，通常称之为半刚性基层，把这种基层和铺筑在它上面的沥青面层称为半刚性基层沥青路面，这类路面仍然采用柔性路面设计理论来设计。

刚性路面和柔性路面，这种以力学特性为标准的分类方法主要是为了便于从功能原理和设计方法出发进行区分，并没有绝对的定量分界界限。近年来，材料科学的发展正在逐步改变这种属性，如水泥混凝土的增塑研究正在使它的刚性降低而保留它的高强性质，沥青的改性研究使得沥青混合料随气候而变化的力学性质趋于稳定，大幅度提高其刚度。

因此,事物都在相互转化之中。

(三)半刚性路面

用水泥、石灰和无机结合料处治的土或碎(砾)石及含有水硬性结合料的工业床渣修筑的基层,前期具有柔性路面的力学性质,后期的强度和刚度均有大幅度的增长,但最后的强度和刚度仍小于水泥混凝土,其刚性处于柔性路面与刚性路面之间,因此把此种基层和铺筑在其上的沥青面层统称为半刚性路面,这种基层称为半刚性基层。

习题及思考题

1. 路基路面结构是如何组成的？对其要求有哪些？
2. 影响路基路面稳定性的因素有哪些？
3. 公路自然区划如何划分？
4. 路面如何分类？

第二章 行车荷载

学习要点 掌握车辆轴载的类型,掌握当量圆的换算及标准轴载,掌握湿度和温度对路面的影响及行车荷载对路面的作用。

第一节 行车荷载与交通分析

路基路面结构的服务对象是汽车,其主要功能是为了保证汽车安全、舒适、高速、经济地运行,同时汽车荷载也是造成路基路面结构损坏的主要原因。因此,在路基路面的设计与施工过程中,首先应分析研究汽车的动静力特征和其对路基路面的作用与影响。作用在路面上的车辆类型多种多样,除小型客车、货车和拖拉机及非机动车对路面的损坏可不计外,其余轴载较大的车均会对路面产生损坏。因此,在路面结构设计中要考虑这些车辆对道路的重复作用,对路面结构的强度、刚度的影响。车辆对路面的综合累计损伤作用,必须对现有的交通量、轴载组成以及增长规律进行研究与调查,并通过适当的方式将它们换算成当量标准轴载的累积作用。

一、车辆的种类

在道路上行驶的车辆主要有客车、货车两大类。

客车可分为大型、中型、小型三类。大型客车一般指载客数20人以上的客车,包括铰接车和双层客车,主要用于长途客运与城市公共交通;中型客车一般指载客数6~20人的车辆;小型客车自身重量和满载质量都比较轻,但其车速高,一般可达120 km/h,最高可达200 km/h以上。

货车按其本身型式及轮轴组合形式可分为整车、牵引式挂车和牵引式半挂车三类。整车的汽车发动机与货厢为一整体;牵引式挂车可拖挂两辆以上的挂车,其动力由牵引车提供;牵引式半挂车虽其牵引车与挂车也是分离的,但牵引车与挂车通过铰链互相连接,牵引车的后轴也担负了部分其后所挂货车的重量。货车的总趋势是向大吨位发展,特别是开展了集装箱水陆联运业务后,货车的最大吨位已达到40~50 t。

路基路面结构设计时,主要考虑大客车和货车对于道路的影响,但在评定路面的平整度、抗滑性能等表面特征时,应考虑小客车高速行驶时的安全性和可靠性。

汽车的重量通过车轮传递给路面。车辆轴载的大小直接关系到路基路面结构设计承载力与结构强度。为使路面结构不因超载而破坏,许多国家对于轴载的最大限度均有明确规定。由于汽车货运正向大型重载发展,货车总重不断增加。当汽车总重增加时,轴数和轮数也相应增加,以扩大荷载分布面积,因而出现了多轴汽车和多轴多轮平板挂车,以减轻对路面的压力。目前,常用的车辆轴型如图2-1和图2-2所示。

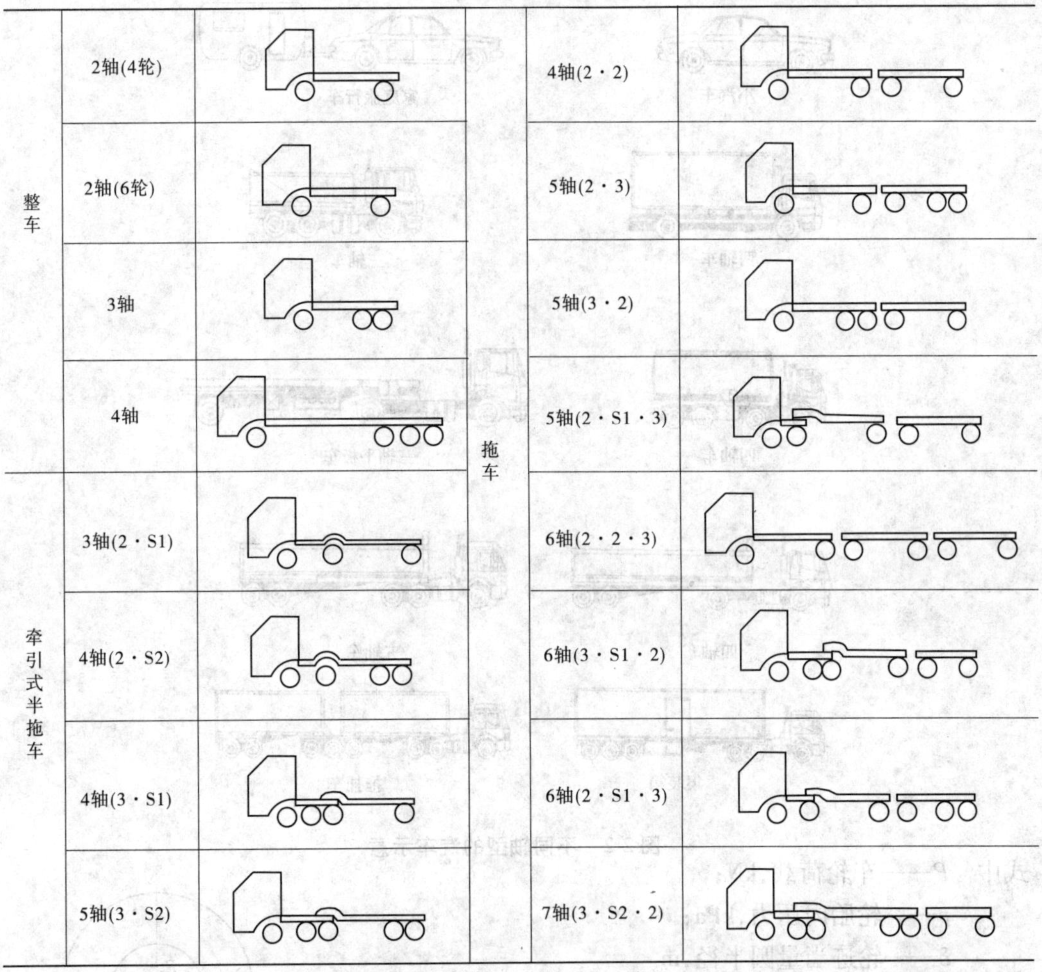

图 2-1　不同轴型的货车示意

二、汽车对道路的静力作用

汽车在道路上行驶可分为停驻状态和行驶状态，当汽车处于停驻状态时，对路面的作用力为静态压力。静态压力作用的大小主要与车轮的总重、充气轮胎的内压力及轮胎的类型（斜线或子午线）和性质（新旧程度）有关。汽车轮胎的内部压力一般为0.4～0.7 MPa，由于轮胎本身刚度及轮胎与路面的接触形状和花纹等存在差异，故轮胎与地面接触力的分布不一致，但在路面设计时，常忽略上述因素的影响，直接采用轮胎内压力作为轮胎与路面的接触压力。

汽车轮胎与路面接触形状近似于椭圆，其面积称为轮迹面积（见图2-3），在路面设计中，将其换算为等面积的当量圆，并将车轮荷载简化为圆形均布荷载，因此称为轮迹当量圆，相应的面积则称为轮迹当量圆面积。当量圆半径 δ 由式（2-1）计算

$$\delta = \sqrt{\frac{P}{\pi p}} \tag{2-1}$$

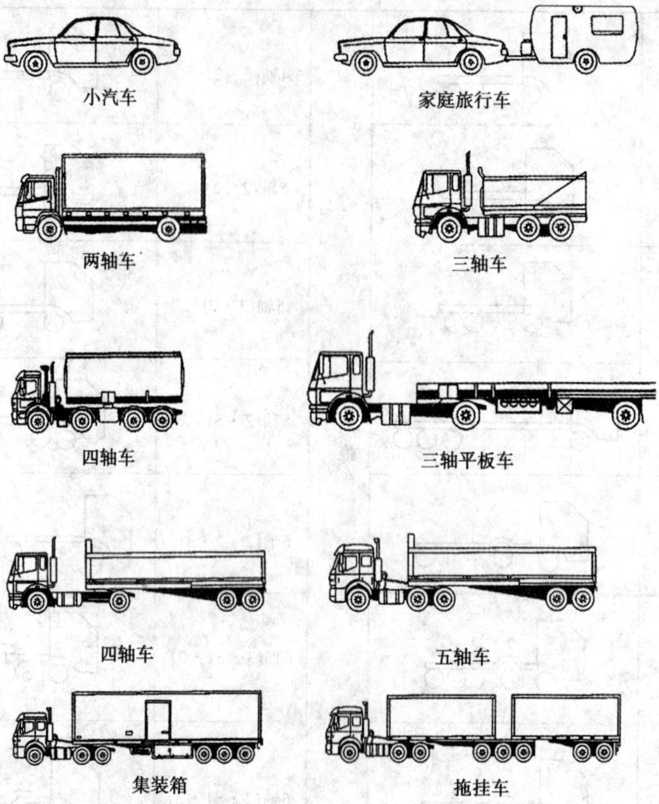

图 2-2　不同轴型的汽车示意

式中　P——车轮荷载，kN；

p——轮胎内压力，kPa；

δ——轮迹当量圆半径，m。

对于双轮组车轴，若每侧的双轮用一个圆表示，称为单圆荷载作用图式；如用两个圆表示，则称为双圆荷载作用图式（见图 2-4）。单、双圆荷载的当量圆直径分别由式（2-2）与式（2-3）计算

$$D = \sqrt{\frac{8P}{\pi p}} = \sqrt{2}d \tag{2-2}$$

$$d = \sqrt{\frac{4P}{\pi p}} \tag{2-3}$$

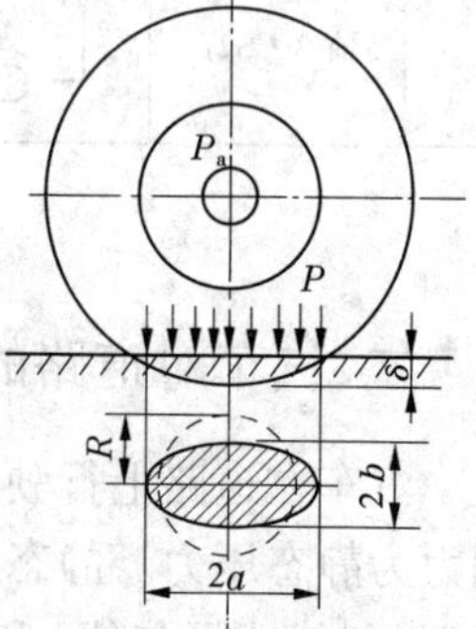

图 2-3　车轮与路面的接触面积

式中　D——单圆荷载当量圆直径，m；

d——双圆荷载当量圆直径，m。

我国常用的汽车有关计算参数见表 2-1。我国现行路面设计规范中规定的标准轴载 BZZ－100 的轮载 $P = 100/4$ kN，$p = 700$ kPa，用式（2-2）、式（2-3）计算可分别得到相应当量圆直径为

$$d = 0.213\ \text{m};D = 0.302\ \text{m}$$

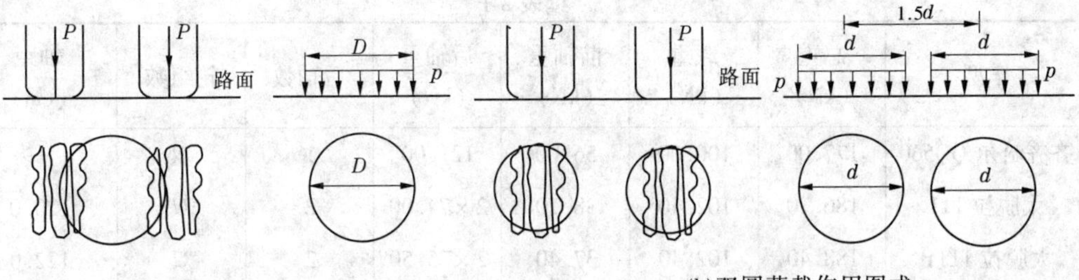

(a)单圆荷载作用图式　(b)双圆荷载作用图式

图 2-4　车轮荷载图示

表 2-1　我国常用的汽车有关计算参数

车型	总重（kN）	载重（kN）	前轴重（kN）	后轴重（kN）	后轴数	轮组数	轴距（cm）
解放 CA10B	80.25	40.00	19.40	68.85	1	双	—
解放 CA15	91.35	50.00	20.97	70.38	1	双	—
解放 CA30A *	99.90	46.50	26.50	2×36.70	2	双	—
解放 CA30A	103.00	46.50	29.50	2×36.75	2	双	—
解放 CA50	92.90	50.00	28.70	68.20	1	双	—
解放 CA340	78.70	36.60	22.10	56.60	1	双	—
解放 CA390	105.15	60.15	35.00	70.15	1	双	—
东风 EQ140	92.90	50.00	23.70	69.20	1	双	—
黄河 JN150	150.60	82.60	49.00	101.60	1	双	—
黄河 JN162	174.50	100.00	59.50	115.00	1	双	—
黄河 JN162A	178.50	100.00	62.28	116.22	1	双	—
黄河 JN253	187.00	100.00	55.00	2×66.00	2	双	—
黄河 JN360	270.00	150.00	50.00	2×110.0	2	双	—
黄河 QD351	145.65	70.00	48.50	97.15	1	双	—
延安 SX161	237.10	135.00	54.64	2×91.25	2	双	135.0
长征 XD160	213.00	120.00	42.60	2×85.20	2	双	—
长征 XD250	189.00	100.00	37.80	2×72.60	2	双	—
长征 XD980	182.40	100.00	34.10	2×72.65	2	双	122.0
长征 CZ361	229.00	120.00	47.60	2×90.70	2	双	132.0
交通 SH141	80.65	43.25	25.55	55.10	1	双	—
交通 SH361	280.00	150.00	60.00	2×110.0	2	双	130.0
南阳 351	146.00	70.00	48.70	97.30	1	双	—

续表 2-1

车型	总重（kN）	载重（kN）	前轴重（kN）	后轴重（kN）	后轴数	轮组数	轴距（cm）
齐齐哈尔 QQ560	177.00	100.00	56.00	121.00	1	双	—
太脱拉 111	186.70	102.40	38.70	2×74.00	2	双	120.0
太脱拉 111R	188.40	102.40	37.40	2×75.50	2	双	122.0
太脱拉 111S	194.90	102.40	38.50	2×78.20	2	双	122.0
太脱拉 138	211.40	120.00	51.40	2×80.00	2	双	132.0
太脱拉 130S	218.40	120.00	50.60	2×88.90	2	双	132.0
太脱拉 138S	225.40	120.00	45.40	2×90.00	2	双	132.0
吉尔 130	85.25	40.00	25.75	59.50	1	双	—
斯柯达 706R	140.0	73.00	50.00	90.00	1	双	—
斯柯达 706RTS	138.00	65.50	45.00	93.00	1	双	—
日野 KB222	154.50	80.00	50.20	104.30	1	双	—
日野 KF300D	198.75	106.65	40.75	2×79.00	2	双	127.0
日野 ZM440	260.00	152.00	60.00	2×100.0	2	双	127.0
尼桑 CK10G	115.25	66.65	39.25	76.00	1	双	—
尼桑 CK20L	149.85	85.25	49.85	100.00	1	双	—
尼桑 6TW(I)13SD	219.85	121.95	44.35	2×87.75	2	双	—
尼桑 CW(L)40HD	237.60	141.75	50.00	2×93.80	2	双	—
扶桑 FP101	154.00	94.10	54.00	100.00	1	双	—
扶桑 FU102N	214.00	133.80	44.00	2×85.00	2	双	—
扶桑 FV102N	254.00	164.95	54.00	2×100.0	2	双	—
菲亚特 628N3	140.00	75.50	10.00	100.0	1	双	—
菲亚特 650E	105.00	67.00	33.00	72.00	1	双	—
依士兹 TD50D	142.95	76.65	46.55	96.40	1	双	—
依士兹 TD50	132.20	76.65	42.20	80.00	1	双	—
依发 H6	132.00	65.50	45.50	86.50	1	双	—
布切奇 5BR2N	92.50	50.00	24.55	67.95	1	双	—
喀什布阡 131	68.25	35.00	18.00	50.25	1	双	—
切贝尔 D350	72.00	35.00	24.00	48.00	1	双	—
切贝尔 D420	83.00	45.00	28.20	54.80	1	双	—
切贝尔 D45.01	101.00	55.00	32.00	69.00	1	双	—

续表 2-1

车型	总重（kN）	载重（kN）	前轴重（kN）	后轴重（kN）	后轴数	轮组数	轴距（cm）
切贝尔 D750.0	160.00	93.60	60.00	180.00	1	双	—
沃尔沃 N8648	175.00	100.00	55.00	120.00	1	双	—
斯堪尼亚 L760	180.00	100.00	70.00	120.00	1	双	—
玛斯 200	137.00	72.00	36.00	101.00	1	双	—

三、运动车辆对道路的动态影响

（一）动载特性

汽车在道路上行驶，由于车身本身的振动和路面的不平整，车轮实际上是以一定的频率和振幅在路面上跳跃前进，作用在路面上的轮载呈时大时小的波动形式，图 2-5 为实测到的轮载变化情况。轮载的这种变化可近似地看作正态分布，该分布的变异系数主要与行车速度、路面的平整度及车辆的振动特征有关。一般情况下，变异系数均小于 0.3。

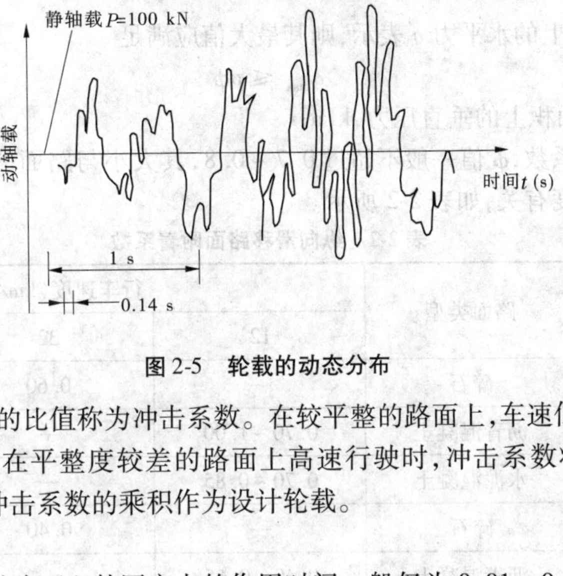

图 2-5　轮载的动态分布

动轮载和静轮载的比值称为冲击系数。在较平整的路面上，车速低于 50 km/h 时，冲击系数约低于 1.30。在平整度较差的路面上高速行驶时，冲击系数将增大。路面设计时，有时以静轮载与冲击系数的乘积作为设计轮载。

（二）瞬时性

当汽车行驶时，对路面上某固定点的作用时间一般仅为 0.01 ~ 0.1 s，在路面以下一定深度处，应力作用的时间可能稍长一些，但仍然十分短暂。在这样短的时间里，车轮应力还来不及传递分布到较深的位置，这相当于减少了车轮荷载的影响，从而减少了路面结构在车辆荷载作用下的总变形量，还可以理解为路面结构刚度和路面结构强度的相对提高。

（三）重复性

汽车荷载对路基路面结构的重复作用对路面结构有重要的影响，在道路的设计使用年限内，将使路面材料出现疲劳或变形积累现象。由此可见，道路设计过程中除轴载的大小和其动力特征外，轴载的累积作用次数也是路面设计的重要参数之一。

（四）汽车对道路的水平力作用

汽车在路面上行驶时对路面除产生垂直压力的作用外，还将产生水平力的作用（见图2-6）。汽车运动的形式不同，所产生的水平力的大小和方向也不同，如上坡和加速，汽车对路面产生向后的水平力；下坡制动及减速时，产生向前的水平力；而当汽车在弯道上行驶时对路面产生侧向水平力，即使是汽车做直线等速运动，它也将克服各种阻力而对路面施加一定的水平力。车轮对于路面的水平力 Q 的大小，与车轮的垂直压力 P 和路面与车轮间的附着系数 ϕ 有关，其最大值 Q_{max} 不会超过 P 与 ϕ 的乘积，即

$$Q_{max} \leqslant P\phi \tag{2-4}$$

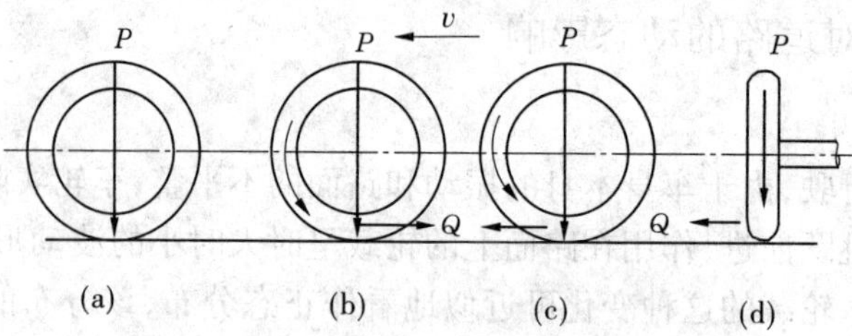

图2-6　车轮作用在路面产生的垂直压力与水平力

若以单位面积上的水平力 q 表示，则其最大值应满足

$$q_{max} \leqslant p\phi \tag{2-5}$$

式中　p——单位面积上的垂直压力，kPa；

ϕ——附着系数，ϕ 值一般不超过0.7～0.8，其大小与路面的类型、潮湿程度和行车速度有关，如表2-2所示。

表2-2　纵向滑移路面附着系数

路面状况	路面类型	行车速度（km/h）		
		12	32	64
干燥	碎石	—	0.60	—
	沥青混凝土	0.70～1.00	—	0.50～0.65
	水泥混凝土	0.70～0.85	—	0.60～0.80
潮湿	碎石	—	0.40	—
	沥青混凝土	0.40～0.65	—	0.10～0.50
	水泥混凝土	—	—	0.35～0.55

四、交通分析

道路上通行的车辆不仅具有不同的类型和轴重，而且通行的车辆数目也是变化的。作用在路面上的车辆类型除小型客车、货车和拖拉机及非机动车对路面的损坏可不计外，其余轴载较大的车均会对路面产生损坏，这些车辆对道路的重复作用，使路面的强度和刚度受到考验。如土基和柔性路面在复杂的重复荷载作用下，将出现变形积累，当这种积累

达到一定程度后,道路即趋于破坏。因此,路面结构设计时要考虑行驶的车辆在道路的设计年限内,对路面的累积损坏作用。

(一)交通量

交通量是指一定时间间隔内各类车辆通过某一道路断面的车辆总数。交通量数据可由现有交通流量观测站的调查资料,经统计后得到该设计道路的初始年平均日交通量。在尚未设站的道路上,可组织人员临时布站观测记录,这种观测通常是短短的几天,每天的观测时间也仅数小时。对此,可利用当地交通量的时间分布规律,将观测结果分布按月分布不均匀系数、日分布不均匀系数和小时分布不均匀系数换算成年平均日交通量。

目前,各地观测站进行交通流量调查时,通常将车辆分成小型货车、中型货车、大型货车、小型客车、大型客车、拖挂车、小型拖拉机、大中型拖拉机、自行车、人力车、畜力车等11类。其中,小型客车、货车、小型拖拉机和非机动车等对路面的损坏作用可忽略不计,在路面设计时,可依据这些车辆的比例,从总量中扣除。

有的交通量观测站配置有自动化轴载仪,可自动记录通行车辆的轴数和轴载大小,然后按轴载大小分类统计累计轴载数,这种调查称为轴载谱调查(见图2-7)。轴载谱调查可与交通量统计调查相互校核与补充。从统计结果可以看出,道路交通量是逐年增长的,要确定路面设计年限内的总交通量还须预测该年限内交通的发展情况,通常可根据若干年内连续观测到的交通量资料,经回归整理后得出该期间内交通量年平均增长率的变化规律,并利用它推算所需年份的平均日交通量。表2-3为根据1980~1989年间,我国25条国道上的交通观测资料整理得到的不同年限内交通量年平均增长率的变化范围,可供参考。选用时,还应考虑道路所在地人口、经济和交通的发展情况,进行适当调整。

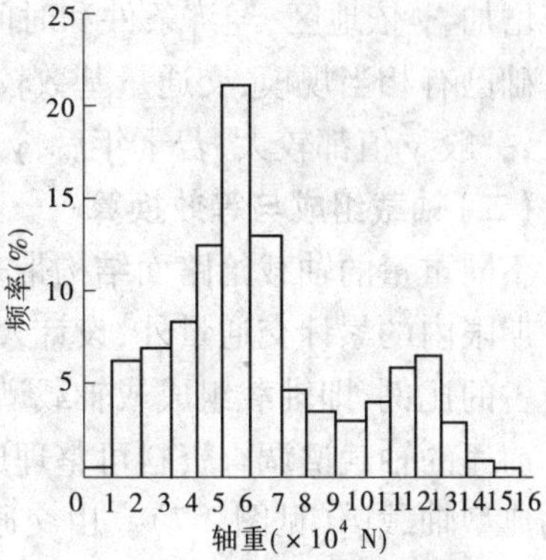

图2-7　轴载谱

表2-3　交通量年平均增长率的变化范围　(%)

公路等级	设计使用年限(年)				
	10	15	20	30	40
高速公路	5~9	4~7	4~7	3~6	2~4
一级公路	6~11	4~9	3~9	2~6	2~4
二级公路	5~12	3~8	2~6	2~4	1~3
三级公路	3~24	2~18	2~13	1~8	1~6

路面结构设计中,通过调查分析确定初始平均日交通量 N_1,按式(2-6)进行计算

$$N_1 = \frac{\sum_{i=1}^{365} n_i}{365} \tag{2-6}$$

式中　N_1——初始年平均日交通量;

n_i——每日实际日交通量。

在路面结构设计时,设计年限内累计交通量可由式(2-7)计算

$$\left.\begin{aligned} N_{\mathrm{e}} &= \frac{365N_1}{\gamma}[(1+\gamma)^t - 1] \\ N_{\mathrm{e}} &= \frac{365N_t}{\gamma(1+\gamma)^{t-1}}[(1+\gamma)^t - 1] \end{aligned}\right\} \tag{2-7}$$

式中　N_{e}——设计年限内累计交通量;

N_1——设计初始年平均日交通量;

N_t——第 t 年平均日交通量,$N_t = N_1(1+\gamma)^{t-1}$;

γ——设计年限内交通量年平均增长率,以小数表示;

t——设计年限。

逐年增长的交通量大致符合几何级数增长规律,即在某段时间内,以固定的百分率 γ 逐年增加,γ 依地区、经济条件和时间而变。一般而言,发达国家、大城市附近,由于其经济基础已有相当规模,交通量基数较大,增长率 γ 较小;而相对于发展中国家、新开发的经济区,一般 γ 值都较大,若干年后,γ 将逐年下降,趋于稳定。

(二)轴载组成与等效换算

不同重量的轴载给路面结构带来的损伤程度是不同的。对于路面结构设计而言,除设计期限内的累计交通量外,设计人员普遍应该关注的另一个重要交通参数便是各级轴载所占的比例,即轴载组成或轴载谱。

前述的轴载谱调查资料可整理成表示各级轴重作用频数百分率直方图,作为该类车辆的典型轴载谱(见图 2-7)。由交通量调查得到的各类车辆的日交通量乘以与该类车辆相应的轴载谱百分率,即可得到各类车辆各级轴载的相应日作用次数。

汽车的轴载与通行次数可以按照等效原则换算为某一标准轴载的当量轴载作用次数。以某一种路面结构在不同轴载作用下达到相同的损坏作为换算标准,即以弯沉等效、层底弯拉应力等效的原则,通过室内或野外的荷载重复试验,建立不同的荷载与达到损坏时的作用次数之间的关系式。由这一关系式,即可推导出不同轴载的作用次数等效换算成标准轴载作用次数的轴载换算公式

$$\eta_i = \frac{N_{\mathrm{s}}}{N_i} = \alpha\left(\frac{P_i}{P_{\mathrm{s}}}\right)^n \tag{2-8}$$

式中　η_i——i 级轴载换算为标准轴载的换算系数;

P_{s}——标准轴载重量,kN;

N_{s}——标准轴载作用次数;

P_i——i 级轴载重量,kN;

N_i——i 级轴载作用次数;

α——反映轴数和轮组轮胎数影响的系数;

n——与路面结构特征有关的系数。

沥青路面、水泥混凝土路面和半刚性路面的结构特性不同,损伤的标准也不同,因而系数 α 和 n 取值各不相同。具体数值在有关章节分别作介绍。

【例 2-1】 由交通调查得知某沥青路面上通行的 5 轴及 5 轴以上的牵引式半拖车和拖车类车辆的日交通量为 165 辆,由轴载谱调查得到的该类车辆的轴载组成列于表 2-4 中,试确定该类车辆的轴载换算系数。

解 (1)取标准轴载为 100 kN,各级轴载按轴载换算公式确定相应的轴载换算系数,列于表 2-4 中。

(2)各级轴载的轴次与相应的轴载换算系数相乘,得到该级轴载的当量轴次数,同样列于表 2-4,并计算出 $\sum N_s = 618.32$ 次。

(3)由式(2-8)得出

$$\eta_i = \frac{N_s}{N_i} = \frac{618.32}{165} = 3.75$$

表 2-4　轴载换算系数

轴载(kN)		轴次数	轴载换算系数	当量轴次数
单轴	<20	0	0.001 6	0
	20 ~ 40	0	0.008 1	0
	40 ~ 60	1	0.062 5	0.062 5
	60 ~ 80	5	0.240 1	0.440 6
	80 ~ 100	144	0.656 1	94.478 4
	100 ~ 110	15	1.215 5	19.448 0
	110 ~ 120	1	1.749 0	1.749 0
双轴	<40	14	0.003 2	0.044 8
	40 ~ 80	21	0.016 2	0.340 2
	80 ~ 120	44	0.125 0	5.500 0
	120 ~ 160	42	0.480 2	20.168 4
	160 ~ 180	44	1.044 0	45.936 0
	180 ~ 200	21	1.629 0	34.209 0
	200 ~ 220	101	2.431 0	245.531 0
	220 ~ 240	43	3.498 0	150.414 0
累计当量轴次				618.32

(三)轮迹横向分布

车辆在道路横断面上的分布,通常是在中心线附近一定范围内摆动,由于轮迹的宽度远小于车道的宽度,因而车道上的轴载作用次数既不会集中在横断面的某一固定位置,也不可能平均分配到每一点上,而是按一定的规律在车道横断面上分布,该现象称为轮迹横向分布。图 2-8 为某 3.75 m 宽单向行驶车道上实测到的轮迹横向分布曲线,图 2-9 为混合行驶双车道轮迹横向分布曲线。将车道宽分为宽度为 0.25 m 的条带(条带宽接近轮迹宽度),条带上所受到的轴载作用次数与车道上所受到的轴载作用次数之比,即为该条带的频率。图中可以看出,距车道左、右边缘各 0.9 m 附近条带的分布频率达到峰值,为 30% 左右,而车道边缘处的分布频率很低。轮迹覆盖带宽度通常为 50 cm 左右(双轮,每只轮胎宽 20 cm,轮隙 10 cm),这时的频率(图 2-8 中两条条带频率之和)即为轮迹横向分布系数。

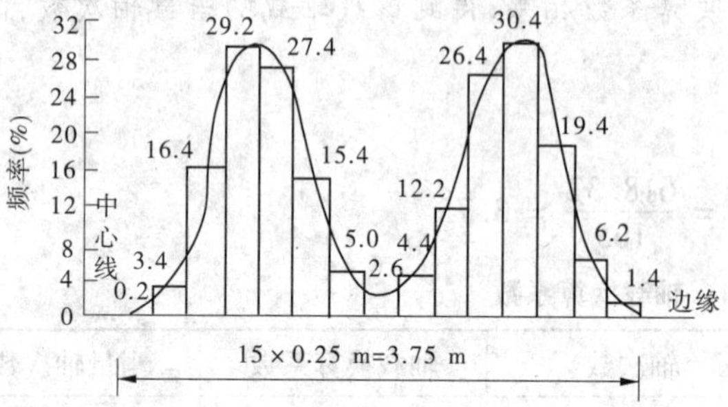

图 2-8　轮迹横向分布曲线
(单向行驶一个车道)

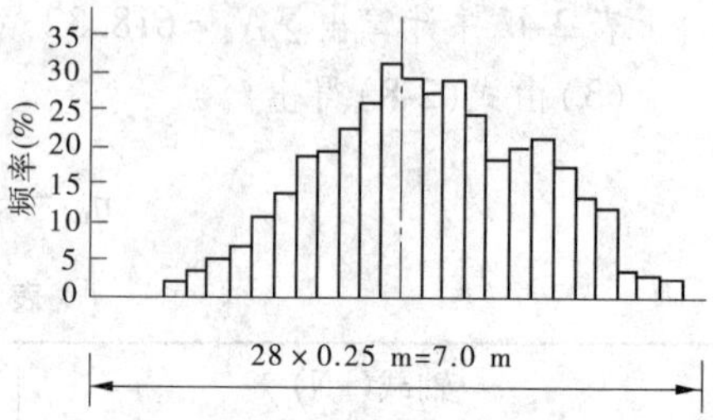

图 2-9　轮迹横向分布曲线
(混合行驶双车道)

第二节　环境因素对路面的影响

一、湿度对路面的影响

(一)路基湿度对路面的影响

路基路面结构直接暴露在大气之中,直接承受自然因素的影响。湿度是影响路基路面结构稳定性的最重要的自然因素之一,路基路面结构的湿度状况随自然环境的变化而变化,这些变化使路基路面体系的性质与状态也发生相应变化。图 2-10 则表示了路基回弹模量随湿度的增加而急剧下降的情况。

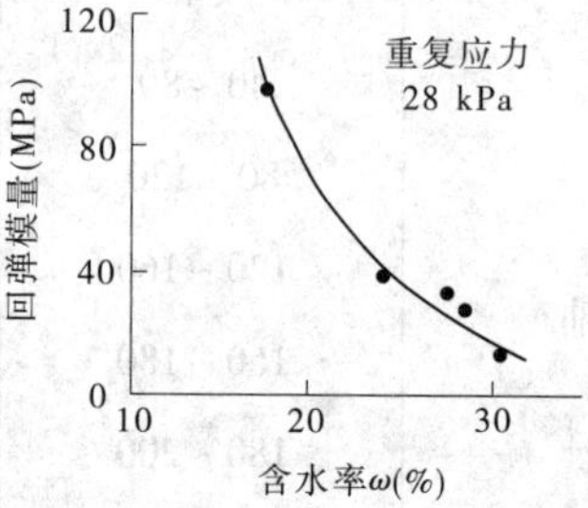

图 2-10　湿度与路基刚度

(二)水泥混凝土面层湿度状况分析

水泥混凝土路面是典型的板状结构,周围环境条件如相对湿度对混凝土的浇筑、压实、饰面以及长期路用性能影响较大。湿度条件对早期混凝土质量如工作性、早期强度和塑性收缩以及长期性能(如强度、体积稳定性和耐久性)的影响不可忽视。在总结湿度条件对混凝土早期、长期质量影响的基础上,认为路面混凝土浇筑时控制其湿度对路面的长期性能至关重要。对目前通常采取的控制混凝土浇筑时湿度的措施有改善配合比、降低混凝土组分温度和合理的养护洒水等。

(三)冰冻与冻融对路面的影响

在我国华北、东北和西北季节性冰冻地区,这些地区的路基在冬季冰冻过程中,在负温度坡差的作用下,将出现水分积聚的现象。当气温下降到 0 ℃以下时,路基路面结构内温度将随之由上而下逐渐地下降到0 ℃以下。在负温区内,自由水、毛细水及弱结合水随温度的降低而冻结,减薄了土颗粒周围的自由水膜,增加了土的吸湿能力,并促使水分由高温处向低温处移动,以补充低温处失去的水分。但实际上,在温度下降到 -3 ℃以下时,土中已冻结的水分在负温差的影响下,已不可能向温度更低处移动,因此负温区的水分移动一般均发生在0~3 ℃等温线之间。在正温度区内,由于0 ℃等温线附近土中的自由水和毛细水的冻结,形成了与较深层次土层间的温度坡差,使其下的水分向0 ℃等温线附近移动。这部分上移的水分便又成了负温区水分移动的补充来源,形成了上层路基水分的大量积聚。

水分积聚冻结后体积增大,使路基隆起,面层开裂,形成冻胀;而当春季气温上升,路基路面结构由上而下逐渐解冻。积聚在路基上层的水分融解后,难以迅速排除,使路基上层的湿度大幅度增加,路面结构的承载力则大幅度下降。在行车的作用下,路基路面结构将产生较大的变形,严重时,路基土将以泥浆的形式从冻胀开裂后的面层裂隙中冒出,即形成所谓的翻浆现象。冻胀和翻浆现象的出现,使路面结构受到严重损害,对行车有极大的影响。

并不是季节性冰冻地区的所有道路都会发生冻胀和翻浆现象。冻胀和翻浆现象的出现与土质条件、水文条件、气候条件及行车和养护条件有关系。对于渗透性较高的砂土和渗透性极低的黏性土,由于其不易积聚水分,故不易发生冻胀和翻浆现象;而粉性土和极细砂则由于其毛细活动剧烈,因此极易发生冻胀和翻浆。另外,地面排水不良、地下水位高、路基湿度大、水源充足及冬季暖流与寒潮交替出现、路基冻结缓慢等,都是出现冻胀与翻浆的重要条件。春融期间,在强度已大幅度下降的路段上通行过多或过重的车辆,将立即触发翻浆的现象。在已有冻胀的路段上,若不及时养护,则会促成或加剧翻浆的出现。

二、温度对路面的影响

大气温度在一年四季和每昼夜内均发生周期性的变化,受大气直接影响的路面温度也相应地产生周期性变化。图2-11 及图2-12 分别显示了夏季晴天时,沥青面层和水泥混凝土面层结构内一昼夜温度变化过程。可以看出,路表温度变化规律与大气温度变化大致相同,但由于路面吸收了太阳辐射热的缘故,在一日之内气温最高时也即太阳辐射热最强烈时,此时路表面温度要高出气温许多。特别是沥青路面,由于其吸热量高,温度升高的幅度超出水泥混凝土路面。另外,面层结构内不同深度处的温度同样随气温的变化而呈周期性变化,但其变化幅度随深度的增加而减小,峰值也随深度的增加而越来越滞后。从一昼夜间不同时刻路面温度随深度的分布曲线,可更清楚地看到路面结构内温度随深度而变化的规律。图2-13 所示为水泥混凝土面层内温度随深度而变化的情况,图中表明温度随深度的变化一般呈曲线分布,面层顶面与底面之间的温度差,在一昼夜间经历了由顶面温度低于底面温度到顶面温度高于底面温度,再到顶面温度低于底面温度,即由负到正再由正到负的循环变化。由图2-14 则可看出,这种温度梯度的变化具有与气温变化几乎同步的周期性特点。面层结构内不同深度处的温度除昼夜间的变化外,还经历着随一年四季气温变化而变化的过程。图2-15 表示了沥青面层内不同深度处月平均温度变化的平均气温最高和最低的月份,面层内的平均温度也相应最高和最低。

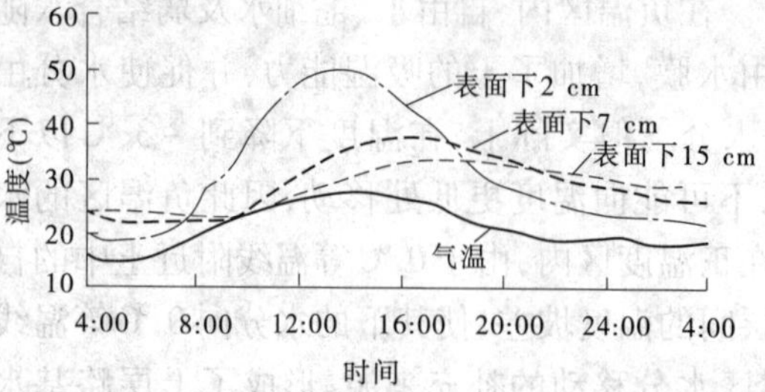

图 2-11　沥青面层温度日变化曲线

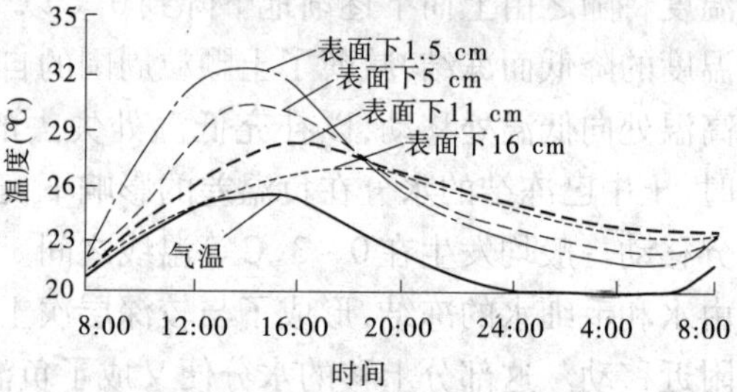

图 2-12　水泥混凝土面层温度日变化曲线

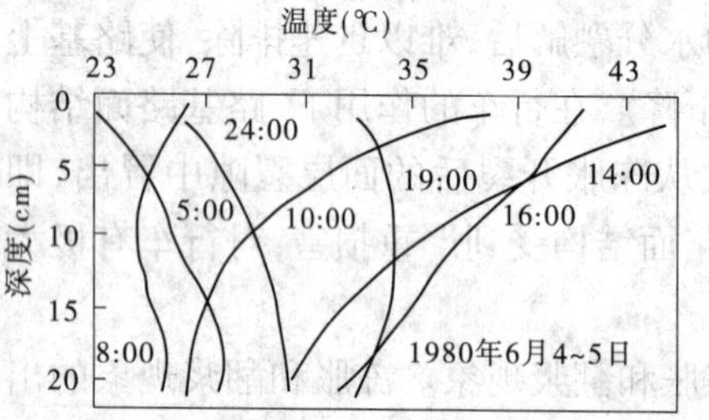

图 2-13　水泥混凝土面层深度的温度日变化曲线

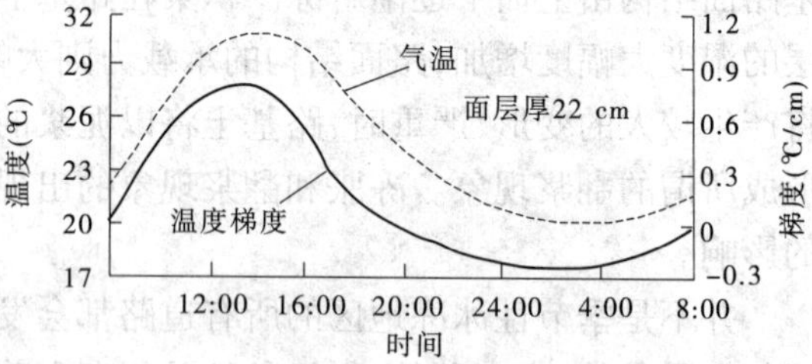

图 2-14　水泥混凝土面层温度梯度日变化曲线

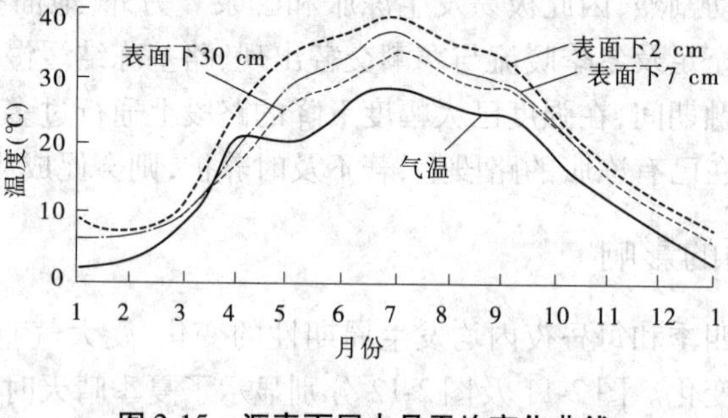

图 2-15　沥青面层内月平均变化曲线

影响路面结构内温度状况的因素可分为外部因素与内部因素。外部因素主要为气候条件，如太阳辐射、气温、风速、降雨(雪)量和蒸发量等。其中，太阳辐射和气温是决定路面温度状况最重要的外部因素。内部因素则为路面各结构层材料的热物理特性参数，如热传导率、热容量和对辐射热的吸收能力等。

通过在影响路面结构内温度状况的内部因素和外部因素间建立起某种联系的方法，可预测路面结构内的温度状况。常用的方法有统计分析与理论分析两类。

在路面结构层的不同深度处埋设测温元件，连续观测一年四季中路面结构内不同深度处在不同时刻的温度变化，同时收集当地的气温和辐射热等气候资料，并将路面观测到的路面结构内温度与各气象因素进行逐步回归分析，选择符合显著性检验要求的因素，分别建立不同深度处路面结构指标的回归方程。利用这些统计关系，即可根据以往的气象资料推算路面结构层内的温度状况，如式(2-9)所示

$$T_{max} = a + bT'_{amax} + cQ \tag{2-9}$$

式中　T_{max}——路面某一深度处的最高温度,℃;

T'_{amax}——相应的日最高气温,℃;

Q——相应的太阳日辐射热,J/m^2;

a、b、c——回归常数。

利用统计方法预估与观测自然条件相似的特定地区和特定路面结构层内温度状况,具有较高的可靠性和精确度。但由于统计资料不可能包含所有的复杂因素,如果利用这些统计关系预估其他地区路面或其他路面结构的温度状况,将由于其内部和外部影响因素的差异而难以适用,通用性较差。

理论分析方法即根据气象资料用理论方法估算路面结构内的温度状况。假设路面结构内温度在平面方向上均匀分布,则其温度场可用式(2-10)表示

$$\frac{\partial^2 T}{\partial \delta^2} = \frac{\rho S \partial T}{k \partial t} \tag{2-10}$$

式中　T——温度场,℃;

δ——距路表深度,m;

t——时间,s;

S——面层材料的热容量,J/(kg · ℃);

ρ——面层材料的密度,kg/m^3;

k——面层材料的热传导率,W/(m · ℃)。

应用不同的边界条件和方法,求解上述偏微分方程,即可得到温度场的解析式,或直接求得不同时刻在不同深度处的温度值。利用理论分析法时,由于其参数确定具有一定的难度,加之理论假设与实际情况存在差异,温度预测的结果与实测结果有一定的差距。

习题与思考题

1. 某沥青路面二级汽车专用公路,设计使用年限 15 年,通过交通调查得到其初始年平均日交通量为 7 000 辆,其中与路面损坏有关的各类车辆的交通量列于表 2-5,取方向系数 0.5。由各类车辆的轴载组成可得到相应的等效轴载换算系数 η_i,同样列于表 2-5,试计算设计年限内标准轴载累计作用次数。

表 2-5　各类车辆的交通量

车辆类型	N_i	η_i	N_1	N_e
2 轴公共汽车	48	0.512 3	24.590 4	179 689
3 轴公共汽车	25	0.177 8	27.945 0	204 202
2 轴 4 轮货车	1 605	0.019 2	30.816 0	225 182
2 轴 6 轮货车	518	0.704 1	364.723 8	2 665 146
3 轴货车	195	1.110 0	217.450 0	1 581 665
3 轴牵引式半拖车	40	0.710 8	28.432 0	207 761

续表 2-5

车辆类型	N_i	η_i	N_1	N_e
4 轴牵引式半拖车	25	1. 546 4	38. 660 0	262 500
5 轴牵引式半拖车	5	2. 152 5	10. 762 5	78 645
4 轴货车 + 拖车	65	0. 820 4	53. 326 0	389 669
5 轴货车 + 拖车	17	0. 978 5	16. 634 5	121 553
6 轴以上货车 + 拖车	26	1. 238 1	33. 380 6	243 776
合计		2 569 辆		6 159 788

2. 什么是设计标准轴载？为什么在设计的过程中都要换算成标准轴载？

3. 简述水和温度对路面的影响。

第三章　一般路基设计

学习要点　通过本章学习,学生应掌握路基土的分类及工程性质,掌握一般路基的概念及设计方法,了解路基附属设施的组成及设计方法,掌握路基的常见病害及防治措施。

一般路基指在良好的水文地质等条件下,填方高度或挖方深度不超过设计规范所允许的高度,可以结合当地地形、地质情况直接选用长期生产实践和科学研究总结拟定的典型横断图或设计规定,而不必进行个别论证和验算的路基。超过规范规定高度的高填、深挖路基,及特殊水文地质条件下的路基,为特殊路基。特殊路基必须进行个别设计和验算,选择合理路基断面形式,正确确定边坡坡度,以及相应的防护和加固措施。

第一节　路基土的分类与工程性质

一、路基土的分类

世界各国公路用土的分类方法虽然不尽相同,但是分类的依据大致相似,一般都是根据土颗粒的粒径组成、土颗粒的矿物成分或其余物质的含量、土的塑性指标进行区划的。我国公路用土依据土的颗粒组成特征、土的塑性指标和土中有机质存在的情况,分为巨粒土、粗粒土、细粒土和特殊土四类,并进一步细分为11种土。土的颗粒组成特征用不同粒径粒组在土中的百分含量表示。土颗粒不同粒组的划分如图3-1所示。

200　60　20　5　2　0.5　0.25　0.074　0.002(mm)

巨粒组		粗粒组						细粒组	
漂石(块石)	卵石(小块石)	砾(角砾)			砂			粉粒	黏粒
		粗	中	细	粗	中	细		

图3-1　土颗料不同粒组划分

土分类总体体系包括4类并且细分为11种,如图3-2所示。

公路用土分类的成分、级配、液限和特殊土等基本代号如表3-1所示。

二、工程性质

采用不同土组修筑的路基,表现出的工程性质各不相同。在选择路基填筑材料及修筑路面结构层时,应根据不同土类分别采取不同的工程技术措施。下面分别对各土组的主要工程性质加以介绍。

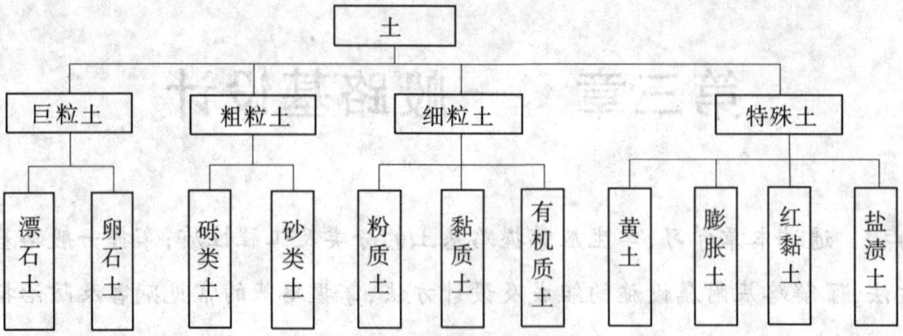

图 3-2　土分类总体体系

表 3-1　公路用土基本代号

<table>
<tr><td></td><td>成分</td><td>代号</td><td>成分</td><td>代号</td><td colspan="3">成分</td><td>代号</td></tr>
<tr><td rowspan="4">土的成分代号</td><td>漂石</td><td>B</td><td>砾</td><td>G</td><td colspan="3">黏土</td><td>C</td></tr>
<tr><td>块石</td><td>Ba</td><td>角砾</td><td>Ga</td><td colspan="3">细粒土（C 与 M）合称</td><td>F</td></tr>
<tr><td>卵石</td><td>Cb</td><td>砂</td><td>S</td><td colspan="3">（混合）土（粗、细粒土合称）</td><td>SI</td></tr>
<tr><td>小块石</td><td>Cba</td><td>粉土</td><td>M</td><td colspan="3">有机质土</td><td>O</td></tr>
<tr><td>级配代号</td><td>级配良好</td><td>W</td><td>级配不良</td><td colspan="5">P</td></tr>
<tr><td>液限高低代号</td><td>高液限</td><td>H</td><td>低液限</td><td colspan="5">L</td></tr>
<tr><td>特殊土代号</td><td>黄土</td><td>Y</td><td>膨胀土</td><td>E</td><td>红黏土</td><td>R</td><td>盐渍土</td><td>St</td></tr>
</table>

注：土类名称可用一个基本代号表示。当用两个基本代号表示时，第一个代号表示土的成分，第二个代号表示土的副成分（级配或液限）。当由三个代号表示时，第一个代号表示土的主成分，第二个代号表示液限或级配，第三个代号表示土的次要成分。

巨粒土包括漂石（块石）和卵石（小块石），有很高的强度和稳定性，是填筑路基的良好材料，也可用于砌筑边坡。

级配良好的砾石混合料，密实程度好，强度和稳定性均能满足要求，除填筑路基外，还可以用于铺筑中级路面，经处理后可以铺筑高级路面的基层、底基层。

砂土没有塑性，具有良好的透水性，毛细水上升高度很小（仅 0.2 ~0.3 m），具有较大的内摩阻系数。采用砂土修筑的路基，强度高，水稳定性好。但砂土的黏结性小，易松散，压实困难，车辆通过时容易产生较深车辙。为了克服这一缺点，可添加一些黏性大的土（黏土类土），以改善路基的使用质量。

砂性土是修筑路基的良好材料。它既含有一定数量的粗颗粒，使路基获得足够的强度和水稳定性，又含有一定数量的细颗粒，使其具有一定黏结性，不致过分松散。砂性土遇水干得快，不膨胀，雨天不泥泞，晴天不扬尘。其颗粒组成接近最佳级配，因而用砂性土修筑的路基在行车荷载作用下易被压实，并易形成平整坚实的路基表面。

粉性土是最差的筑路构料。因其含有较多粉土粒，干时稍有黏结，飞尘大，浸水后很快被湿透，易成流体状态（稀泥）。粉性土毛细水上升高度大，最大可达 1.5 m，在季节性冰冻地区很容易使路基产生湿度累积，造成严重的冻害现象，故一般称为翻浆土。粉性土属于不良公路用土，如必须使用粉性土填筑路基，应采取技术措施改良土质并加强排水、隔水等设施。

黏性土透水性差，黏结力大，因干时坚硬、不易挖掘。它具有较大的可塑性、黏结性和膨胀性，毛细现象也很显著，用来筑路比粉土好，但不如砂性土。浸水后，黏性土能比较长时间地保持水分，因而承载力很小。在用黏性土填筑路基时，应加以充分压实并设有很好的排水措施。

重黏土是指塑性指数大于 27 的黏土类。一般情况下，其工程性质与黏性土相似，但受黏土矿物成分影响较大。含高岭土为最好，伊利土次之，蒙脱土最差。重黏土不透水，黏结力特强。干时很坚硬，很难挖掘，膨胀性和塑性都很大。

此外，还有一些具有特殊性质或含有害物质的土类，如泥炭、硅藻土、腐殖土或含有石膏等易溶盐类的土等，这些土均不宜用于填筑路基。如实在需要，必须在设计和施工中采取适当的措施。

第二节　路基典型横断面与一般路基设计

一、路基典型横断面

（一）路堤

路堤是指全部用岩土填筑而成的路基，按填土高度不同，可划分为矮路堤、高路堤和一般路堤。填土高度小于 1.0～1.5 m 者属于矮路堤，填土高度大于 18 m（土质）或 20 m（石质）的路堤属于高路堤，填土高度为 1.5～18 m 的路堤为一般路堤。根据路堤所处环境条件和加固类型的不同，还有浸水路堤、护脚路堤及挖沟填筑路堤等形式。图 3-3 为常见的路堤断面形式。

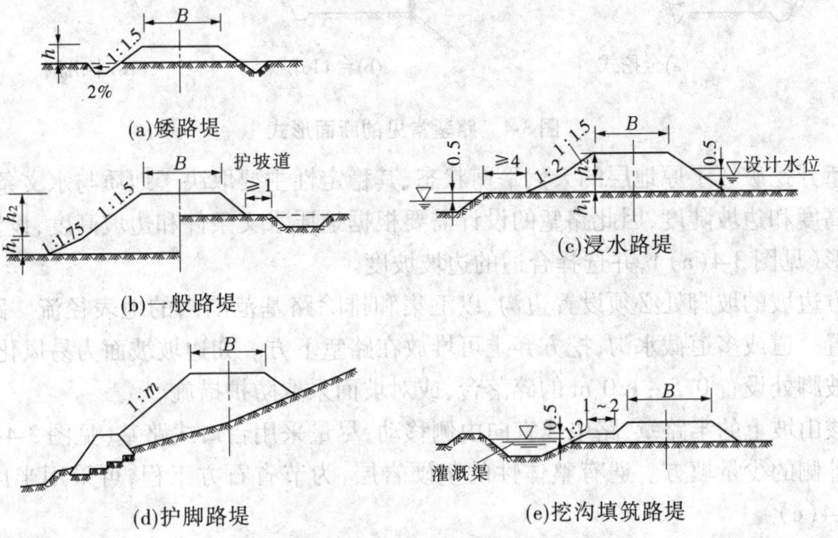

图 3-3　常见的路堤断面形式　（单位：m）

矮路堤通常在地形平坦地区取土困难时选用。由于平坦地区地势低,水文条件较差,易受地下水和地表水的影响,设计时应满足最小填土高度的要求,力求不低于干燥或中湿状态的路基临界高度,并在路基的两侧设置边沟。由于矮路堤高度通常接近或小于路基工作区的深度,施工中,除填土自身要满足规定的压实度要求外,天然地面亦应进行压实,达到规定的压实度。必要时需采取清除基底、换土,设置隔离层,排除地下水或降低地下水位等措施,以保证路基、路面的强度和稳定性。

填方高度不大的一般路堤,高度为 2~3 m 时,填方数量较少,全部填方或部分填方可在公路两侧设置取土坑,并与排水沟渠结合。为保护填方坡脚不受流水侵蚀,保证边坡稳定,可在坡脚与填方之间预留 1~2 m 甚至 4 m 以上宽度的护坡道(见图 3-3(b))。地面横坡较陡时,为防止填方路堤沿山坡滑动,应将天然地面挖成台阶,或设置石砌护脚(见图 3-3(d))。

高路堤的填方数量大,占地多,为使路基稳定和断面经济合理,需进行个别设计。高路堤和浸水路堤的边坡可采用上陡下缓的折线式(见图 3-3(b))或台阶形式,如在边坡中部设置护坡道。为防止水流侵蚀和冲刷坡面,高路堤和浸水路堤的边坡需采取适当的坡面防护和加固措施。

(二)路堑

路堑是指全部在原地面开挖而成的路堤,常见的断面形式有全挖式、台口式和半山洞三种,如图 3-4 所示。

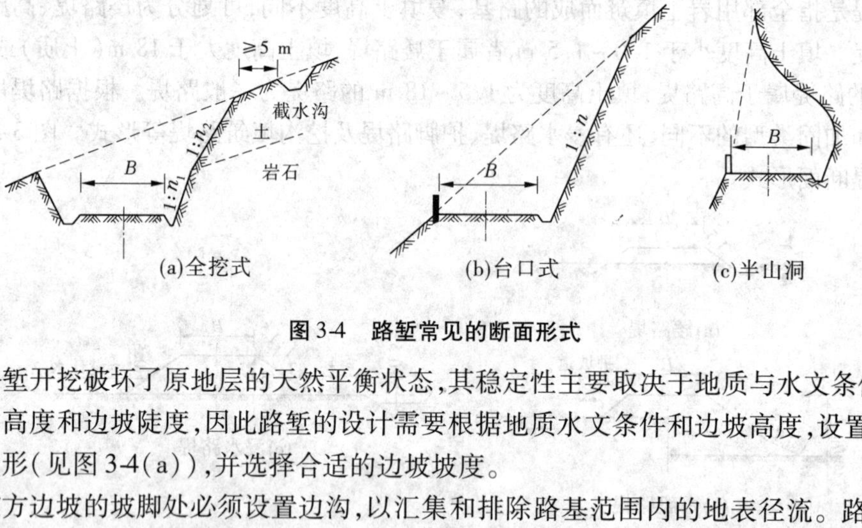

(a)全挖式　　(b)台口式　　(c)半山洞

图 3-4　路堑常见的断面形式

路堑开挖破坏了原地层的天然平衡状态,其稳定性主要取决于地质与水文条件,以及边坡的高度和边坡陡度,因此路堑的设计需要根据地质水文条件和边坡高度,设置成直线或折线形(见图 3-4(a)),并选择合适的边坡坡度。

挖方边坡的坡脚处必须设置边沟,以汇集和排除路基范围内的地表径流。路堑的上方应设置一道或多道截水沟,挖方弃土可堆放在路堑下方。如边坡坡面为易风化的岩石,则应在坡脚处设置 0.5~1.0 m 的碎落台,或对坡面采取防护措施。

陡峻山坡上的半路堑,路中线宜向内侧移动,尽量采用台口式路基(见图 3-4(b)),避免路基外侧的少量填方。遇有整体性的坚硬岩层,为节省石方工程,可采用半山洞路基(见图 3-4(c))。

当挖方路基所处土层水文状况不良时,可能会导致路面的破坏,所以对路堑以下的天然地基,要人工压实至规定的密实程度,必要时还应翻挖、更新分层填筑或换土,或采取加铺隔离层、设置必要的地下排水设施等措施。

(三)半填半挖路基

当原地面横坡较大,并且路基较宽时,路基的一侧需要填筑,另一侧需要开挖,这种由部分填筑和部分开挖后而形成的路基,叫半填半挖路基,也叫填挖结合路基。在丘陵或山岭地区的路线上,半填半挖路基是路基横断面的主要形式。

图 3-5 是几种半填半挖路基常见的横断面形式。

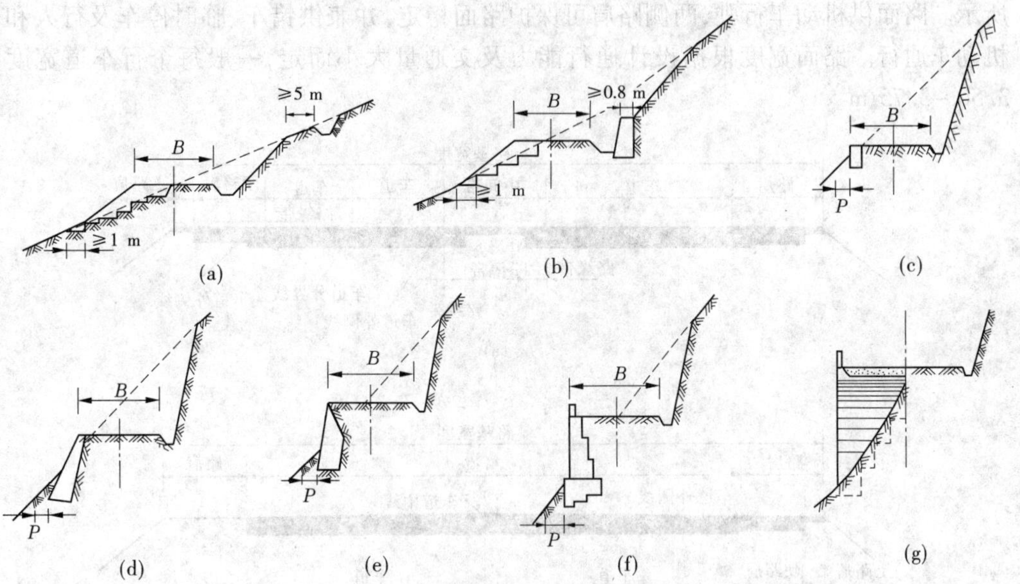

图 3-5 半填半挖路基常见的横断面形式

位于山坡上的路基,通常取路中心的标高接近原地面的标高,以减少土石方数量,避免高填深挖和保持土石方数量的横向填挖平衡。若处理得当,路基稳定可靠,是比较经济的路基横断面形式。

半填半挖路基兼有路堤和路堑两者的特点,因此均应满足前述路堤和路堑的设计要求。填方部分的原地面横坡陡于 1∶5时,土质应挖台阶或石质应凿毛(见图 3-5(a));填方部分的局部路段,如遇原地面的短缺口,可采用石砌护肩。如填方量较大,可就近利用废石方砌筑护坡或护墙。石砌护坡和护墙相当于简易式挡土墙,承受一定的侧向压力。有时为了保证路基的稳定,压缩用地宽度,可在填方部分设置路肩(或路堤)式挡土墙。石砌护肩、护坡与护墙,及挡土墙等路基形式见图 3-5(e)、(f)。如果填方部分悬空,而纵向又有适当的基岩,则可以沿路基纵向建成半山桥路基(见图 3-5(g))。

二、一般路基设计

路基由宽度、高度和边坡坡度三者构成。路基宽度取决于公路技术等级;路基高度(包括路中心线的填挖深度、路基两侧的边坡高度)取决于路线的纵坡设计及地形;路基边坡坡度取决于土质、地质构造、水文条件及边坡高度,并由边坡稳定性和横断面经济性等因素确定。路基宽度、高度和边坡坡度是路基设计的基本要素。路基的边坡坡度及相应的防护、加固措施是路基设计的基本内容。

(一)路基宽度

路基宽度为路面及两侧路肩宽度之和,由于技术等级及具体要求的不同,除路面和路肩外,必要时还应包括分隔带路缘带、变速车道、爬坡车道、慢行车道或路用设施(如护栏、照明、绿化)等可能占用的宽度。技术等级高的公路(如高速公路和一级公路),路基宽度内还需设置中央带(由中央分隔带加相邻两侧路线带组成)。路基宽度组成如图3-6所示。路面供机动车行驶,两侧路肩可保护路面稳定,并兼供错车、临时停车及行人和非机动车通行。路面宽度根据设计通行能力及交通量大小而定,一般每个行车道宽度为3. 50 ~3. 75 m。

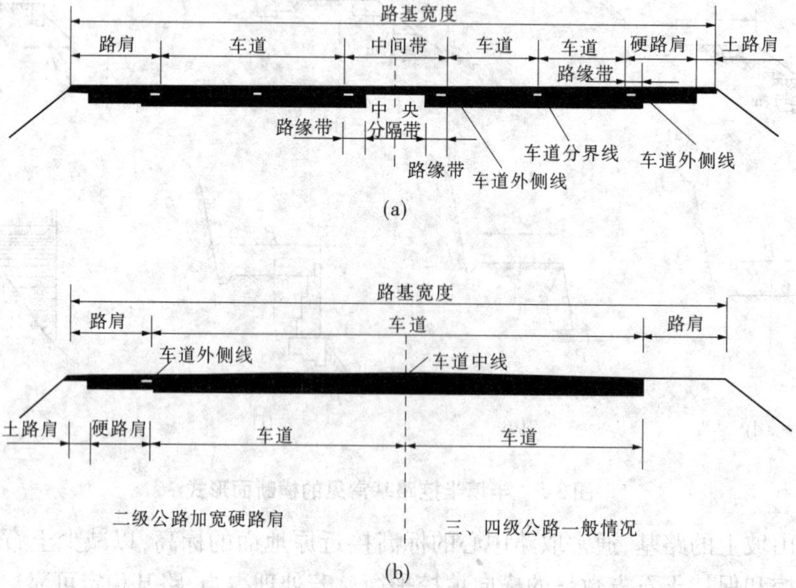

图3-6　公路路基宽度组成

路肩宽度由公路等级和交通情况而定,最小宽度为0.5 m,城镇近郊行人与非机动车较集中,路肩宽度应尽可能增大,一般取1 ~3 m,并铺筑硬质面层,以保证路面行车不受干扰。各级公路路基宽度按《公路工程技术标准》(JTG B01—2003)的规定进行设计,如表3-2所示。

(二)路基高度

路基高度是指路基设计标高与路中线原地面标高之差,也称为施工高度,即路堤的填筑厚度或路堑的开挖深度。路基设计标高,无中央分隔带的公路,以路基边缘高度为准,即路基边缘的标高;有中央分隔带的公路,应为中央分隔带外侧边缘的高度;在设置超高加宽路段,应为设置超高加宽前的路基边缘高度。边坡高度指填方坡脚或挖方坡顶标高与路基设计标高之差。当原地面平坦时,路基高度与边坡高度相等,在山坡地面,两者不等,两侧边坡高度也不相等。

路基高度由路线纵坡设计确定。设计时,要综合考虑地形、地质、地貌、水文等自然条件,桥涵等构造物与交叉口的控制高度,纵向坡度的平顺,土石方工程数量的平衡,以及路基的强度与稳定性等因素,得出合理的路基高度。

表 3-2　公路路基宽度

公路等级		高速公路、一级公路								
设计车速(km/h)		120			100			80		60
车道数		8	6	4	8	6	4	6	4	4
路基宽度(m)	一般值	45.00	34.50	28.00	44.00	33.50	26.00	32.00	24.50	23.00
	最小值	42.00	—	26.00	41.00	—	24.50	—	21.50	20.00

公路等级		二级公路、三级公路、四级公路					
设计车速(km/h)		80	60	40	30	20	
车道数		2	2	2	2	2 或 1	
路基宽度(m)	一般值	12.00	10.00	8.50	7.50	6.50(双车道)	4.50(单车道)
	最小值	10.00	8.50	—	—	—	

注:1."一般值"为正常情况下采用值,"最小值"为条件受限制时采用的值。

2.8 车道高速公路路基宽度"一般值"为设置左侧硬路肩、内侧车道采用 3.50 m 时的宽度,8 车道高速公路路基宽度"最小值"为不设置左侧硬路肩、内侧车道采用 3.75 m 时的宽度。

深路堑挖方工程量大,施工面狭窄,行车条件差,边坡稳定性差。高填方占地面积大,工程量集中,往往同桥涵等人工构造物连成一体,受水的侵蚀和冲刷较严重。因此,从路基稳定性出发,在填挖量较大的路段,要认真考虑路基的高填与深挖的可行性,并进行单独设计。

路堤的最小填筑高度,应根据临界高度,并结合沿线具体条件和排水及防护措施,按照公路等级及有关的规定确定,一般应保证路基处于干燥或中湿状态。

沿河及受水浸淹的路基,其高度一般应根据《公路工程技术标准》(JTG B01—2003)所规定的设计洪水频率(见表 3-3)求得设计水位,再增加 0.5 m 的安全高度;如果河道因路堤而压缩河床使上游有壅水,或河面宽阔而有风浪,则应增加壅水的高度和波浪冲上路堤的高度。沿河浸水路堤的高度应高出上述各值之和,以保证路基不致被淹没,并据此进行路基的防护与加固。

表 3-3　路基设计洪水频率

公路等级	高速公路	一级公路	二级公路	三级公路	四级公路
洪水设计频率	1/100	1/100	1/50	1/25	按具体情况确定

(三)路基边坡坡度

路基边坡坡度对路基稳定十分重要,确定路基边坡坡度是路基设计的重要任务。公路路基边坡的坡度用边坡高度 H 与边坡宽度 B 的比值表示,并取 $H=1$,如图 3-7 所示,

$H:B=1:0.5$(路堑边坡)或 $1:1.5$(路堤边坡),一般用 $1:n$(路堑)或 $1:m$(路堤)表示坡度,称为边坡坡度。

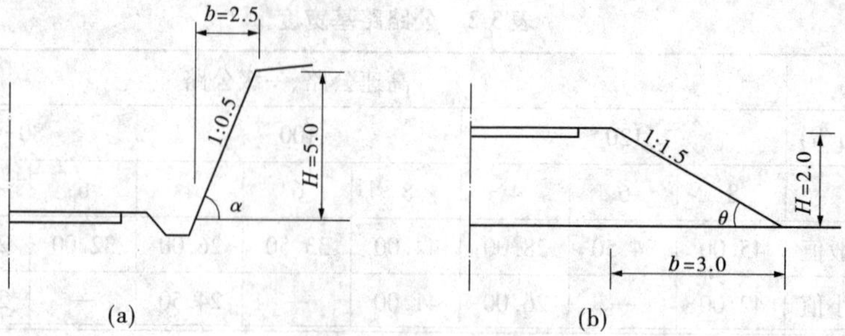

图 3-7　路基边坡示意图　(单位:m)

路基的边坡关系到路基的稳定和工程投资,尤其是陡坡地段的路堤及较深路堑的挖方边坡,不仅工程量大,施工难度高,而且是路堑稳定性的关键。如果地质、水文条件较差,往往病害严重,持续年限很长,在水作用下导致边坡坍塌破坏,影响道路的正常运营。因此,确定路基边坡坡度,对路基稳定和断面经济至关重要,在设计时,要全面考虑,力求合理。

1. 路堤边坡

路堤边坡坡度与路堤填料和边坡高度有关。根据路堤填料不同,分为土质和石质两种情况。

土质路堤边坡:路堤边坡的形式和坡度应根据填料的物理力学性质、边坡高度和工程地质条件确定。一般填土路堤边坡,其坡度可按表 3-4 取值。当边坡高度超过表 3-5 的高度时,为高路堤,应进行个别设计。

表 3-4　一般填土路堤边坡坡度

填料类别	边坡坡度	
	上部高度($H \leqslant 8$ m)	下部高度($H \leqslant 12$ m)
细粒土	1:1.5	1:1.75
粗粒土	1:1.5	1:1.75
巨粒土	1:1.3	1:1.5

对于浸水路堤,设计水位以下部分根据填料情况,边坡坡度采用 1:1.75 ~ 1:2,在常水位以下部分可采用 1:2 ~ 1:3,并根据水流情况采取加固措施。

石质路堤边坡:当公路沿线有大量天然石料或开挖路堑的废石方时,可以用来填筑路堤,填石路堤应由不易风化的较大(大于 25 cm)石块砌筑,边坡坡度一般可用 1:1。但当采用易风化的岩石填筑路堤时,边坡坡度应按风化后的土质边坡设计。当路堤基底条件良好时,填石路堤边坡坡度可参考表 3-5。

陡坡上的路基填方可采用砌石,如图 3-8 所示,砌石应用当地不易风化的开山片石砌筑。砌石顶宽一律采用 0.8 m、基底以 1:1.5 的坡度向路基内侧倾斜,砌石高度一般为

2～15 m,墙的内外坡度依砌石高度按表3-6选定。

表3-5　填石路堤边坡坡度

填石料种类	边坡高度(m)			边坡坡度	
	全部高度	上部高度	下部高度	上部	下部
硬质岩石	20	8	12	1∶1.1	1∶1.3
中硬岩石	20	8	12	1∶1.3	1∶1.5
软质岩石	20	8	12	1∶1.5	1∶1.75

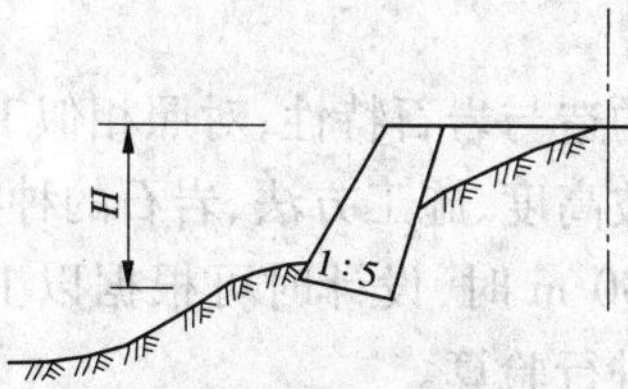

图3-8　砌石护坡

表3-6　砌石边坡坡度

序号	高度(m)	内坡坡度	外坡坡度
1	≤5	1∶0.3	1∶0.5
2	≤10	1∶0.5	1∶0.67
3	≤15	1∶0.6	1∶0.75

在地震地区,应参照《公路工程抗震设计规范》(JTJ 004—89)的有关规定,规范规定,对于高速公路和一级公路的路堤,边坡高度大于表3-7的规定时,应放缓边坡。

表3-7　地震区路堤高度限值　（单位:m)

填料	地震烈度	
	8	9
岩块和细粒土(粉性土和有机质土除外)	15	10
粗粒土(细砂、极细砂除外)	6	3

2. 路堑边坡

路堑是在天然地面上开挖后形成的路基结构形式。其边坡坡度与边坡的高度、坡体土石性质、地质构造特征、岩石的风化和破碎程度、地面水和地下水等因素有关。

土质路堑边坡:土质(包括粗粒土)路堑边坡应根据边坡高度、土的密实程度、地下水和地面水情况、土的成因及生成时代等因素确定。一般情况下,具有一定黏性土质的挖方边坡坡度,取值为1∶0.75～1∶1.5;个别情况下,可放缓至1∶1.75。不同高度、不同密实程度的土质挖方边坡坡度可参照表 3-8。

表 3-8　土质挖方边坡坡度

土的类别		边坡坡度
黏土、粉质黏土、塑性指数大于 3 的粉土		1:1
中密以上的中砂、粗砂、砾砂		1:1.5
卵石土、碎石土、圆砾土、角砾土	胶结和密实	1:0.75
	中密	1:1

岩石路堑边坡：一般根据地质构造与岩石特性，对照相似工程的成功经验选定边坡坡度。工程地质与水文地质条件、边坡高度、施工方法、岩石的种类、风化和破碎程度是决定坡度的主要因素，边坡高度不大于 30 m 时，设计时可根据以上因素参照表 3-9 ~ 表 3-11 确定，必要时可采用力学分析方法进行验算。

表 3-9　岩质路堑边坡坡度

边坡岩体类型	风化程度	边坡坡度	
		$H<15$ m	15 m$\leqslant H<30$ m
Ⅰ类	未风化、微风化	1:0.1 ~ 1:0.3	1:0.1 ~ 1:0.3
	弱风化	1:0.1 ~ 1:0.3	1:0.3 ~ 1:0.5
Ⅱ类	未风化、微风化	1:0.1 ~ 1:0.3	1:0.3 ~ 1:0.5
	弱风化	1:0.3 ~ 1:0.5	1:0.5 ~ 1:0.75
Ⅲ类	未风化、微风化	1:0.3 ~ 1:0.5	—
	弱风化	1:0.5 ~ 1:0.75	—
Ⅳ类	未风化、微风化	1:0.5 ~ 1:1	—
	弱风化	1:0.75 ~ 1:1	—

注：1. 可靠资料和经验时，可不受本表限制。
　　2. Ⅳ类强风化包括各类风化程度的极弱岩。

表 3-10　岩质边坡的岩体分类

边坡岩体类型	判定条件			
	岩体完整程度	结构面结合程度	结构面产状	自立边坡自稳能力
Ⅰ类	完整	良好或一般	外倾结构面或外倾不同结构面的组合线倾角大于 75°或小于 35°	30 m 高边坡长期稳定，偶有掉块

续表 3-10

边坡岩体类型	判定条件			
	岩体完整程度	结构面结合程度	结构面产状	自立边坡自稳能力
Ⅱ类	完整	良好或一般	外倾结构面或外倾不同结构面的组合线倾角 35°~75°	15 m 高的边坡稳定,15~30 m 高的边坡欠稳定
	完整	差	外倾结构面或外倾不同结构面的组合线倾角大于 75°或小于 35°	
	较完整	良好或一般或差	外倾结构面或外倾不同结构面的组合线倾角小于 35°	边坡出现局部塌落
Ⅲ类	完整	差	外倾结构面或外倾不同结构面的组合线倾角 35°~75°	8 m 高的边坡稳定,15 m 高的边坡欠稳定
	较完整	良好或一般	外倾结构面或外倾不同结构面的组合线倾角 35°~75°	
	较完整	差	外倾结构面或外倾不同结构面的组合线倾角大于 75°或小于 35°	
	较完整（碎裂镶嵌）	良好或一般	结构面无明显规律	
Ⅳ类	较完整	差或很差	外倾结构面以层面为主,倾角多为 35°~75°	8 m 高的边坡不稳定
	不完整（散体、碎裂）	碎块间结合很差		

注:1. 边坡岩体分类中未含由软弱结构面控制的边坡和倾倒崩塌型破坏的边坡。

2. Ⅰ类岩体为软岩、较软岩时,应降为Ⅱ类岩体。

3. 当地下水发育时,Ⅱ、Ⅲ类岩体可根据具体情况降低一挡。

4. 强风化岩和极弱岩可划为Ⅳ类岩体。

5. 表中外倾结构面系指倾向与坡向的夹角小于 30°的结构面。

6. 岩体完整程度按表 3-11 确定。

表 3-11　岩体完整程度划分

岩体完整程度	结构面发育程度	结构类型	完整性系数 K_V
完整	结构面 1~2 组,以构造节理或层面为主,密闭型	巨块状整体结构	>0.75
较完整	结构面 2~3 组,以构造节理或层面为主,缝隙多呈密闭型,部分为微张型,少有充填物	块状结构、层状结构、镶嵌碎裂结构	0.35~0.75

续表 3-11

岩体完整程度	结构面发育程度	结构类型	完整性系数 K_V
不完整	结构面大于3组,在断层附近受构造作用影响较大,裂隙以张开型为主,多有填充物,厚度较大	碎裂状结构、散体结构	<0.35

注:1. 完整性系数 $K_V=\left(\frac{V_R}{V_P}\right)^2$, V_R 为弹性纵波在岩体中的传播速度,V_P 为弹性纵波在岩块中的传播速度。

2. 镶嵌碎裂结构为碎裂结构中碎块较大且相互咬合、稳定性相对较好的一种结构。

由于地表岩层和自然条件及路基构造要求与形式变化较大,岩石路堑边坡坡度难以定型,表中所列数值为一般条件下的经验数值,运用时要结合当地的工程地质和水文条件,参考各地现有自然稳定的山坡和人工成型的稳定山坡,加以对比选用,必要时应进行个别设计和稳定性验算,还必须采取排水和护坡与加固等技术措施。在地震地区的岩石路堑边坡坡度应参考《公路工程抗震设计规范》(JTJ 004—89)的规定。

第三节　路基附属设施

为确保路基的强度、稳定性及行车安全,与一般路基工程有关的附属设施有取土坑、弃土堆、护坡道、碎落台、堆料坪及错车道等。这些设施是路基设计的组成部分,正确合理地对其设计是十分重要的。

一、取土坑与弃土堆

路基土石方的挖填平衡是公路路线设计的基本原则,但往往难以做到完全平衡。土石方数量经过合理调配后,仍然会有部分借方和弃方(又称废方),为了使土石的借方、弃方不破坏周围环境和影响路基稳定,路基土石方的借、弃方要合理选择地点,即确定取土坑或弃土堆的位置。选点时要兼顾土质、数量、用地及运输条件等因素,弃之无害。借、弃方所形成的坑或堆,要求尽量结合当地地形,充分加以利用,并注意外形规整,弃堆稳固。对高等级公路或位于城郊附近的干线公路,尤应注意。

平坦地区,如果用土量较少,可以沿路两侧设置取土坑,并与路基排水和农田灌溉相结合。路旁取土坑大致如图3-9所示,深度约1.0 m或稍深一些,宽度依用土数量和用地允许而定。为防止坑内积水危害路基,当堤顶与坑底高差小于2.0 m时,在路基坡脚与坑之间需设宽度不小于1.0 m的护坡平台,坑底设纵横排水坡及相应设施。

河水淹没地段的桥头引道近旁,一般不设取土坑,如设取土坑,要距河流中水位边界10 m以外,并与导流结构物位置相适应,此类取土坑要求水流畅通,不得长期积水,危及路基或构造物的稳定。路基开挖的废方应尽量加以利用,如用以加宽路基或加固路堤,填补坑洞或路夯洼地,亦可兼顾农田水利或基建等所需,做到变废为用,弃而不乱。

废方一般选择路边低洼地,就近弃堆。原地面倾斜坡度小于1∶5时,路旁两侧均可设弃土堆,地面较陡时,宜设在路基下方。沿河路基爆破后的废石方,往往难以远运,条件许

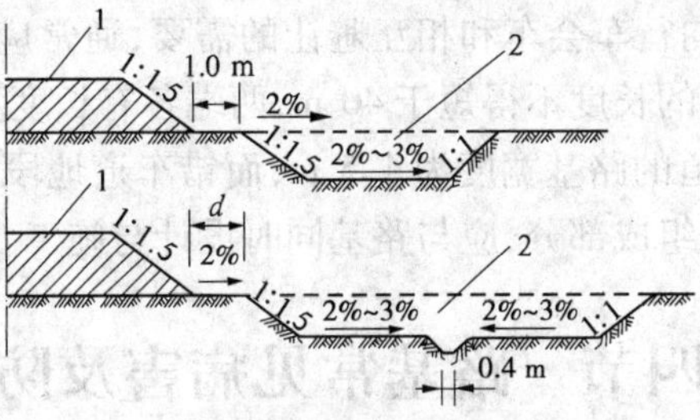

1—路堤;2—取土坑

图 3-9　路旁取土坑示意

可时可以部分占用河道,但要注意河道压缩后,不致壅水危及上游路基及附近农田,或产生泥沙淤积,影响河道畅通。

如图 3-10 所示为路旁弃土堆示例,要求堆弃整齐,顶面具有适当横坡,并设平台、三角土块及排水沟,宽度 d 与地面土质有关,最小为 3.0 m,最大可按路堑深度加 5.0 m。积砂或积雪地段的弃土堆,宜有利于防沙防雪,可设在迎面一侧,并具有足够距离。

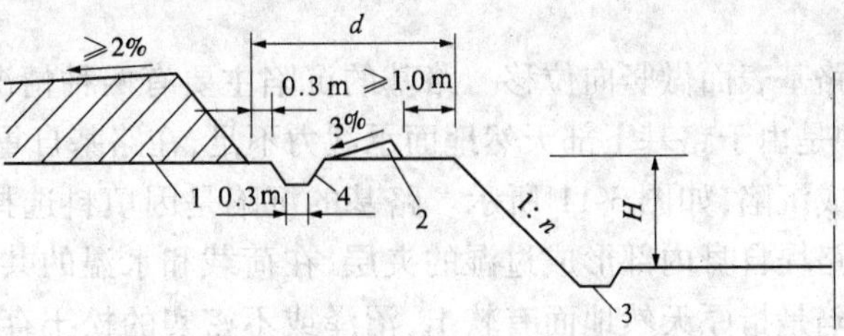

1—弃土堆;2—平台与三角土块;3—边沟;4—截水沟

图 3-10　路旁弃土堆示例

二、护坡道与碎落台

护坡道是保护路基边坡稳定性的措施之一,设置的目的是加宽边坡横向距离,减小边坡平均坡度。护坡道愈宽,愈有利于边坡稳定,但最少为 1.0 m,宽度大,则工程数量亦随之增加,因此要兼顾边坡稳定性与经济合理性。通常护坡道宽度 d 视边坡高度 h 而定,$h \geqslant 3.0$ m 时,$d = 1.0$ m;$h = 3 \sim 6$ m 时,$d = 2.0$ m;$h = 6 \sim 12$ m 时,$d = 2 \sim 4$ m。

护坡道一般设置在挖方坡脚处,边坡较高时也可设置在边坡上方及挖方边坡的变坡处。浸水路基的护坡道可设置在浸水线以上的边坡上。

碎落台设于土质或石质土的挖方边坡的坡脚处,主要供零星土石碎块下落时临时堆积,以保证边沟不致阻塞,亦有护坡道的作用。碎落台宽度一般为 1.0 ~ 1.5 m,如兼有护坡作用,可适当放宽。碎落台上的堆积物应定期清理。

三、堆料坪与错车道

路面养护所用的矿质材料,可就近选择路旁适当地点堆置备用,亦可在路肩外缘设堆料坪,其面积可结合地形与材料数量而定,例如每隔 50 ~ 100 m 设一个堆料坪,长 5 ~ 8 m,宽 2 m。高级路面或采用机械化养路的路段,可以不设,或另设集中备用料场,以维护公路外形的视觉平顺和景观优美。

单车道公路,出于双向行车会车和相互避让的需要,通常应每隔 200 ~ 500 m 设置错车道一处。按规定错车道的长度不得短于 40 m,两端各有长度为 10 m 的出入过渡段,中间 20 m 供停车用。单车道的路基宽度为 4.5 m,而错车道地段的路基宽度为 6.5 m。错车道是单车道路基的一个组成部分,应与路基同时设计与施工。

第四节　路基常见病害及防治

一、路基常见病害

路基裸露在大气中,经受土体自重、行车荷载和各种自然因素的作用,路基会产生变形。路基的变形分为可恢复变形和不可恢复的变形,路基的不可恢复变形会引起路基标高和边坡坡度、形状的改变,严重时会造成土体位移,危及路基的整体性和稳定性,造成路基的各种病害,路基常见的病害主要有以下几种。

(一)路基沉陷

路基沉陷是指路基表面做竖向位移。路基的沉陷主要有两种情况:一种是路基本身的压缩沉降;另一种是由于路基下部天然地面承载力不足,在路基自重的作用下引起沉陷或向两侧挤出而造成沉陷,如图 3-11 所示。路基的沉陷是因填料选择不当,填筑方法不合理,压实不足,在路堤自身内部形成过湿的夹层,在荷载和水温的共同作用下引起的路基沉陷。地基的沉陷是指原天然地面有软土、沼泽或不密实的松土存在,承载力较低,路基修筑前未作处理,在自重及荷载作用下引起的沉陷。此外,冻融作用也常使路基产生不均匀变形。

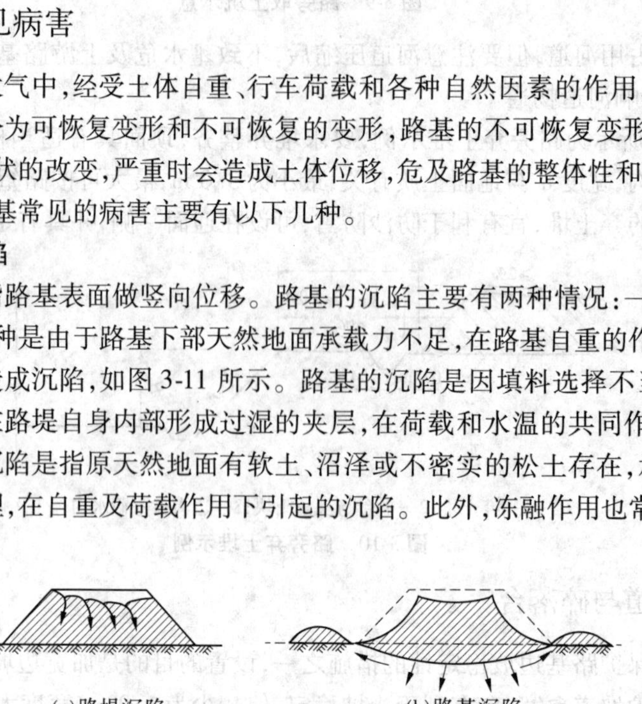

(a)路堤沉陷　　(b)路基沉陷

图 3-11　路基沉陷示意

(二)边坡滑塌

路基边坡滑塌是常见的路基病害,根据边坡土质类别、破坏原因和规模不同,可分为溜方和滑坡两种情况(见图 3-12)。

1. 溜方

溜方指边坡上薄的表层土被水浸泡后沿边坡向下滑移的破坏现象,主要是由流水冲刷边坡或施工不当引起的。

2. 滑坡

滑坡指路堤边坡土体在重力作用下沿某个滑动面发生剪切破坏,主要原因是:边坡过陡;不正确的填筑方法;含水率过大,土体的黏结力和内摩阻力降低;坡脚受水冲刷。

(三)碎落和崩塌

剥落和碎落是指路堑边坡风化岩层表面在大气温度和湿度的交替作用下,及雨水冲刷和动力作用下,表层岩石从坡面剥落下来,向下滚落。崩塌是指大块岩石脱离坡面沿边

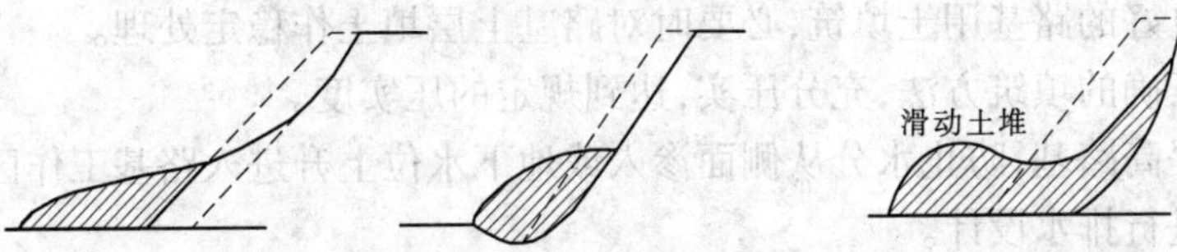

(a)溜方 (b)滑坡

图 3-12 路基边坡破坏

坡滚落(见图 3-13),崩塌发生的速度极快,岩土块在运动时有跳跃现象,运动结束后崩塌体基本稳定。崩塌属于坡体破坏,其规模和危害程度均较剥落或碎落更为严重。

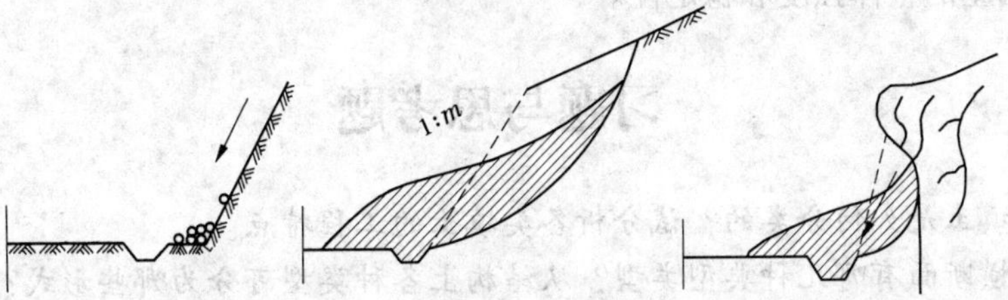

(a)碎落 (b)滑塌 (c)崩塌

图 3-13 路堑边坡破坏示意

(四)路堤沿山坡滑动

建造在陡山坡上的路堤或半路堤,如果基底(地基表面)未经处理而被水浸湿,下侧边坡坡脚又未加以支撑,则堤身就可能在自重和行车荷载作用下沿原山坡向下滑移(见图 3-14),使路基整体失去稳定。

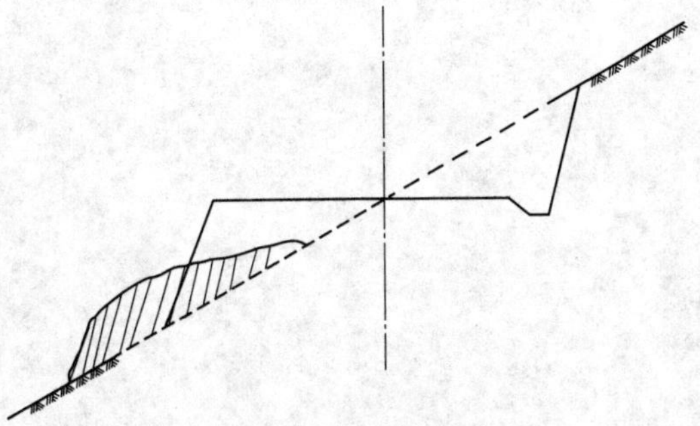

图 3-14 路堤沿山坡滑动示意

(五)特殊地质水文条件下的破坏

公路通过不良地质和水文地带,或遇较大自然灾害,如滑坡、岩堆、泥石流、雪崩、岩溶、地震及较大暴雨和严重冰冻等,均能导致路基结构的破坏。

二、路基病害防治

为提高路基的稳定性,防治各种病害的产生可以采取以下一些措施:

(1)正确设计路基横断面。

(2)选择良好的路基用土填筑,必要时对路基上层填土作稳定处理。

(3)选择正确的填筑方法,充分压实,达到规定的压实度。

(4)适当提高路基,防止水分从侧面渗入或地下水位上升进入路基工作区。

(5)正确进行排水设计。

(6)必要时设计隔离层隔绝毛细水上升,设置隔温层减少路基冰冻深度和水分累积,设置砂垫层疏干土基。

(7)采取边坡加固、修筑挡土结构物、土体加筋等防护措施,提高路基整体稳定性。

以上措施的宗旨在于限制水分浸入路基,或将已浸入路基的水分迅速排出,保证路基干燥,提高路基的整体强度和稳定性。

习题与思考题

1. 路基填土是如何分类的？试分析各类填土的工程特点。
2. 路基横断面有哪几种典型类型？从结构上各种类型可分为哪些形式？
3. 一般路基设计包括哪些内容？如何设计？
4. 路基附属设施包括哪些？
5. 一般路基常见的病害有哪些？如何防治？试分析造成各种病害的原因。

第四章　路基边坡稳定性分析

学习要点　通过本章学习，学生应掌握路基边坡稳定性分析的基本方法，掌握陡坡路堤、浸水路基及软土路基的稳定性分析及计算方法。

一般情况下，路基结构按规范要求确定，无须进行稳定性设计。特殊条件下，包括边坡坡度大于20 m的高路堤、深挖方、陡坡路堤、浸水路堤，以及滑坡与软土等不良地质、水文条件下的路基，需要通过稳定性分析与验算，作出合理的路基结构设计。路基边坡稳定性设计的任务，就是对路基边坡的稳定性进行分析与验算，判定边坡的稳定性，寻求安全可靠、经济合理的路基结构形式和稳定的边坡值，或据以确定边坡的加固措施。

第一节　路基边坡稳定性分析原理与方法

一、影响路基边坡稳定性的因素

路基边坡滑塌是公路上常见的一种破坏现象，铁路、港口、水坝、河堤等也时常发生边坡滑塌。路基滑塌直接影响到车辆的正常运营和安全，严重者造成事故，中断交通。根据土力学原理，路基边坡滑塌是由于边坡土体中的剪应力超过其抗剪强度所产生的剪切破坏。因此，凡是使土体剪应力增加或抗剪强度降低的因素，都可能引起边坡滑塌。这些因素主要有以下几方面。

(一)边坡土质

土的抗剪强度首先取决于土的性质，性质不同则抗剪强度也不同。对路堑边坡而言，除与土或岩石的性质有关外，还与岩石的风化破碎程度和结构面有关。

(二)水的活动

水是影响边坡稳定性的主要因素，边坡的破坏总是或多或少与水的活动有关。土体的含水率增加，既降低了土体的抗剪强度，又增加了土内的剪应力。在浸水情况下，还有浮力和动水压力作用，使边坡处于最不利状态。

(三)边坡的几何形状

边坡的高度、坡度等直接关系到土坡的稳定。高大、陡直的边坡，因重心高，稳定条件差，易发生滑塌或其他形式的破坏。

(四)活荷载增加

坡脚因水流冲刷或其他不适当的开挖而使边坡失去支撑等，均可能加大边坡土体的剪应力。

(五)地震及其他震动荷载(爆破等)

(略)

二、边坡稳定性设计方法

路基边坡稳定性分析与验算的方法,归纳起来有力学验算法和工程地质法两大类。力学验算法又叫极限平衡法,假定边坡沿着一定形状的滑动面破坏,按力学平衡原理进行计算。根据滑动面形状的不同,又分为直线法、圆弧法和不平衡推力传递法三种。力学验算法的基本假定是:

(1)破裂面以上的不稳定土体沿破裂面作整体滑动,不考虑其内部的应力分布不均和局部移动。

(2)土的极限平衡状态只在破裂面上达到。

为简化计算,用力学验算法进行边坡稳定性分析时,通常都按平面问题来处理。

工程地质比拟法是根据已成不同土类或岩体边坡的大量经验数据,拟定出路基边坡稳定值参考表,供设计采用。

一般情况下,土质边坡的设计是先按力学验算法进行验算,再以工程地质比拟法予以校核。岩石或碎石土类边坡则主要采用工程地质比拟法,有条件时也以力学验算法进行校核。

三、土体计算参数的确定

对于路堑或天然土坡稳定分析,采用原状土的重度 γ(kN/m^3)、内摩阻角 φ 和黏结力 c(kPa);对于填土路堤稳定分析,采用压实后土的重度 γ'(kN/m^3)、内摩阻角 φ'和黏结力 c'(kPa)。

如边坡由多层土体组成,在验算时所采用的参数 γ、φ、c 的数值,可采用加权平均法求得

$$\left.\begin{aligned} c &= \frac{\sum_{i=1}^{n} c_i h_i}{\sum_{i=1}^{n} h_i} \\ \tan\varphi &= \frac{\sum_{i=1}^{h} h_i \tan\varphi_i}{\sum_{i=1}^{n} h_i} \\ \gamma &= \frac{\sum_{i=1}^{n} \gamma_i h_i}{\sum_{i=1}^{n} h_i} \end{aligned}\right\} \tag{4-1}$$

式中 c_i、φ_i、γ_i——各土层的黏结力、内摩阻角和重度;

h_i——各土层厚度。

对于折线形或阶梯形边坡，一般取其平均值，或取坡角点和坡顶点的连线。

四、荷载当量高度

路堤边坡除受自重作用外，同时承受行车荷载作用。在边坡稳定性验算时需要按车辆最不利情况排列（见图 4-1），把车辆荷载换算成当量土柱高，即以相等压力的土层厚度来代替荷载，叫当量高度，又称换算高度，用 h_0 表示。

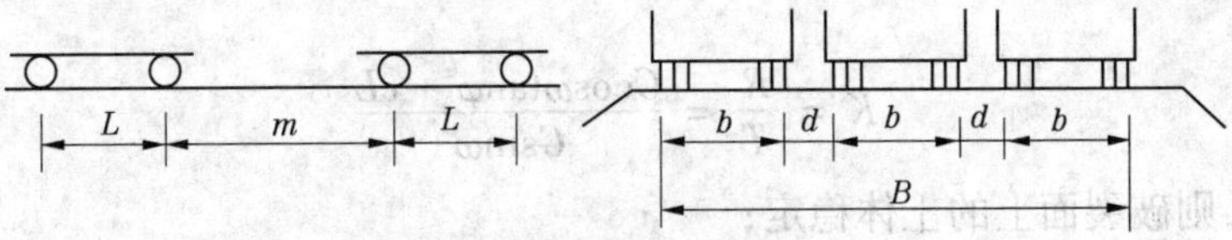

图 4-1　汽车荷载布置示意

当量高度的计算公式为

$$h_0 = \frac{NQ}{LB\gamma} \tag{4-2}$$

式中　h_0——荷载当量高度，m；

N——横向分布的车辆数；

Q——每一辆车的重力，kN；

L——车辆前、后轮胎（或拖拉机履带）着地长度；

B——横向分布车辆轮胎（或履带）外缘之间的距离，$B = Nb + (N-1)d$，b 为每一辆车的轮胎（或履带）外缘之间的距离，d 为相邻两辆车轮胎（或履带）之间的净距，m；

γ——土的重度，kN/m^3。

关于荷载分布宽度，可分布在行车道（路面）范围内；实际情况也可以认为路肩有可能停车（最不利的情况），则荷载分布于整个路基宽度（包括路肩、路面的宽度）。两者虽有差异，但计算结果相差不大。

五、直线法

此方法适用于由砂土或砂性土组成，抗力以摩阻力为主，滑动面为平面的路堤或路堑边坡，及原地面为单一倾斜的陡坡路堤的稳定性验算。

（一）路堤边坡

如图 4-2 所示，填方边坡土楔体沿破裂面 AD 滑动，则下滑力（或切向力）T 和阻止土楔下滑的抗滑力 R 分别为

下滑力　$$T = G\sin\omega$$

抗滑力　$$R = N\tan\varphi + cL = G\cos\omega\tan\varphi + cL$$

式中　G——土楔自重，包括换算成土柱高的车辆荷载，kN；

ω——破裂面对于水平面的倾角，(°)；

φ——路堤土体的内摩阻角，(°)；

c——路堤土体的单位黏结力,kPa;

L——破裂面 AD 的长度,m;

N——作用于破裂面上的法向力,kN。

其中,c、φ、γ 值均必须通过试验确定。

根据静力平衡原理,$T > R$ 表示滑动力大于抗滑力,部分土体不稳定;两者相等,表示处于极限平衡状态。因此,工程中采用两力之比 K 表示边坡稳定性,K 叫稳定系数(或安全系数),即

$$K = \frac{R}{T} = \frac{G\cos\omega\tan\varphi + cL}{G\sin\omega} \tag{4-3}$$

如 $K > 1$,则破裂面上的土体稳定;

如 $K = 1$,则破裂面上的土体处于极限平衡状态;

如 $K < 1$,则破裂面上的土体不稳定。

直线法验算边坡的稳定性时,为找出边坡的最小稳定系数,可过坡脚假定 3 ~ 4 个可能的破裂面,按式(4-3)求出每个破裂面相应的安全系数 K_1、K_2、K_3、K_4 等值,并绘出 K 与 ω 的关系曲线,如图 4-2(c)所示,可找出曲线最低,与曲线的切点即为边坡的最小安全系数 $K_{\min}$ 值,其所对应的破裂角为最危险破裂面倾角。考虑滑动面的近似假定,土工试验局限性及气候环境因素,为保证边坡稳定且有足够的安全储备,$K_{\min}$ 应大于 1. 25,但也不宜过大,一般应小于 1. 5,以免造成工程不经济。

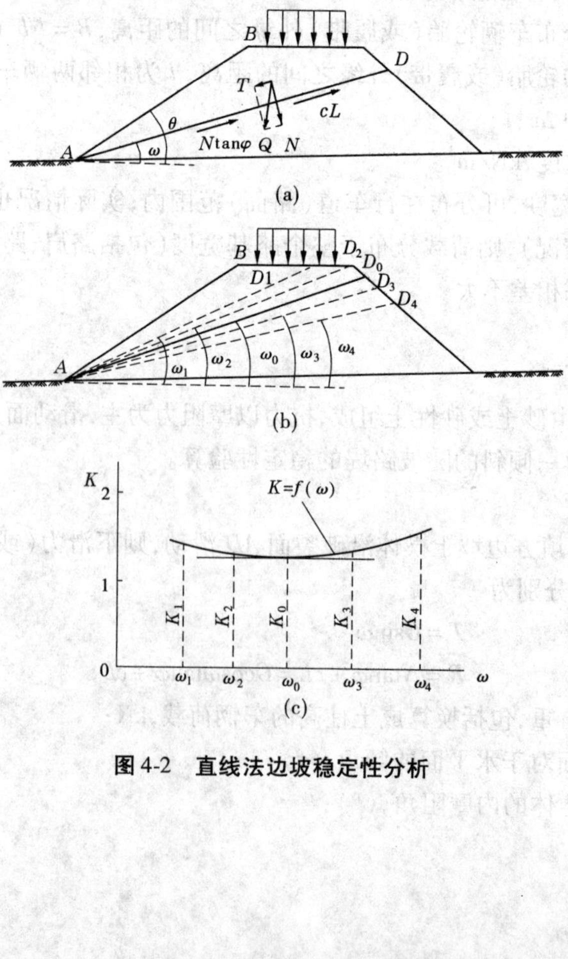

图 4-2　直线法边坡稳定性分析

对于松散的砂砾类土,可取 $c=0$,则式(4-3)变为

$$K=\frac{\tan\varphi}{\tan\omega} \tag{4-4}$$

处于极限平衡状态时,$K=1$,则 $\tan\varphi=\tan\omega$,即 $\varphi=\omega$,说明砂砾类土的极限坡角等于内摩阻角,此角称为天然休止角,对于砂砾类土是一个常数。

(二)路堑边坡

对于路堑边坡,如坡顶无车载(见图 4-3),从式(4-3)可知,K 是破裂面倾角 ω 的函

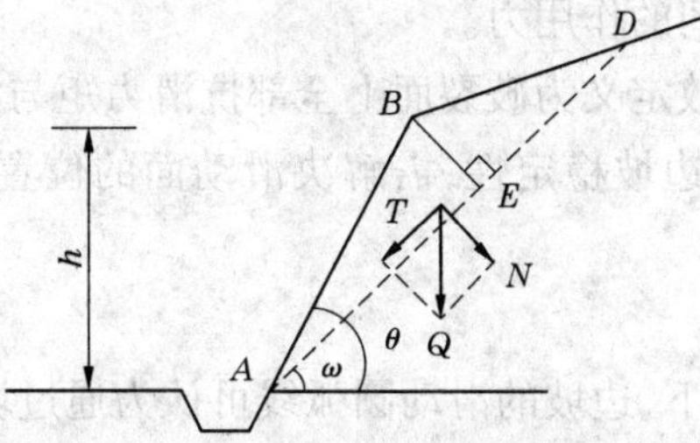

图 4-3　路堑边坡示意

数,可以求出稳定时的临界角 ω,其稳定系数 K 为

$$K=\frac{R}{T}=\frac{fG\cos\omega+cL}{G\sin\omega}=(f+a_0)\cot\omega+a_0\cot(\theta-\omega) \tag{4-5}$$

式中　G——破裂面上土楔的重力,kN;

ω——破裂面的倾角,(°);

θ——边坡的坡度角,(°);

f——边坡土体的内摩阻系数,$f=\tan\varphi$;

c——边坡土体的单位黏结力,kPa;

L——破裂面的长度,m;

a_0——参数,$a_0=\dfrac{2c}{\gamma h}$;

γ——边坡土体的重度,kN/m^3;

h——边坡的垂直高度,m。

由微分学可知,为求得最小稳定系数,可令$\dfrac{dK}{d\omega}=0$,则可得

$$\frac{dK}{d\omega}=-(f+a_0)\csc^2\omega+a_0\csc^2(\theta-\omega)=0$$

化简可得

$$\cot\omega=\cot\theta+\csc\theta\sqrt{\frac{a_0}{f+a_0}} \tag{4-6}$$

将式(4-6)代入将式(4-5),可得最小稳定系数:

$$K_{\min}=(2a_0+f)\cot\theta+2\sqrt{a_0(f+a_0)}\cdot\csc\theta \tag{4-7}$$

利用式(4-7)可以直接求得边坡的最小稳定系数。

六、圆弧法

圆弧法又叫圆弧条分法、瑞典法，适用于一般黏性土组成的路堤或路堑边坡的稳定性验算，是由瑞典工程师费仑纽斯（Fellenius）首先提出的边坡稳定性验算方法，因此也叫费仑纽斯法。

用圆弧条分法验算边坡稳定性时，有以下假定：

（1）破裂面为圆柱面。

（2）计算中不考虑土条间的作用力。

（3）土坡稳定的安全系数定义为破裂面上全部抗滑力矩与滑动力矩的比值。

用圆弧条分法计算路基边坡稳定性，需解决滑动面的位置、稳定系数 K 及其最小值 $K_{\min}$。

（一）确定滑动面位置

在地基比较坚实的条件下，边坡的滑动圆弧线可认为通过坡脚点，且圆心大致沿着某条线作有规则的变动，此直线即为滑动面圆心辅助线。求得此圆心位置移动的辅助线后，在辅助线上选定某圆心，并通过坡脚作圆弧，即可确定滑动圆弧面。

确定圆心辅助线有两种方法，即 4.5H 法和 36°法。4.5H 法作圆心辅助线的具体做法是：连接坡脚 E 与坡顶 S，得边线 ES，其坡比为 1∶m，根据坡比 1∶m 查表4-1 得 β_1、β_2，过 SE 和坡顶水平线分别作角 β_1、β_2，两角线的交点为 I；过坡角 E 作垂线 EF，且 $EF=H$（包括换算土柱高度 h_0），过 F 点作水平线 $FM=4.5H$，M 点即为圆心辅助线的另一点；连接 IM 即得圆心辅助线，图 4-4 为 4.5H 法作圆心辅助线的方法。

表 4-1　破裂圆弧中心位置的角度值（$\varphi=0°$黏土边坡）

边坡坡比	边坡倾角 θ	β_1	β_2
1∶0.5	63°26″	29°30″	40°
1∶0.75	53°18″	29°	39°
1∶1	45°	28°	37°
1∶1.25	38°40″	27°	35°30″
1∶1.5	33°41″	26°	35°
1∶1.75	29°45″	26°	35°
1∶2	26°34″	25°	35°
1∶2.25	23°58″	25°	35°
1∶2.5	21°48″	25°	35°
1∶3	18°26″	25°	35°
1∶4	14°03″	25°	36°
1∶5	11°19″	25°	37°

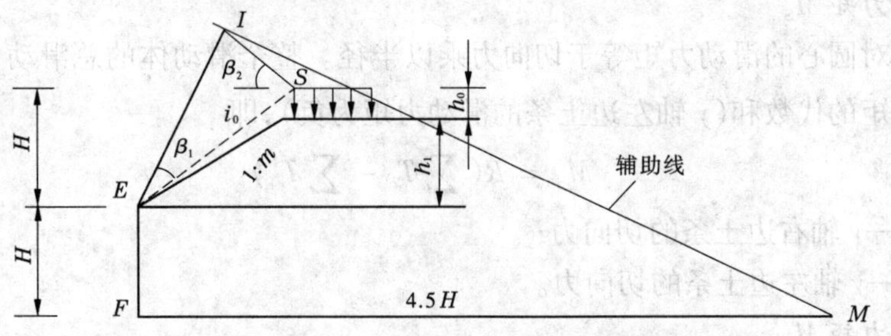

图 4-4　4.5H 法作圆心辅助线的方法

图 4-5 为 36°法作圆心辅助线的方法。过 S 点作水平线，自 S 点和水平线作 36°角即得圆心辅助线。

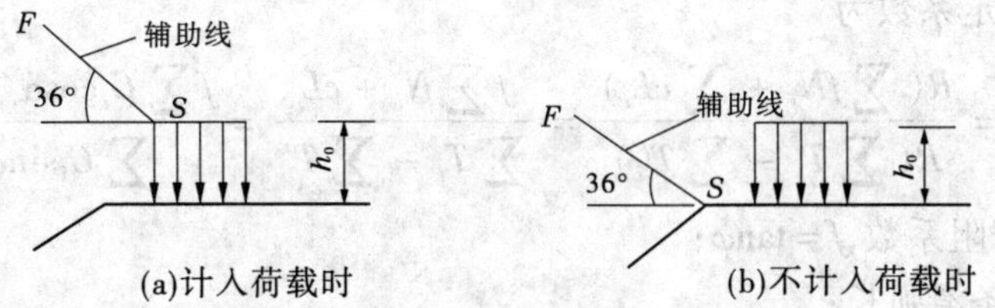

图 4-5　36°法作圆心辅助线的方法

此两种方法，36°法简便，4.5H 法精确程度相对高一些。

(二)计算稳定系数

为求得某个滑动面的稳定系数，先在圆心辅助线上取任意点为圆心 O，以$\overline{OE}$为半径过坡脚作圆弧(见图 4-6)。然后将滑动体分条，分条数根据路基宽度确定，每条宽度 1～2 m，分条宽度可以相等，也可以不等。过圆心建立 xOy 坐标系，土条被 y 轴分成左、右两部分。量出各土条中心对 y 轴的横距 x_i，按 $\alpha_i=\arcsin\dfrac{x_i}{R}$可求各土条对 y 轴的夹角 α_i。

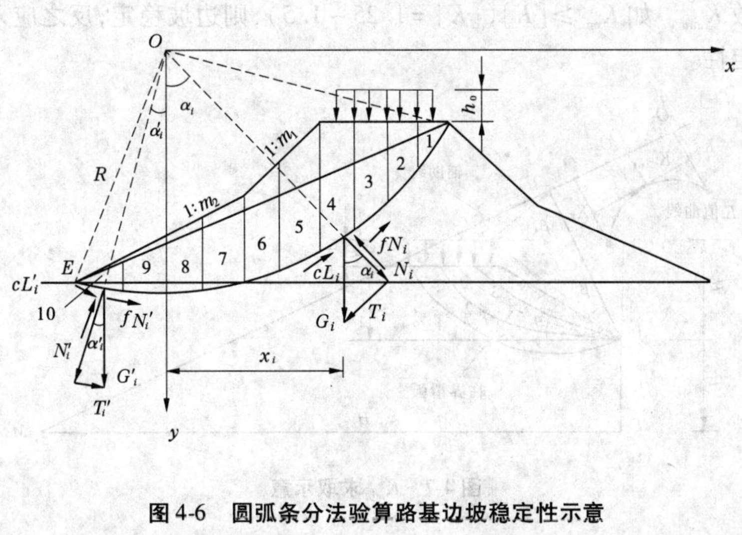

图 4-6　圆弧条分法验算路基边坡稳定性示意

1. 滑动力矩 M_S

各土条对圆心的滑动力矩等于切向力乘以半径。整个滑动体的总滑动力矩 M_S 等于各土条分力矩的代数和（y 轴左边土条的滑动力矩为负），即

$$M_S = R\left(\sum T_i - \sum T'_i\right) \tag{4-8}$$

式中 T_i——y 轴右边土条的切向力；

T'_i——y 轴左边土条的切向力。

2. 抗滑力矩 M_R

各土条的抗滑分力矩，由滑动面上的摩阻力和黏结力对圆心的矩构成，滑动体的总抗滑力矩 M_R 为

$$M_R = R\left(\sum fN_i + \sum cL_i\right) \tag{4-9}$$

则该滑动面上的稳定系数为

$$K = \frac{M_R}{M_S} = \frac{R\left(\sum fN_i + \sum cL_i\right)}{R\left(\sum T_i - \sum T'_i\right)} = \frac{f\sum N_i + cL}{\sum T_i - \sum T'_i} = \frac{f\sum G_i\cos\alpha_i + cL}{\sum G_i\sin\alpha_i} \tag{4-10}$$

式中 f——土体摩阻系数，$f=\tan\varphi$；

L_i——各土条滑弧长；

α_i——各土条滑弧中心与圆心连线对 x 轴的夹角；

G_i——土条的重力；

N_i——土条在滑动面法线方向的反力，$N_i = G_i\cos\alpha_i$；

T_i——土条重力在滑动面上的切向分力，$T_i = G_i\sin\alpha_i$。

为求得边坡的最小稳定系数和最危险破裂面位置，需要绘多个滑动圆弧，用式(4-10)计算出每一滑动体的稳定系数，绘出稳定系数曲线，如图 4-7 所示。然后作平行于圆心辅助线且切于曲线的直线，即得切点，由切点向辅助线作垂线，垂线与辅助线的交点即为临界圆心，过此圆心作过坡脚的滑动面即是该边坡的最危险滑动面，其稳定系数就是边坡的最小稳定系数 K_{min}。如 $K_{min} \geq [K]$（$[K]=1.25 \sim 1.5$），则边坡稳定，反之应采取措施，增加边坡的稳定性。

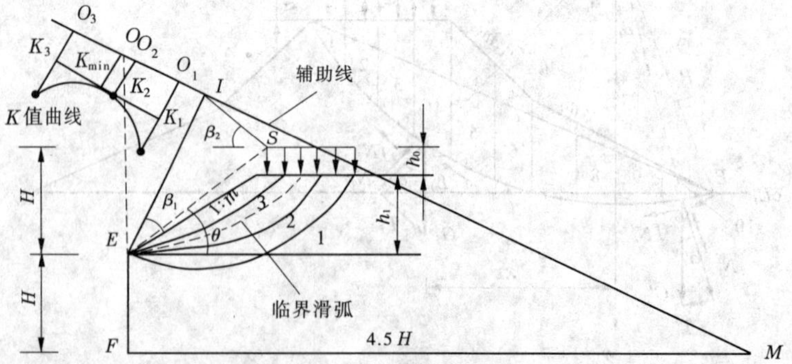

图 4-7 K_{min} 求取示意

第二节　陡坡路堤稳定性分析

一、陡坡路堤可能滑动形式

在坡度较大的山坡上填筑路堤和半路堤，由于下滑力较大，填土时会产生沿山坡下滑的破坏，威胁道路的行车安全。因此，在设计陡坡路堤时，不仅要验算边坡稳定，还要验算路堤的滑动稳定性，当不能保证稳定时，应采取一定的稳定或加固措施。

一般情况下，当原地面横坡等于或陡于 1∶1.25 时，应采取稳定措施。一般陡坡路堤的滑动有以下几种方式：

(1)基底为岩层或稳定山坡，但横坡较大，路堤可能会沿基底接触面产生滑动。

(2)基底为不稳定的山坡覆盖层，当下卧基岩层面为陡坡时，路堤可能随基底覆盖层沿倾斜基岩滑动。

(3)基底为较厚的软土层时，路堤连同其下的软弱土层沿软弱层中某一最弱的滑动面滑动。

(4)基底的岩层倾向与山坡一致时，路堤连同下部的岩层沿某一最弱的层面滑动。

(5)陡坡路堤可能的滑动，通常按上述的横断面方向考虑，但实际情况有时也会出现纵向滑动情况，设计时必须研究路线位置与地形地质构造的关系。

陡坡路堤的破坏形式如图 4-8 所示。

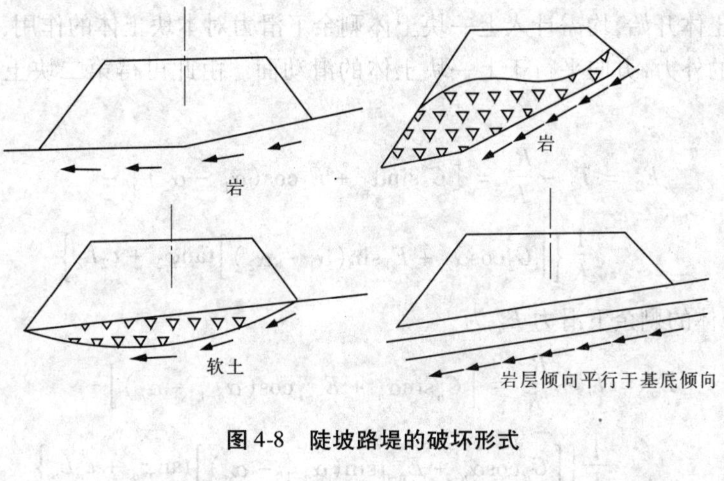

图 4-8　陡坡路堤的破坏形式

二、陡坡路堤的验算方法

当陡坡路堤的滑动面为圆弧形时，可根据具体情况参照圆弧条分法计算。本节介绍滑动面为直线形或折线形的情况。不平衡推力传递法（又称传递系数法）适用于滑动面为折线或其他形状的边坡稳定性验算。修筑在原地面为折线形的陡坡上的路堤、某些特殊条件下的路基边坡（如黄土及层状构造的岩土层）及滑坡等，沿固定滑动面滑动，且滑动面形状为折面,均可用不平衡推力传递法进行稳定性验算。这种方法的验算原理仍是利用力的极限平衡条件,但稳定性的表达式不同。稳定性指标为剩余下滑力。所谓剩余下滑力 E,是指土坡滑动力 T 与抗滑力 R 的差值,并计入稳定系数(安全系数)K(取 1.25 ~1.5),即

$$E = T - \frac{R}{K} \tag{4-11}$$

根据 E 值的正负判断土坡的稳定性,E 值为正时,边坡不稳定,将下滑;E 值为负时,边坡稳定。具体验算步骤为:

(1)按地面变坡点将土体垂直分成若干土块,如图 4-9 所示。

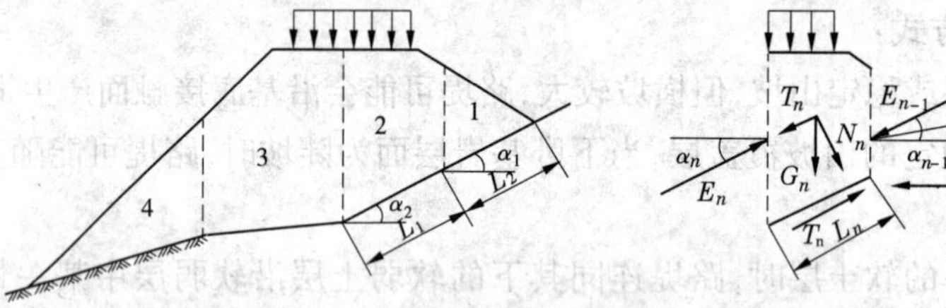

图 4-9 不平衡推力传递法边坡稳定性分析示意

(2)自上而下分别计算各土块的剩余下滑力。

第一块土体的剩余下滑力 E_1 为

$$E_1 = T_1 - \frac{R_1}{K} = G_1\sin\alpha_1 - \frac{1}{K}(G_1\cos\alpha_1\tan\varphi_1 + c_1L_1) \tag{4-12}$$

从第二块土体开始,均需计入上一块土体剩余下滑力对本块土体的作用,把其当作一作用于本土块的外力,方向平行于上一块土体的滑动面。由此可得第二块土体剩余下滑力 E_2 为

$$E_2 = T_2 - \frac{R_2}{K} = [G_2\sin\alpha_2 + E_1\cos(\alpha_1 - \alpha_2)] - \frac{1}{K}\left\{\left[G_2\cos\alpha_2 + E_1\sin(\alpha_1 - \alpha_2)\right]\tan\varphi_2 + c_2L_2\right\} \tag{4-13}$$

同理,第 n 块土体的剩余下滑力 E_n 为

$$\begin{aligned} E_n &= T_n - \frac{R_n}{K} = \left[G_n\sin\alpha_n + E_{n-1}\cos(\alpha_{n-1} - \alpha_n)\right] - \\ &\quad \frac{1}{K}\left\{\left[G_n\cos\alpha_n + E_{n-1}\sin(\alpha_{n-1} - \alpha_n)\right]\tan\varphi_n + c_nL_n\right\} \\ &= G_n\sin\alpha_n - \frac{1}{K}(G_n\cos\alpha_n\tan\varphi_n + c_nL_n) + E_{n-1}\Psi_{n-1} \end{aligned} \tag{4-14}$$

式中 $E_1, E_2, \cdots, E_n$——各块土体的剩余下滑力,kN/m;

Ψ_{n-1}——传递系数,$\Psi_{n-1} = \cos(\alpha_{n-1} - \alpha_n) - \frac{1}{K}(\alpha_{n-1}\alpha_n)\tan\varphi_n$;

$G_1, G_2, \cdots, G_n$——各块土体的重力,kN/m;

$\alpha_1,\alpha_2,\cdots,\alpha_n$——各块土体滑动面的倾角，(°)；

$\varphi_1,\varphi_2,\cdots,\varphi_n$——各块土体与基底接触面的内摩阻角，(°)；

$c_1,c_2,\cdots,c_n$——各块土体与基底接触面间的黏结力，kPa；

$L_1,L_2,\cdots,L_n$——各块土体滑动面的长度，m；

K——安全系数。

在计算时，当某一土块剩余下滑力为负时，则无剩余下滑力向下传递，该土块及其上土块稳定，计算从下一块开始。如果最后一块土体的剩余下滑力 $E_n\leqslant 0$，则整个土坡稳定，相反则不稳定，需要采取稳定或加固措施。

第三节　浸水路堤边坡稳定性分析

一、浸水路堤的特点及断面形式

（一）浸水路堤的特点

修筑在桥头引道、河滩及河流沿岸受到季节性或长期浸水的路堤，称为浸水路堤。浸水路堤具有以下特点。

1. 浸水路堤稳定性受水位降落的影响

浸水路堤除承受普通路堤所承受的外力和自重外，还承受水的浮力和渗透动水压力的作用。当河中水位上升时，水从边坡的一侧或两侧渗入路堤内，当水位降落时，水从堤身向外渗出，如图 4-10 所示。由于土体内的渗水速度和水位升降速度比堤外水位的涨落慢，因此在堤外水位升高时，堤内水位比降曲线（浸润曲线）呈凹形；而当堤外水位下降时，堤内水位比降曲线则呈凸形，渗透速度随土的性质而定。因此，当水位上涨时，土体内的渗透浸润曲线比边坡外面水位低。土体除承受向上的浮力外，土粒还受到指向土体内部的动水压力作用，增加了路堤的稳定性。当水位下降时，土体内部水向外流出需要较长的时间。由于水位的差异，其动水压力方向指向土体外面，剧烈地破坏边坡的稳定性，并可能产生边坡凸起和滑坡现象，堤外水位下降速度愈快，边坡的稳定性愈低。另外，渗透水流带走堤内的细小土粒，从而引起路堤变形。

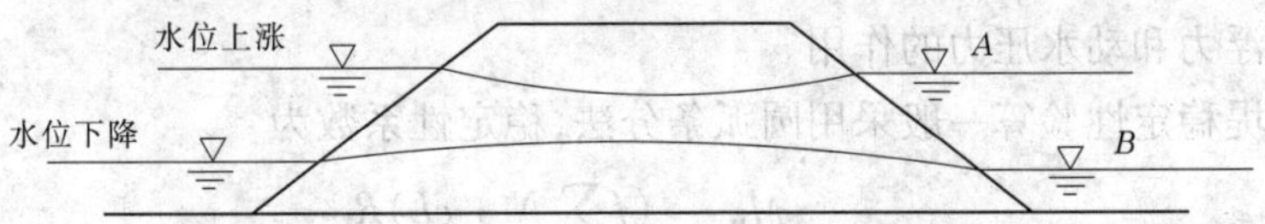

图 4-10　浸水路堤水位变化时的浸润曲线

在河滩路堤和桥头引道处，路堤上游与下游的水位有时并不一致，可能产生横穿路堤的渗透，因此即使上、下游水位相差不大，也需予以考虑（见图 4-11）。

2. 浸水路堤稳定性与路堤填料透水性有关

以黏性土填筑的路堤达到最佳密实度后，透水性很弱；以砂砾石土填筑的路堤，由于

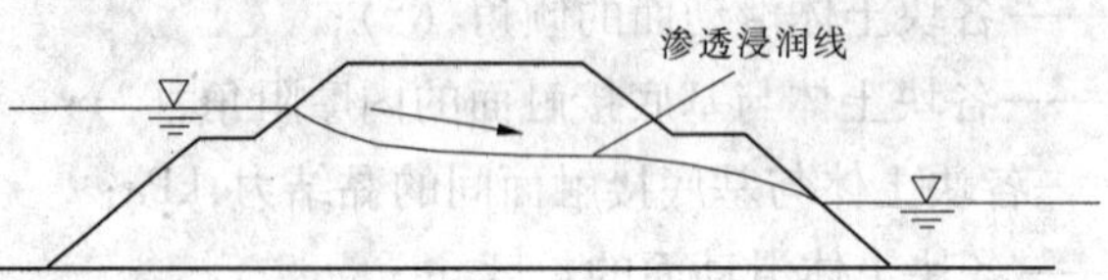

图 4-11　路堤两侧水位不同时的浸润曲线

空隙大，透水性强，因此水位涨落对这两种土的边坡稳定性影响一般不大。属于中等透水性的土如亚砂土、亚黏土等作路堤填料，在水位降落时，对边坡稳定性影响较大，需考虑动水压力的作用。所以，浸水路堤填料最好选用渗水性强的材料，如石质坚硬不易风化的块石、片石、碎石及砂砾等。若附近无此类材料或从远处运来不经济，可采用黏土，但必须夯实，严格掌握压实标准。对浸水易崩解、风化的岩石，如页岩、千枚岩等应禁止使用。

（二）浸水路堤的断面形式

浸水路堤的一般断面形式如图 4-12 所示。对于深谷半填半挖的浸水路堤，及河滩高路堤，为了路基边坡的稳定，并便于施工和修复，可在边坡适当高度处设台阶或护坡道，宽度 1 ~ 2 m。浸水部分边坡应较平缓，并宜用片、块石防护，并对整个路堤边坡的稳定性进行验算。

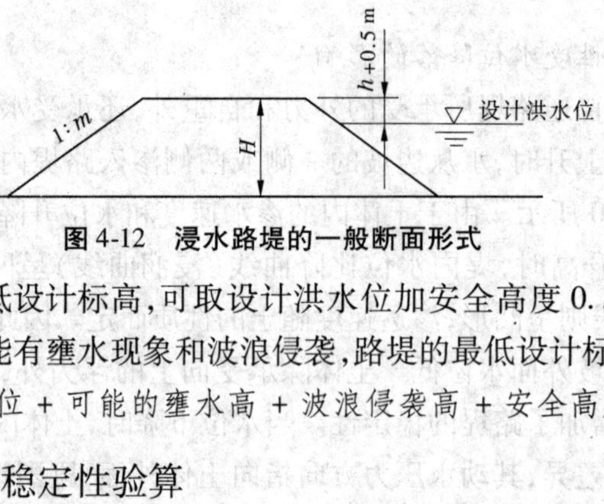

图 4-12　浸水路堤的一般断面形式

一般浸水路堤的最低设计标高，可取设计洪水位加安全高度 0.5 m。大河两岸或水库路堤，因水面较宽，可能有壅水现象和波浪侵袭，路堤的最低设计标高为

$$H = \text{设计洪水位} + \text{可能的壅水高} + \text{波浪侵袭高} + \text{安全高度}(0.5\ \text{m})$$

二、浸水路堤边坡稳定性验算

浸水路堤的稳定性，应假定路堤处于最不利的情况下进行验算。其破坏一般发生在洪水位骤然降落的时候。验算方法与普通路堤边坡稳定性验算差异不大，区别在于浸水路堤需考虑浮力和动水压力的作用。

浸水路堤稳定性验算一般采用圆弧条分法，稳定性系数为

$$K = \frac{M_R}{M_S} = \frac{(f\sum N + cL)R}{R\sum T + Dr}$$

$$= \frac{(f_C \sum N_C + f_B \sum N_B + c_C L_C + c_B L_B)R}{(\sum T_C + \sum T_B)R + \sum D_n r_n}$$

$$= \frac{f_C \sum N_C + f_B \sum N_B + c_C L_C + c_B L_B}{\sum T_C + \sum T_B + \frac{\sum D_n r_n}{R}} \tag{4-15}$$

$$D = I\Omega_B \gamma_0$$

式中　K——稳定系数，或安全系数，取1.25～1.5；

M_R——抗滑力矩；

M_S——滑动力矩；

R——圆弧半径，m；

$f_C \sum N_C$——浸润线以上部分滑动面的摩阻力，$f_C = \tan\varphi_C$；

$f_B \sum N_B$——浸润线以下部分滑动面的摩阻力，$f_B = \tan\varphi_B$；

c_C、L_C——非浸水部分土体单位黏结力和弧长；

c_B、L_B——浸水部分土体单位黏结力和弧长；

$\sum T_C$——浸润线以上部分滑动面的下滑力；

$\sum T_B$——浸润线以下部分滑动面的下滑力；

D_n——分段渗透动水压力；

r_n——分段渗透动水压力作用线距圆心的垂直距离；

r——渗透动水压力作用点到圆心的垂直距离；

D——渗透动水压力，作用于浸润线以下土体的重心，平行于水力坡降；

I——渗流水力坡降；

Ω_B——浸润线与滑动面之间的面积；

γ_0——水的重度，$\gamma_0 = 9.8\ \text{kN/m}^3$。

由于渗透动水压力一般很小，式(4-15)可简化为

$$K = \frac{f_C \sum N_C + f_B \sum N_B + c_C L_C + c_B L_B}{\sum T_C + \sum T_B + D} \tag{4-16}$$

用圆弧条分法计算时，滑动土体分条后，有些分条全部在浸润线以下，有些分条部分在浸润线以上，部分在浸润线以下（见图4-12），对于这种部分浸水的土条的土体重力应为

$$G_i = A_C \gamma_C + A_B \gamma_B \tag{4-17}$$

式中　A_C、A_B——分条土体浸润线以上和以下部分土体的面积；

γ_C——分条浸润线以上土体的重度；

γ_B——分条浸润线以下考虑浮力后土体浸水重度，可按下式计算

$$\gamma_B = \frac{\gamma - 1}{1 + \varepsilon} = (\gamma - 1)(1 - n) \tag{4-18}$$

式中　γ——土的重度；

ε——土的孔隙比；

n——土的孔隙率。

用黏土填筑的路堤，几乎是不透水的，堤外水位涨落对土体内部影响小，可忽略渗流动水压力，其验算与一般路堤边坡稳定性验算相同。

河滩路堤左、右两侧水位不同时，常由于桥前积水或河水猛涨，使路堤左、右侧产生水位差，若路堤用透水性较强的土填筑，则会发生横穿路堤的渗透，这个作用力一般较小，可以不计。如果路堤采用不透水材料填筑，则不会发生横穿渗透现象，故也不计算。当路堤用普通土（如亚砂土或亚黏土）填筑，浸水后土体内产生动水压力，需绘出土体内浸润曲线，然后用前述方法进行验算。

混合断面的边坡稳定性验算方法与前相同。如下面填的是透水材料，在验算时依滑动面穿过的不同土层，分别采用各层土的不同物理力学数据进行验算。

第四节　软土地基的路基稳定性分析

软土是由天然含水率大、压缩性高、承载力低的淤泥沉积物及少量腐殖质组成的土，主要有淤泥、淤泥质土及泥炭，其抗剪强度低，填土后受压可能产生侧向移动，也可能有较大沉降，从而使路基破坏，一般要求在填筑前采取适当的稳定措施。简易的方法有换土、铺筑砂石垫层、修建反压护道等，必要时可设置砂井、石灰桩、水泥搅拌桩等进行加固。

软土地基的路堤滑动面为圆弧形，应采用圆弧条分法进行稳定性分析验算，根据计算工程中参数选择的不同，可分为总应力法、有效固结法、有效应力法等，本节介绍总应力法。

采用总应力法时，地基的抗剪强度采用总强度或采用直剪快剪指标的 c、φ 值，而路堤填料的抗剪强度则采用直剪抗剪指标，软土地基的安全系数 K 为

$$K = \frac{\sum S_i + \sum (S_j + P_j)}{P_T} \tag{4-19}$$

$$P_T = \sum G_i \sin\alpha_i + \sum G_j \sin\alpha_j + \frac{M}{R}$$

式中　i——滑动土条在地基内；

j——滑动土条在填料内；

P_T——各土条在圆弧切线方向的下滑力的总和；

S_i——地基内的抗剪力，$S_i = \tau_i L_i$ 或 $S_i = G_i \cos\alpha_i \tan\varphi_i + c_i L_i$；

S_j——路堤内的抗剪力，$S_j = G_j \cos\alpha_j \tan\varphi_j + c_j L_j$；

G_i、G_j——地基内和路堤内的土条重量；

α——土条底部滑动面与水平面的夹角；

L——土条底部圆弧长度；

τ_i——当第 i 土条的滑动面位于地基土层内时，该土条滑动面所处地基土层的天然十字板抗剪强度；

c_i、φ_i——当第 i 土条的滑动面位于地基土层内时，该土条所在土层的快剪（直剪）黏结力和内摩阻角；

c_j、φ_j——当第 j 土条的滑动面位于路堤土层内时，该土条所在土层的快剪（直剪）黏结力和内摩阻角；

P_j——当第 j 土条的滑动面位于路堤填料内时，该土条滑动面与设置的土工织物相交，该土工织物的每延米的设计拉力；

M——某些外力引起的滑动力矩。

总应力法计算的安全系数属于快速施工、瞬时加载情况下的安全系数，而没有考虑在路堤荷载作用下，土层固结导致的土层总应力的增长。

有效固结应力法可求出固结过程中任意时刻固结度已知时的安全系数。在路堤荷载作用下，达到某一固结度时，滑动面上某一土条底面的抗剪力由未加荷载前的土层的天然强度 S_i 和固结过程中增加的强度 ΔS_i 组成，则此时安全系数可用下式计算

$$K = \frac{\sum (S_i + \Delta S_i) + \sum (S_j + P_j)}{P_T} \tag{4-20}$$

式中符号意义同前。

第五节　边坡稳定性设计示例

一、示例 1

如图 4-13 为一路堤横断面图，已知填料重度为 19 kN/m³，黏结力为 2.8 kPa，内摩阻角为 35°。判断该路堤边坡是否会沿滑动面 AB 产生滑动（$[K]=1.25$）。

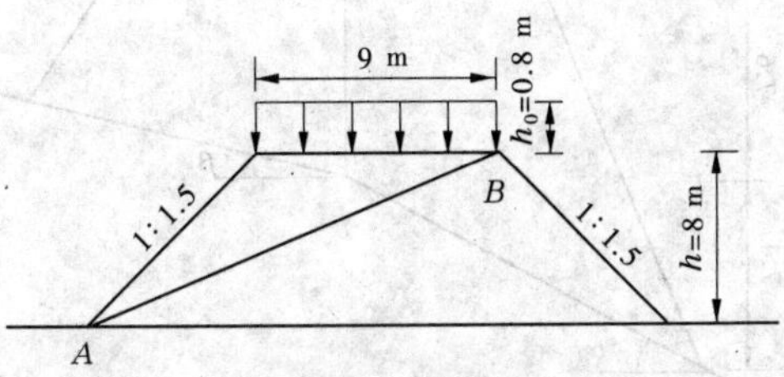

图 4-13　路堤图

解　AB 滑动面以上三角形的面积为

$$S_1 = 1/2 \times 9 \times 8 = 36(\mathrm{m}^2)$$

等效矩形荷载的面积为

$$S_2 = 9 \times 0.8 = 7.2(\mathrm{m}^2)$$

纵向取单位长度进行验算。

滑动面以上土体及车辆荷载总重为

$$G = (S_1 + S_2)\gamma = (36 + 7.2) \times 19 \times 1 = 820.8(\mathrm{kN})$$

滑动面与水平线的夹角为

$$\alpha = \arctan[8/(8 \times 1.5 + 9)] = 20.8°$$

滑动面的长度

$$L = [8^2 + (8 \times 1.5 + 9)^2]^{1/2} = 22.47(\text{m})$$

所以，下滑力为

$$T = G\sin\alpha = 820.8 \times \sin 20.8° = 291.47(\text{kN})$$

抗滑力为

$$\begin{aligned} R &= G\tan\varphi\cos\alpha + cL \\ &= 820.8 \times \tan 35° \times \cos 20.8° + 2.8 \times 22.47 \\ &= 600.19\ (\text{kN}) \end{aligned}$$

稳定系数为

$$K = R/T = 600.19/291.47 = 2.06 > 1.25$$

所以，该路堤边坡不会沿滑动面 AB 滑动。

请同学们考虑一下最小稳定系数如何确定。

二、示例 2

路堤断面如图 4-14 所示，路堤填土为砂土，$\gamma = 17.6\ \text{kN/m}^3$，$\varphi = 27°$，$c = 9.8\ \text{kN/m}^3$，已知第一块土体的 $E_1 = 150\ \text{kN}$，$\alpha = 27.5°$，$\beta = 20°$，路基顶部当量荷载高度为 $h_0 = 0.64$ m，试验算该路堤的稳定性。

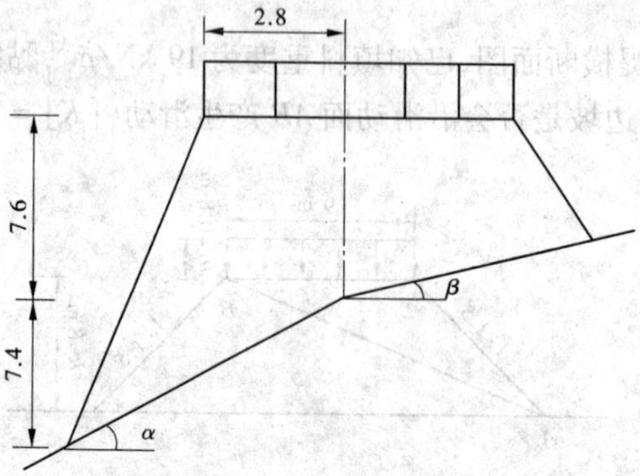

图 4-14　路堤稳定性计算

解　由已知得，在验算该路堤稳定性时不需要考虑上块土的下滑力。

纵向长度取 1 m 进行计算。

第二块土的重力为

$$G_2 = \left[(2.8 + 7.4/\tan 27.5) \times 15/2 - 1/2 \times 7.4 \times 7.4/\tan 27.5\right] \times 17.6 + 0.64 \times 2.8 \times 17.6 = 1\,351.86(\text{kN/m})$$

则

$$\begin{aligned} T_2 &= G_2\sin\alpha + E_1\cos(\beta - \alpha) \\ &= 1\,351.86 \times \sin 27.5° + 150 \times \cos(-7.5°) = 772.94(\text{kN/m}) \end{aligned}$$

$$L_2 = \frac{7.4}{\sin 27.5°} = 16.03(\text{m})$$

$$\begin{aligned} R_2 &= [G_2\cos\alpha + E_1\sin(\beta - \alpha)]\tan\varphi + c_2L_2 \\ &= [1\ 351.86 \times \cos 27.5° + 150 \times \sin(-7.5°)]\tan 27° + 9.8 \times 16.03 \\ &= 758.1(\text{kN/m}) \end{aligned}$$

$$E_2 = T_2 - \frac{R_2}{K} = 772.94 - \frac{758.1}{1.25} = 166.46 > 0$$

所以,该路堤不稳定,需要加固。

习题与思考题

1. 路基稳定性分析方法有哪些？各适用于什么情况？

2. 试述圆弧条分法的分析步骤。

3. 浸水路基的稳定性验算与一般路基的稳定性验算有哪些区别？哪些土填筑的路基必须进行浸水稳定性验算？

第五章 路基边坡防护与软土地基加固

学习要点 路基的防护与加固工程不仅可以稳定路基,而且可以美化路容,提高公路的使用质量,尤其在高等级公路建设中,采用织物防护不仅可以消除施工痕迹,稳定路基边坡,而且可以使高等级公路景观协调,获得良好的环保效益和舒适的行车条件。特殊路基包括特殊土(岩)路基、不良地质路基和特殊条件下路基。特殊路基设计应考虑地质和环境等因素对路基的影响,以及这些因素的发展变化规律,路基病害整治应遵循以防为主、防治结合、力求根治的原则,通过综合技术经济比较,因地制宜,采取合理的整治方案和有效的工程措施。通过本章的学习,要求学生掌握路基常用的防护和加固的手段和了解特殊路基的类型和设计方法。

第一节 概 述

由岩土筑成的路基大多直接暴露于大气之中,长期受自然因素的作用,岩土在不利水温条件作用下,物理、力学性质将发生变化。浸水后湿度增大,土的强度降低;岩性差的岩体,在水温变化条件下,加剧风化;路基表面在温差作用下形成胀缩循环,在湿差作用下形成干湿循环,可导致强度衰减和剥蚀;地表水流冲刷,地下水源浸入,使岩土表层失稳,易造成和加剧路基的水毁病害;沿河路堤在水流冲击、淘刷和侵蚀作用下,易遭破坏;湿软地基承载力不足,易导致路基沉陷。所有这些,均取决于岩土的物理力学性质及自然因素,且与路基承受行车荷载的情况密切相关。

合理的路基设计应在路基位置、横断面尺寸、岩土组成等方面综合考虑。为确保路基的强度与稳定性,路基的防护与加固也是不可缺少的工程技术措施。随着公路等级的提高,为维护正常的汽车运输,减少公路灾害,确保行车安全,保持公路与自然环境协调,路基的防护与加固更具有重要意义。

路基防护与加固设施,主要有边坡坡面防护、沿河路堤河岸冲刷防护与加固以及湿软地基的加固处治。

堤岸防护与加固主要对沿河滨海路堤、河滩路堤及水泽区路堤,也包括桥头引道,以及路基边旁的防护堤岸等。此类堤岸常年或季节性浸水,受流水冲刷、拍击和淘洗,造成路基浸湿、坡脚淘空,或水位骤降时路基内细粒填料流失,致使路基失稳,边坡崩塌。所以,堤岸防护与加固,主要针对水流的破坏作用而设,起防水治害和加固堤岸的双重功效。

堤岸防护与加固设施有直接和间接两类。直接防护与加固设施中包括植物防护和石砌防护与加固两种,常用的有植树、铺石、抛石或石笼等。间接防护主要指设置导治结构物,如丁坝、顺坝、防洪堤、拦水坝等,必要时进行疏浚河床、改变河道,目的是改变流水方向，避免或缓和水流对路基的直接破坏作用。改变水流流速、流向和原来状态，可能导致堤岸对面及路基附近上下游遭害，必须慎重对待，掌握水流运动规律，因势利导，防治结合，综合治理。

湿软地基的承载能力较差，如泥沼与软土、低洼的湖（海）相沉积土层、人为垃圾杂填土等，填筑路基前必须予以加固，以防路基沉陷、滑移或产生其他病害。湿软地基加固，规模大，造价高，应注意方案比较，研究技术和经济方面的可行性，力求从简，尽量就地取材。地基加固是路基主体工程的一部分，要结合路基设计（即确定路基标高，选择横断面，决定设施等），综合处治。

湿软地区修筑路基时，地基加固关键在于治水和固结。各种加固方法，可归纳成换填土、辗压夯实、排水固结、振动挤密、土工格栅加筋和化学加固等五类。加筋土为土中加入某种能承受一定拉力的筋条或化学纤维，凭借筋条与填土之间的摩擦作用，提高土的抗剪强度，改善路基抵抗变形的条件。土工布、土工格栅加筋是利用化纤材料织成布或网格，铺在软弱地基或填土层中，亦能收到良好效果。其他还有石灰桩、砂桩与砂井等。

湿软地基的加固亦可采用强夯法，利用重锤的强大冲击力，以达到地基排水固结提高承载能力的目的。

第二节　坡面防护

坡面防护主要是保护路基边坡表面免受雨水冲刷，减缓温差及湿度变化的影响，防止和延缓软弱岩土表面的风化、碎裂、剥蚀演变进程，从而保护路基边坡的整体稳定性，在一定程度上还可兼顾路基美化和协调自然环境。坡面防护设施，不承受外力作用，必须要求坡面岩土整体稳定牢固。简易防护的边坡高度与坡度不宜过大，土质边坡坡度一般不陡于1:1～1:1.5。地面水的径流速度以不超过2.0 m/s为宜，水也不宜集中汇流。雨水集中或汇水面积较大时，应有排水设施相配合，如在挖方边坡顶部设截水沟，高填方的路肩边缘设拦水埂等。

常用的坡面防护设施有植物防护（种草、铺草皮、植树等）和工程防护（抹面、喷浆、勾缝、石砌护面等）。前者可视为有“生命”（成活）防护，后者属无机物防护。有“生命”防护以土质边坡为主，无机物防护以石质路堑边坡为主。在一定程度上，有“生命”防护在边坡稳定和改善路容方面，优于无机物防护。

一、植物防护

植物防护可美化路容，协调环境，调节边坡土的湿度与温度，起到固结和稳定边坡的作用。它对于坡高不大、边坡比较平缓的土质坡面是一种简易有效的防护设施，其方法有种草、铺草皮和植树。土质边坡防护也可采用拉伸网草皮、固定草种布或网格固定撒种，用土工合成材料进行土质边坡防护的边坡坡度宜为1:1.0～1:2.0。

拉伸网草皮是在土工网或土工垫等土工合成材料上铺设3～5 cm的种植土层，经过撒种、养护后形成的人工草皮。固定草种布(也可称植生带)是在土工织物纺织时将草种固定于土工织物中,然后到现场铺筑以促使草皮生长的一种土工合成材料草皮制品。网格固定撒种是先将土工网固定于需防护的边坡上,然后撒播草种形成草皮的一种边坡防护方法。

种草适用边坡坡度不陡于 1∶1,土质适宜种草,不浸水或短期浸水但地面径流速度不超过 0.6 m/s 的边坡。草的品种应适应当地自然条件,最好是根系发达,中茎低矮,多年生长,几种草籽混种。不宜种草的坡面,可以铺 5 ~ 10 cm 厚的种植土层,土层与原坡面结合稳固。

当坡面冲刷比较严重,边坡较陡,径流速度 >0.6 m/s,容许最大速度为 1.8 m/s 时,应根据具体条件(坡度与流速等),分别采用平铺(平行于坡面)水平叠置。垂直坡面或与坡面成一半坡角的倾斜叠置草皮,还可采用片石铺砌成方格或拱式边框,方格或框内再铺草皮,如图 5-1 所示。

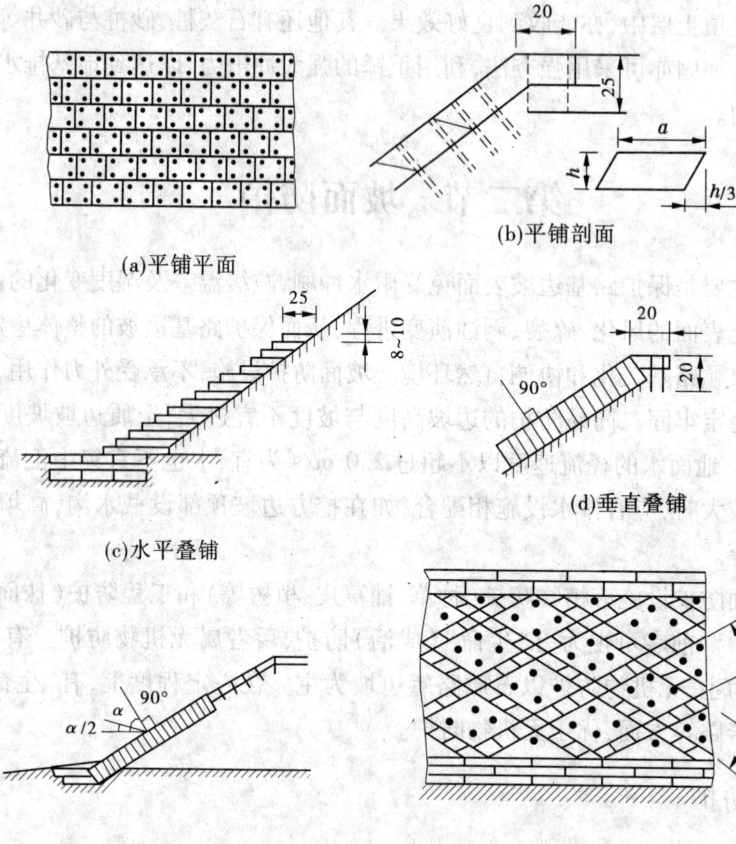

h——草皮厚度,为 5 ~ 8 cm;a——草皮边长,为 20 ~ 25 cm

注:除已注明尺寸的单位外,其余单位为 cm

图 5-1　草皮防护示意图

铺草皮需预先备料,草皮可就近培育,切成整齐块状,然后移铺在坡面上。铺时应自下而上,并用竹木小桩将草皮钉在坡面上,使之稳固。草皮根部土应随草切割,坡面要预先整平,必要时还应加铺种植土,草皮应随挖随铺,注意相互贴紧。

植树主要用在堤岸边的河滩上,用来降低流速,促使泥沙淤积,防水直接冲刷路堤。多排林堤岸与水流方向斜交,还可起挑水改变水流方向的作用。沙漠与雪害地区,防护林带还起阻沙防雪的作用。树木的品种与种植位置及宽度,应根据防护要求、流水速度等因素,根据有关设计手册、结合当地经验而定,城市或风景区的植物防护,应与有关部门协调配合。

二、工程防护

当不宜使用植物防护或考虑就地取材时,采用砂石、水泥、石灰等矿质材料进行坡面防护是常用的防护形式。它主要有砂浆抹面、勾缝或喷涂以及石砌护坡或护面墙等。这些形式各自适合于一定条件。

抹面防护适用于石质挖方坡面,岩石表面易风化,但比较完整,尚未剥落,如页岩、泥砂岩、千枚岩的新坡面,对此应及时予以封面,以预防风化成害。常用的抹面材料有石灰浆等,其中石灰为胶结料,要求精选。混合料如加纸筋或竹筋,可提高强度,防止开裂;如掺加适量制盐副产品卤水,因含有氯化钙与氯化镁,可使抹面加速硬化和预防开裂。抹面用料的配合比与用量参见有关手册。抹面厚度视材料与坡面状况而定,一般为 2 ~ 10 cm。操作前,应清理坡面风化层、浮土与松动碎块、填坑补洞,洒水润湿。抹面后,应拍浆、抹平和养生。

喷浆施工简便,效果较好,适用于易风化而坡面不平整的岩石挖方边坡,厚度一般为 5 ~ 10 cm。喷浆的水泥用量较大,重点工程可选用。比较经济的砂浆是用水泥、石灰、河砂及水,按 1∶1∶6∶3质量比配合。喷浆前后的处治,与抹面相同。对坡面较陡或易风化的坡面,可以在喷浆前先铺设加筋材料,加筋材料可以用铁丝网或土工格栅,喷浆坡面应设置排水孔。

比较坚硬的岩石坡面,为防水渗入缝隙成害,视缝隙深浅与大小,分别予以灌浆、勾缝或嵌补等。

上述防护方法,可以局部处治,综合使用,并与放缓边坡等方法加以比较,力求实用和经济。如果在坡面防护时着色或修饰,还有助于改善路容。

路基坡面为防止地面水流或河水冲刷,可以使用干砌片石护面,图 5-2 所示为浸水路堤单层或双层护面示意图。重要路段或暴雨集中地区的土质高边坡,以及桥涵附近坡面与岩坡、地面排水沟渠等,亦可干砌片石加固。片石护面,要求坡面稳固,先垫以砂层,然后自下而上平整地铺砌片石,片石应逐块嵌紧且错缝,护面厚度一般不小于 20 cm,干砌要勾缝,必要时改用浆砌,护面顶部封闭,以防渗水。

护面墙是浆砌片石的坡面覆盖层,用于封闭各种软质岩层和较破碎的挖方边坡。要求墙面紧贴坡面,表面砌平,厚度可不一。护面墙石料应符合规格。护面墙除自重外,不

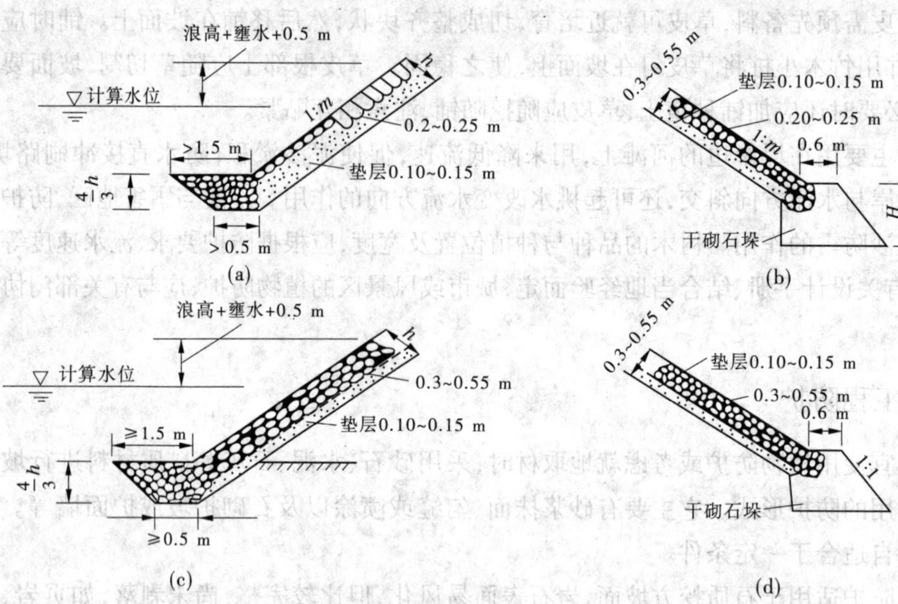

H—干砌石垛高度，一般为 20 ~ 30 cm；h—护面厚度，大于 20 cm

图 5-2　干砌片石护面示意

承受其他荷重，亦不承受墙背土压力。其构造与布置如图 5-3 所示。墙高与厚度及路堑边坡的关系参见表 5-1。

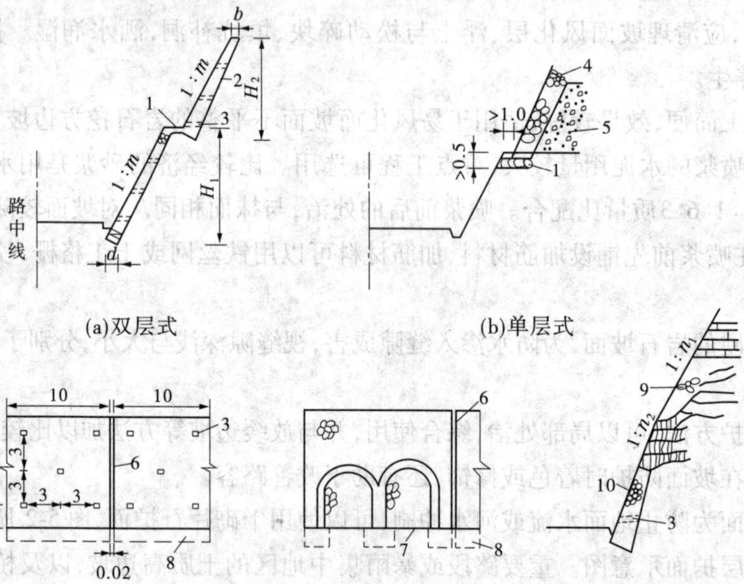

1—平台；2—耳墙；3—泄水孔；4—封顶；5—松散夹层；6—伸缩缝；7—软地基；

8—基础；9—支补墙；10—护面墙

图 5-3　护面墙示意　（单位：m）

护面墙高一般不超过 10 m，可以分级，中间设平台，墙背可设耳墙，纵向每 10 m 设一条伸缩缝，墙身应预留泄水孔，基础要求稳固，顶部应封闭。墙基软硬不匀，可设拱跨过软弱地基。坡面常有各种不同地质现象，开挖后形成凹陷，应以石砌圬工填塞平整，称为支补墙。以上构造的具体要求与尺寸均可参考相关设计手册。

表 5-1　护面墙的厚度

护面墙高度 H(m)	路堑边坡	护面墙厚度(m)	
		顶宽 b	底宽 d
≤2	1∶0.5	0.40	0.40
≤6	陡于 1∶0.5	0.40	$0.40+0.10H$
$6<H\leq10$	1∶0.5～1∶0.75	0.40	$0.40+0.05H$
$10<H<15$	1∶0.75∶1∶1	0.60	$0.40+0.05H$

第三节　冲刷防护

冲刷防护对沿河滨海路堤、河滩路堤及水泽区路堤，亦包括桥头引道，以及路基边旁的防护堤岸等。此类堤岸常年或季节性浸水，受流水冲刷、拍击和淘洗，造成路基浸湿、坡脚淘空，或水位骤降时路基内细粒填料流失，致使路基失稳，边坡崩塌。所以，堤岸防护与加固，主要针对水流的破坏作用而设，起防水治害和加固堤岸的双重功效。

一、直接措施

为了防止水流直接危害沿河、滨海路堤以及有关海河堤坝护岸的堤岸边坡和坡脚，必须采取一定的防止冲刷的措施。

堤岸防护直接措施，包括植物防护、石砌防护或抛石与石笼防护，以及必要时设置的支挡(驳岸等)。其中，植物防护与石砌防护同坡面防护所述基本类同，但堤岸的防冲刷主要原因是洪水急流，水位变迁不定，水流速度较大，相应的要求更高。盛产石料的地区，当水流速度达到 3.0 m/s 或更高，植树与石砌防护无效时，可采用抛石防护。当水流速度达到或超过 5.0 m/s 时，则改用石笼防护，也可就地取材，用竹笼或梢料防护，必要时可以采用土工织物软体沉排护坡。

抛石防护，类似在坡脚处设置护脚，亦称抛石垛，如图 5-4 所示。抛石不受气候条件限制，路基沉实以前均可施工，季节性浸水或长期浸水亦均可用。抛石垛的边坡坡度不应陡于抛石浸水后的天然休止角，边坡度 m_1 一般为 1.5～2.0，m_2 为 1.25～2.0；石料粒径视水深与流速而定，一般为 15～50 cm。

石笼是用铁丝编织成框架，内填石料，设在坡脚处，以防急流和大浪破坏堤岸，也可用来加固河床，防止淘刷。铁丝框架可以为箱形或圆形，如图 5-5(a)、(b)所示。笼内填石的粒径，最小不小于 4.0 cm，一般为 5～20 cm，外层应用大且棱角突出的石料，内层可用

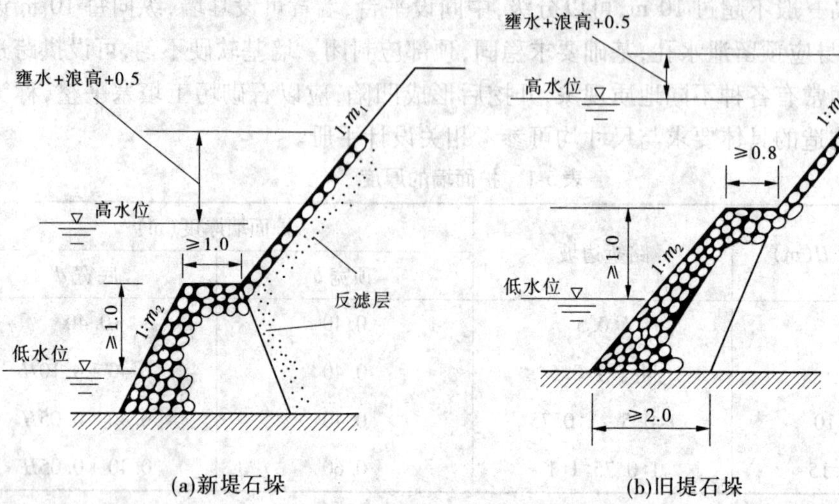

图 5-4　抛石防护示意图　（单位：m）

较小石块填充。石笼在坡脚处排列，用于防止冲刷淘底时，应平铺并与坡脚线垂直，而且靠近堤岸一端固定，另一端不必固定，淘刷后可以向下沉落贴于底面；用于防止堤岸边坡冲刷时，则垒码平铺成梯形，如图 5-5(c)、(d)所示。单个石笼的大小，以不被相应速度的水流冲动为宜，铺设时须用碎（砾）石垫层铺平，底层各角可用铁棒固定于基底。

土工织物软体沉排是在土工织物上以块石或预制混凝土块体为压重的护坡结构。土工织物软体沉排一般适用于水下工程及预计可能发生冲刷的河床和岸坡土面上。其主要有单片垫和双片垫两种结构形式。

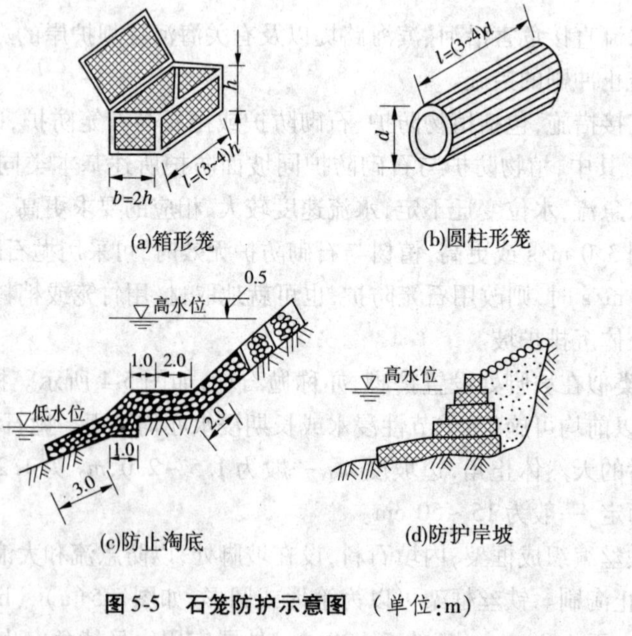

图 5-5　石笼防护示意图　（单位：m）

单片垫是利用土工织物拼接成大面积的排体；双片垫是将两块单片垫重叠后按一定距离和型式将两片垫连接在一起而构成管状或格状空间，其中再填充透水性土石料（如砂卵石等），起到防冲与反滤的作用，双片垫的结构形式如图5-6所示。

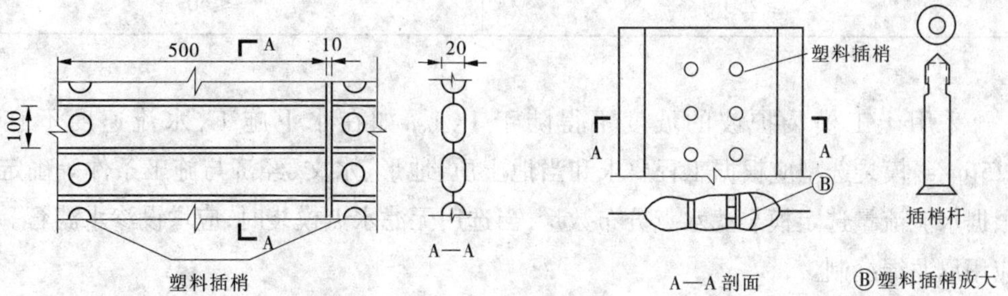

图5-6　双片垫的结构形式　（单位：cm）

土工模袋是一种双层织物袋，袋中充填流动性混凝土、水泥砂浆或稀石混凝土，凝固后形成高强度和高刚度的硬结板块。其主要应用场合及铺设形式如图5-7所示。土工模袋材料应满足表5-2的技术要求，袋内可充填混凝土或砂浆。充填混凝土时，粗集料最大粒径应符合表5-3的要求，坍落度不宜小于200 mm，其强度等级不低于C10；充填砂浆时，其强度等级不低于M2.5。

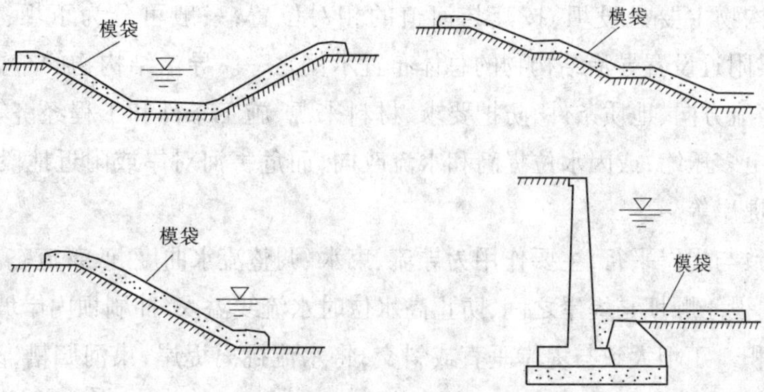

图5-7　土工模袋的应用及铺设形式

表5-2　土工模袋材料要求

指标内容	指标要求
顶墙强度(N)	≥1 500
渗透系数(10^{-3} cm/s)	0.86～10
等效孔径 O_{95}(mm)	0.07～1.5
延伸率(%)	≤15

表 5-3 混凝土集料的最大粒径要求

土工模袋厚度(mm)	集料最大粒径(mm)
150 ~ 250	≤20
≥250	≤40

采用土工模袋护坡的坡度不得陡于 1∶1。如在水下施工,水流速度不宜大于 1.5 m/s。模袋选型应根据工程要求和当地土质、地形、水文、经济与施工条件等确定。应根据水流流量选定模袋滤水点分布数量,当选用无滤水点模袋时,应增设渗水滤管。模袋应用尼龙绳缝制。

二、间接措施

设置导治结构物可改变水流方向,消除和减缓水流对堤岸直接破坏,同时可减轻堤岸近旁淤积,彻底解除水流对局部堤岸的损害作用,起安全保护作用。导治结构物是桥涵和路基的重要附属工程,由于涉及水流改向,影响范围较大,工程费用亦较高,务必慎重。用于防护堤岸的改河工程,一般限于小型工程,如裁弯取直,挖滩改道,清除孤石等,可在小河的局部段落上进行。

导治结构物主要是设坝,按其与河道的相对位置,一般可分为丁坝、顺坝或格坝,图 5-8是桥梁附近设置导治结构物的总体布置示例之一。导治结构物的布置应综合考虑河道宽窄、水流方向、地质条件、防护要求、材料来源、施工条件和工程经济等,全面治理,要避免河床更多压缩,或因水位提高和水流改向,而危害河对岸或附近地段的农田水利、地面建筑及堤岸等。

顺坝大致与堤岸平行,主要作用为导流、束水、调整流水曲度、改善流态。格坝在平面上成网格状,设于顺坝与堤岸之间,防止高水位时水流线溢入,冲刷坝内岸坡和坡脚,并促进格间的淤积。丁坝大致与堤岸垂直或斜交,将水流挑离堤岸,束河归槽,改善流态。顺坝亦称导流坝,丁坝亦称挑水坝。

导治结构物的布置是工程成败的关键,布置恰当能收到预期效果;布置不当反而恶化水流,造成水毁。关键在于合理设计导治线,符合预定的河轴线和河岸线要求,亦取决于选择导治水位,不致出现不利的冲刷情况。导治线与导治水位,应依据对于水流和河岸、河床地形、地质情况、水流对上下游对岸的影响等因素,综合分析和设计计算而定。

顺坝与丁坝均用石块修建成梯形横断面,坝体分为坝头、坝身和坝根三个组成部分,横断面尺寸依构造要求、施工条件和使用需要而定,并应进行稳定性计算。

公路工程中的改河,主要目的是:将直接冲刷路基的水流引向旁处;路基占用河槽后,

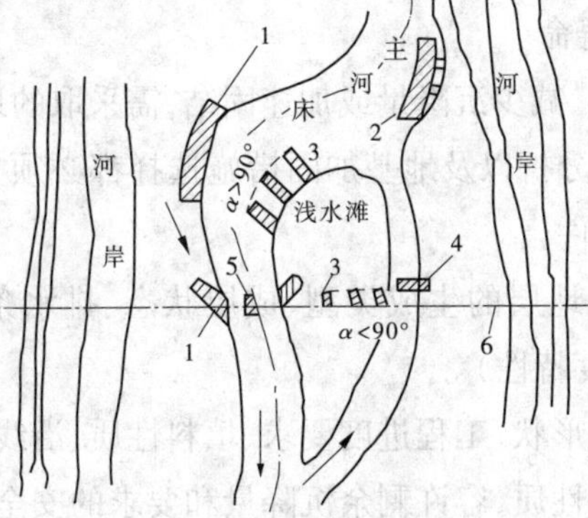

1—顺水坝;2—格坝;3—挑水坝(丁坝);4—拦水坝;

5—导流坝;6—路中线

图5-8　导治结构物的综合布置示例

需要拓宽河道;挖滩改河,清除孤石,改移河道,以保护路基;裁弯取直,有利布置路线或桥涵。这些措施,如经过论证可行,确有必要且效益高,方可通过设计计算,最后实施。导治结构物的构造与要求,以及结构物与改河工程的具体设计计算方法,在路基设计手册等文献中,已有详细规定与建议,可供查用。

第四节　软土路基加固

在沿海、滨湖和江河三角洲地带修建道路,常遇到近代沉积的高含水率和大孔隙率黏质土、粉质土、有机质土或软炭等软土层。因此,在公路勘察期间首先应调查收集沿线的地形、地貌、工程地质、水文地质、气象等资料,按照《公路工程地质勘察规范》(JTG C20—2011)的有关规定,采用适宜的勘探方法进行综合勘探试验和现场原位测试,并进行统计与分析,为设计提供可靠的软土物理力学性质指标。软土地基上公路路基的设计包括沉降计算、稳定验算及其相应的处治方法的设计;施工中的沉降与侧向位移(稳定)观测的技术要求应作为设计内容。软土的鉴别依据见表5-4。

表5-4　软土鉴别指标

<table>
<tr><th>土类</th><th colspan="2">天然含水率(%)</th><th>天然孔隙比</th><th>直剪内摩阻角(°)</th><th>十字板剪切强度(kPa)</th><th>压缩系数 $a_{0.1-0.2}$ (MPa^{-1})</th></tr>
<tr><td>黏质土、有机质土</td><td>≥35</td><td rowspan="2">≥液限</td><td>≥1.0</td><td>宜小于5</td><td rowspan="2"><35</td><td>宜大于0.5</td></tr>
<tr><td>粉质土</td><td>≥30</td><td>≥0.90</td><td>宜小于8</td><td>宜大于0.3</td></tr>
</table>

在高压缩性软土地基设计路堤,需考虑三方面问题:

(1)地基的承载力是否可以保证路堤的稳定性。

(2)由于压缩性土的固结变形引起的路堤沉降,包括沉降量和沉降速率,是否影响路基和路面结构的正常使用寿命。

(3)为提高路堤稳定性、减少沉降量或加速固结,需采取的地基加固措施。

路堤稳定性验算、沉降分析以及地基加固措施选择都必须先进行土质调查和收集资料工作,以确定以下基本条件:

(1)低级条件——软土地层的生成类型、成层状态、排水条件和各土层的土性指标(物理特性、固结特性和强度特性)。

(2)施工条件——路堤形状、工程进度要求、填料性质、沿线环境和用地限制。

(3)道路条件——道路性质、容许剩余沉降量和要求的安全系数等。

一、沉降分析

(一)沉降量计算

软土地基在路堤填土荷载作用下的沉降可分为施工期间沉降和施工后沉降两部分。分析这两部分沉降量时通常先将软土地基划分为若干个土层,分别为各个土层确定性质指标代表值和所承受的应力值,计算各土层沉降量后,便可求和得到总沉降量,此法称为多层总和法。

土层划分依据钻(触)探和土工试验资料进行,按软土层厚、土质类别、土的物理力学性质指标沿深度的变化等因素确定。但即使软土层厚或土层结构复杂,最多也只宜分为5~6层。

沉降计算时,各土层的物理力学性质指标值以该土层试验结果的平均值表示。路堤填土在各层土中引起的附加应力,以该土层厚度中点的附加应力为代表。

路堤填土可视为梯形荷载,它在软土层内不同深度 z 处产生的附加应力 Δp 可按下式确定

$$\Delta p = I\gamma H \tag{5-1}$$

式中 γ——填土的重度,kN/m^3;

H——填筑的高度,m;

I——随路堤断面尺寸 a/z 和 b/z 而变的影响系数,可由图5-9确定,图5-10所示为不同路堤断面形状和计算点位置时,应用图5-9确定系数 I 的方法。

1. 施工期间沉降计算

路堤填筑期间,软土地基的性状经历两个阶段变化。初期阶段,由于土层处于不完全饱和状态或者处于超固结状态,土的可压缩性较低,土中孔隙水压力的增长低于填土压力的增长,如图5-11所示(土中孔隙水压力增加量 Δp 的比例系数 $\overline{B}$,在初级阶段小于1)。当填土达到一定高度,其有效压力大致等于土的先期固结压力 p_c 时,软土的性状进入后期阶段。这时,软土处于正常固结状态,土中孔隙水压力随填

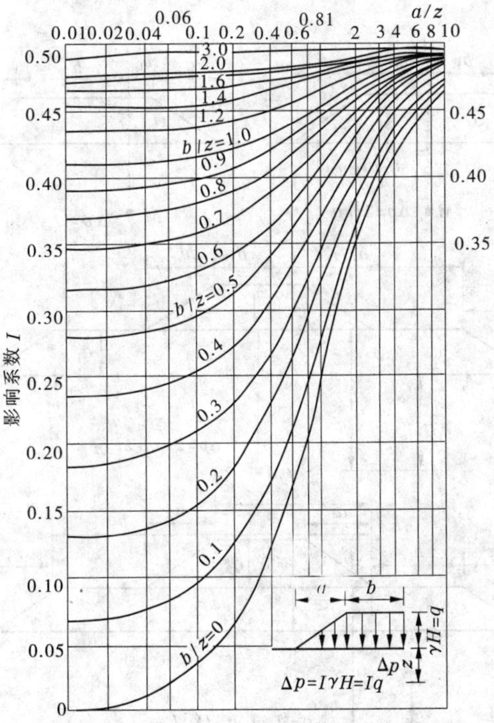

图 5-9　路堤填土引起的图中竖向应力计算用图

土压力同步增长。如图 5-11 中所示系数$\overline{B}$接近于 1。软土的沉降由处于不同排水状态的塑性流动产生，利用孔隙水压力观测结果，可以按图 5-11 中确定划分初期阶段和后期阶段的填土压力或填土高度 H_c。或者，利用固结试验结果，按先期固结压力 p_c 确定临界填土高度 H。

施工期间的沉降量由两部分所组成：初级阶段的再固结沉降 S_r 和后期阶段的不排水剪切沉降 S_u。再固结沉降可近似地假设为由软土层的一维竖向应变所致，可以利用固结试验结果，由再压缩指数 C_r 计算确定。

当路堤的附加应力 $\Delta p_i < p_{ci} - p_{oi}$时

$$S_{ri} = \frac{h_i}{1 + e_{oi}} C_{ri} \lg\left(\frac{p_{oi} + \Delta p_i}{p_{oi}}\right) \tag{5-2}$$

当 $\Delta p_i \geqslant p_{ci} - p_{oi}$时

$$S_{ri} = \frac{h_i}{1 + e_{oi}} C_{ri} \lg\left(\frac{p_{ci}}{p_{oi}}\right) \tag{5-3}$$

式中　h_i——软土层第 i 分层厚度，m；

e_{oi}——i 层土的初始孔隙比；

C_{ri}——i 层土的再压缩指数，由压缩试验确定；

p_{oi}——i 层土的初始有效压力，kN/m^2；

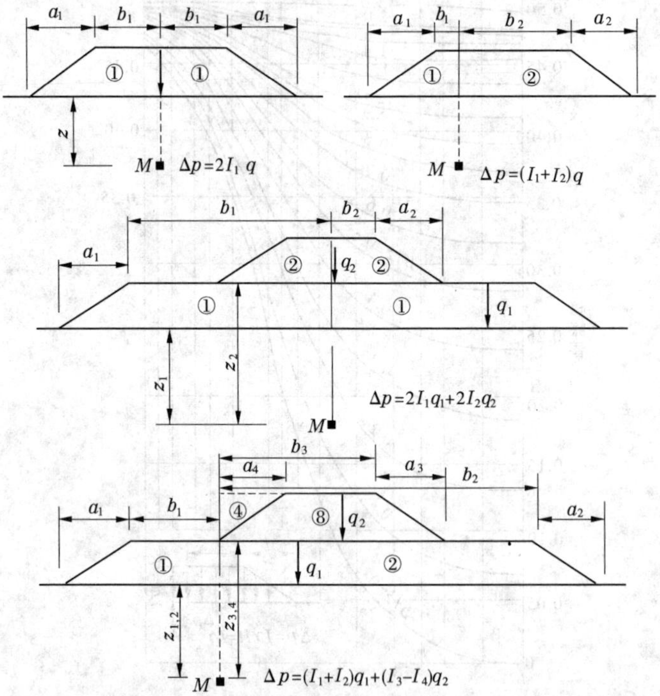

图 5-10　不同路堤断面形状和计算点位置时应用图 5-9 确定系数 I 的方法

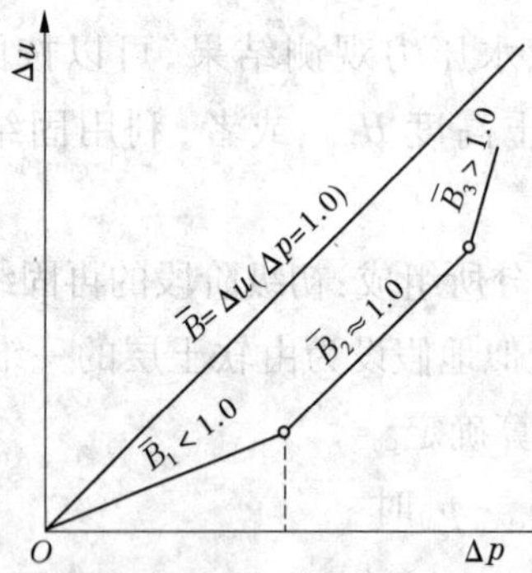

图 5-11　施工期间孔隙水压力和

沉降量随填土压力变化

p_{ci}——i 层土的先期固结压力，kN/m^2，由压缩试验确定。

p_c 和 C_r 是由固结试验得到的，试验方法通常规定逐级加载 24 h。由于处于超固结状态的土主固结往往在 30 min 内就完成了，因而按加载 24 h 得到的 C_r 值偏高。经验表明，按主固结标准定的 C_r 值约为 24 h 值的 1/3。或者也可把加载时间减少到主固结结束，据此确定 C_r 值。

初起阶段的再固结沉降

$$S_r = \sum_{i=1}^{n} S_{ri} \tag{5-4}$$

S_r 通常小于软土层厚的2%。

后期阶段的不排水剪切沉降 S_u 是由正常固结黏土的塑性流动所产生的,因而不能用弹性理论分析,而用弹、塑性流变定律分析又太复杂,根据一些工程的观测资料,可归纳出经验关系式,以供参考。

$$S_u = (0.07 \pm 0.03)(H - H_c) \tag{5-5}$$

式中　H——路堤填筑高度,m;

H_c——路基变成正常固结时的路堤高度,m,可按式(5-6)确定

$$H_c = \frac{p_c - p_o}{I\gamma(1 - \overline{B}_1)} \tag{5-6}$$

式中　$\overline{B}_1$——初期阶段孔隙水压力增量 Δu 同填土附加应力 Δp 的比值,在软土层不同深度 z 处的分布可近似采用式(5-7)计算

$$\overline{B}_1 = 0.6 - 2.4\left(\frac{z}{D} - 0.5\right)^2 \tag{5-7}$$

式中　D——软土层厚度,m。

2. 施工后沉降计算

路堤填筑完成后,软土层处于正常固结状态,作用在软土层上的总的竖向压力基本保持不变,而有竖向压力则随着孔隙水压力的逐步消散而增加,软土层相应地逐渐完成其固结过程。施工后沉降便可利用固结试验得到的压缩指数 C_c 计算确定。

$$S_{di} = \frac{h_i}{1 + e_{oi}} C_{ci} \lg\left(\frac{p_{oi} + \Delta p_i}{p_{ci}}\right) \tag{5-8}$$

式中　Δp_i——路堤填土荷载对软土层 i 分层引起的有效压力增量,kPa。

施工后主固结沉降总量为

$$S_d = \sum_{i=1}^{n} S_{di} \tag{5-9}$$

主固结结束时,土中孔隙水压力已基本消散,但压缩变形仍随时间的增长而继续缓慢增加。这是由于集料的结构黏滞性所引起的次固结。这部分沉降量可以利用固结试验得到的次固结系数 C_a 计算确定

$$S_s = DC_a \lg\left(\frac{t}{t_p}\right) \tag{5-10}$$

式中　t_p——固结度为95%所需的时间;

t——路堤的使用寿命。

(二)侧向位移计算

在路堤填筑的初级阶段,软土处于超固结不饱和状态,因而路堤坡脚下软土层内的土

体处于静止侧向土压力状态，由填土附加应力所引起的侧向位移量不大。根据工程观测资料，可在坡脚下软土层内的最大侧向位移量 y_{mr} 同路堤中心线处地基表面沉降量 S_r 之间建立线性关系式

$$y_{mr} = (0.18 \pm 0.09)S_r \tag{5-11}$$

在施工后期阶段，土层已处于正常固结和不排水剪切沉降状态，因而最大侧向位移增量大。由观测资料可整理得到其一般关系式为

$$y_{mu} = (0.91 \pm 0.20)S_u \tag{5-12}$$

施工期间的最大侧向位移量变为上述两部分之和，即

$$y_{mc} = y_{mr} + y_{mu} \tag{5-13}$$

施工期末侧向位移随深度的分布，取决于软土层内有效应力状态。如果整个软土层处于正常固结状态，则竖向有效应力都达到先固结压力，侧向位移随深度的分布情况可用下述关系式表示

$$Y = 1.78Z^3 - 4.72Z^2 + 2.21Z + 0.71 \tag{5-14}$$

式中，$Y = y/y_m$，y 为 z 深度的侧向位移，y_m 为按式(5-13)计算得到的最大侧向位移量。$Z = z/D$，z 为距软土层表面深度，D 为软土层厚。如图 5-12 所示，最大侧向位移出现在层厚 1/3 处。

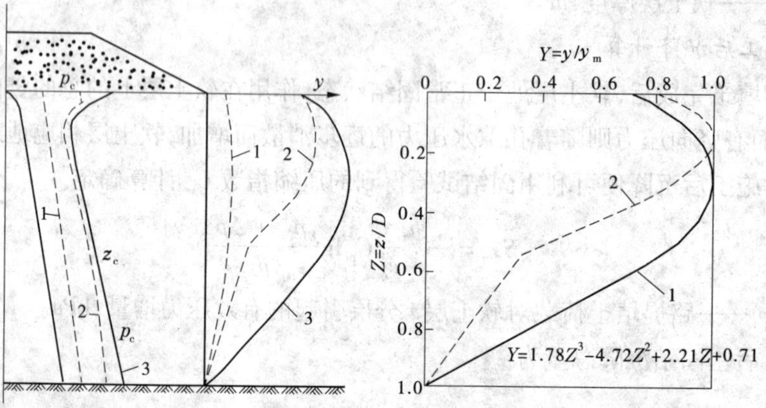

(a)路堤附加应力随深度的分布情况　(b)侧向位移量随深度的分布情况　(c) $Y\sim Z$ 分布曲线

1—初期超固结状态；2—部分深度正常固结状态；3—正常固结状态

图 5-12　路堤坡脚下软土层内侧向位移随深度的分布

如果仅一部分软土厚度达到正常固结状态，则下部超固结状态部分的侧向位移较小(见图 5-12)。可以按竖向有效应力达先期固结压力的深度(图中 z_c 点)，估计这两种状态的分界位置。而后分别按下述两种条件进行计算：

(1) D = 软土层全厚，$y_m = y_{mr}$(按式(5-11)计算)。

(2) $D = z_c$，$y_m = y_{mu}$(按式(5-12)计算)。

由式(5-14)计算得到分布曲线后,叠加而成整个软土层的侧向位移分布曲线(见图5-12中2线)。

施工结束后地基固结阶段的侧向位移量要比沉降量小得多。它同沉降量的关系随路堤几何形状(边坡坡度)、软土层厚度和路堤稳定安全系数而异。边坡越平缓,软土层越薄,安全系数越大(1.25~1.50以上),对边坡坡体下软土层内产生的剪切应力越小,因而侧向位移量越小。目前尚未建立期间的经验关系。侧向位移随深度分布规律,在施工后期阶段没有很多变化,仍可用图5-12中所示的曲线进行分析。

(三)沉降速率计算

由式(5-8)确定的主固结沉降量并不是瞬间发生的,而是随时间逐步完成的。其过程受两种规律控制:有效应力和孔隙比的压缩定律以及控制孔隙水在图中流动速率的达西定律。

固结时,水的渗流是二维的。竖向和水平向渗流的相对程度同软土渗透性的各向异性和水力梯度的各向异性有关。前者同土层的沉积类型有关,后者则同路堤的几何断面有关。通常,软土层薄而路堤底部宽时,竖向梯度要比水平梯度大得多,因而竖向渗流占主导,可近似当作一维渗流处理。然而,当软土层厚度大于路堤的底宽1/3时,水平向渗流作用便不再能被忽略。

固结过程中,软土层的压缩性和渗透性随时间变化而发生变化。分析固结沉降随时间的发展时,可以采用数值分析方法。把软土地基划分若干层土层,固结期划分为若干时间段,使各土层的压缩和渗透特性参数在各时段内保持为常数,而后分段用一维固结微分方程求解。

对于厚度不大的均质黏性沉积软土层,可近似采用最终固结系数 C_v 值代表整个软土层,分析总沉降量随时间的发展,得

$$S_d(t) = S_d U(t) \tag{5-15}$$

式中 $U(t)$ 为 t 时刻的固结深度,其值为

$$U(t) = f(T_v) = f\left(\frac{C_v t}{D_0^2}\right) \tag{5-16}$$

式中　T_v——时间因素,由式(5-16)中右端分式确定;

　　D_0——排水路径,m。

图5-13中给出了三种超孔隙水压力分布情况下的固结度 U 与时间因素 T_v 曲线。依据固结系数 C_v 值排水路径和固结时间 t,可算出时间因素 T_v;按超孔隙水压力分布情况查图5-13中相应曲线,可得到相应于 T_v 的固结度 $U(t)$;代入式(5-15),即可得知 t 时刻的沉降量 $S_d(t)$。

软土层为若干不同 C_v 值的土层时,可任选其中一个土层的 C_{vd} 值作代表,按式(5-17)换算成具有当量 C_v 的单一软土层的厚度 D_d

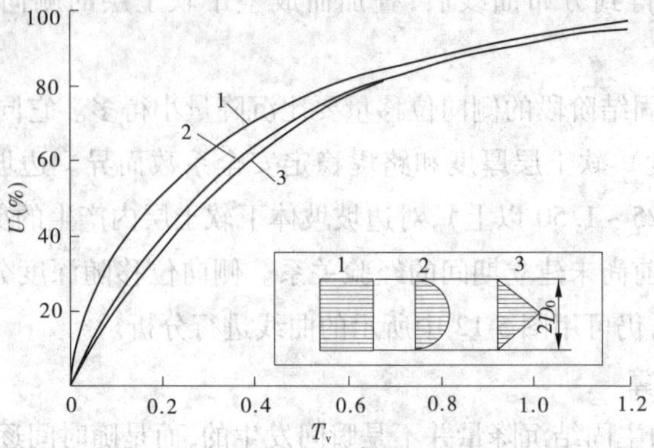

图 5-13　固结度 U 与时间因素 T_v 曲线

$$D_d = \sum_{i=1}^{n} \left(h_i \sqrt{\frac{C_{vd}}{C_{vi}}} \right) \tag{5-17}$$

式中　n——土层数；

C_{vd}——其中某一层的 C_v 值，作为整个软土层的代表值；

C_{vi}、h_i——i 土层的固结系数和层数。

软土层下为不透水层（单面排水）时，D_d 即为排水路径 D_0；软土层下为透水层（双面排水）时，D_d 为 $2D_0$。

二、软土地基加固处理

在软土地基上填筑路堤有可能出现失稳，或者沉降量和沉降速率不能满足要求等情况时，需对软土地基进行适当的加固处理，以增加其稳定性、减少沉降量和加速沉降。

（一）处理方法的种类及选择

软土地基处理的方法很多，各种方法具有不同的特点，可得到不同的效果，因而适用于不同的目的。

软土地基处理的目的可分为两大类：

（1）沉降处理。包括加速固结沉降和减少总沉降量两方面。前者可采用加载预压、竖向排水（砂井或塑料排水板排水）和挤实砂桩等方法。后者则可采用挤实砂桩、石灰（或水泥）桩、换填土等方法。

（2）稳定处理。可以采取换填土、反压护道、挤实砂桩、石灰（或水泥）桩等措施增加抗滑阻力。各种加速固结沉降措施都有助于促进软土层强度的增长，慢速或分期填筑路堤可以达到阻止地基强度降低的目的。

按处理目的选择处理方法时，应考虑：①地基的土质及土层构成条件；②道路的性质、路堤高度和宽度，是否与构造物连接的地段等条件；③工期、材料供应、施工机械作业条件和周围环境的影响等条件。

处理方法有时单独使用,而一般是几种方法组合使用,以发挥各种方法的特长,取得良好的处理效果。例如图5-14所示为路堤下采用竖向排水法、边坡下采用挤实砂桩和表面采用砂垫层的组合处理方法。

(二)砂垫层法

在软土地基上铺设厚度为0.5~1.2 m的砂层,称作砂垫层。其作用为:

(1)作为软土层固结所需的上部排水层(配合其他固结排水措施,如图5-14示例)。

(2)作为路堤内的底部排水层,以降低路堤内水位或降低路堤内湿度。

(3)改善路堤和地基处理工程施工时的机械作业条件。

(4)软土层薄时,单独用作地基处理(固结排水)措施。

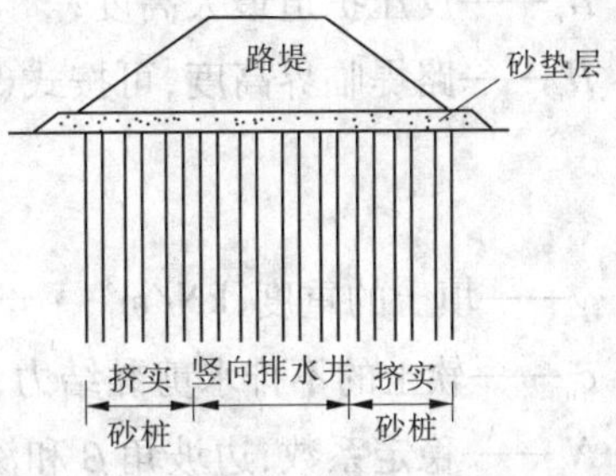

图5-14　竖向排水、挤实砂桩和砂垫层并用

砂垫层材料以透水性好的砂或砂砾(0.074 mm筛孔通过率3%以下)为宜,以保证所需的排水能力。

(三)换填法

用好土全部或部分替换软土的方法,以达到保证路堤稳定和降低沉降量的目的。换填土可以采用开挖和强制挤出两种施工方法。

全部开挖换填时在路堤全宽范围内将需要处理的软土层挖除,并置换好土。这种方法适用于软土层厚为3 m以内,路堤需要在短期内填筑完成的情况。部分开挖换填则是仅挖除表层最软弱部分的软土,换填好土,使沉降量减少到可以接受程度。

强制挤出法是利用路堤填土重力将软土从路堤下两侧或前方挤出;或者,用炸药装入软土层内,通过爆破将软土从路堤下挤出。由于软土从路堤下挤出,两侧和前方的地基会隆起,影响环境;爆破震动则对周围的影响更大。因此,这种方法仅适用于对周围环境的影响无不利后果的情况。

换填材料宜选用排水性能好,处于地下水位以下仍能保持有足够承载力的砂、砂砾及其他粗粒料。

(四)反压护道法

当路堤的填筑高度超过地基不作处理时所能容许的安全高度(称作临界高度或极限高度)时,路堤和软土层达不到要求的滑动破坏安全系数。可在路堤两侧填筑一定高度和宽度的护道,利用护道的填土重增加稳定力矩,以平衡主路堤的滑动力矩(见图5-15)。这种方法需要有大量的用地和丰富的填料来源,在用地和填料困难的情况下往往显得很不经济。

反压护道的高度一般为陆地高度的1/2~1/3,并且不得超过由下式确定的高度值:

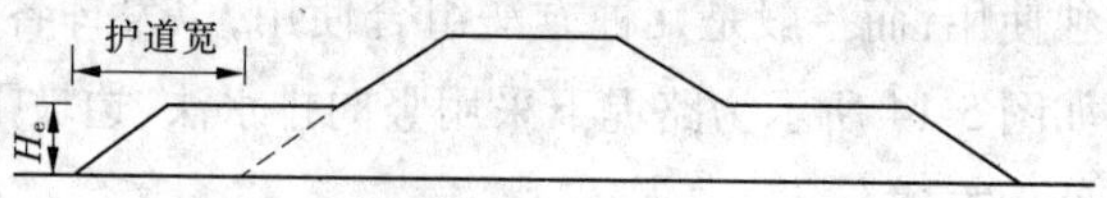

图 5-15　反压护道断面图

$$H_e = \frac{H_c}{F_s} \tag{5-18}$$

式中　H_e——反压护道最大高度；

H_c——路堤临界高度，可按式(5-19)估算

$$H_c = N_s \frac{c_u}{\gamma} \tag{5-19}$$

式中　γ——填土的重度，kN/m^3；

c_u——软土的不排水剪黏结力，kPa；

N_s——稳定系数，边坡角 β 和深度系数，可由图 5-16 确定。

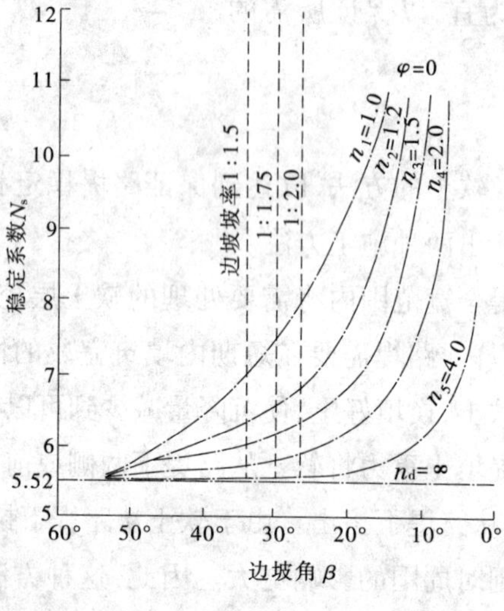

图 5-16　稳定系数 N_s

由上述高度限制可以推知，反压护道法适用于路堤高度不大于$\frac{5}{3}$～2 倍极限高度的情况。反压护道的宽度须由滑动稳定分析结果确定。

反压护道应与主路堤同时填筑，其填筑速度不得慢于主路堤。

（五）分阶段施工

路堤填筑到一定高度，其稳定性安全系数达到预定的下限值后，放置一段时间，使软土地基通过固结而增加其剪切强度，达到能支撑下一层填土重量；而后，进行第二阶段的路堤填筑，在其安全系数下降到预定下线值后再放置一段时间；重复多次，填到设计高度为止(见图 5-17)。

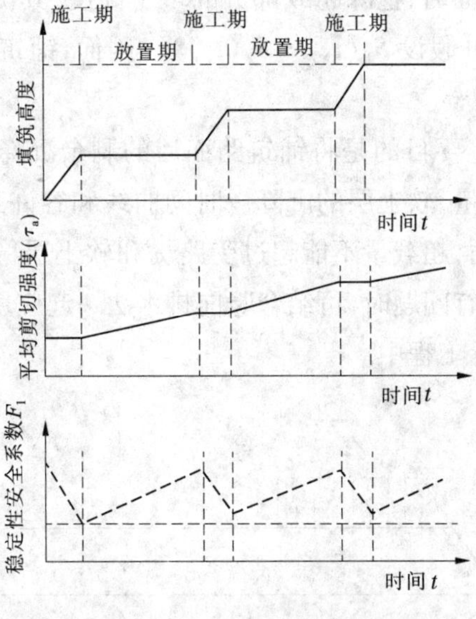

图 5-17 分阶段填筑路堤

在软土层初始剪切强度太低，不足以保证路堤稳定性时，可以采用这种分阶段施工方法。但其总工期很长，特别在土固结很慢的情况下。同时，这种方法有一最大限度的填土高度，超出此高度，分阶段施工仍不能保证路堤的稳定性。

路堤第一阶段的填土高度，按软土的不排水剪切强度（约为 $0.22p_c$，p_c 为先期固结压力），通过稳定性分析确定。施工时破坏后果不严重并易于修复的路堤，稳定性安全系数可以取为 1.3；而破坏后果严重时，安全系数不应小于 1.5。第一阶段的填筑高度应尽可能高，以充分利用分期施工的效果。

固结后软土的剪切强度可按经验取为有效竖向应力的 1/4。路堤内有的有效竖向应力，按路堤填土重产生的竖向应力和达一定固结度时（通常为 80%）的超孔隙水压力确定。填土高度接近于设计高度的路堤，其安全系数应在 1.5 以上。

各阶段的沉降分析采用相应应力范围的固结系数 C_v 值，并且分阶段独立进行，而后将它们叠加成总的固结沉降曲线。

虽然在路堤填筑前应按软土的初始剪切强度、固结频率、不排水剪切强度同有效应力的关系等分析安排分阶段的填筑高度和施工进度，但由于各项参数的不确定性，需要在填筑过程中监测软土层内有效应力的实际增长，以检查设计和控制施工。监测通过埋在软土层内的孔隙水压力仪和沉降仪进行。

（六）超载预压法

路堤填筑到超过设计标高的高度，使软土地基受到超载作用而加速固结沉降，从而可较早地达到路堤设计荷载下的沉降量，并减少路面铺筑后的剩余沉降量，如图 5-18 所示。在设计路堤自重荷载的作用下，软土地基的沉降曲线为 $S_1(t)$；在超载作用下，沉降曲线为 $S_2(t)$。在铺筑路面前（时间为 t_1）超载的沉降量要比路堤设计的沉降量增加 $\Delta S_1 =$

$S_2(t_1)-S_1(t_1)$。铺筑路面时，挖除超载部分的填土高度，其沉降曲线转为 $S_1(t_1>t_2)$ 段（如忽略卸载时的膨胀，可假设 $S_1(t_2)=S_2(t_1)$）。因而，铺筑路面后的剩余沉降量便由 ΔS_{d1} 降为 ΔS_{d2}。

应用超载预压法的主要目的是将铺筑路面后的剩余沉降量控制在容许范围内。因而，往往按容许剩余沉降量、软土层的沉降—时间曲线和容许工期等因素，设计所需要的超载和放置时间等。然而，超载量不能超过受路堤和软土层稳定状况控制的最大值。在所需超载量大，而稳定性有问题时，可结合竖向排水法一起应用。超载部分的材料应考虑到在卸载后能应用于邻近工程中。

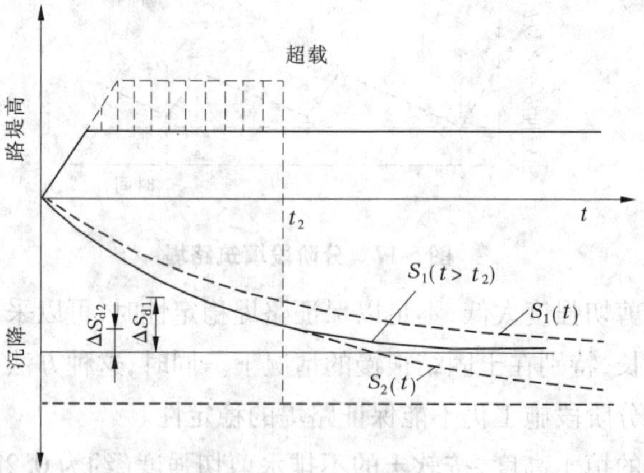

图 5-18　超载预压法

除超载预压法外，也可采用真空预压法或降低地下水位法等来达到相同的加速固结沉降和减少剩余沉降量的目的。

（七）竖向排水法

软土层厚而渗透性小时，软土地基的自然固结将很慢。有效的加速固结措施是在软土层内引入排水单元。竖向排水法是在地基内设置竖向排水井，缩短排水距离，加速固结排水。竖向排水井的材料可用砂（称作砂井排水法）或塑料排水板（称作塑料排水板排水法）。

砂井排水法可采用打入式、振动式、螺钻式、射水式或袋装式等方式施工，并经常与分阶段施工法或超载预压法等并用。这种方法对于均匀的厚黏土地基效果最好，地基中夹有砂层或泥炭质地基的效果较差。

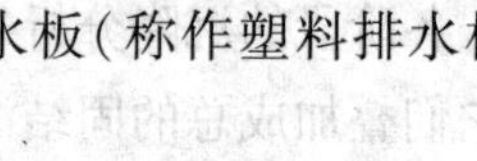

图 5-19　砂井的固结

砂井可按三角形或正方形布置（见图 5-19）。布置在路堤边坡下地基内的砂井，主要改善稳定性，而布置在路基顶宽范围下地基内的砂井，其主要改善效果是固结沉降。砂井在设计时，先选择施工方法、砂井直径、砂井间距和处理范围（深度和宽度），而后进行稳定性和沉降分析。如果安全系数和剩余沉降量不能满足容许值,则调整砂井的间距和处理范围,再次进行稳定性和沉降分析。

砂井的固结相当于具有不透水外表面和砂井外周形成的内表面组成的圆柱体地基的三维固结(见图5-19)。黏土固结所需时间同最大排水距离的平方成正比,因而设置砂井后,由于排水距离缩短,固结时间大为减少。砂井的三维固结可分为竖向固结和径向固结两部分,并可分别计算后叠加而成。总固结度 U 同部分固结度 U_v(竖向)和 U_r(径向)的关系为

$$U = 1 - (1 - U_r)(1 - U_v) \tag{5-20}$$

由于径向的排水距离比竖向排水距离往往要小得多,常忽略竖向排水,以径向固结度代替总固结度。砂井的直径和间距可在确定软土的径向固结系数 C_r(m^2/s)和达到预定固结度可用的时间 t 利用图5-20进行设计。由图5-20得到的是不同砂井直径 d 和有效(影响区)直径 D 的组合。按砂井的布置方式,可将有效直径 D 转换为砂井间距 l_s。转换关系见图5-20。

砂井施工前,在软土地基表面铺设0.5~1.0 m厚的砂垫层,以形成上面的排水层。采用各种方法施工的深度一般都应在15~20 m以内,超过此深度时工程费用很高。

塑料排水板排水法为用纸板、纤维或塑料等预制成的带条(板)代替砂做成竖向排水井。芯带一般宽100 mm,厚数毫米,其排水效果相当于5 cm直径的砂井,最小设置间距为0.6 m。这种方法比砂井排水法便宜,施工速度较快,施工管理简便,对地基扰动小。

(八)挤密桩法和加固土桩法

用冲击或振动的方法,将砂或碎石等挤入软土地基内,形成直径较大的桩体,并同原地基一起形成复合地基。其主要作用为:

(1)使桩周围的土体变密实。

(2)支撑路堤很大的一部分重量。

(3)加速周围软土的固结。

(4)防止液化。

加固土桩是采用螺旋钻在软土层内开孔,或者采用末端闭合式套管压入软土层内,而后将水泥、生石灰、粉煤灰等加固材料灌入孔内,利用加固材料的吸水消解和生成水化物等,降低周围黏性土中的含水率,从而提高地基的强度和减小沉降量。加固桩的直径大多为0.3~0.5 m,桩的间距选用0.75~1.5 m,可施打的最大深度为30 m左右。

(九)现场监测

由于软土层的不均质性、设计参数室内试验结果的代表性以及设计理论和方法近似性,必须在施工时对沉降、稳定性和处理措施的效果进行现场监测,以及时检验和修正设计中的问题,防止施工不完善而引起意外事故。

现场监测包括试验路堤和标准路堤两种。前者为路堤设计和处理方面提供参数和依

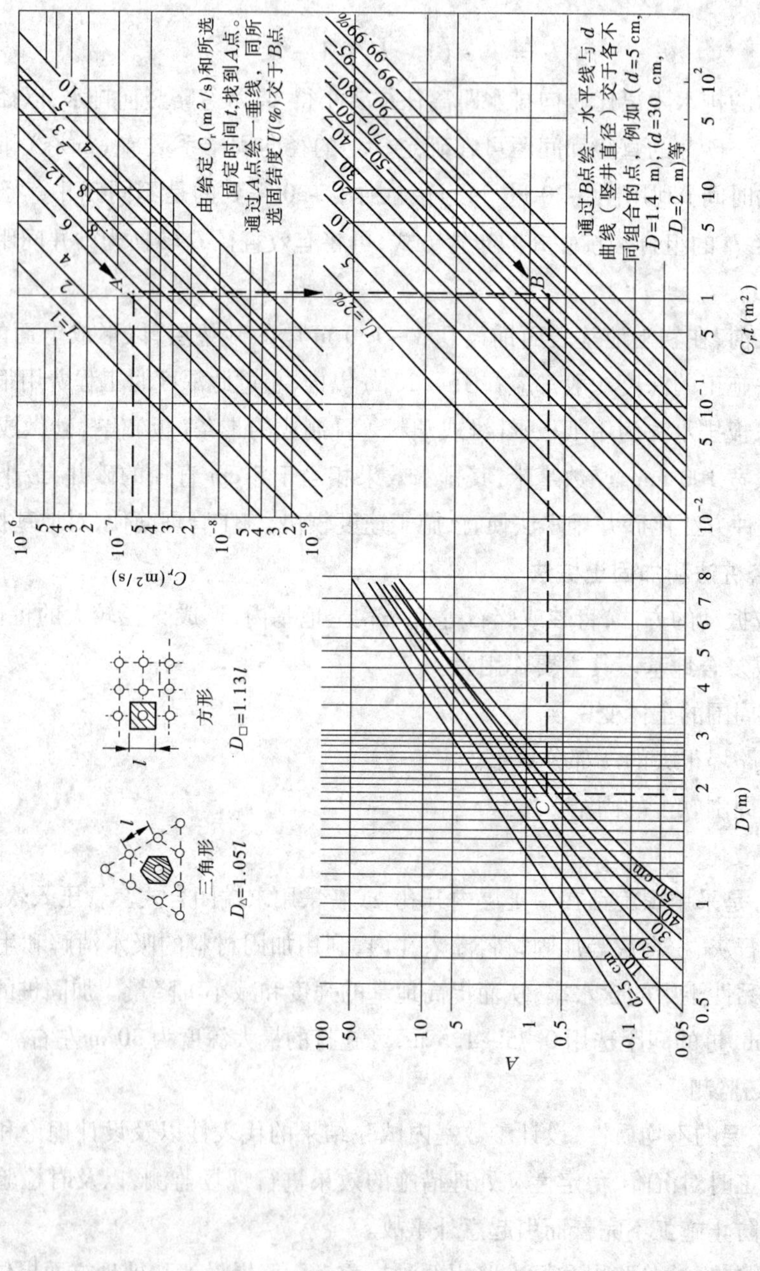

图5-20 砂井直径和间距设计图

据;后者则主要用于施工控制。此外,在施工结束后还可以继续进行监测,为系统积累资料,更好地了解软土的性状,改进设计方法。

监测所采用的仪器有三类:

(1)沉降仪:观测地基顶面、软土层内不同深度处的沉降。

(2)孔隙水压力仪:量测软土层内不同深度处的孔隙水压力。

(3)侧向位移桩和测斜仪:量测路堤坡脚外或坡脚下的水平位移。

量测仪器的布置见图5-21。

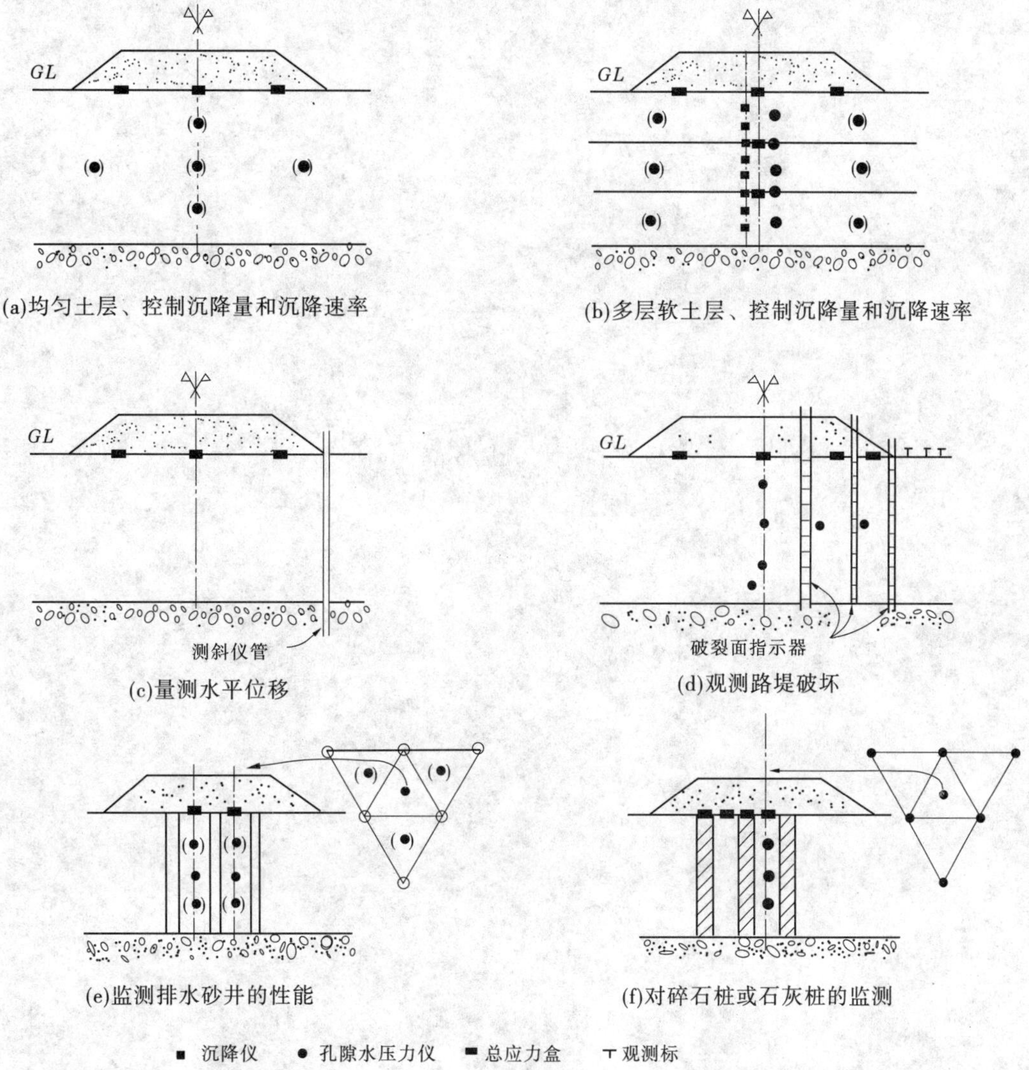

图5-21　量测仪器布置

习题与思考题

1. 为什么要对路基进行必要的防护?
2. 路基防护和加固的主要措施有哪些?
3. 常见坡面防护有哪几类? 各类防护适用于哪种情况?
4. 直接防护与间接防护的本质区别是什么?
5. 常见的地基加固措施有几种? 各种方法的原理是什么?

第六章　挡土墙设计

学习要点　本章讲述了公路挡土墙类型、挡土墙的布置与构造、挡土墙土压力计算、挡土墙设计、加筋土挡土墙设计等内容。在挡土墙设计中,土压力是主要的设计依据,需要根据不同条件分别选用与之相适应的土压力计算公式。同时,在满足土压力的同时,需要验算挡土墙的稳定性,验算内容包括抗滑、抗倾覆、基底应力和偏心距等,究竟哪一方面起控制作用,则因挡土墙的类型、构造方式以及地基条件而异,同时设计的时候应该根据荷载组合情况选择相应的稳定性指标。本章学习要结合相应的设计标准图、设计手册进行学习。要掌握挡土墙类型、特点、布置与构造、土压力计算、挡土墙设计等内容。熟悉加筋土挡土墙设计,重点掌握重力式挡土墙设计方法。

第一节　挡土墙的分类及特点

一、挡土墙的用途

挡土墙是用来支撑天然边坡或人工填土边坡以保持土体稳定的建筑物,在公路工程中应用广泛,用于支撑路堤或路堑边坡、隧道洞口、桥梁两端及河流岸壁等。

按照墙的设置位置,挡土墙可分为路肩墙、路堤墙、路堑墙和山坡墙等类型(见图6-1)。

路肩墙或路堤墙设置在高填路堤或陡坡路堤的下方,可以防止路基边坡或基底滑动,确保路基稳定,同时可收缩填土坡脚,减少填方数量,减少拆迁和占地面积,以及保护临近线路的既有重要建筑物。滨河及水库路堤,在傍水一侧设置挡土墙,可防止水流对路基的冲刷和侵蚀,也是减少压缩河床或少占库容的有效措施。

路堑挡土墙设置在堑坡底部,主要用于支撑开挖后不能自行稳定的边坡,同时可减少挖方数量,降低边坡高度。山坡挡土墙设在堑坡上部,用于支挡山坡上可能坍滑的覆盖层,有的也兼有拦石作用。

此外,设置在隧道口或明洞口的挡土墙,可缩短隧道或明洞长度,降低工程造价。设置在桥梁两端的挡土墙,作为翼墙或桥台,起着护台及连接路堤的作用。而抗滑挡土墙则用于防治滑坡。

挡土墙各部分名称如图6-1(c)所示。靠填土(或山体)一侧为墙背,外露一侧为墙面(也称墙胸),墙面与墙底的交线为墙趾,墙背与墙底的交线为墙踵,墙背与铅垂线的交角为墙背倾角α。墙背的倾角方向,比照面向外侧站立的人的俯仰情况,分俯斜、仰斜和垂直三种。墙背向外侧倾斜时,为俯斜墙背(见图6-1(c))α为正;墙背向填土一侧倾斜时,为仰斜墙背(见图6-1(a)),α为负;墙背铅垂时,为垂直墙背(见图6-1(b)),α为零。如果墙背具有单一坡度，称为直线形墙背；若多于一个坡度，则称为折线形墙背。

选择挡土墙设计方案时，应与其他方案进行技术经济比较。例如，采用路堑或山坡挡土墙，常须与隧道、明洞或刷缓边坡的方案作比较；采用路堤或路肩挡土墙，有时须与栈桥或陡坡填方等相比较，以求工程经济合理。

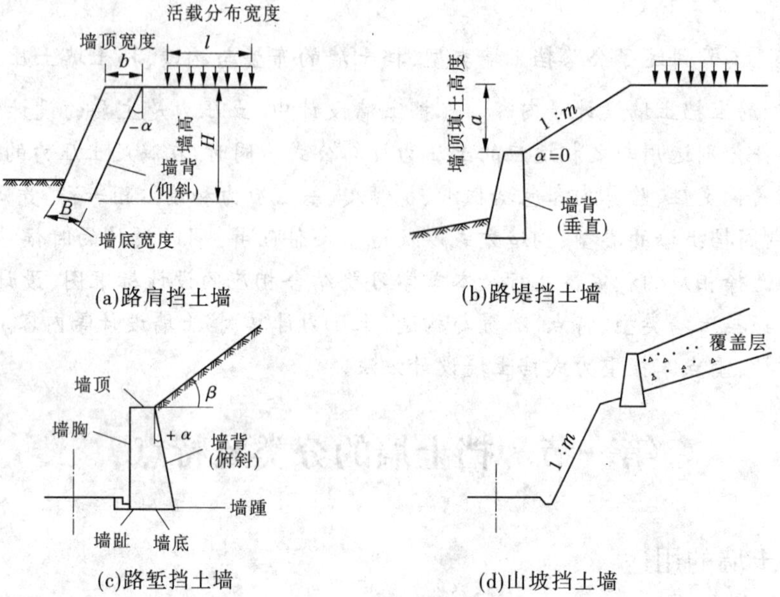

图 6-1 挡土墙各部分名称

二、挡土墙的类型

(一)重力式挡土墙

重力式挡土墙依靠墙身自重支撑土压力来维持其稳定。一般多用片(块)石砌筑，在缺乏石料的地区有时也用混凝土修建。重力式挡土墙圬工量较大，但其形式简单，施工方便，可就地取材，适应性较强，故被广泛采用。

为适应不同地形、地质条件及经济要求，重力式挡土墙具有多种墙背形式。其中，墙背为直线形的形式是普通的重力式挡土墙，如图 6-2(a)所示，其断面形式最简单，土压力计算简便。带衡重台的挡土墙，称为衡重式挡土墙，如图 6-2(c)所示，其主要稳定条件仍凭借于墙身自重，但由于衡重台上填土的重量使全墙重心后移，增加了墙身的稳定，且因其墙面胸坡很陡，下墙墙背仰斜，所以可以减小墙的高度，进而减少开挖工作量，避免过分牵动山体的稳定，有时还可以利用台后净空拦截落石。衡重式挡土墙适用于在山区公路建设中采用，但由于其基底面积较小，对地基承载力要求较高，因此应设置在坚实的地基上。不带衡重台的折线形墙背挡土墙，则介于上述两者之间，如图 6-2(b)所示。

(二)锚定式挡土墙

锚定式挡土墙通常包括锚杆式和锚定板式两种。

锚杆式挡土墙是一种轻型挡土墙(见图 6-3)，主要由预制的钢筋混凝土立柱、挡土板构成墙面，与水平或倾斜的钢锚杆联合组成。锚杆的一端与立柱连接，另一端被锚固在山

(a)普通重力式挡土墙　(b)不带衡重台的折线形墙背挡土墙　(c)衡重式挡土墙

图 6-2　重力式挡土墙

坡深处的稳定岩层或土层中。墙后侧压力由挡土板传给立柱,由锚杆与岩体之间的锚固力,即锚杆的抗拔力,使墙获得稳定。此种类型的挡墙适用于墙高较大、石料缺乏或挖基困难地区,具有锚固条件的路基挡土墙,一般多用于路堑挡土墙。

锚定板式挡土墙的结构形式与锚杆式挡土墙基本相同,只是锚杆的锚固端改用锚定板,埋入墙后填料内部的稳定层中,依靠锚定板产生的抗拔力抵抗侧压力,保持墙的稳定(见图 6-4)。

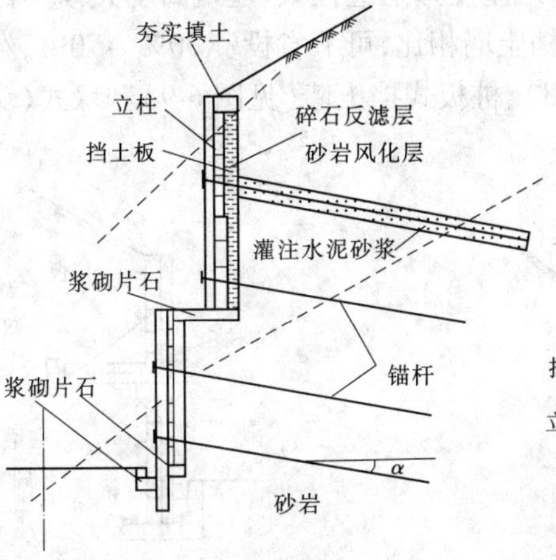

图 6-3　锚杆式挡土墙

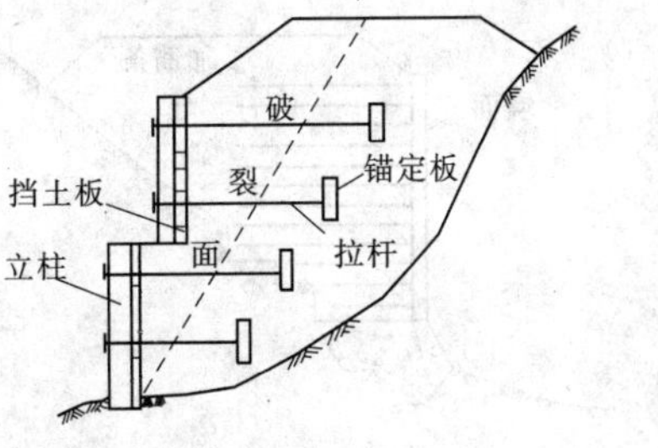

图 6-4　锚定板式挡土墙

它主要适用于缺乏石料的地区,同时由于锚定板不好埋设,所以不适用于路堑挡土墙。

锚定式挡土墙的特点在于构件断面小,工程量小,不受地基承载力的限制,构件可预制,有利于实现结构轻型化和施工机械化。

(三)薄壁式挡土墙

薄壁式挡土墙是钢筋混凝土结构,包括悬臂式和扶壁式两种。

悬臂式挡土墙如图 6-5 所示,它由立壁和底板组成,具有三个悬臂,即立壁、趾板和踵板。当墙身较高时,沿墙长每隔一定距离筑肋板(扶壁)联结墙面板及踵板,称为扶壁式挡土,如图 6-6 所示。它们的共同特点是:墙身断面较小,结构的稳定性不是依靠本身的重量,而主要依靠踵板上的填土重量来保证。它们自重轻,圬工省,适用于墙高较大的情况,但需使用一定数量的钢材,经济效果较好。

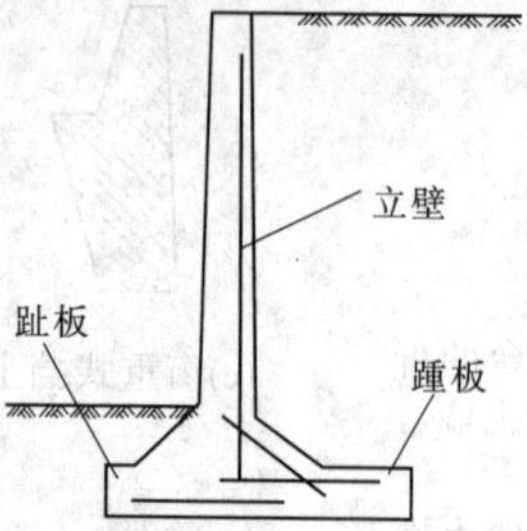

图 6-5　悬臂式挡土墙

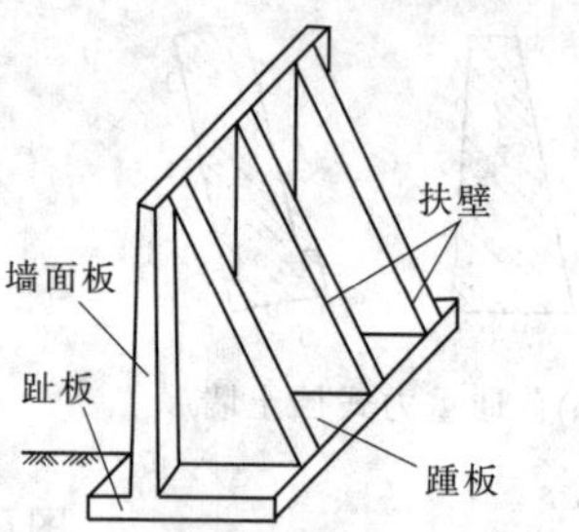

图 6-6　扶壁式挡土墙

(四)加筋土挡土墙

加筋土挡土墙是由填土、填土中垂直布置的拉筋条以及墙面板三部分组成的(见图 6-7),在垂直于墙面的方向,按一定间隔和高度水平地放置拉筋材料,然后填土压实,通过填土与拉筋间的摩擦作用,把土的侧压力传给拉筋,从而稳定土体。拉筋材料通常为镀锌薄钢带、铝合金、高强塑料及合成纤维等。墙面板一般用混凝土预制,也可采用半圆形铝板。加筋土挡土墙属柔性结构,对地基变形适应性大,建筑高度大,适用于填土路基。它结构简单,圬工量少,与其他类型的挡土墙相比,可节省投资 30% ~70%,经济效益大。

此外,还有柱板式挡土墙(见图 6-8)、桩板式挡土墙(见图 6-9)和垛式(又称框架式)挡土墙(见图 6-10)等。

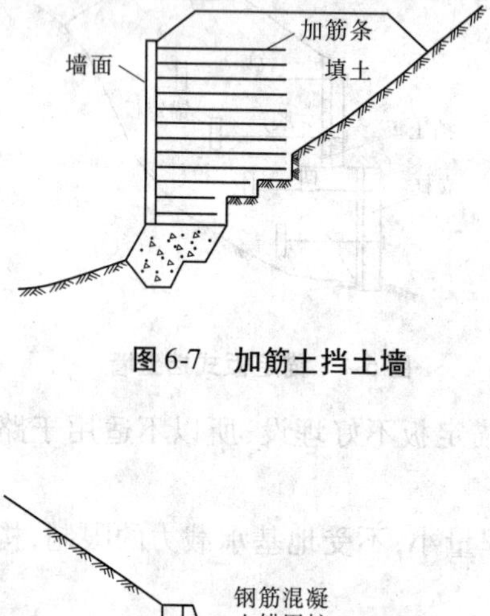

图 6-7　加筋土挡土墙

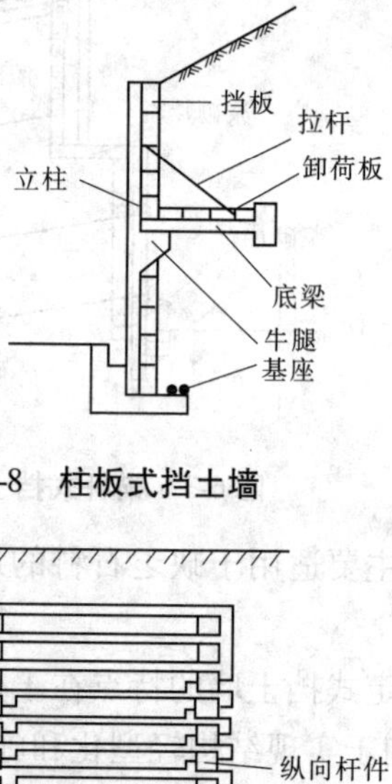

图 6-8　柱板式挡土墙

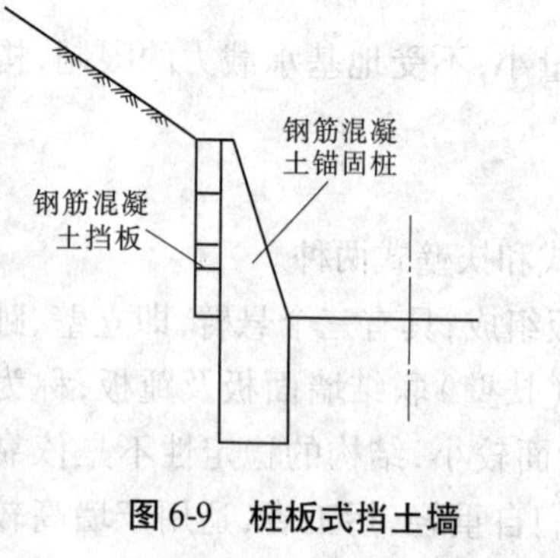

图 6-9　桩板式挡土墙

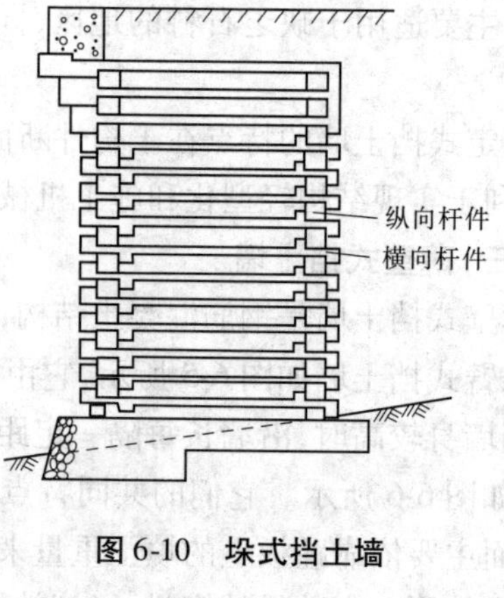

图 6-10　垛式挡土墙

第二节　重力式挡土墙的构造与布置

一、挡土墙构造

常用的重力式挡土墙一般由墙身、基础、排水设施和伸缩缝等部分组成。

(一)墙身

1. 墙身类型

重力式挡土墙的墙背可做成仰斜、垂直、俯斜、凸形折线和衡重式等形式(见图6-11)。

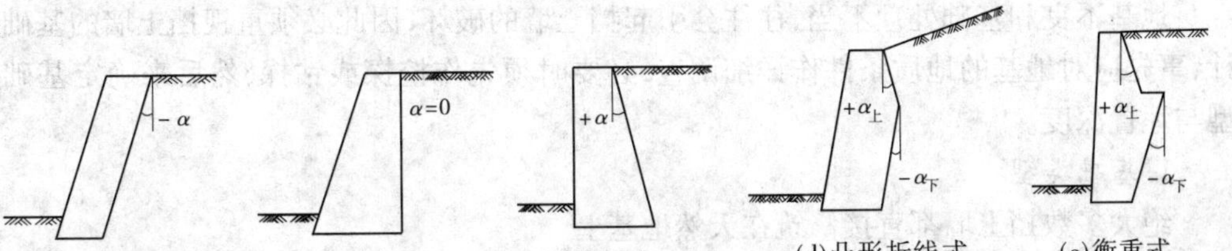

图6-11　重力式挡土墙断面形式

仰斜墙背所受的土压力小,故墙身断面较经济。用于路堑墙时,墙身与开挖面边坡较贴合,故开挖量与回填量均较小。但当墙趾处地面横坡较陡时,会使墙身增高,断面增大。所以,仰斜墙背适用于路堑墙及墙趾处地面平坦的路肩墙或路堤墙。仰斜墙背的坡度不宜缓于1:0.25,以免施工困难。

俯斜墙背所受的土压力较大。在地面横坡陡峻时,俯斜式挡土墙可采用陡直的墙面,借以减小墙高。俯斜墙背也可做成台阶形,以增加墙背与填料间的摩阻力。

垂直墙背的特点介于仰斜和俯斜墙背之间。

凸形折线墙背系将仰斜式挡土墙的上部墙背改为俯斜,以减小上部断面尺寸,多用于路堑墙,也可用于路肩墙。

衡重式墙在上下墙之间设衡重台,并采用陡直的墙面。适用于山区地形陡峻处的路肩墙和路堤墙,也可用于路堑墙。上墙俯斜墙背的坡度为1:0.25~1:0.45,下墙仰斜墙背在1:0.25以上,上下墙的墙高比一般采用2:3。

2. 墙面

墙面一般均为平面,其坡度应与墙背坡度相协调。墙面坡度直接影响挡土墙的高度。因此,在地面横坡较陡时,墙面坡度一般为1:0.05~1:0.20,矮墙可采用陡直墙面;地面平缓时,一般采用1:0.30~1:0.35较为经济。

3. 墙顶

墙顶的最小宽度,浆砌挡土墙不小于50 cm,干砌挡土墙不小于60 cm。浆砌路肩墙墙顶一般宜采用粗石料或混凝土做成顶帽,厚40 cm。如不做顶帽,对路堤墙和路堑墙,墙顶应以大块石砌筑,并用砂浆勾缝,或用5号砂浆抹平顶面,砂浆厚2 cm。干砌挡土墙墙顶 50 cm 高度内，应用 25 号砂浆砌筑，以增加墙身稳定。干砌挡土墙高度一般不宜大于 6 m。

4. 护栏

为保证交通安全，在地形险峻地段，或过高过长的路肩墙的墙顶应设置护栏。为保持土路肩最小宽度，护栏内侧边缘距路面边缘的距离，二、三级公路不小于 0. 75 m，四级公路不小于 0. 5 m。

（二）基础

地基不良和基础处理不当，往往会引起挡土墙的破坏，因此必须重视挡土墙的基础设计，事先应对地基的地质条件作详细调查，必要时须先作挖探或钻探，然后来确定基础类型与埋置深度。

地基不良和基础处理不当，往往会引起挡土墙的破坏，因此必须重视挡土墙的基础设计，事先应对地基的地质条件作详细调查，必要时须先作挖探或钻探，然后来确定基础类型与埋置深度。

1. 基础类型

绝大多数挡土墙都直接修筑在天然地基上。

当地基承载力不足，地形平坦而墙身较高时，为了减小基底压应力和增加抗倾覆稳定性，常常采用扩大基础（见图 6-12（a）），将墙趾或墙踵部分加宽成台阶，或两侧同时加宽，以加大承压面积。加宽宽度视基底应力需要减小的程度和加宽后的合力偏心距的大小而定，一般不小于 20 cm。台阶高度按加宽部分的抗剪、抗弯拉和基础材料的刚性角的要求确定（刚性角：浆砌片石 35°，混凝土 45°）。

当地基压应力超过地基承载力过多时，需要的加宽值较大，为避免加宽部分的台阶过高，可采用钢筋混凝土底板（见图 6-12（b）），其厚度由剪力和主拉应力控制。

地基为软弱土层（如淤泥、软黏土等）时，可采用砂砾、碎石、矿渣或灰土等材料予以换填，以扩散基底压应力，使之均匀地传递到下卧软弱土层中，如图 6-12（c）所示。一般换填深度 h_2 与基础埋置深度 h_1 的总和不宜超过 5 m，对淤泥和泥炭等应更浅些。

当挡土墙修筑在陡坡上，而地基又为完整、稳固、对基础不产生侧压力的坚硬岸石时，如图 6-12（d）所示，可设置台阶基础，以减少基坑开挖和节省圬工，台宽视地形而定。分台高一般约 1 m，台宽视地形和地质情况而定，不宜小于 0. 2 m，高宽比可以采用 3∶2 或 2∶1。最下一个台阶的底宽应满足 1. 5 ~ 2. 0 m。

如地基有短段缺口（如深沟等）或挖基困难（如需水下施工等），可采用拱形基础，以石砌拱圈跨过，再在其上砌筑墙身（见图 6-12（e）），但应注意土压力不宜过大，以免横向推力导致拱圈开裂。设计时，对拱圈应予验算。

2. 基础埋置深度

对于土质地基，基础埋置深度应符合下列要求：

（1）无冲刷时，应在天然地面以下至少 1 m。

（2）有冲刷时，应在冲刷线以下至少 1 m。

（3）受冻胀影响时，应在冻结线以下不少于 0. 25 m。当冻深超过 1 m，基底应夯填一定厚度的砂砾或碎石垫层，垫层底面亦应位于冻结线以下不少于 0. 25 m。

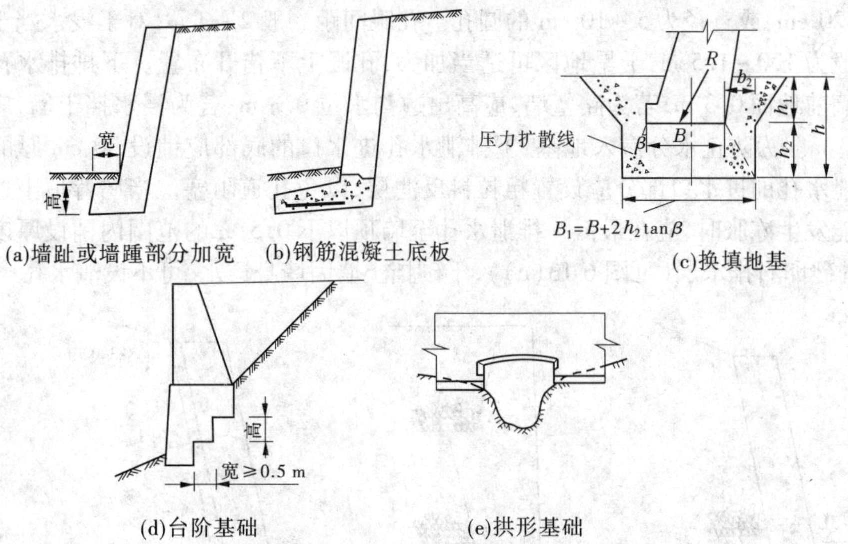

图 6-12　重力式挡土墙的基本类型

碎石、砾石和砂类地基,不考虑冻胀影响,但基础埋置深度不宜小于 1 m。

对于岩石地基,应清除表面风化层。当风化层较厚难以全部清除时,可根据地基的风化程度及其容许承载力确定,将基底埋入风化层中。基础嵌入岩层的深度可参照表 6-1 确定。墙趾前地面横坡较大时,应留出足够的襟边宽度(趾前至地面横坡的水平距离),以防止地基剪切破坏,如表 6-1 所示。

表 6-1　基础嵌入岩层的深度

岩层种类	基础埋置深度 h(m)	襟边宽度 L(m)	嵌入示意
较完整的坚硬岩石	0.25	0.25 ~ 0.5	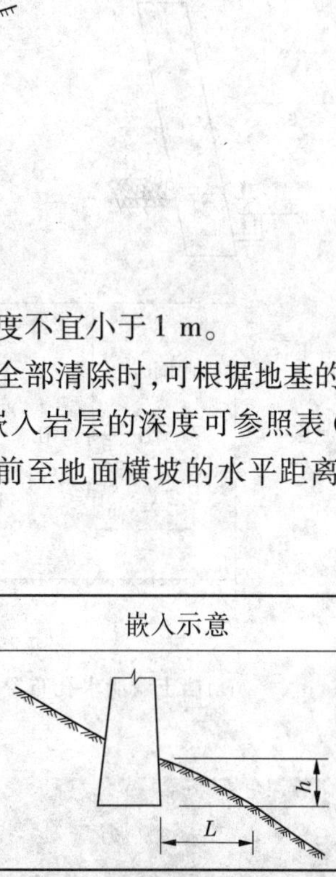
一般岩石(如砂页岩互层等)	0.6	0.6 ~ 1.5	
松散岩石(如千枚岩等)	1.0	1.0 ~ 2.0	
砂夹砾石	≥1.0	1.5 ~ 2.5	

当挡土墙位于地质不良地段,地基土内可能出现滑动面时,应进行地基抗滑稳定性验算,将基础底面埋置在滑动面以下,或采取其他措施,以防止挡土墙滑动。

(三)排水设施

挡土墙应设置排水措施,以疏干墙后土体和防止地面水下渗,防止墙后积水形成静水压力,减小寒冷地区回填土的冻胀压力,消除黏性土填料浸水后的膨胀压力。

排水措施主要包括:设置地面排水沟,引排地面水;夯实回填土顶面和地面松土,防止雨水及地面水下渗,必要时可加设铺砌;对路堑挡墙墙趾前的边沟应予以铺砌加固,以防边沟水渗入基础;设置墙身泄水孔,排除墙后水。

浆砌块(片)石墙身应在墙前地面以上设一排泄水孔(见图 6-13、图 6-14)。墙高时,可在墙上部加设一排汇水孔。汇水孔一般为方孔,尺寸为 5 cm × 10 cm、10 cm × 10 cm、

15 cm×20 cm,或直径为 5～10 cm 的圆孔。孔眼间距一般 2～3 m,对于浸水挡土墙孔眼间距一般为 1.0～1.5 m,干旱地区可适当加大,孔眼上下错开布置。下排排水孔的出口应高出墙前地面 0.3 m;若为路堑墙,应高出边沟水位 0.3 m;若为浸水挡土墙,应高出常水位 0.3 m。为防止水分渗入地基,下排泄水孔进水口的底部应铺设 30 cm 厚的黏土隔水层。泄水孔的进水口部分应设置粗粒料反滤层,以免孔道阻塞。当墙背填土透水性不良或可能发生冻胀时,应在最低一排泄水孔至墙顶以下 0.5 m 的范围内铺设厚度不小于 0.3 m 的砂卵石排水层(见图 6-13(c)),干砌挡土墙因墙身透水,可不设泄水孔。

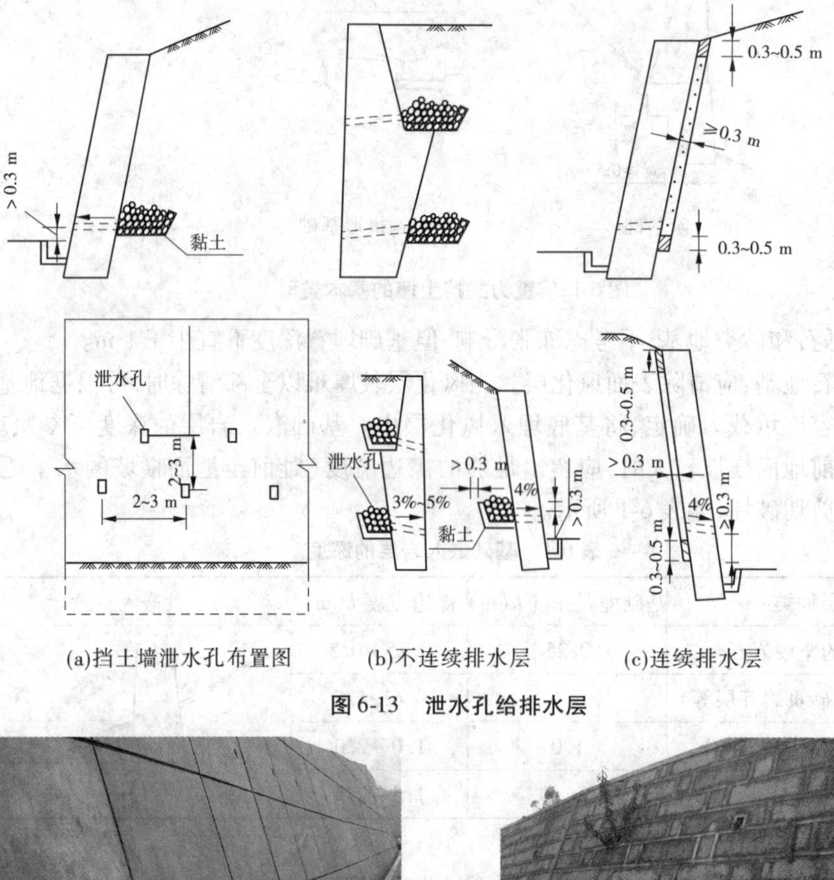

(a)挡土墙泄水孔布置图　　(b)不连续排水层　　(c)连续排水层

图 6-13　泄水孔给排水层

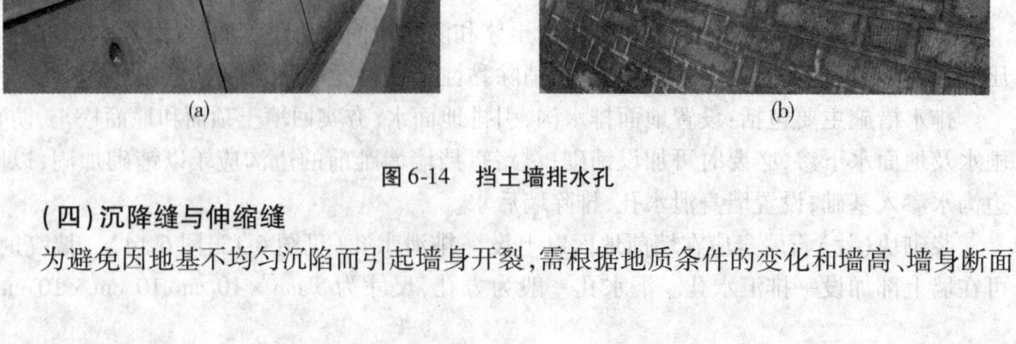

(a)　　(b)

图 6-14　挡土墙排水孔

(四)沉降缝与伸缩缝

为避免因地基不均匀沉陷而引起墙身开裂,需根据地质条件的变化和墙高、墙身断面的变化情况设置沉降缝。为了防止圬工砌体因收缩硬化和温度变化而产生裂缝,应设置伸缩缝。设计时,一般将沉降缝与伸缩缝合并设置,沿路线方向每隔 10 ~15 m 设置一道,兼起两者的作用,缝宽 2 ~3 cm,缝内一般可用胶泥填塞,但在渗水量大,填料容易流失或冻害严重地区,则宜用沥青麻筋或涂以沥青的木板等具有弹性的材料,沿内、外、顶三方填塞,填深不宜小于 0. 15 m。当墙后为岩石路堑或填石路堤时,可设置空缝(见图 6-15)。

干砌挡土墙,缝的两侧应选用平整石料砌筑,使成垂直通缝。

图 6-15　挡土墙沉降缝

二、挡土墙布置

挡土墙的布置通常在路基横断面图和墙趾纵断面图上进行。布置前,应现场核对路基横断面图,不足时应补测;测绘墙趾处的纵断面图,收集墙趾处地质和水文等资料。

(一)挡土墙位置的选定

路堑挡土墙大多数设在边沟旁。山坡挡土墙应考虑设在基础可靠处,墙的高度应保证墙后墙顶以上边坡的稳定。

当路肩墙与路堤墙的墙高或截面圬工数量相近、基础情况相似时,应优先选用路肩墙,按路基宽布置挡土墙位置,因为路肩挡土墙可充分收缩坡脚,大量减少填方和占地。当路堤墙的高度或圬工数量比路肩墙显著降低,而且基础可靠时,宜选用路堤墙,并作经济比较后确定墙的位置。

沿河路堤设置挡土墙时,应结合河流情况来布置,注意设墙后仍保持水流顺畅,不致挤压河道而引起局部冲刷。

(二)挡土墙在路基横断面图上的布置

在墙高最大处,墙身断面或基础形式变化处,以及其他重要桩号处的路基横断面图上按拟订方案及其相应位置布置挡土墙,初步确定其断面形式、位置、基础类型及埋置深度,如图 6-16 所示。

确定断面形式时,路堑墙宜用仰斜式或折线式。对路肩墙和路堤墙,当地形陡峻时宜选用俯斜式或衡重式,地形平坦时选用仰斜式。

(三)在墙趾纵断面图上布置挡土墙

挡土墙纵向布置在墙趾纵断面图上布设,布置后绘成挡土墙正面图,如图 6-17 所示。

按横向布置初步确定挡土墙位置、基础埋置深度,绘制或补测墙趾纵断面图,并在墙

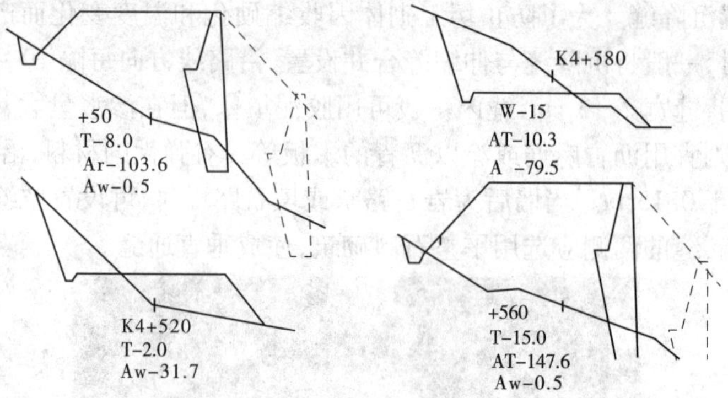

图 6-16　挡土墙在路基横断面上的布置

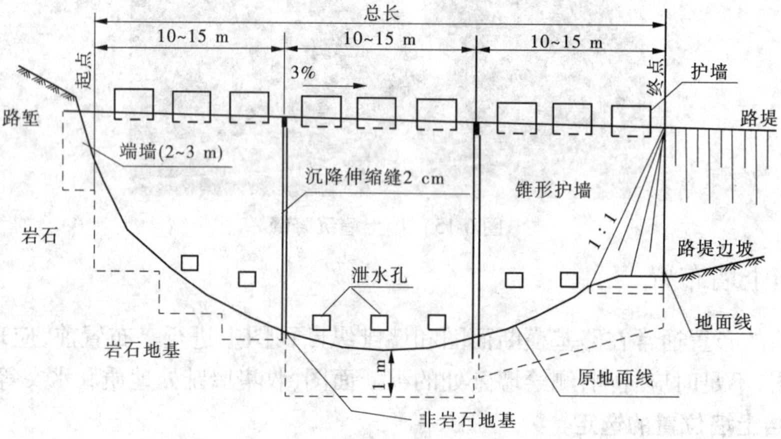

图 6-17　挡土墙纵断面图

趾纵断面图上纵向布置挡土墙，布置后绘成挡土墙正面图。确定挡土墙的起讫点、墙长、分段、沿纵向的墙高变化、两端与路基或其他结构物的衔接方案和泄水孔位置等。

(1)确定挡土墙的起讫点和墙长。

挡土墙分段长度是按地基及地形情况进行分段的，确定伸缩缝与沉降缝的位置，一般为 10 ~ 15 m。

(2)确定纵向墙底形式。

挡土墙基础布置应根据地形和地质情况变化而定。墙趾地面有纵坡时，挡土墙的基底可做成不大于 5% 的纵坡。当地基为岩石时，为减少开挖，可沿纵向做成台阶。台阶尺寸视纵坡大小而定，但其高宽比不宜大于 1∶2。

(3)选择挡土墙与路基或其他结构物的衔接方式。

挡土墙与路基或其他结构物的衔接方式，关系到前、后工程的衔接是否协调顺适和挡土墙的长度与稳定性。一般路肩墙与路堤衔接应采用锥坡；路肩挡土墙端部可嵌入石质路堑中；与桥台连接时，为了防止墙后回填土从桥台尾端与挡墙连接处的空隙中溜出，需在台尾与挡土墙之间设置隔墙及接头墙。

路堑挡土墙在隧道洞口应结合隧道洞门、翼墙的设置做到平顺衔接；与路堑边坡衔接时，一般将墙高逐渐降低至 2 m 以下，如图 6-18(c)所示，使边坡坡脚不致伸入边沟内，有时也可与横向端墙连接，如图 6-18(a)、(b)所示。

根据初步确定的墙型、墙高、地基及填料的物理力学性质指标等设计资料进行验算，以确定墙身断面尺寸。

(4)根据验算结果选择其中最合理经济的断面作为设计断面。

在墙趾纵断面图上需标明挡土墙的起讫点、墙长、两端连接方式、沉降伸缩缝位置、基底线、泄水孔位置及各特征断面(布置布挡土端的路基横断面)的桩号，以及墙顶、基础顶面、基底、冲刷线、冰冻线、常水位线或设计洪水位的标高等。

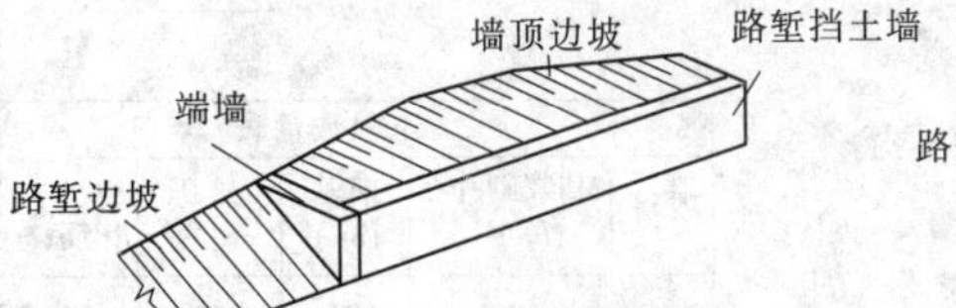

(a)端墙

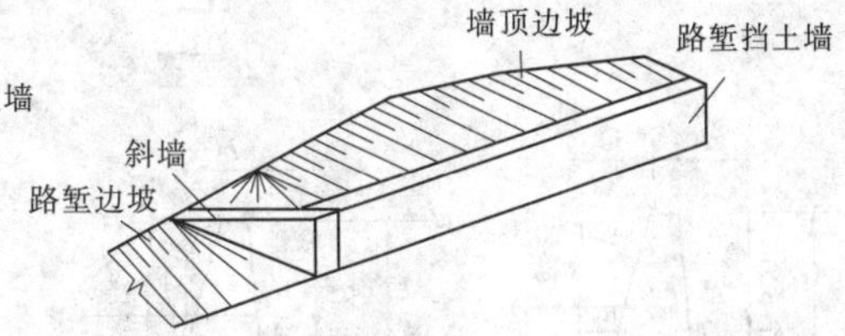

(b)斜墙

(c)工程图

图 6-18　路堑墙与路堑的衔接方式

(四)平面布置

个别复杂的挡土墙，如高、长的沿河曲线挡土墙，应作平面布置，绘制平面图，标明挡土墙与路线的平面位置及附近的地貌与地物情况。沿河挡土墙还应绘出河道及水流方向、防护与加固工程等。

根据上述反复计算和调整后得出的断面尺寸方案，绘制挡土墙的横断面图、纵断面图，如图 6-19 所示。必要时还需绘制平面图。

(五)编制设计说明

简要说明可直接写在设计图上。如有必要则另编专门的说明书，应说明的内容包括：选用挡土墙方案的理由，挡土墙结构类型和设计参数的选择依据，对材料及施工的要求和注意事项，主要工程数量等。如采用标准图，应注明标准图的名称和编号。

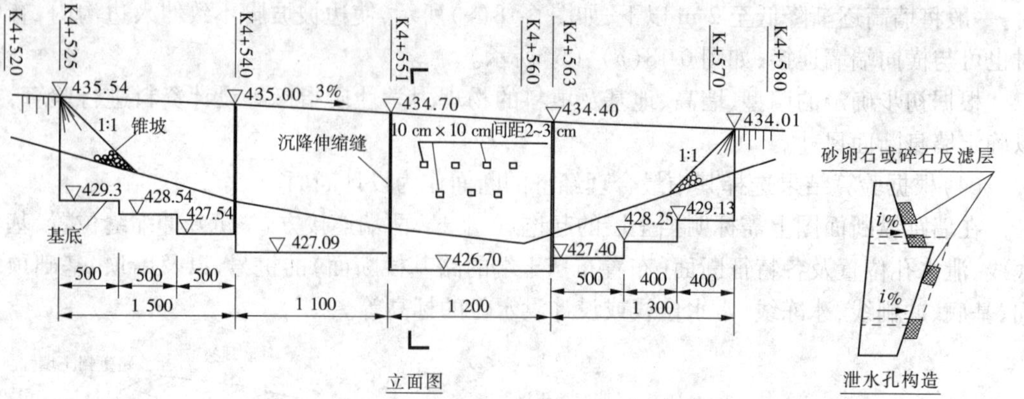

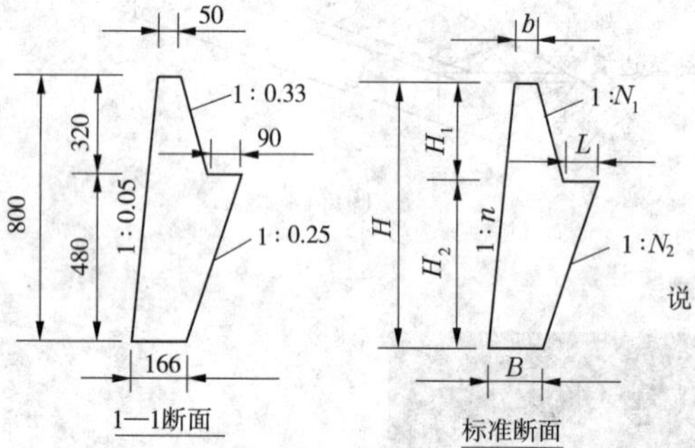

工程数量表

项目	M5浆砌片石(m^3)	挖基(m^3)	砂砾(m^3)	沥青浸麻筋(m)
数量	635	120	53	266

说明：1.图中结构尺寸单位:cm。

2.设计荷载汽–20，墙后填料重度 γ=18 kN/m^3，φ=35°，地基容许承载力[σ]=250 kPa。

3.若基础开挖到设计标高后，承载力不能满足要求，应采取措施使其达到设计要求。

图 6-19　挡土墙布置设计图

第三节　重力式挡土墙压力计算

一、作用在挡土墙上的力系

挡土墙设计的关键是确定作用于挡土墙上的力系，其中主要是确定土压力。

作用在挡土墙上的力系，按力的作用性质分为主要力系、附加力和特殊力。

主要力系是指经常作用于挡土墙的各种力，如图 6-20 所示，包括：

(1)挡土墙自重 G 及位于墙上的衡载。

(2)墙后土体的主动土压力 E_a(包括作用在墙后填料破裂棱体上的荷载，简称超载)。

(3)基底的法向反力 N 及摩阻力 T。

(4)墙前土体的被动土压力 E_p。

对浸水挡土墙而言，在主要力系中尚应包括常水位时的静水压力和浮力。

附加力是季节性作用于挡土墙的各种力，例如洪水时的静水压力和浮力、动力压力、波浪冲击力、冻胀压力以及冰压力等。

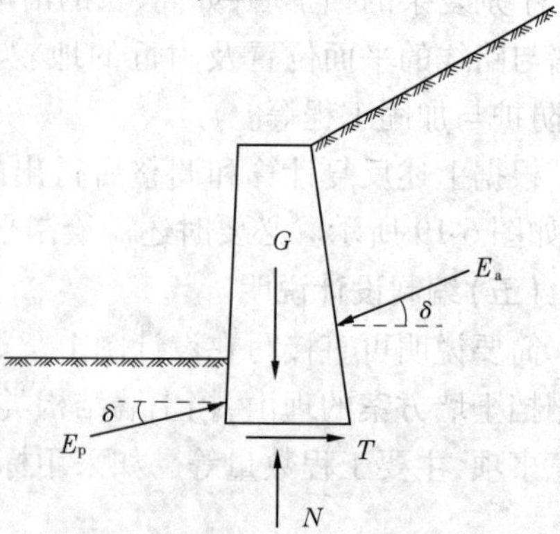

图 6-20　作用在挡土墙上的力系

特殊力是偶然出现的力，例如地震力、施工荷载、水流漂浮物的撞击力等。

在一般地区，挡土墙设计仅考虑主要力系，在浸水地区还应考虑附加力，而在地震区应考虑地震对挡土墙的影响。各种力的取舍，应根据挡土墙所处的具体工作条件，按最不利组合作为设计的依据。

二、一般条件下库仑(Coulomb)主动土压力计算

土压力是挡土墙的主要设计荷载。挡土墙的位移情况不同，可以形成不同性质的土压力(见图6-21)。当挡土墙向外移动时(位移或倾覆)，土压力随之减少，直到墙后土体沿破裂面下滑而处于极限平衡状态，作用于墙背的土压力称主动土压力；当墙向土体挤压移动，土压力随之增大，土体被推移向上滑动处于极限平衡状态，此时土体对墙的抗力称为被动土压力；墙处于原来位置不动，土压力介于两者之间，称为静止土压力。采用哪种性质的土压力作为挡土墙设计荷载，要根据挡土墙的具体条件而定。

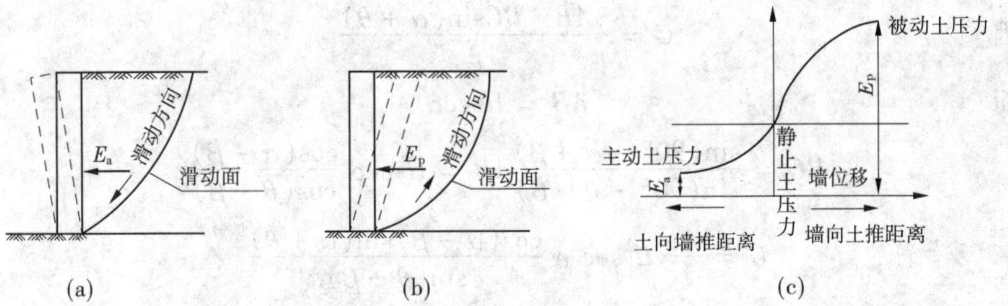

图6-21　三种不同性质的土压力

路基挡土墙一般都可能有向外的位移或倾覆，因此在设计中按墙背土体达到主动极限平衡状态，且设计时取一定的安全系数，以保证墙背土体的稳定。对于墙趾前土体的被动土压力，在挡土墙基础一般埋深的情况下，考虑到各种自然力和人畜活动的作用，一般均不计，以偏于安全。

主动土压力计算的理论和方法，在土力学中已有专门论述，这里仅结合路基挡土墙的设计，介绍库仑土压力计算方法的具体应用。

(一)各种边界条件下主动土压力计算

路基挡土墙因路基形式和荷载分布的不同，土压力有多种计算图式。以路堤挡土墙为例，按破裂面交于路基面的位置不同，可分为五种图示：破裂面交于内边坡，破裂面交于荷载的内侧、中部和外侧，以及破裂面交于外边坡，现分述如下。

1. *破裂面交于内边坡*

此种情况如图6-22所示。

这一图式适用于路堤式挡土墙或路堑式挡土墙。图6-22中AB为挡土墙墙背，BC为破裂面，BC与铅垂线的夹角θ为破裂角，ABC为破裂棱体。棱体上作用着三个力，即破裂棱体自重G、主动土压力的反力E_a和破裂面上的反力R。E_a的方向与墙背法线成δ角，且偏于阻止棱体下滑的方向；R的方向与破裂面法线成φ角，且偏于阻止棱体下滑的方向。取挡土墙纵向长度为1 m计算，作用于棱体上的平衡力三角形abc可得

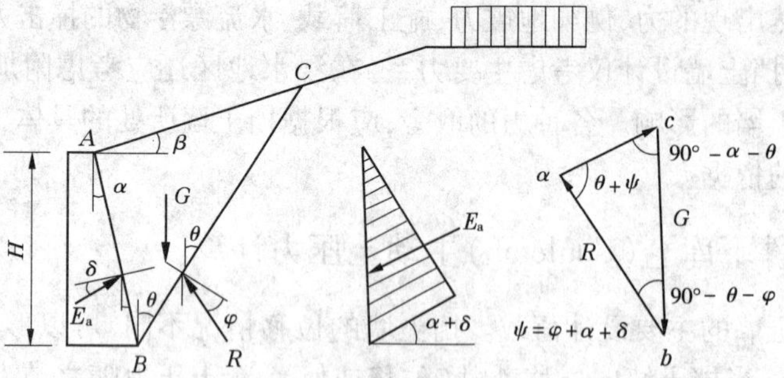

图 6-22　破裂面交于内边坡

$$E_a = \frac{\sin(90° - \theta - \varphi)}{\sin(\theta + \psi)} G = \frac{\cos(\theta + \varphi)}{\sin(\theta + \psi)} G \tag{6-1}$$

式中　$\psi = \varphi + \alpha + \delta$。

因
$$G = \frac{\gamma AB \cdot BC \sin(\alpha + \theta)}{2}$$

而
$$AB = H\sec\alpha$$

$$BC = \frac{\sin(90° - \alpha + \beta)}{\sin(90° - \theta - \beta)} AB = H\sec\alpha \frac{\cos(\alpha - \beta)}{\cos(\theta + \beta)}$$

$$G = \frac{1}{2}\gamma H^2 \sec^2\alpha \frac{\cos(\alpha - \beta)\sin(\alpha + \theta)}{\sin(\theta + \beta)} \tag{6-2}$$

将式(6-2)代入式(6-1),得

$$E_a = \frac{1}{2}\gamma H^2 \sec^2\alpha \frac{\cos(\alpha - \beta)\sin(\theta + \alpha)}{\cos(\theta + \beta)} \frac{\cos(\theta + \varphi)}{\sin(\theta + \psi)} \tag{6-3}$$

令
$$A = \frac{1}{2}\gamma H^2 \sec^2\alpha \cos(\alpha - \beta)$$

则
$$E_a = \gamma A \frac{\sin(\theta + \alpha)}{\cos(\theta + \beta)} \frac{\cos(\theta + \varphi)}{\sin(\theta + \psi)} \tag{6-4}$$

当参数 ψ、φ、δ、α、β 固定时,E_a 随破裂面的位置而变化,即 E_a 是破裂角 θ 的函数。为求最大土压力 E_a,首先要求对应于最大土压力时的破裂角 θ。取 $\frac{dE_a}{d\theta} = 0$,得

$$\gamma A \left[\frac{\cos(\theta + \varphi)}{\sin(\theta + \psi)} \cdot \frac{\cos(\theta + \beta)\cos(\theta + \alpha) + \sin(\theta + \beta)\sin(\theta + \alpha)}{\cos^2(\theta + \beta)} \right] -$$

$$\frac{\sin(\theta + \alpha)}{\cos(\theta + \beta)} \cdot \frac{\sin(\theta + \psi)\sin(\theta + \varphi) + \cos(\theta + \psi)\cos(\theta + \varphi)}{\sin^2(\theta + \psi)} = 0$$

整理化简后得

$$\left.\begin{aligned} P\tan^2\theta + Q\tan\theta + R &= 0 \\ \tan\theta &= \frac{-Q \pm \sqrt{Q^2 - 4PR}}{2P} \end{aligned}\right\} \tag{6-5}$$

式中　$P = \cos\alpha\sin\beta\cos(\psi - \varphi) - \sin\varphi\cos\psi\cos(\alpha - \beta)$;

$Q = \cos(\alpha - \beta)\cos(\psi + \varphi) - \cos(\psi - \varphi)\cos(\alpha + \delta)$;

$R=\cos\varphi\sin\psi\cos(\alpha-\beta)-\sin\alpha\cos(\psi-\varphi)\cos\beta$。

将式(6-5)求得的 θ 值代入式(6-4)即可求得最大土压力 E_a 值,最大土压力 E_a 也可用式(6-6)表示。

$$E_a=\frac{1}{2}\gamma H^2K_a=\frac{1}{2}\gamma H^2\frac{\cos^2(\varphi-\alpha)}{\cos^2\alpha\cos(\alpha+\delta)\left[1+\sqrt{\dfrac{\sin(\varphi+\delta)\sin(\varphi-\beta)}{\cos(\alpha+\delta)\cos(\alpha-\beta)}}\right]^2} \tag{6-6}$$

式中　γ——墙后填土的重度,kN/m^3;

φ——填土的内摩阻角,(°);

δ——墙背与填土间的摩阻角,(°);

β——墙后填土表面的倾斜角,(°);

α——墙背倾斜角,(°),仰斜墙背 α 为正,俯斜墙背 α 为负;

H——挡土墙高度,m;

K_a——主动土压力系数。

土压力的水平分力和垂直分力分别为

$$\left.\begin{aligned}E_x&=E_a\cos(\alpha+\delta)\\E_y&=E_a\sin(\alpha+\delta)\end{aligned}\right\} \tag{6-7}$$

2. 破裂角交于路基面

1)破裂面交于荷载中部(见图6-23(b))

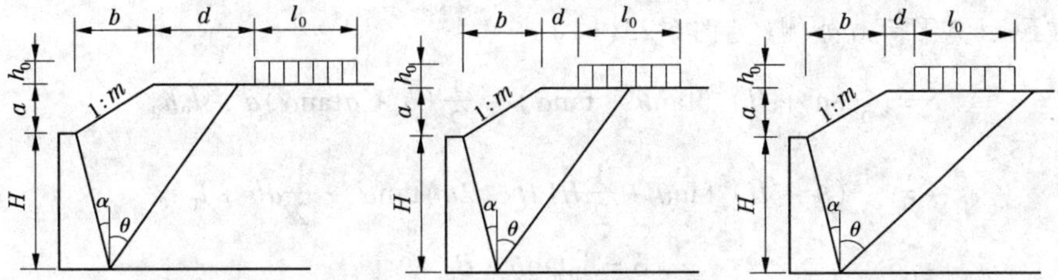

(a)交于荷载内侧　(b)交于荷载中部　(c)交于荷载外侧

图6-23　破裂角交于路基面

破裂棱体的断面面积 S 为

$$\begin{aligned}S&=\frac{1}{2}(a+H)^2(\tan\theta+\tan\alpha)-\frac{1}{2}(b+a\tan\alpha)a+\left[(a+H)\tan\theta+H\tan\alpha-b-a\right]h_0\\&=\frac{1}{2}(a+H+2h_0)(a+H)\tan\theta-\frac{1}{2}ab-(b+d)h_0+\frac{1}{2}H(H+2a+2h_0)\tan\alpha\end{aligned}$$

令

$$\left.\begin{aligned}A_0&=\frac{1}{2}(a+H+2h_0)(a+H)\\B_0&=\frac{1}{2}ab+(b+d)h_0-\frac{1}{2}H(H+2a+2h_0)\tan\alpha\end{aligned}\right\} \tag{6-8}$$

则　$$S = A_0\tan\theta - B_0$$

因此,破裂棱体的重量为

$$G = \gamma(A_0\tan\theta - B_0)$$

将 G 代入式(6-1)得

$$E_a = \gamma(A_0\tan\theta - B_0)\frac{\cos(\theta+\varphi)}{\sin(\theta+\psi)} \tag{6-9}$$

令 $\frac{dE_a}{d\theta}=0$,即

$$\gamma\left[(A_0\tan\theta - B_0)\frac{-\sin(\theta+\psi)\sin(\theta+\varphi) - \cos(\theta+\psi)\cos(\theta+\varphi)}{\sin(\theta+\psi)} + \frac{A_0\cos(\theta+\varphi)}{\sin(\theta+\psi)\cos^2\theta}\right] = 0$$

经整理化简,得

$$\tan^2\theta + a\tan\psi\tan\theta - \cot\varphi\tan\psi - \frac{B_0}{A_0}(\cot\varphi + \tan\psi) = 0$$

故　$$\tan\theta = -\tan\psi \pm \sqrt{(\cot\varphi + \tan\psi)\left(\frac{B_0}{A_0} + \tan\psi\right)} = 0 \tag{6-10}$$

将求得的 θ 值代入式(6-9),即可求得主动土压力 E_a。

必须指出,式(6-9)和式(6-10)具有普遍意义。因为无论破裂面交于荷载中部、荷载的内侧或外侧,破裂棱体的断面面积都可以归纳为一个表达式,即 $S = A_0\tan\theta - B_0$,式中 A_0、B_0 为边界条件系数。

将不同边界条件下的 A_0、B_0 值代入式中,即可求得与之相应的破裂角和最大主动土压力。

2)破裂面交于荷载外侧(见图 6-23(c))

$$S = \frac{1}{2}(a+H)^2(\tan\theta + \tan\alpha) - \frac{1}{2}(b + a\tan\alpha)a + l_0h_0$$

$$= \frac{1}{2}(a+H)^2\tan\theta + \frac{1}{2}H(H+2a)\tan\alpha - \frac{1}{2}ab + l_0h_0$$

则　$$S = A_0\tan\theta - B_0$$

$$\left.\begin{aligned} A_0 &= \frac{1}{2}(a+H)^2 \\ B_0 &= \frac{1}{2}ab - l_0h_0 - \frac{1}{2}H(H+2a)\tan\alpha \end{aligned}\right\} \tag{6-11}$$

3)破裂面交于荷载内侧

破裂面交于荷载内侧(见图 6-23(a))。

根据图 6-23(a),得:

$$S = \frac{1}{2}(a+H)^2\tan\alpha + \frac{1}{2}(a+H)^2\tan\theta - \frac{1}{2}(b + a\tan\alpha)a \tag{6-12}$$

$$= \frac{1}{2}(a+H)^2\tan\alpha + \frac{1}{2}(a+H)^2\tan\theta - \frac{1}{2}ba - \frac{1}{2}a^2\tan\alpha$$

$$= \frac{1}{2}(a+H)^2\tan\theta + \frac{1}{2}[(a+H)^2 - a^2]\tan\alpha - \frac{1}{2}ab$$

$$= \frac{1}{2}(a+H)^2\tan\theta + \frac{1}{2}(2aH+2H^2)\tan\alpha - \frac{1}{2}ab$$

可写成：

$$S = A_0\tan\theta - B_0$$

式中：

$$A_0 = \frac{1}{2}(a+H)^2$$

$$B_0 = \frac{1}{2}ab - \frac{1}{2}(2aH+H^2)\tan\alpha$$

3. 破裂面交于外边坡(见图6-24)

图6-24中：

$$AB = b + L + (H+a)\cot\beta_1 - H\tan\alpha$$

$$BC = AB\frac{\sin(90° - \theta)}{\sin(90° + \theta - \beta_1)} = AB\frac{\cos\theta}{\cos(\theta - \beta_1)}$$

$$CD = BC\sin\beta_1 = AB\frac{\cos\theta\sin\beta_1}{\cos(\theta - \beta_1)}$$

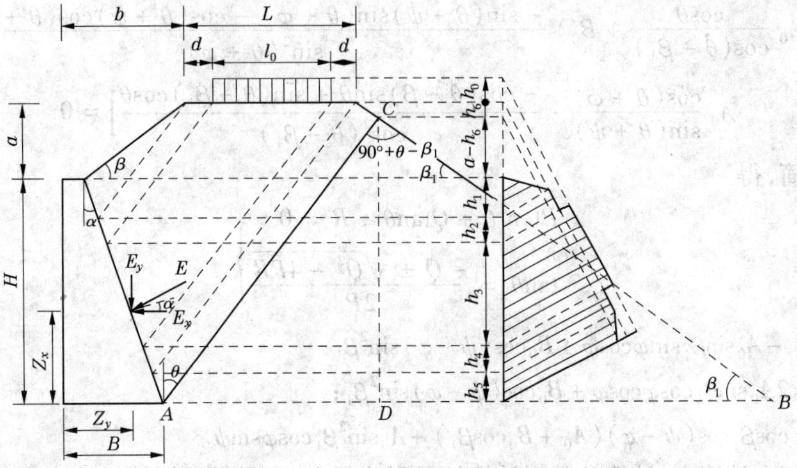

图6-24　破裂面交于外边坡

三角形 ABC 的面积为

$$S_{\triangle ABC} = \frac{1}{2}AB \cdot CD = \frac{1}{2}[b + L + (H+a)\cot\beta_1 - H\tan\alpha]^2\frac{\cos\theta\cos\beta_1}{\cos(\theta - \beta_1)}$$

破坏棱体的面积 S 为

$$S = (a+H)(b+L) + \frac{1}{2}(H+a)^2\cot\beta_1 - \frac{1}{2}ab - \frac{1}{2}H^2\tan\alpha + l_0h_0 -$$

$$\frac{1}{2}\left[b + L + (H+a)\cot\beta_1 - H\tan\alpha\right]^2\frac{\cos\theta\cos\beta_1}{\cos(\theta - \beta_1)}$$

$$= -\frac{1}{2}\left[b + L + (H+a)\cot\beta_1 - H\tan\alpha\right]^2\frac{\cos\theta\cos\beta_1}{\cos(\theta - \beta_1)} +$$

$$\frac{1}{2}\left\{(H+a)\left[2(b+L)+(H+a)^2\cot\beta_1\right]-ab-H^2\tan\alpha\right\}+l_0h_0$$

令

$$A_0=-\frac{1}{2}\left[b+L+(H+a)\cot\beta_1-H\tan\alpha\right]^2\sin\beta_1$$

$$B_0=\frac{1}{2}\{(H+a)[2(b+L)+(H+a)^2\cot\beta_1]-ab-H^2\tan\alpha\}+l_0h_0$$

则

$$S=A_0\frac{\cos\theta}{\cos(\theta-\beta_1)}+B_0$$

$$G=\gamma S=\gamma\left(A_0\frac{\cos\theta}{\cos(\theta-\beta_1)}+B_0\right)$$

代入式(6-1),得

$$E_a=\gamma\left[A_0\frac{\cos\theta}{\cos(\theta-\beta_1)}+B_0\right]\frac{\cos(\theta+\varphi)}{\sin(\theta+\psi)} \tag{6-13}$$

令$\frac{\mathrm{d}E_a}{\mathrm{d}\theta}=0$

即

$$\gamma\left[\left(A_0\frac{\cos\theta}{\cos(\theta-\beta_1)}+B_0\right)\frac{-\sin(\theta+\psi)\sin(\theta+\varphi)-\cos(\theta+\psi)\cos(\theta+\varphi)}{\sin^2(\theta+\varphi)}+\right.$$

$$\left.A_0\frac{\cos(\theta+\varphi)}{\sin(\theta+\psi)}\cdot\frac{-\cos(\theta-\beta)\sin\theta+\sin(\theta-\beta_1)\cos\theta}{\cos^2(\theta-\beta_1)}\right]=0$$

经整理化简,得

$$\left.\begin{aligned}&P\tan^2\theta+Q\tan\theta+R=0\\&\tan\theta=\frac{-Q\pm\sqrt{Q^2-4PR}}{2P}\end{aligned}\right\} \tag{6-14}$$

式中　$P=-A_0\sin\beta_1\sin\varphi\cos\varphi+B_0\cos(\psi-\varphi)\sin^2\beta_1$;

$Q=2A_0\sin\beta_1\cos\varphi\cos\varphi+B_0\cos(\psi-\varphi)\sin^2\beta_1$;

$R=\cos\beta_1\cos(\psi-\varphi)(A_0+B_0\cos\beta_1)+A_0\sin^2\beta_1\cos\varphi\sin\psi$。

在土压力计算中,计算参数对计算结果影响很大,应尽量根据填料试验测定的物理力学数据进行计算,当无试验数据时,可按表6-2选用。

表6-2　各种填料的重度和计算内摩阻角

填料类型		计算内摩阻角 φ(°)	重度(kN/m³)
黏质土	墙高 $H\leqslant 6$ m	35～40	17
	墙高 $H>6$ m	30～35	17
砂类土		35	18
砂砾、卵石土		35～40	18～19
砂石土或不易风化的岩石碎块		40～45	19
碎石或不易风化的石块		45～50	20

注:1. 墙后为非回填土时,应采用天然土的重度及内摩阻角。

2. 表中黏质土的计算内摩阻角为换算内摩阻角。

墙背与填料之间的摩阻角 δ，根据墙背粗糙程度和排水条件确定，无试验条件时，可参考下列数据选用：

(1) 墙背光滑、排水不良时：$\delta=\left(0\sim\frac{1}{3}\right)\varphi$。

(2) 混凝土墙身：$\delta=\left(0\sim\frac{1}{2}\right)\varphi$。

(3) 粗糙、排水良好的浆砌片及块石墙身：$\delta=\left(\frac{1}{3}\sim\frac{1}{2}\right)\varphi$。

(4) 很粗糙、排水良好的干砌片及块石墙身：$\delta=\left(\frac{1}{2}\sim\frac{2}{3}\right)\varphi$。

(5) 台阶形的石砌墙背、排水良好时：$\delta=\frac{2}{3}\varphi$。

(6) 第二破裂面或假想墙背时：$\delta=\varphi$。

基底与基底土间的摩阻系数在缺乏试验资料时，可参考表 6-3 选用。

表 6-3　基底与基底土间的摩阻系数

地基土的分类	摩阻系数
软塑黏土	0. 25
硬塑黏土	0. 30
砂类土、黏砂土、半干硬的黏土	0. 30 ~ 0. 40
砂类土	0. 40
碎石类土	0. 50
软质岩石	0. 40 ~ 0. 60
硬质岩石	0. 60 ~ 0. 70

三、大俯角墙背的主动土压力第二破裂面法

在挡土墙设计中，往往会遇到墙背俯斜很缓，即墙背倾角 α 很大的情况，如折线形挡土墙的上墙墙背，衡重式挡土墙上墙的假想墙背（见图 6-25）。当墙后土体达到主动极限平衡状态时，破裂棱体并不沿墙背或假想墙背 CA 滑动，而是沿着土体的另一破裂面 CD 滑动，CD 称为第二破裂面，而远离墙的破裂面 CF 称为第一破裂面，α_i 和 θ_i 为相应的破裂角。这时，挡土墙承受着第二破裂面的土压力 E_a，E_a 是 α_i 和 θ_i 的函数。因 E_x 是 E_a 的水平分力，故可以列出以下函数关系

$$E_x=f(\alpha_i,\theta_i) \tag{6-15}$$

为了确定最不利的破裂角 α 和 θ 及相应的主动土压力值，可以求解下列偏微分方程组

$$\left.\begin{aligned}\frac{\partial E_x}{\partial \alpha_i}=0\\ \frac{\partial E_x}{\partial \theta_i}=0\end{aligned}\right\} \tag{6-16}$$

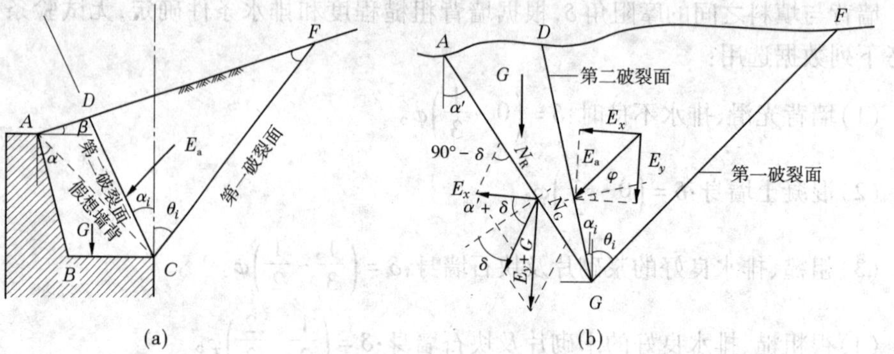

图 6-25　出现第二破裂面的条件

并满足条件

$$\left.\begin{aligned}&\frac{\partial^2 E_x}{\partial \alpha_i^2} < 0\\&\frac{\partial^2 E_x}{\partial \theta_i^2} < 0\\&\frac{\partial^2 E_x}{\partial \alpha_i^2}\cdot\frac{\partial^2 E_x}{\partial \theta_i^2} - \left(\frac{\partial^2 E_x}{\partial \alpha_i \theta_i}\right)^2 > 0\end{aligned}\right\}\tag{6-17}$$

出现第二破裂面的条件是：

(1)墙背或假想墙背的倾角 α' 必须大于第二破裂面的倾角 α，即墙背或假想墙背不妨碍第二破裂面的出现。

(2)在墙背或假想墙背面上产生的抗滑力必须大于其下滑力，即 $N_R > N_G$，或 $E_x \tan(\alpha' + \delta) > E_x + G$，使破裂棱体不会沿墙背或假想墙背下滑。

第二条件的又一表达方式为：作用于墙背或假想墙背上的土压力对墙背法线的倾角 δ' 应小于或等于墙背摩阻角 δ。

一般俯斜式挡土墙为避免土压力过大，很少采用平缓背坡，故不易出现第二破裂面。衡重式的上墙或悬臂式墙，因系假想墙背，$\delta = \varphi$，只要满足第一个条件，即出现第二破裂面。设计时，应首先判别是否出现第二破裂面，然后用相应的公式计算土压力。

现以衡重式路堤墙墙后土体第一破裂面交于荷载内，第二破裂面交于边坡的情况为例（见图 6-26）说明公式的推导过程。

（一）根据边界条件，计算破裂棱体（包括棱体上的荷载）的重量 G

自衡重台后缘 A 点作表坡线的垂线 OB，设其长度为 h''，则

$$h'' = H_1 \sec\alpha \cos(\alpha - \beta) = (m + n)H_1 \sin\beta$$

$$f = H_0 \cot\beta - \frac{h''}{\cos\beta}$$

$$g = H_0 - \frac{h''}{\cos\beta}$$

$$G = \frac{1}{2}\gamma h''^2\left[\tan(\alpha_i - \beta) + \frac{H_0^2}{h''^2}\left(1 + \frac{2h_0}{H_0}\right)\tan\theta_i + \tan\beta - \frac{fg + 2(f + d)h_0}{h''^2}\right]\tag{6-18}$$

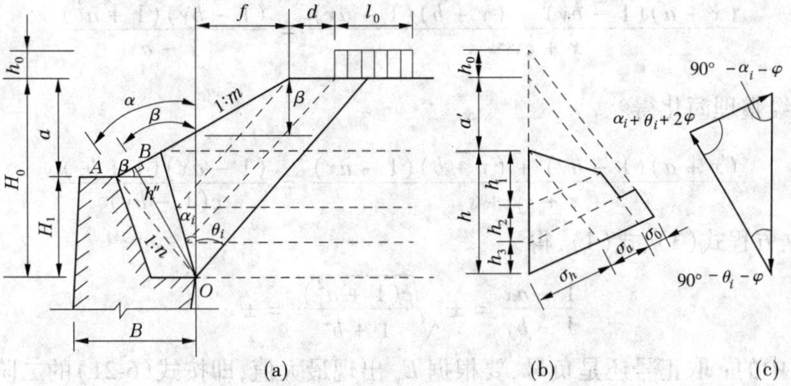

图 6-26　第二破裂面土压力公式推导

将包含 α_i 和变量 β 的两函数表示为

$$x = \tan(\alpha_i - \beta)$$

$$y = \tan\theta_i$$

将各常数项表示为

$$a = \tan(\beta + \varphi)$$

$$b = \tan\varphi$$

$$A = \frac{1}{2}\gamma h''^2$$

$$c = \frac{H_0^2}{h''^2}\left(1 + \frac{2h_0^2}{H_0}\right)$$

$$s = \tan\beta - \frac{fg + 2(f + d)h_0}{h''^2}$$

则

$$G = A(x + cy + s) \tag{6-19}$$

(二)从力三角形求 E_x 的方程式

$$\left.\begin{aligned} E_a &= G\cdot\frac{\cos(\theta_i + \varphi)}{\sin\left[(\alpha_i + \varphi) + (\theta_i + \varphi)\right]} \\ E_x &= E_a\cos(\alpha_i + \varphi) = \frac{G}{\tan(\alpha_i + \varphi) + \tan(\theta_i + \varphi)} \end{aligned}\right\} \tag{6-20}$$

因

$$\tan(\alpha_i + \varphi) = \tan[(\alpha_i - \varphi) + (\beta + \varphi)] = \frac{x + a}{1 - ax} \tag{1}$$

$$\tan(\theta_i + \varphi) = \frac{y + b}{1 - by} \tag{2}$$

将式(1)、式(2)及式(6-19)代入式(6-20),则

$$E_x = A\frac{(x + cy + s)(1 - ax)(1 - by)}{(x + a)(1 - by) + (y + b)(1 - ax)} \tag{6-21}$$

求 E_x 的最大值及相应的破裂角 α_i 和 θ_i,令 $\frac{\partial E_x}{\partial x} = 0$,经整理简化得

$$\frac{(x+a)(1-by)+(y+b)(1-ax)}{x+cy+s}=\frac{(1-by)(1+a^2)}{1-ax} \tag{3}$$

令$\frac{\partial E_x}{\partial y}=0$,经整理简化得

$$\frac{(x+a)(1-by)+(y+b)(1-ax)}{x+cy+s}=\frac{(1-ax)(1+b^2)}{c(1-by)} \tag{4}$$

解联立方程式(3)、式(4),得

$$\frac{1-ax}{1-by}=\pm\sqrt{\frac{c(1+a^2)}{1+b^2}}=\pm e \tag{5}$$

式(5)中的e取正号还是负号,要根据E_x出现最大值,即按式(6-21)的二阶偏微商而定。计算结果,e取正号,则式(5)可写成

$$x=\frac{1-e(1-by)}{a} \tag{6}$$

代入式(3),经整理化简后得

$$y^2+2\left[\frac{1+a^2}{e(a+b)}-\frac{1-ab}{a+b}\right]y+\frac{1-ab}{b(a+b)}+\frac{1+a^2}{be^2(a+b)}(1+as-2e)=0 \tag{7}$$

式(7)为一元二次方程式,求解得

$$\tan\theta_i=-Q\pm\sqrt{Q^2-R} \tag{6-22}$$

式中　$Q=\frac{1}{\sqrt{1+\frac{2h_0}{H_0}}}\csc(2\varphi+\beta)\frac{h''}{H_0}-\cot(2\varphi+\beta)$

$$R=\cot\varphi\cot(2\varphi+\beta)+\frac{1}{1+\frac{2h_0}{H_0}}\cdot\frac{\cos(\varphi+\beta)}{\sin\varphi\sin(2\varphi+\beta)}\left\{\frac{h''^2}{H_0^2}+\right.$$

$$\tan(\varphi+\beta)\left[\frac{2}{\sin\beta}\frac{h''}{H_0}-\cot\beta\left(1+\frac{h''^2}{H_0^2}\right)-\frac{2h_0}{H_0}\cot\beta-\frac{1}{\sin\beta}\frac{h''}{H_0}+\frac{d}{H_0}\right]-$$

$$\left.\frac{2h''}{H_0}\sqrt{1+\frac{2h_0}{H_0}}\frac{\cos\varphi}{\cos(\varphi+\beta)}\right\}$$

公式(6-22)中$\tan\theta_i$可得两个根,有效根可取其正值中较小的一个。

将求得的第一个破裂角θ代入式(5),其中$x=\tan(\alpha_i-\beta)$,可得

$$\tan(\alpha_i-\beta)=\cot(\varphi+\beta)-\frac{\cos\varphi}{\sin(\varphi+\beta)}\cdot\frac{H_0}{h''}\sqrt{1+\frac{2h_0}{H}}(1-\tan\varphi\tan\theta_i) \tag{6-23}$$

由式(6-21)和式(3)或式(4)可得

$$\left.\begin{aligned}
&E_x=A\frac{(1-ax)^2}{1+a^2}=\frac{1}{2}\gamma h''^2[1-\tan(\varphi+\beta)\tan(\alpha-\beta)]^2\cos(\varphi+\beta)\\
\text{或}\quad &E_x=\frac{Ac(1-by)^2}{1+b^2}=\frac{1}{2}\gamma h_0^2\left(1+\frac{2h_0}{H_0}\right)(1-\tan\varphi\tan\theta_i)^2\cos^2\theta\\
&E_y=E_x\tan(\alpha_i+\varphi)\\
&E_a=E_x\sec(\alpha+\varphi_i)
\end{aligned}\right\} \tag{6-24}$$

(三)求主动土压力 E_a 的作用点

绘土压应力分布图,如图 6-26(b)所示。图中

$$h = h''\sec(\beta - \alpha_i)\cos\alpha_i$$

$$a' = H_0 - h, b' = a'\cot\beta$$

$$h_1 = \frac{b' - a'\tan\theta_i}{\tan\alpha_i + \tan\beta_i}, h_2 = \frac{d}{\tan\alpha_i + \tan\beta_i}, h_3 = h - h_1 - h_2$$

$$\sigma_0 = \gamma h_0 K_a, \sigma'_a = \gamma a' K_a, \sigma_h = \gamma h K_a$$

$$\left.\begin{aligned} Z_x &= \frac{\int_0^h \sigma y \mathrm{d}y}{\int_0^h \sigma \mathrm{d}y} = \frac{h^3 + a'(3h^2 - 3h_1 h + h_1^2) + 3h_0 h_3^2}{3(h^2 + 2a'h - a'h_1 + 2h_0 h_3)} \\ Z_y &= B - Z_x \tan\alpha_i \end{aligned}\right\} \tag{6-25}$$

各种边界条件的第二破裂面的数解公式详见相关设计手册。

四、折线形墙背的土压力计算

凸形墙背的挡土墙和衡重式挡土墙,其墙背不是一个平面而是折面,称为折线形墙背。对这类墙背,以墙背转折点或衡重台为界,分成上墙与下墙,分别按库仑方法计算主动土压力,然后取两者的矢量和作为全墙的土压力。

计算上墙土压力时,不考虑下墙的影响,按俯斜墙背计算土压力。衡重式挡土墙的上墙,由于衡重台的存在,通常都将墙顶内缘和衡重台后缘的连线作假想墙背,假想墙背与实际墙背间的土楔假定与实际墙背一起移动。计算时先按墙背倾角 α 或假想墙背倾角 α' 是否大于第二破裂角 α_1 进行判断,如不出现第二破裂面,应以实际墙背或假想墙背为边界条件,按一般直线墙背库仑主动土压力计算;如出现第二破裂面,则按第二破裂面的主动土压力计算。

下墙土压力计算较复杂,目前普遍采用各种简化的计算方法,下面介绍两种常用的计算方法。

(一)延长墙背法

如图 6-27 所示,在上墙土压力算出后,延长下墙墙背交于填土表面 C,以 $B'C$ 为假想墙背,根据延长墙背的边界条件,用相应的库仑公式计算土压力,并绘出墙背应力分布图,从中截取下墙 BB' 部分的应力图作为下墙的土压力。将上、下墙两部分应力图叠加,即为全墙土压力。

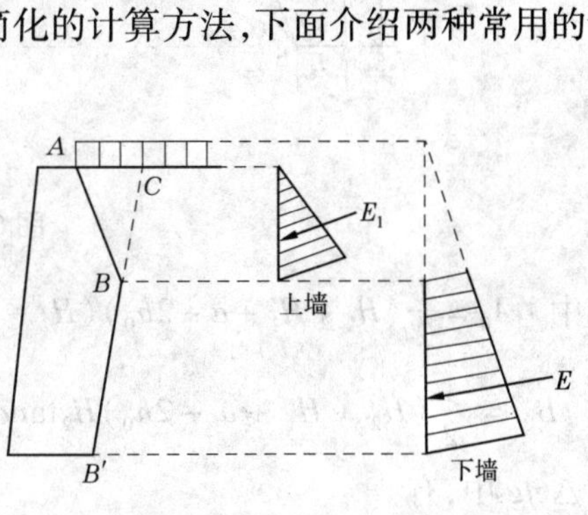

图 6-27　延长墙背法

这种方法存在着一定误差。第一,忽略了延长墙背与实际墙背之间的土楔及荷载重,但考虑了在延长墙背和实际墙背上土压力方向不同而引起的垂直分力差,虽然两者能相互补偿,但未必能相抵消。第二,绘制土压应力图形时,假定上墙破裂面与下墙破裂面平行,但大多数情况下两者是不平行的,由此存在计算下墙土压力所引起的误差。以上误差一般偏于安全,由于此法计算简便,至今仍被

广泛采用。

(二)力多边形法

在墙背土体处于极限平衡条件下,作用于破裂棱体上的诸力,应构成矢量闭合的力多边形。在算得上墙土压力 E_1 后,就可绘出下墙任一破裂面力多边形。利用力多边形来推求下墙土压力,这种方法叫力多边形法。

现以路堤挡土墙下墙破裂面交于荷载范围内的情况(见图6-28)为例说明下墙土压力的推导过程。在极限平衡的条件下,破裂棱体 $AOBCD$ 的力平衡多边形为 $abed$,其中 abc 为上墙破裂棱体 $AOC'D$ 的力平衡三角形,$bedc$ 为下墙破裂棱体 $C'OBC$ 的力平衡多边形。图中 $eg/\!/bc$,$cf/\!/eb$,$gf=\Delta E$。在△cfd 中,由正弦定律可得:

$$\begin{cases} E_2+\Delta E=G_2\dfrac{\sin(90^\circ-\theta_2-\varphi)}{\sin(\theta_2+\psi)} \\ E_2=G_2\dfrac{\cos(\theta_2+\varphi)}{\sin(\theta_2+\psi)}-\Delta E \\ \psi=\varphi+\delta_2-\alpha_2 \end{cases} \tag{6-26}$$

挡土墙下部破裂棱体重量 G_2 为

$$G_2=\gamma(A_0\tan\theta_2-B_0) \tag{6-27}$$

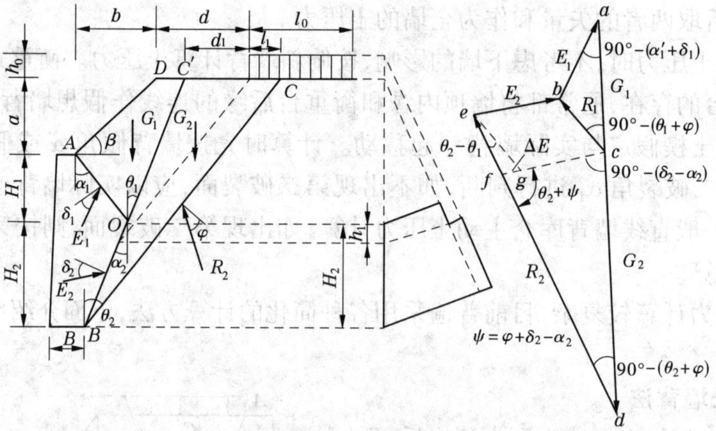

图6-28　多边形法

式中　$A_0=\dfrac{1}{2}(H_2+H_1+a+2h_0)(H_2+H_1+a)$;

$$B_0=\frac{1}{2}(H_2+H_1+a+2h_0)H_2\tan\alpha_2+\frac{1}{2}(H_1+a)^2\tan\theta_i+(d+b-H_1\tan\alpha_1)h_0$$

在△efg 中,有

$$\Delta E=R_1\frac{\sin(\theta_2-\theta_i)}{\sin\left[180^\circ-(\theta_2+\psi)\right]}=R_1\frac{\sin(\theta_2-\theta_i)}{\sin(\theta_2+\psi)} \tag{6-28}$$

在△abc 中,上墙土压力 E_1 已求出

$$R_1=E_1\frac{\sin[90^\circ-(\alpha_1+\delta_1)]}{\sin[90^\circ-(\theta_i+\varphi)]}=E_1\frac{\cos(\alpha_1+\delta_1)}{\cos(\theta_i+\varphi)} \tag{6-29}$$

将 G_2 及 ΔE 代入式(6-26),得

$$E_2 = \gamma(A_0\tan\theta_2 - B_0)\frac{\cos(\theta_2+\varphi)}{\sin(\theta_2+\psi)} - R_1\frac{\sin(\theta_2-\theta_i)}{\sin(\theta_2+\psi)} \tag{6-30}$$

由式(6-30)可知,下墙土压力 E_2 计算值是试算破裂角 θ_2 的函数,以求 E_2 的最大值,可令 $\frac{\mathrm{d}E_2}{\mathrm{d}\theta_2}=0$,得

$$\tan\theta_2 = -\tan\psi \pm \sqrt{(\tan\psi+\cot\varphi)\left(\tan\psi+\frac{B_0}{A_0}\right) - \frac{R_1\sin(\psi+\theta_i)}{A_0\gamma\sin\varphi\cos\psi}} \tag{6-31}$$

将求得的破裂角 θ_2 代入式(6-30),可求得下墙土压力 E_2。

在图6-28中作用于下墙的土压力图形,可近似假定 $\theta_i=\theta_2$,即

$$\frac{h_1}{H_2} = \frac{d_1}{l_1+d_1}$$

则

$$h_1 = \frac{H_2}{l_1+d_1}d_1 = \frac{H_2[d+b-H_1\tan\alpha_1-(H_1+a)\tan\theta_i]}{(H_2+H_1+a)\tan\theta - H_2\tan\alpha - (H_1+a)\tan\theta_i}$$

土压力作用点

$$\left.\begin{aligned} Z_{2x} &= \frac{H_2^3+3H_2^2(H_1+a+h_0)-3h_0h_1(2H_1-h_1)}{3[H_2^2+2H_2(H_1+a)+2h_0h_1(H_2-h_1)]} \\ Z_{2y} &= B + Z_{2x}\tan\alpha_2 \end{aligned}\right\} \tag{6-32}$$

各种边界条件下折线墙背下墙土压力的力多边形法计算公式,见有关设计手册。

五、黏性土土压力计算

库仑理论本来只考虑不具有黏结力的砂性土的土压力问题。当墙背填料为黏性土时,土的黏结力对主动土压力的影响很大,因此应考虑黏结力的影响。现介绍以库仑理论为基础计算黏性土主动土压力的近似方法。

(一)等效内摩阻角法

由于目前对黏性土 c、φ 值的确定还存在一些问题,尤其是土的流变性质及其对墙的影响尚不十分清楚,因此在设计黏性土的挡土墙时,通常将内摩阻角 φ 与单位黏结力 c,换算成较实有 φ 值为大的"等效内摩阻角" φ_D,按砂性土的公式来计算土压力。

可以按换算前后土的抗剪强度相等的原则或土压力相等的原则来计算 φ_D 值。通常把黏性土的内摩阻角增大5°~10°,或采用等效内摩阻角土的内摩阻角值增大 φ_D 为30°~35°。

但是,由于影响土压力数值的因素是多方面的,包括墙高、墙型、墙后填料的表面以及荷载的情况等,不可能用上述方法确定一个固定的换算关系或固定的换算值。用上述方法换算的内摩阻角,只与某一特定的墙高相适应,对于矮墙偏于安全,对于高墙则偏于危险。因此,在设计高墙时,应按墙高酌情降低 φ_D 值。最好是按实际测定的 c、φ 值,采用力多边形法来计算黏性土的主动土压力。

(二)力多边形法(数解法)

当墙身向外有足够位移时,黏性土土层顶部会出现拉应力,产生竖向裂缝,裂缝从地面向下延伸至拉应力趋于零处。裂缝深度 h_c 按式(6-33)计算。

$$h_c = \frac{2c}{\gamma} = \tan(45° + \frac{\varphi}{2}) \tag{6-33}$$

式中　c——填料的单位黏结力。

在垂直裂缝区 h_c 范围内,竖直面上的侧压力等于零,因此在此范围内不计土压力。

根据库仑理论,假设破裂面为一平面,沿破裂面的土的抗剪强度由土的内摩阻力 $\sigma\tan\varphi$ 和黏结力 c 组成。至于墙背和土之间的黏结力 c',由于影响因素很多,为简化计算及使用安全,可忽略不计。

现以路堤墙后破裂面交于荷载内的情况为例,介绍公式的推导方法。

图 6-29 为路堤式挡土墙,填土表面有局部荷载,其裂缝假定在荷载作用面以下产生。BD 为破裂面,破裂棱体为 $ABDEFMN$。在主动极限平衡状态下,棱体在自重 G 墙背反力 E_a、破裂面反力 R 和破裂面黏结力 $BD\cdot c$ 等四个力的作用下保持静力平衡,构成力多边形。从力多边形可知,作用于墙背的主动土压力应为:

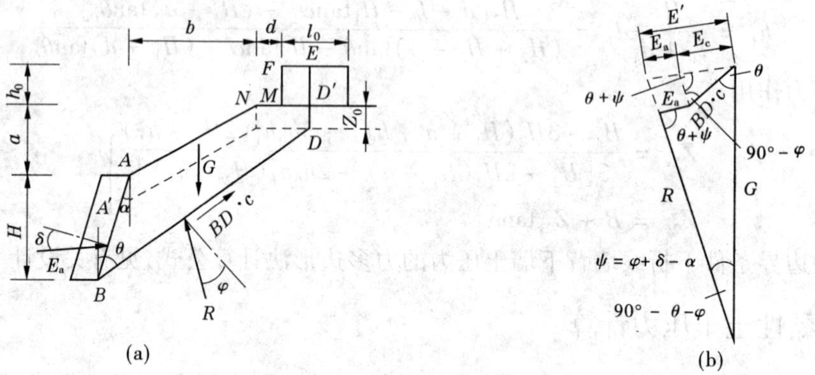

图 6-29　路堤黏性土主动土压力计算

$$E_a = E' - E_c \tag{6-34}$$

式中　E'——当 $c=0$ 时的土压力。

从式(6-1)得

$$E' = \frac{\cos(\theta + \varphi)}{\sin(\theta + \psi)}G$$

式中　G——棱体 $ABDEFMN$ 的自重。

在图 6-29(a)所示的情况下

$$G = \gamma(A_0\tan\theta - B_0)$$

其中:

$$A_0 = \frac{1}{2}(H + a)^2 - \frac{1}{2}h_c^2 + h_0(H + a - h_c)$$

$$B_0 = \frac{1}{2}ab + (b + d)h_0 + \frac{H}{2}(H + 2a - 2h_0)\tan\alpha$$

将 G 的表达式代入 E' 计算式中得

$$E' = \gamma(A_0\tan\theta - B_0)\frac{\cos(\theta + \varphi)}{\sin(\theta + \psi)}$$

$$= \gamma A_0(\tan\theta + \tan\psi)\frac{\cos(\theta+\varphi)}{\sin(\theta+\psi)} - \gamma A_0\tan\psi\frac{\cos(\theta+\varphi)}{\sin(\theta+\psi)} - \gamma B_0\frac{\cos(\theta+\varphi)}{\sin(\theta+\psi)}$$

$$= \gamma A_0\frac{\sin(\theta+\psi)}{\cos\theta\cos\varphi}\cdot\frac{\cos(\theta+\varphi)}{\sin(\theta+\psi)} - \gamma(A_0\tan\psi + B_0)\frac{\cos(\theta+\varphi)}{\sin(\theta+\psi)}$$

$$= \frac{\gamma A_0}{\cos\psi}\cdot\frac{\cos(\theta+\varphi)}{\cos\theta} - \gamma(A_0\tan\psi + B_0)\frac{\cos(\theta+\varphi)}{\sin(\theta+\psi)} \tag{6-35}$$

式(6-34)中的 E_c,是由于黏结力 $BD\cdot c$ 的作用而减小的土压力,从图6-29(b)中可得

$$E_c = \frac{c\cdot\cos\varphi\cdot\overline{BD}}{\sin(\theta+\psi)} = \frac{c(H+a-h_c)\cos\varphi}{\cos\theta\sin(\theta+\psi)} \tag{6-36}$$

令 $$\frac{\mathrm{d}E_a}{\mathrm{d}\theta} = \frac{\mathrm{d}E'}{\mathrm{d}\theta} - \frac{\mathrm{d}E_c}{\mathrm{d}\theta} = 0$$

得 $$\frac{\mathrm{d}E_a}{\mathrm{d}\theta} = -\frac{\gamma A_0}{\cos\psi}\cdot\frac{\sin\varphi}{\cos^2\theta} + \frac{\gamma(A_0\tan\psi + B_0)\cos(\varphi-\psi)}{\sin(\theta+\psi)} +$$

$$c(H+a-h_c)\cos\varphi\frac{\cos\theta\cos(\theta+\varphi) - \sin\theta\sin(\theta+\psi)}{\cos^2\theta\sin^2(\theta+\psi)} = 0$$

将上式整理简化即可得到计算破裂角 θ 的公式

$$\tan\theta = -\tan\psi \pm \sqrt{\sec\psi^2 - D} \tag{6-37}$$

式中 $D = \dfrac{A_0\sin(\varphi-\psi) - B_0\cos(\varphi-\psi)}{\cos\varphi\left[A_0\sin\varphi + \dfrac{c}{\gamma}(H+a-h_c)\cos\varphi\right]}$。

将 θ 代入 E_a 的表达式,即可求得主动土压力 E_a。

六、不同土层的土压力计算

如图6-30所示,采用近似的计算方法。首先求得上一土层的土压力及其作用点高度 Z_{1x}。并近似地假定:上下两土层层面平行;计算下一土层时,将上一土层视为均布荷载,按地面为一平面时的库仑公式计算,然后截取下一土层的土压应力图形为其土压力。

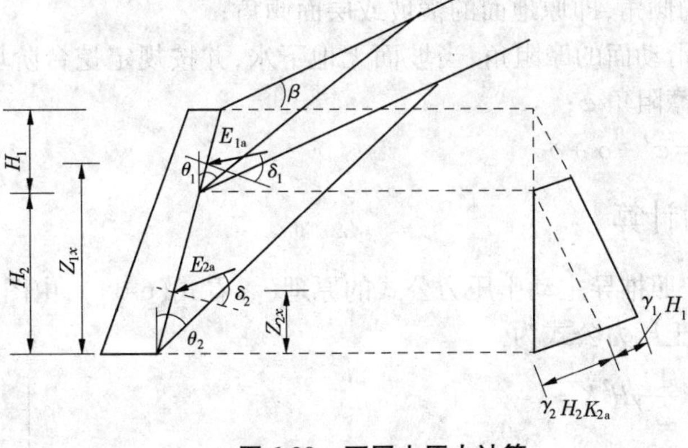

图6-30　不同土压力计算

在图6-30中

$$E_{2a} = \left(\gamma_1 H_1 H_2 + \frac{1}{2}\gamma_2 H_2^2\right)K_{2a} \tag{6-38}$$

式中　E_{2a}——下一土层的土压力系数。

土压力的作用点高度为

$$Z_{2x} = \frac{H_2}{3}\left(1 + \frac{\gamma_1 H_1}{2\gamma_1 H_1 + \gamma_1 H_2}\right) \tag{6-39}$$

七、有限范围填土的土压力计算

以上各种土压力计算公式,适用于墙后填料为均质体,并且破裂面能在填料范围内产生的情况。如果挡土墙修在陡坡的半路堤上,或者山坡土体有倾向路基的层面,则墙后存在着已知坡面或潜在滑动面,当其倾角陡于由计算求得的破裂面的倾角时,墙后填料将沿着陡破面(或滑动面)下滑,而不是沿着计算破裂面下滑,如图 6-31 所示。此时作用在墙上的主动土压力为

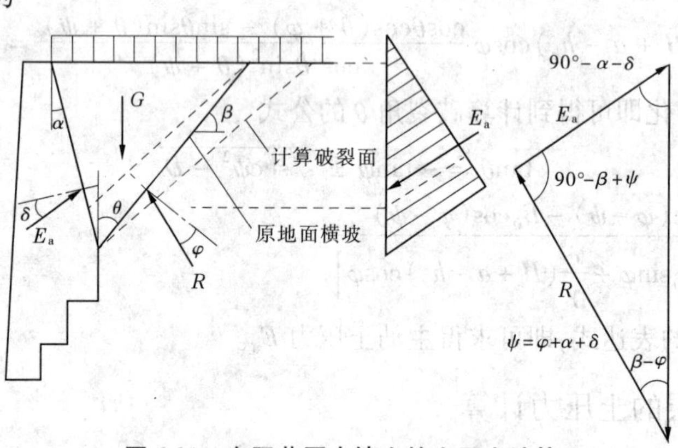

图 6-31　有限范围内填土的土压力计算

$$E_a = G \cdot \frac{\sin(\beta - \varphi')}{\cos(\psi - \beta)} \tag{6-40}$$

式中　G——土楔及其上部荷载重;

β——滑动面的倾角,即原地面的横坡或层面倾角;

φ'——土体与滑动面的摩阻角,当坡面无地下水,并按规定挖台阶填筑时,可采用土的内摩阻角 φ;

ψ——参数,$\psi = \varphi' + \alpha + \delta$。

八、被动土压力计算

根据库仑理论,按照推导主动土压力公式的原理(参看式(6-6)),由图 6-32 可得当地面为一平面时的被动土压力公式为

$$\left.\begin{aligned} E_p &= \frac{1}{2}\gamma H^2 K_p \\ K_p &= \frac{\cos^2(\varphi + \alpha)}{\cos^2 x\cos(\alpha - \delta)\left[1 - \sqrt{\dfrac{\sin(\varphi + \delta)\sin(\varphi + \beta)}{\cos(\alpha - \delta)\cos(\alpha - \beta)}}\right]^2} \end{aligned}\right\} \tag{6-41}$$

实践表明,用库仑理论计算的被动土压力,常常有很大的偏于不安全的误差,其误差还随着土的内摩阻角 φ 的增大而迅速增大。因此,在许多情况下,式(6-41)是不能采用的。特别注意的是,被动极限状态的产生,要求土体产生较大的变形,而这对一般的建筑物来说常是不允许的。因此,当建筑物的设计要求考虑土的被动抗力时,应对被动土压力的计算值进行大幅度的折减。

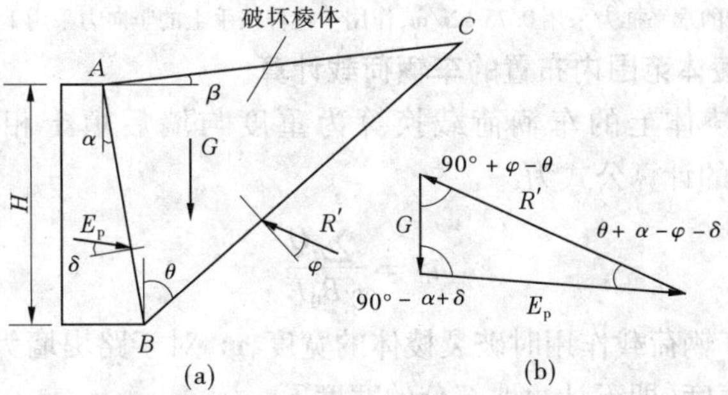

图 6-32　库仑被动土压力计算

九、车辆荷载的换算

作用于墙后破裂棱体上的车辆荷载,使土体中出现附加的竖直应力,从而产生附加的侧向压力。考虑到这种影响,可将车辆荷载近似地按均布荷载考虑,换算成重度与墙后填料相同的均布土层。

(一)按墙高确定的附加荷载强度进行换算

换算均布土层厚度可直接由挡土墙高度确定的附加荷载强度计算,如图 6-33 所示。其厚度计算公式为

$$h = \frac{q}{\gamma} \tag{6-42}$$

式中　γ——墙背填土的重度,kN/m^3;

q——附加荷载强度,kN/m^3,按表 6-4 取用;

h——换算土层厚,m。

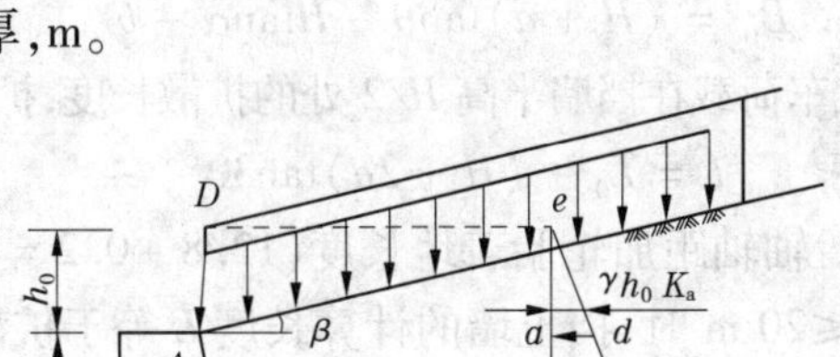

图 6-33　均布荷载换算图式

表 6-4　附加荷载强度

墙高(m)	q(kN/m³)	墙高(m)	q(kN/m³)
$H\leqslant 2.0$	20.0	$H\geqslant 10.0$	10.0

注:1. 中间值可以用表中数值直线内插计算。

2. 作用于墙顶或墙后填土上的人群荷载强度规定为 3 kN/m。

3. 作用于挡墙栏杆顶的水平推力采用 0.75 kN/m,作用于栏杆扶手上的竖向力采用 1 kN/m。

(二)根据破裂棱体范围内布置的车辆荷载计算

根据墙后破裂棱体上的车辆荷载换算为重度与墙后填土相同的均布土层(见图 6-34),其厚度 h_0 的计算公式为

$$h_0 = \frac{\sum Q}{\gamma B_0 L} \tag{6-43}$$

式中　B_0——不计车辆荷载作用时破裂棱体的宽度,m,对于路堤墙为破裂棱体范围内的路基宽度(即不计边坡部分的宽度 b);

L——挡土墙的计算长度,m;

$\sum Q$——布置在 $B_0\times L$ 范围内的车轮总重,kN,每辆标准汽车总重为 550 kN。

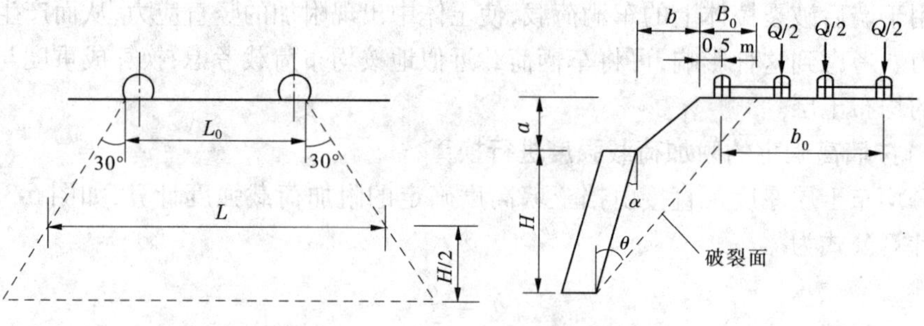

图 6-34　车辆荷载换算图式

破裂棱体的宽度 B_0 按下式计算

$$B_0 = (H + a)\tan\theta - H\tan\alpha - b$$

挡土墙的扩散长度为汽车荷载在挡墙半高 $H/2$ 处的扩散长度,扩散长度 l 按下式计算

$$l = L_0 + (H + 2a)\tan 30° \tag{6-44}$$

式中　L_0——标准汽车前后轴轴距加轮胎着地长度(12.8 + 0.2 = 13 (m))。

当挡土墙的扩散长度≤20 m 时,挡土墙的计算长度 L 等于扩散长度;否则计算长度 L 按 20 m 计算。

车辆荷载总重 $\sum Q$ 按下述规定计算:

(1)纵向:当取用挡土墙分段长度时,为分段长度内可能布置的车轮;当取标准汽车的扩散长度时为一辆标准汽车重力。

(2)横向:破裂棱体宽度 B_0 范围内可能布置的车轮。车辆外侧车轮中线距路面(或硬路肩)、安全带边缘的距离为 0.5 m。路肩墙则为车轮外缘靠墙顶内缘布置。若横向布置的车辆不为整数,则小数部分按半辆标准车计算。

第四节　重力式挡土墙稳定性验算

一、挡土墙设计步骤

(1)初步拟订若干个方案。
(2)初拟挡土墙断面形式、布设位置以及基础类型。
(3)初步进行挡土墙纵向布置与横向布置。
(4)选择最不利断面进行试算。
(5)反复调整试算,确定断面尺寸。
(6)进行方案比较,选择最佳方案。
(7)绘制挡土墙设计图(平面布置图、纵向布置图和特征点断面图)。
(8)编制设计说明。

二、挡土墙的荷载

施加于挡土墙的荷载按性质划分见表6-5。设计时应按荷载的可能不利组合(见表6-6)进行计算。不同组合将相应采用不同的荷载系数和抗力安全系数。作用在一般地区挡土墙上的力,可只计算永久荷载和基本可变荷载;浸水地区、地震动峰值加速度值为0.2g及以上的地区、产生冻胀力的地区等,尚应计算其他可变荷载和偶然荷载。

表6-5　荷载分类

荷载分类		荷载名称
永久荷载		挡土墙结构重力 填土(包括基础襟边以上土)重力 填土侧压力 墙顶上的有效永久荷载 墙顶与第二破裂面之间的有效荷载 计算水位的浮力及静水压力 预加力 混凝土收缩及徐变 基础变位影响力
可变荷载	基本可变荷载	车辆荷载引起的土侧压力
		人群荷载、人群荷载引起的土侧压力
	其他可变荷载	水位退落时的动水压力
		流水压力
		波浪压力
		冻胀压力和冰压力
		温度影响力
	施工荷载	与各类型挡土墙施工有关的临时荷载

续表 6-5

荷载分类	荷载名称
偶然荷载	地震作用力
	滑坡、泥石流作用力
	作用于墙顶护栏上的车辆碰撞力

表 6-6　常用荷载组合

组合	荷载名称
Ⅰ	挡土墙结构重力、墙顶上的有效永久荷载、填土重力、填土侧压力及其他永久荷载组合
Ⅱ	组合Ⅰ与基本可变荷载相组合
Ⅲ	组合Ⅱ与其他可变荷载、偶然荷载相组合

注：1. 洪水与地震力不同时考虑。
2. 冻胀力、冰压力与流水压力或波浪压力不同时考虑。
3. 车辆荷载与地震力不同时考虑。

三、挡土墙设计原则

挡土墙设计以分项系数极限状态设计法为主，挡土墙设计分承载力极限状态和正常使用极限状态。

（一）承载力极限状态

承载力极限状态是当挡土墙出现以下任何一种状态，即认为超过了承载力极限状态。

（1）整个挡墙或一部分作为刚体失去平衡。

（2）构件或连接部件因超过材料强度而破坏或塑性过大而不适于继续承载。

（3）结构变为机动体系或局部失衡。

（二）正常使用极限状态

正常使用极限状态是当挡土墙出现以下任何一种状态，即认为超过了正常使用极限状态。

（1）影响正常使用的外观变形。

（2）影响正常使用的局部破坏（包括裂缝）。

（3）影响正常使用的其他特定状态。

挡土墙构件承载力极限状态表达式

$$\gamma_0(\gamma_G \times S_{GK} + \gamma_{Q1} \times S_{Q1K} + \sum \gamma_{Qi}\varphi_{Ci} \sum S_{QiK}) \leqslant R_K/\gamma_K \tag{6-45}$$

式中　γ_0——结构重要系数，取值见表 6-7；

γ_G——垂直恒载引起的效应分项系数；

γ_{Q1}——恒载及汽车荷载的土压力效应分项系数；

γ_K——抗力安全系数；

S_{GK}——恒载效应（包括挡土墙自重及后踵板上或基础襟边以上的土重）；

S_{Q1K}——恒载及汽车荷载的土压力效应；

S_{QiK}——其他荷载效应；

R_K——构件抗力标准值；

φ_{Ci}——荷载效应组合系数；

γ_{Qi}——其他荷载效应分项系数。

式(6-45)中各参数取值见表6-8。

表6-7　结构重要系数

墙高	公路等级	
	高速公路、一级公路	二级及以下公路
≤5.0 m	1.00	0.95
>5.0 m	1.05	1.00

表6-8　承载能力极限状态荷载分项系数

情况	荷载增大对挡土墙结构起有利作用时		荷载增大对挡土墙结构起不利作用时	
组合	Ⅰ、Ⅱ	Ⅲ	Ⅰ、Ⅱ	Ⅲ
垂直恒载 γ_G	0.90		1.20	
恒载或车辆荷载、人群荷载的主动土压力 γ_{Q1}	1.00	0.95	1.40	1.30
被动土压力 γ_{Q2}	0.30		—	
水浮力 γ_{Q3}	0.95		1.10	
静水压力 γ_{Q4}	0.95		1.05	
动水压力 γ_{Q5}	0.90		1.20	
地震作用 γ_{Q6}	0.90		1.10	

四、抗滑稳定性验算

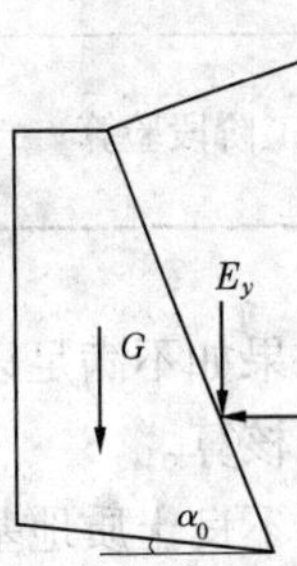

图6-35　挡土墙的抗滑动稳定

为保证挡土墙抗滑稳定性，应验算在土压力及其他外力作用下，基底摩阻力抵抗挡土墙滑移的能力。

如图6-35所示，在一般情况下挡土墙的滑动稳定方程与抗滑稳定系数 K_c 按下式计算：

$$(0.9G+\gamma_{Q1}E_y)\mu+0.9G\tan\alpha_0\geqslant\gamma_{Q1}E_x \quad (6\text{-}46)$$

$$K_c=\frac{(N\cos\alpha_0+E_x\sin\alpha_0)\mu}{E_x\cos\alpha_0-N\sin\alpha_0}=\frac{(N+E_x\tan\alpha_0)\mu}{E_x-N\tan\alpha_0} \quad (6\text{-}47)$$

式中　G——挡土墙自重，kN，浸水挡土墙的浸水部分应计入浮力；

E_x、E_y——墙背主动土压力的水平分量与垂直分量,kN;

α_0——基底倾斜角,(°);

μ——基底摩阻系数;

γ_{Q1}——主动土压力分项系数,当组合为Ⅰ、Ⅱ时,$\gamma_{Q1}=1.4$,当组合为Ⅲ时,$\gamma_{Q1}=1.3$;

N——作用于基底合力的竖向分力,kN,浸水挡土墙的浸水部分应计入浮力。

五、抗倾覆稳定性验算

为保证挡土墙抗倾覆稳定性,须验算它抵抗墙身绕墙趾向外转动倾覆的能力,如图6-36所示。挡土墙的倾覆稳定方程与抗倾覆稳定系数 K_0 按下式计算

$$0.9GZ_G+\gamma_{Q1}(E_yZ_x-E_xZ_y)>0 \qquad (6\text{-}48)$$

$$K_0=\frac{GZ_G+E_yZ_x}{E_xZ_y}$$

式中 Z_G——墙身、基础及其上的土重合力重心到墙趾的水平距离,m;

Z_x——土压力垂直分力作用点到墙趾的水平距离,m;

Z_y——土压力水平分力作用点到墙趾的水平距离,m。

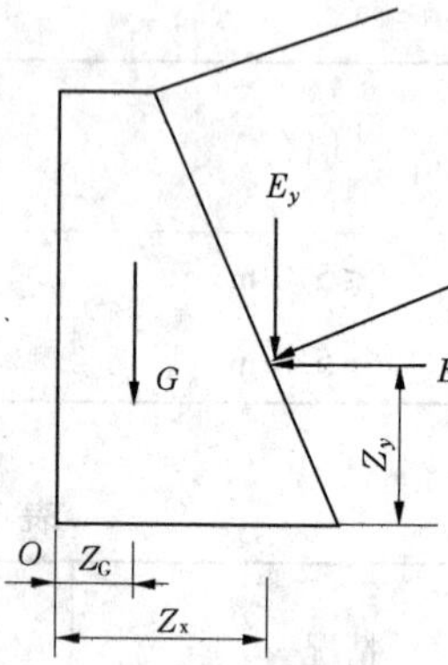

图6-36 挡土墙的抗倾覆稳定

在验算挡土墙的稳定性时,一般均未计趾前土层对墙面所产生的被动土压力。挡土墙的抗滑动和抗倾覆稳定系数不宜小于表6-9的规定。

表6-9 抗滑动和抗倾覆稳定系数

荷载情况	验算项目	稳定系数
荷载组合Ⅰ、Ⅱ	抗滑动	1.3
	抗倾覆	1.5
荷载组合Ⅲ	抗滑动	1.3
	抗倾覆	1.3
施工阶段验算	抗滑动	1.2
	抗倾覆	1.2

验算结果如不满足以上要求,则表明抗滑稳定性或抗倾覆稳定性不够,应改变墙身断面尺寸重新核算。

设置于不良土质地基、表土下为倾斜基岩地基及斜坡上的挡土墙,应对挡土墙地基及填土的整体稳定性进行验算,其稳定系数不应小于1.25。

六、基底应力及合力偏心距验算

基底应力验算:保证挡土墙基底应力不超过地基容许承载力。

合力偏心距验算:使挡土墙墙型结构合理和避免发生显著的不均匀沉陷。

(一)基础底面的压应力

1. 轴心荷载作用时

$$\left.\begin{aligned} P &= \frac{N_1}{A} \\ N_1 &= (\gamma_G \cdot G + \gamma_{Q1} E_y - W)\cos\alpha_0 + \gamma_{Q1} E_x \sin\alpha_0 \end{aligned}\right\} \tag{6-49}$$

式中　P——基底平均压应力,kPa;

A——基础底面每延米的面积 = 基础宽度 $B \times 1.0(\mathrm{m}^2)$;

N_1——每延米作用于基底的总竖向力设计值,kN;

E_y——墙背主动土压力的垂直分力,kN;

E_x——墙背主动土压力的水平分力,kN;

W——常水位浮力,kN;

其他符号含义同前。

2. 偏心荷载作用时

作用于基底的合力偏心距 e 为

$$e = \frac{M}{N_1} \tag{6-50}$$

式中　M——作用于基底形心的弯矩,可按表6-10采用。

表6-10　基底弯矩值计算

荷载组合	作用于基底形心的弯矩设计值
Ⅰ	$M = 1.4M_E + 1.2M_G$
Ⅱ	$M = 1.4M_{E1} + 1.2M_G$
Ⅲ	$M = 1.3M_E + 1.2M_G + 1.05M_W + 1.1M_f + 1.2M_P$

注: M_E 为由填土恒载土压力所引起的弯矩;M_G 为由墙身及基础自重和基础上的土重引起的弯矩;M_{E1} 为由填土及汽车荷载引起的弯矩;M_W 为由静水压力引起的弯矩;M_P 为由地震土压力引起的弯矩;M_f 为由浮力引起的弯矩。

(1)当 $|e| \leqslant \frac{B}{6}$ 时

$$p_{\min}^{\max} = \frac{N_1}{A}\left(1 \pm \frac{6e}{B}\right) \tag{6-51}$$

(2)当 $|e| > \frac{B}{6}$ 时,此时基底出现拉应力,一般不考虑地基能承受拉应力,则基底应力应进行重分布,如图6-37所示。

$$P_{\max} = \frac{2}{3}\frac{N_1}{\left(\frac{B}{2} - e\right)} \quad P_{\min} = 0 \tag{6-52}$$

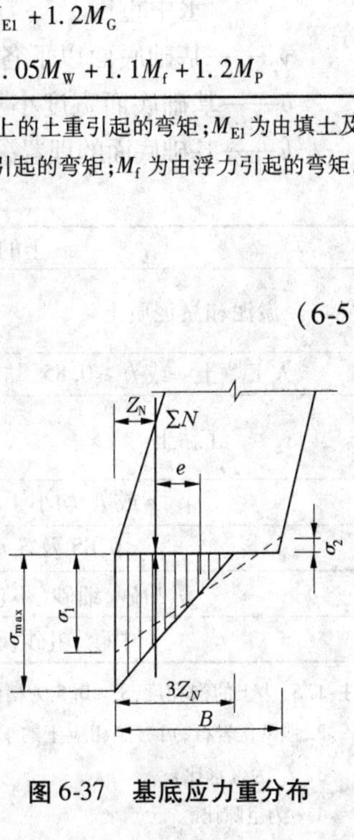

图6-37　基底应力重分布

(二)基底合力偏心距

基底合力偏心距应满足表6-11的要求。

表 6-11　基底合力偏心距

作用(或荷载)组合	地基条件	合力偏心距
作用(或荷载)组合Ⅰ	非岩石地基	$e_0 \leqslant B/8$
作用(或荷载)组合Ⅱ、Ⅲ、施工荷载	非岩石地基	$e_0 \leqslant B/6$
作用(或荷载)组合Ⅱ、Ⅲ、施工荷载	较差的岩石地基	$e_0 \leqslant B/5$
作用(或荷载)组合Ⅱ、Ⅲ、施工荷载	坚密的岩石地基	$e_0 \leqslant B/4$

(三)地基承载力抗力值

地基应力的设计值应满足地基承载力的抗力值要求。

(1)轴向荷载作用时:$P \leqslant f$。

(2)偏心荷载作用时:$P \leqslant 1.2f$。

(3)地基承载力抗力值 f 的计算。

当挡土墙的基础宽度大于3 m或埋置深度大于0.5 m时,除岩石地基外,地基承载力抗力值按下式计算

$$f = f_k + k_1\gamma_1(b-3) + k_2\gamma_2(h-0.5) \tag{6-53}$$

式中　f——地基承载力抗力值;

f_k——地基承载力标准值;

k_1、k_2——地基承载力修正系数,如表6-12所示;

γ_1——基底下持力层上土的天然重度,kN/m^3,如在水面以下且不透水者,应采用水中重度;

γ_2——基础底面以下各土层的加权平均重度,kN/m^3,水面以下用有效水中重度;

b——基础底面宽度小于3 m时取3 m,大于6 m时取6 m;

h——基础底面的埋置深度,m,从天然地面算起,有水流冲刷时,从一般冲刷线算起。

表 6-12　承载力修正系数

土的类别		k_1	k_2
淤泥和淤泥质土	$f_k < 50$ kPa	0	1.0
	$f_k \geqslant 50$ kPa	0	1.0
人工填土 e 或 $I_L \geqslant 0.85$、黏性土 $e \geqslant 0.85$ 或稍湿的粉土		0	1.1
红黏土	含水比 >0.8	0	1.2
	含水比 ≤0.8	0.15	1.4
e 或 I_L 均小于0.85的黏质土		0.3	1.6
$e<0.85$ 及 $S_r \leqslant 0.5$ 的粉质土		0.5	2.2
粉砂、细砂(不包括很湿、稍密)		2.0	3.0
中砂、粗砂、砾砂和碎石土		3.0	4.4

注:1. S_r 为土的饱和度,$S_r \leqslant 0.5$ 为稍湿,$0.5 < S_r \leqslant 0.8$ 为很湿,$S_r > 0.8$ 为饱和。

2. 强风化岩石,可参照相应土的承载力取值。

3. I_L 为含水比。

4. e 为空隙比。

(4)当不满足第(3)条的计算条件或计算结果 $f<1.1f_k$ 时,可按 $f=1.1f_k$ 直接确定地基承载力抗力值。

(5)f 值可以根据不同荷载组合予以提高,提高系数 K 按表 6-13 取值。

表 6-13　提高系数 K

作用(或荷载)与使用情况	提高系数 K	作用(或荷载)与使用情况	提高系数 K
作用(或荷载)组合Ⅰ、Ⅱ	1.00	经多年压实为受破坏的旧基础	1.50
作用(或荷载)组合Ⅲ、施工荷载	1.25		

(6)当偏心距 e 小于或等于基础地面宽度的 1/3 时,可根据土的抗剪强度指标确定地基承载力抗力值,并应满足变形要求。

$$f_a = M_b\gamma_1 b + M_h\gamma_2 h + M_c C_k \tag{6-54}$$

式中　f_a——由土的抗剪强度指标确定的地基承载力抗力值;

M_b、M_h、M_c——承载力系数,按表 6-14 确定;

C_k——基底下一倍短边宽深度内土的黏结力标准值;

其余符号含义同前。

表 6-14　承载力系数

土的内摩阻角标准值 φ_k(°)	M_b	M_h	M_c	土的内摩阻角标准值 φ_k(°)	M_b	M_h	M_c
0	0	1.00	3.14	22	0.61	3.44	6.04
2	0.03	1.12	3.32	24	0.8	3.87	6.45
4	0.06	1.25	3.51	26	1.1	4.37	6.90
6	0.10	1.39	3.71	28	1.4	4.93	7.40
8	0.14	1.55	3.93	30	1.9	5.59	7.95
10	0.18	1.73	4.17	32	2.6	6.35	8.55
12	0.23	1.94	4.42	34	3.4	7.21	9.22
14	0.29	2.17	4.69	36	4.2	8.25	9.97
16	0.36	2.43	5.00	38	5.0	9.44	10.80
18	0.43	2.72	5.31	40	5.8	10.84	11.73
20	0.51	3.06	5.66				

注:φ_k 为基底下一倍短边宽深度内土的内摩阻角标准值。

七、墙身截面强度验算

为了保证墙身具有足够的强度,应根据经验选择 1~2 个控制断面进行验算,如墙身底部、1/2 墙高处、上下墙(凸形及衡重式墙)交界处,如图 6-38 所示。图 6-39 为挡土墙墙身截面法向应力验算图示。

当构件采用分项安全系数的极限状态设计时,荷载效应不利组合的设计值应小于或等于结构抗力效应的设计值。

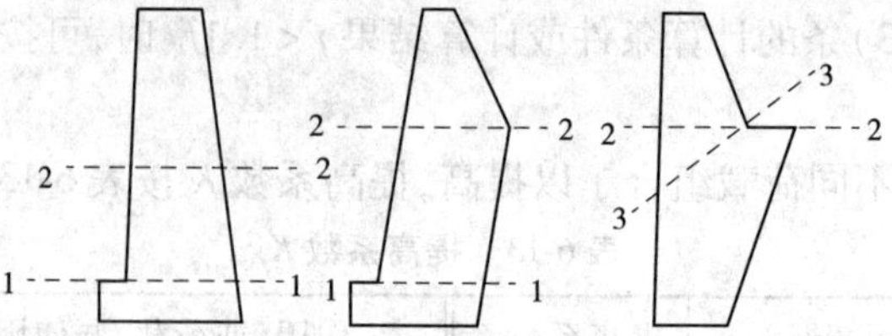

图 6-38　验算截面的选择

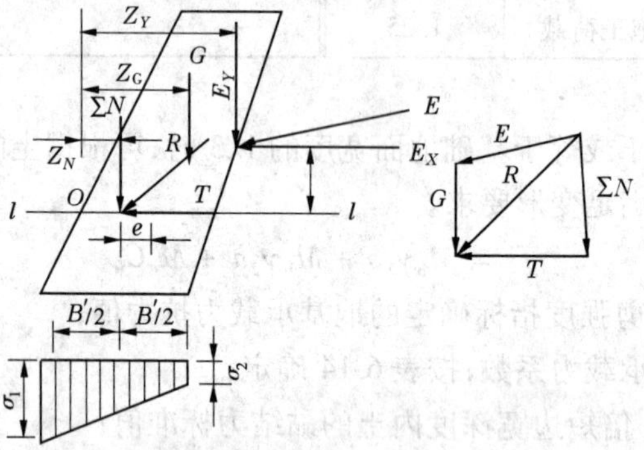

图 6-39　挡土墙墙身截面法向应力验算图示

(一)强度计算

$$N_j \leqslant \frac{\alpha_k \cdot A \cdot R_k}{\gamma_k} \tag{6-55}$$

$$N_j = \gamma_0 (\gamma_G N_G + \gamma_{Q1} N_{Q1} + \sum \gamma_{Qi} \psi_{Ci} N_{Qi}) \tag{6-56}$$

式中　N_j——设计轴向力；

γ_0——重要性系数；

ψ_{Ci}——荷载组合系数，见表 6-15；

N_G、γ_G——恒载（自重及襟边以上土重）引起的轴向力（kN）和相应的分项系数；

N_{Q1}、$N_{Qi}(i=2\sim6)$——主动土压力和被动土压力、水浮力、静水压力、动水压力、地震力引起的轴向力，kN；

$\gamma_{Qi}(i=1\sim6)$——各项轴向力的分项系数；

γ_k——抗力的分项系数，见表 6-16；

R_k——材料极限抗压强度，kPa；

A——挡土墙构件的计算截面面积，m^2；

α_k——轴向力偏心系数，用下式计算：

$$\left.\begin{aligned} \alpha_k &= \frac{1-256\left(\frac{e_0}{B}\right)^8}{1+12\left(\frac{e_0}{B}\right)^2} \\ e_0 &= \left|\frac{M_0}{N_0}\right| \end{aligned}\right\} \tag{6-57}$$

式中 M_0——在某一类作用(或荷载)组合下,作用(或荷载)对计算截面形心的总力矩,kN · m;

N_0——在某一类作用(或荷载)组合下,作用于计算截面上的轴向力的合力,kN。

挡土墙墙身或基础圬工为纯圬工截面时,其偏心距应小于表6-17 的要求。

表 6-15 荷载组合系数

荷载组合	ψ_{Ci}	荷载组合	ψ_{Ci}
Ⅰ、Ⅱ	1.0	施工荷载	0.7
Ⅲ	0.8		

表 6-16 圬工构件或材料的抗力分项系数 γ_k

圬工种类	受力情况	
	受压	受弯、剪、拉
石料	1.85	2.31
片石砌体、片石混凝土砌体	2.31	2.31
块石、粗料石、混凝土预制块、砖砌体	1.92	2.31
混凝土	1.54	2.31

表 6-17 圬工结构轴向力合力的容许偏心距 e_0

荷载组合	容许偏心距	荷载组合	容许偏心距
Ⅰ、Ⅱ	0.25B	施工荷载	0.33B
Ⅲ	0.30B		

(二)稳定计算

挡土墙构件轴心或偏心受压时,正截面稳定按下式计算

$$N_j \leqslant \frac{\psi_k \alpha_k A R_k}{\gamma_k} \tag{6-58}$$

$$\left.\begin{aligned} \psi_k &= \frac{1}{1+\alpha_s \cdot \beta_s \cdot (\beta_s - 3)\left[1+16\left(\dfrac{e_0}{B}\right)^2\right]} \\ \beta_s &= \frac{2H}{B} \end{aligned}\right\} \tag{6-59}$$

式中 ψ_k——偏心受压构件在弯曲平面内的纵向弯曲系数;

H——有效墙高(视为下端固定,上端自由),m;

B——墙的宽度,m;

α_s——与材料有关的系数,按表 6-18 采用。

表 6-18 α_s 系数

圬工名称	浆砌砌体采用以下砂浆强度等级			混凝土
	M10、M7.5、M5	M2.5	M1	
α_s 值	0.002	0.002 5	0.004	0.002

轴心受压构件的纵向弯曲系数采用表 6-19 的规定。

表 6-19　轴心受压构件的纵向弯曲系数 ψ_k

2H/B	混凝土构件	砌体砂浆强度等级	
		M10、M7.5、M5	M2.5
≤3	1.00	1.00	1.00
4	0.99	0.99	0.99
6	0.96	0.96	0.96
8	0.93	0.93	0.91
10	0.88	0.88	0.85
12	0.82	0.82	0.79
14	0.76	0.76	0.72
16	0.71	0.71	0.66
18	0.65	0.65	0.60
20	0.60	0.60	0.54
22	0.54	0.54	0.49
24	0.50	0.50	0.44
26	0.46	0.46	0.40
28	0.42	0.42	0.36
30	0.38	0.38	0.33

一般情况下挡土墙尺寸不受稳定控制，但应判断是细高墙或是矮墙：当 H/B 小于 10 时为矮墙，否则为细高墙；对于墙顶为自由端的，H/B 应小于 30。

(三)当 e 超过规定时的验算

当 e 超过规定时，还可以利用弯曲抗拉极限强度 R_{WL} 进行验算或确定截面尺寸。

$$N_j \leqslant \frac{BR_{WL}}{\left(\frac{6e_0}{B}-1\right)\cdot\gamma_k} \tag{6-60}$$

式中参数意义同前。

(四)正截面直接受剪时验算

$$Q_j \leqslant \frac{A_jR_j}{\gamma_k}+f_mN_1 \tag{6-61}$$

式中　Q_j——正截面剪力，kN；

A_j——受剪截面面积，m^2；

R_j——砌体截面的抗剪极限强度，kPa；

f_m——摩阻系数。

八、增加挡土墙稳定性的措施

(一)增加抗滑稳定性的方法

1. 设置倾斜基底

设置向内倾斜的基底(见图 6-40)，可以增加抗滑力和减小滑动力，从而增加了抗滑稳定性。基底倾角 α 越大，越有利于抗滑稳定性，但应考虑挡土墙连同地基土体一起滑走的可能性，因此对地基倾斜度应加以控制。通常，对土质地基，不陡于 1∶5；对岩石地基，不陡于 1∶3。

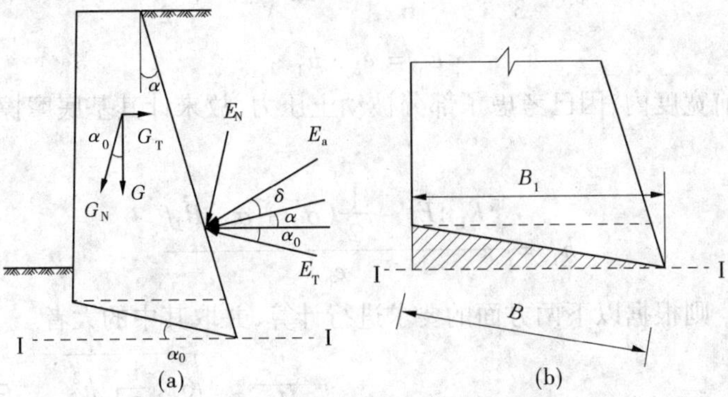

图 6-40　倾斜基底增加挡土墙抗滑稳定性

此外，在验算沿基底的抗滑稳定性的同时，还应验算通过墙踵的地基水平面的滑动稳定性。

2. 采用凸榫基础

在挡土墙基础底面设置混凝土凸榫（见图 6-41），与基础连成整体，利用榫前土体产生的被动土压力，以增加挡土墙的抗滑稳定性。

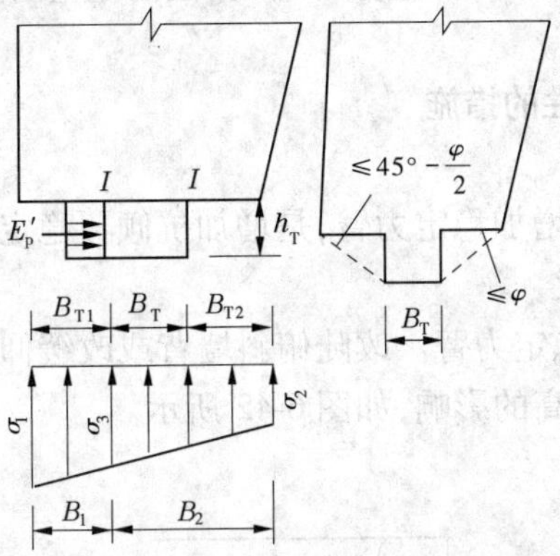

图 6-41　凸榫基础

为了增加榫前被动阻力，应使榫前被动土楔不超过墙趾。同时，为了防止因设凸榫而增加墙背的主动土压力，应使凸榫后缘与墙踵的连线同水平线的夹角不超过 φ。因此，应将整个凸榫置于墙趾并与水平线成 $45° - \dfrac{\varphi}{2}$ 角线和通过墙踵并水平线成 φ 角线所围成的三角形范围内。

当 $\beta = 0$（填土表面水平）、$\alpha = 0$（墙背垂直）、$\delta = 0$（墙光滑）时，榫前的单位被动土压力 σ_p，按朗金（Rankine）理论计算

$$\sigma_p = \gamma h \tan^2\left(45° + \frac{\varphi}{2}\right) \approx \frac{\sigma_1 + \sigma_3}{2}\tan^2\left(45° + \frac{\varphi}{2}\right) \tag{6-62}$$

考虑到产生全部被动土压力所需要的墙身位移量大于墙身设计所允许的位移量，为工程安全所不允许，因此凸榫前的被动土压力按朗金被动土压力的 1/3 采用，即

$$e_p = \frac{\sigma_p}{3} = \frac{\sigma_1 + \sigma_3}{6} \cdot \tan^2\left(45° + \frac{\varphi}{2}\right) \tag{6-63}$$

$$E'_p = e_p \cdot h_T \tag{6-64}$$

在榫前 B_T 前宽度内，因已考虑了部分被动土压力，故未计其基底摩擦阻力。令 $K_C = [K_C]$，则有

$$h_T = \frac{[K_C]E_x - \frac{1}{2}(\sigma_2 + \sigma_3)B_2 f}{e_p} \tag{6-65}$$

凸榫宽度 B_T 则根据以下两方面的要求进行计算，并取其中的大者。

(1)根据截面Ⅰ—Ⅰ上的弯矩计算：$B_T = \sqrt{\frac{6M_T}{[\sigma_L]}} = \sqrt{\frac{6 \times \frac{1}{2} e_p h_T^2}{[\sigma_L]}} = \sqrt{\frac{3e_p h_T^2}{[\sigma_L]}}$。

(2)根据Ⅰ—Ⅰ上的剪应力计算：$B_T = \frac{e_p h_T}{[\tau]}$。

其中：$[\sigma_L]$和$[\tau]$分别为圬工材料的容许拉应力和容许剪应力。

3. 其他措施

(1)改善地基，以增加基底摩阻系数，如在黏性土地基内夯嵌碎石。

(2)改变墙身断面形式。

(二)增加抗倾覆稳定性的措施

1. 展宽墙趾

在墙趾处展宽基础，以增加稳定力臂，是增加抗倾覆稳定性的常用方法。

2. 改变墙面及墙背坡度

改缓墙面坡度可增加稳定力臂。改陡俯斜墙背或改缓仰斜墙背可减小土压力。在地面纵坡较陡处，应注意对墙高的影响，如图 6-42 所示。

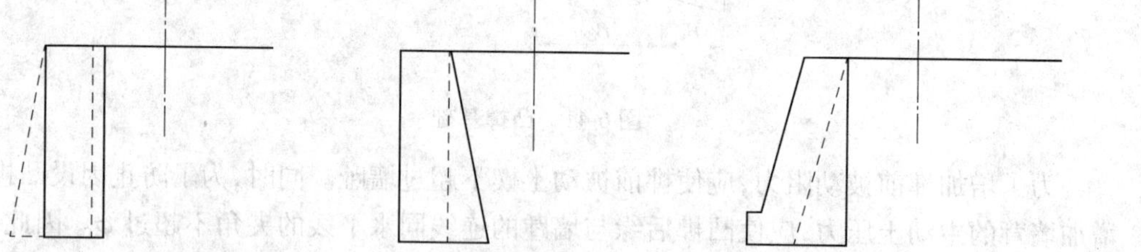

(a)改变墙胸　　(b)改为俯斜墙背　　(c)改为仰斜墙背

图 6-42　改变墙胸及背坡

3. 改变墙身断面类型

当地面横坡较陡时，应使墙胸尽量陡立(见图 6-43)，这时可改变墙身断面类型，如改用衡重式墙或者墙后加设卸荷平台、卸荷板，以减小土压力并增加稳定力矩。

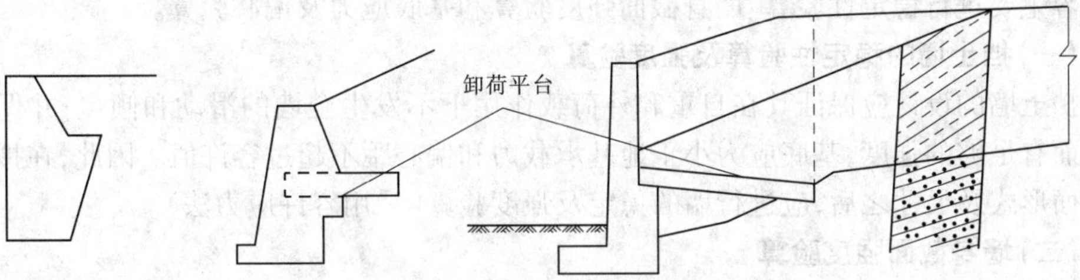

图 6-43　改变墙身类型措施

第五节　挡土墙的设计要点

在土建工程中,经常用挡土墙来支挡上下高差的土体,而重力式挡土墙是用得较多的一种形式。重力式挡土墙是依靠墙体自重抵抗土压力作用的一种墙体,所需要的墙身截面较大,一般由砖、石材料砌筑而成。由于重力式挡土墙具有结构简单、施工方便,能够就地取材等优点,在土建工程中被广泛采用。

一、重力式挡土墙的设计要点

设计重力式挡土墙,一般先通过满足挡土墙的抗滑移要求确定挡土墙的总工程量,再进行细部尺寸调整,以满足挡土墙的抗倾覆要求。

(一)断面形式的确定

根据重力式挡土墙结构类型及其特点,我们可以根据实际条件,选择不同类型的断面结构。如果地面横坡比较陡峭,若采用仰斜式挡土墙,一定会过多增加墙高,断面增大,造成浪费,而采用俯斜式挡土墙会比较经济合理。只有在路堑墙、墙趾处地面平缓的路肩墙或路堤墙等情况下,才考虑采用仰斜式挡土墙。

(二)挡土墙截面尺寸的确定

重力式挡土墙是靠自身重力来抵抗土压力,在设计时,重力式挡土墙的截面尺寸一般按试算法确定,可结合工程地质、填土性质、墙身材料和施工条件等方面的情况按经验初步拟定截面尺寸,然后进行验算,如不满足要求,则应修改截面尺寸或采取其他措施,直到满足。

(三)土压力的确定

挡土墙设计的经济合理,关键是正确地计算土压力,确定土压力的大小、方向与分布。土压力计算是一个十分复杂的问题,它涉及墙身、填土与地基三者之间的共同作用。计算土压力的理论和方法很多,由于库仑理论概念清晰,计算简单,适用范围较广,因此库仑理论和公式是目前应用最广的土压力计算方法。

二、重力式挡土墙的计算内容

从安全的角度考虑,当埋入土中不算很深时,作用于挡土墙上的荷载有主动土压力、挡土墙自重、墙面埋入土中部分所受的被动土压力,一般可忽略不计。重力式挡土墙的计算内容主要进行稳定性验算、墙身截面强度验算和基底应力及偏心验算。

(一)挡土墙的稳定性验算及强度验算

挡土墙的设计应保证其在自重和外荷载作用下不发生全墙的滑动和倾覆,并保证墙身截面有足够的强度,基底应力小于地基承载力和偏心距不超过容许值。因此,在拟定墙身断面形式及尺寸之后,应进行墙的稳定及强度验算(采用容许应力法)。

(二)墙身截面强度验算

通常选取一二个截面进行验算。验算截面可选在基础底面、1/2 墙高处或上下墙交界处等。墙身截面强度验算包括法向应力和剪应力的验算。剪应力虽然包括水平剪应力和斜剪应力两种,但重力式挡土墙只验算水平剪应力。

(三)基底应力及偏心验算

基底的合力偏心距 e 计算公式为

$$e = B/2 - Z_n = B/2 - (WZ_w + E_y Z_x - E_x Z_y)/(W + E_y)$$

在土质地基上,$e \leqslant B/6$;在软弱岩石地基上,$e \leqslant B/5$;在不易风化的岩石地基上,$e \leqslant B/4$。

三、挡土墙稳定性增大的措施

设计、验算之后,为保证挡土墙的安全性,必须采取必要的措施。

(一)倾覆稳定性增大的措施

为减小基底压应力,增加抗倾覆的稳定性,可以在墙趾处伸出一台阶,以拓宽基底,增大稳定力臂。另外,可以改变墙背或墙面的坡度,以减小土压力或增大力臂。改变墙身形式,如采用衡重式、拱桥式等。

(二)滑动稳定性增大的措施

重力式抗滑挡土墙的墙背坡度一般采用 1∶0. 25,墙后常设卸荷平台,墙基一般做成倒坡或台阶形,墙高和基础的埋置深度必须按地基的性质,承载力的要求,地形和水文地质等条件,通过验算来确定。此外,为避免因地基不均匀沉陷而引起墙身开裂,应根据地质条件的变化和墙高、墙身断面的变化而设置沉降缝和伸缩缝。

(三)挡土墙的排水处理措施

挡土墙的排水处理设施通常由地面排水和墙身排水两部分组成。挡土墙的排水处理是否得当,将直接影响到挡土墙的安全及使用效果。

四、可靠度分析

在重力式挡土墙设计中,传统的设计方法是安全系数法。这一方法把土看作是具有某种“平均”性质的“均质”材料,将土工参数的各种指标、各种参数定值化,并选用一定的数学模式来进行计算。由于把那些未知的、不定的因素都归到一个单一的安全系数上,其所得到的结果是明确的,因此也易于为人们所接受。然而安全系数法却忽略了土工参数的不确定性,与实际是不相符的。近几年来,人们在逐渐认识到土工参数不确定性的基础上,将可靠度分析方法引入了支挡结构工程。区别于传统的安全系数法,可靠度分析方法在对支挡结构稳定性的分析中用概率的方法定量地考虑了实际存在的种种不确定因素,因而更为客观、真实地反映了支挡结构的实际安全性。在土建工程中，经常用挡土墙来支挡上下高差的土体，而重力式挡土墙是用得较多的一种形式。重力式挡土墙是依靠墙体自重抵抗土压力作用的一种墙体，所需要的墙身截面较大，一般由砖石材料砌筑而成。由于重力式挡土墙具有结构简单、施工方便、能够就地取材等优点，在土建工程中被广泛采用。

第六节　加筋土挡土墙

加筋土挡土墙自20世纪60年代初问世以来，以其显著的技术经济效益，被广泛地应用于土木工程中，同时加筋土技术本身也逐渐地完善成熟（见图6-44）。

图6-44　加筋土挡土墙实例

加筋土工程有以下特点：

（1）可以做成很高的垂直填土，从而减少占地面积，这对不利于开挖的地区、城市道路以及土地珍贵地区而言，有着很大的经济效益。

（2）面板及筋带可以在工厂中定形制造、加工，在现场可以用机械分层施工。这种装配式施工方法简便快速，并且节省劳动力和缩短工期。

（3）加筋土是柔性结构物，能够适应地基较大的变形，因而可用于较软的地基上。同时，由于加筋土结构所特有的柔性能够很好地吸收地震的能量，故其抗震性好。

（4）造价低廉，据国内部分工程资料统计，加筋土挡土墙的造价一般为钢筋混凝土挡土墙的50%，重力式挡土墙的60%～80%。

加筋土的基本原理是借助于拉筋与填土间的摩阻力来提高填土的抗剪强度，从而保证土体平衡。

加筋土体工作时，土和拉筋一起承受外部和内部的荷载，由于土与拉筋之间的摩擦作用，将土中的应力传递给拉筋，而拉筋所产生的拉应力抵抗了土体的水平位移，就好像在土体中增加了一个内聚力，从而改进了土体的力学特性。因此，土与拉筋间的摩擦作用是加筋土体能否稳定的一个重要因素。

土体与拉筋间的摩擦作用是很复杂的，不仅取决于土壤成分、颗粒粒径级配、拉筋种类及其断面形状和尺寸，而且与环境状况、结构类型、荷载方式等有关。

一、加筋土的材料与构造

(一)加筋土填料

填料是加筋土工程的主体材料,对填料的一般要求如下:易压实,能与拉筋产生足够的摩阻力,满足化学和电化学标准,水稳定性好(浸水工程)。

有一定级配的砾类土、砂类土,与拉筋之间的摩阻力大,是透水性能好,应优先选用;碎石土、结土、中低液限黏质土和稳定土也可采用;腐殖土、冻结土等影响拉筋和面板使用寿命的应禁止采用。

填料的设计参数包括重度 γ、计算内摩阻角 φ 和摩阻系数 f 等,这些参数应由试验或当地经验数据确定。当无上述条件时,可参照交通部部颁标准《公路加筋土工程设计规范》(JTJ 015—91)中相关表选用。

(二)筋带

拉筋的主要作用是与填料产生摩阻力,并承受结构内部的拉力。因此,拉筋必须具有以下特性;具有较高的强度,受力后变形小;较好的柔性与韧性;表面粗糙,能与填料产生足够的摩阻力;抗腐蚀性和耐久性好;加工、接长和与面板的连接简单。

筋带可以分为扁钢带、钢筋混凝土带和聚丙烯土工带三种。高速公路和一级公路上的加筋土工程应采用扁钢带或钢筋混凝土带。

1. 扁钢带

扁钢带一般用软钢(3 号钢)轧制而成,按其外形又可分为光面带和有肋带两种,断面为扁矩形,宽度不应小于 30 mm,厚度不应小于 3 mm。扁钢带埋在土中容易锈蚀,因此扁钢带表面一般应镀锌或采取其他措施进行防锈处理。

2. 钢筋混凝土带

钢筋混凝土带的平面为长条形或楔形,断面为扁矩形,宽 10 ~ 25 cm,厚 6 ~ 10 cm。为了施工方便,钢筋混凝土带应分节预制,分节长度一般不宜小于 300 cm。为防止混凝土断裂可在混凝土内布设钢丝网。预制件所用混凝土的强度等级不宜低于 C20,钢筋直径不得小于 8 mm。预制件的接长或与面板连接,可采用焊接或螺栓结合,结点处应作防锈处理。

筋带设计拉力由钢筋承担,钢筋截面应考虑锈蚀影响。

3. 聚丙烯土工带

聚丙烯土工带的宽度应大于 18 mm,厚度应大于 0.8 mm。为提高土工带与填土之间的摩阻力,其表面应压有粗糙花纹。

填料中有尖锐棱角的粗粒料会刺穿或割断土工带,因此在含有尖锐棱角的粗粒料中不得使用聚丙烯土工带作为拉筋。

(三)面板

面板的主要作用是防止端部土体从拉筋间挤出。

1. 一般规定

(1)面板设计应满足坚固、美观、运输方便和易于安装等要求。

(2)面板一般采用混凝土预制件,其强度等级不应低于 C20,厚度不应小于 8 cm。

(3)面板上的筋带结点,可采用预埋钢拉环、钢板锚头或预留穿筋孔等形式。钢拉环应采用直径不小于 10 mm 的 I 级钢筋,钢板锚头应采用厚度不小于 3 mm 的钢板。露于混凝土外部的钢拉环、钢板锚头应作防锈处理,聚丙烯土工带与钢拉环的接触面应作隔离处理。

(4)面板四周应设企口和相互连接的装置。当采用插销连接装置时,插销直径不应小于 10 mm。

2. 混凝土面板的外形

混凝土面板的外形可选用十字形、槽形、六角形、L 形和矩形等,一般尺寸见表 6-20。

表 6-20　面板尺寸　　(单位:cm)

类型	简图	高度	长度	厚度
十字形	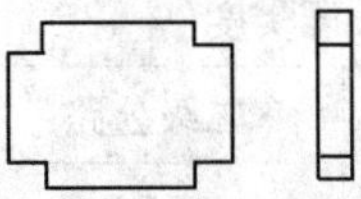	50 ~ 150	50 ~ 150	8 ~ 20
槽形	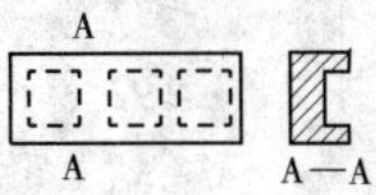	30 ~ 75	100 ~ 150	14 ~ 20
六角形	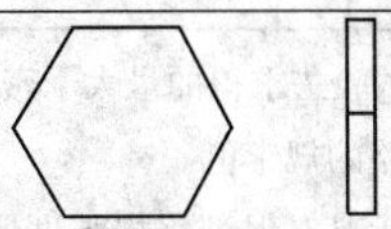	60 ~ 120	70 ~ 80	8 ~ 20
L 形	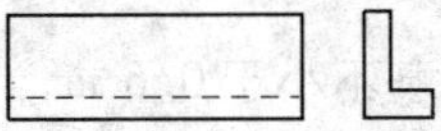	30 ~ 50	100 ~ 150	8 ~ 12
矩形	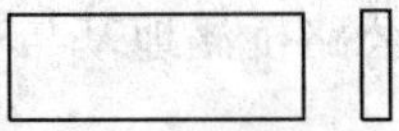	50 ~ 100	100 ~ 150	8 ~ 20

注:1. L 形面板下缘宽度一般采用 20 ~ 25 cm,厚度 8 ~ 12 cm。

2. 槽形面板的底板和翼板厚度不应小于 5 cm。

二、加筋土挡土墙的构造

加筋土挡土墙一般由加筋体、基础、排水设施和沉降伸缩缝等几部分构成。

加筋体墙面的平面线形可采用直线、折线和曲线。相邻墙面的内夹角不宜小于 70°。加筋体筋带一般应水平布设并垂直于面板,当一个结点有两条以上筋带时,应扇状分开。当相邻墙面的内夹角小于 90°时,宜将不能垂直布设的筋带逐渐斜放,必要时在角隅处增设加强筋带。加筋体的横断面形式一般应采用矩形(见图 6-45(a))。当受地形、地质条件限制时,也可采用图 6-45(b)或图 6-45(c)的形式。断面尺寸由计算确定,底部筋带长度,不小于 3 m 且不应小于 $0.4H$。加筋体填料压实度要满足表 6-21 规定。

浸水地区的加筋体采用渗水性良好的土作填料,在面板内侧设置反滤层或铺设透水土工织物。季节性冰冻地区的加筋体宜采用非冻胀性土作填料,否则应在墙面板内侧设置不小于 0.5 m 的砂砾防冻层。加筋体墙面下部应设宽不小于 0.3 m,厚不小于 0.2 m

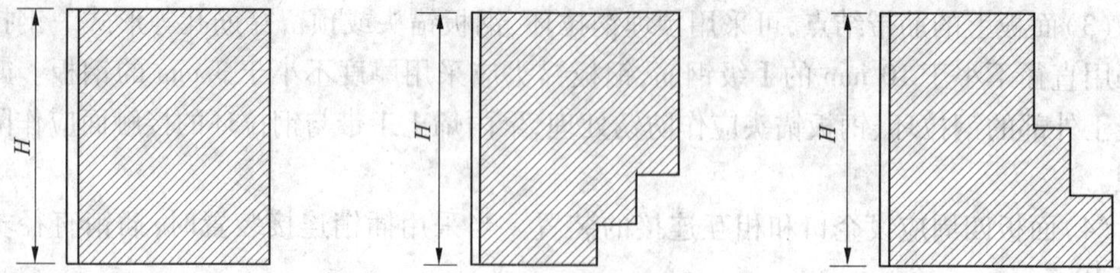

(a)　(b)　(c)

图 6-45　加筋体横断面形式

的混凝土基础,但如面板筑于石砌圬工或混凝土之上、地基为基岩的可不设。

表 6-21　加筋体填料压实度

填土范围	路面底面以下深度(m)	压实度(%)		
		高速公路、一级公路	二级公路	三、四级公路
上路堤	0.8~1.50	≥94	≥94	≥93
下路堤	1.50 以下	≥93	≥92	≥90
距面板内侧 1 m 以内	全部墙高	≥90	≥90	≥90

注:1. 表列压实度系按《公路土工试验规定》(JTG E40—2007)中重型击实试验法求得的最大干密度压实度。

2. 当三、四级公路铺筑沥青混凝土和水泥混凝土路面时,应采用二级公路的规定值。

3. 路堤采用特殊填料或处于特殊气候时,压实度标准可根据试验路的状况在保证路堤强度要求的前提下适当降低。

加筋体面板基础底面的埋置深度,对于一般土质地基不小于 0.6 m,当设置在岩石上时应清除表面风化层,当风化层较厚难以全部消除时,可采用土质地基的埋置深度。浸水地区与冰冻地区的加筋体面板基础埋置深度按现行的《公路桥涵地基与基础设计规范》(JTG D63—2007)有关规定确定。

季节性冰冻地区,当基础埋置深度小于冻结线时,由基底至冻结线范围内的土应换填非冻胀性的中砂、粗砂、砾石等粗粒土,其中粉、黏粒含量不应大于 15%。斜坡上的加筋体应设宽度不小于 1 m 的护脚,加筋体面板基础埋置深度从护脚顶面算起(见图 6-46)。

软弱地基上的加筋土工程当地基承载力不能满足要求时,应进行地基处理。可选用换填砂砾(碎)石垫层、挤密桩(砂桩、石灰桩、碎石桩)、抛石挤淤、土工织物等方法处理。当加筋体背后有地下水渗入时,可通过设置通向加筋体外的排水层。排水层采用砂砾,其厚度不小于 0.5 m。当加筋体顶面有渗水可能时,则要采取防渗封闭措施。非浸水加筋土工程,当基础埋置深度小于 1.25 m 时,在墙面地表处要设置宽为 1.0 m 的混凝土或浆砌片石散水,其表面做成向外倾斜 3% ~ 5% 的横坡。

加筋土挡土墙应根据地形、地质、墙高等条件设置沉降缝,其间距对土质地基为 10 ~ 30 m 岩石地基可适当增大。当设置整体式路檐板时,应酌情设置伸缩缝,其间距一般与沉降缝一致。沉降缝、伸缩缝宽度一般为 1 ~ 2 cm,可采用沥青板、软木板或沥青麻絮填塞。

加筋土挡土墙高度大于 12 m 时,填料应慎重选择。墙高的中部宜设宽度不小于 1 m

的错台。墙高大于 20 m 时，应进行特殊设计。错台顶部设 20% 的排水横坡，用混凝土板防护；当采用细粒填料时，上级墙的面板基础下宜设置宽不小于 1.0 m、高不小于 0.5 m 的砂砾或灰土垫层（见图 6-47）。

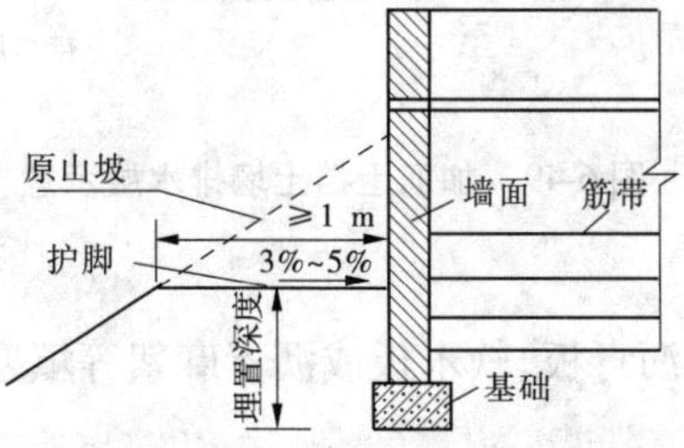

图 6-46　错台与垫层横断面图

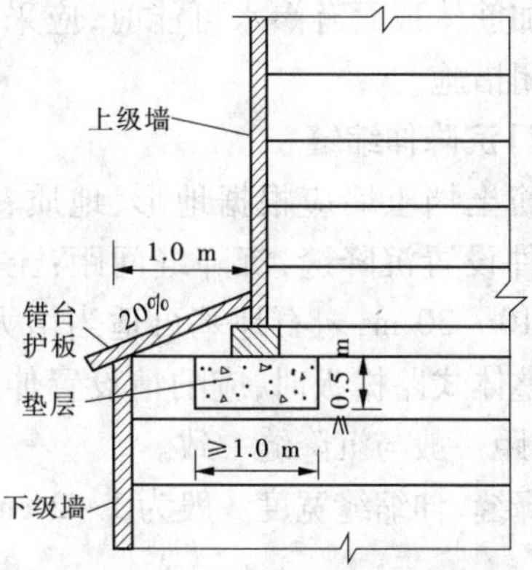

图 6-47　加筋体面板基础埋置深度

加筋土桥台类型分为整体式、内置组合式和外置组合式（见图 6-48）。整体式桥台用于台高不大于 6 m，且跨径不大于 10 m 的梁（板）式桥。

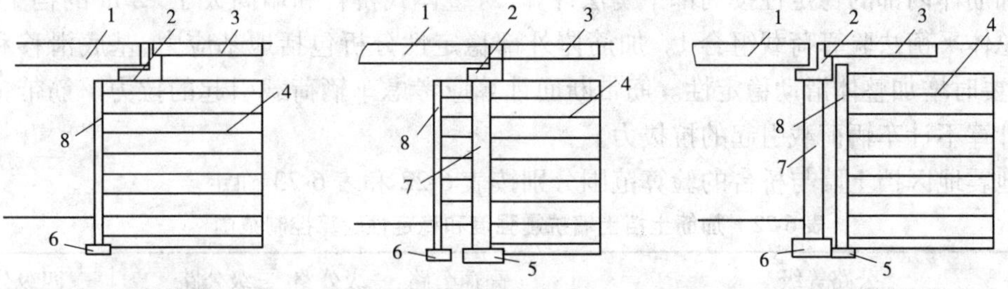

(a)整体式　　(b)内置组合式　　(c)外置组合式

1—上部结构；2—垫梁或盖梁桥头；3—搭板；4—筋条；5—基础；6—台柱；7—台身；8—墙面板

图 6-48　加筋土桥台类型图

(一) 基础

加筋体墙面下部应设置宽度不小于 0.3 m、厚度不小于 0.2 m 的混凝土基础，但属下列情况之一者可不设：

(1) 面板筑于石砌圬工或混凝土之上。

(2) 地基为基岩。

加筋体面板基础底面的埋置深度，对于一般土质地基不应小于 0.6 m，当设置在岩石上时应清除表面风化层。当风化层很厚难以全部清除时，可采用土质地基的埋置深度。浸水地区和冰冻地区的基础埋置深度要求同重力式挡土墙。

软弱地基上的加筋土挡土墙，当地基承载力不能满足要求时，应进行地基处理。加筋土挡土墙的基底可做成水平或结合地形做成台阶形。

(二) 排水设施

对可能危害加筋体的地面水和地下水，应采取适当的排水措施或防水措施。当加筋体背后有地下水渗入时，应设置通向加筋体的排水层，如图6-49所示。排水层采用砂砾，其厚度不小于0.5 m。

当加筋体顶面有渗水可能时，应采取防渗封闭措施。

（三）沉降伸缩缝

加筋土挡土墙应根据地形、地质、墙高等条件设置沉降缝，沉降缝间距：土质地基为10～30 m，岩石地基可适当增大。当设置整体式路檐板时，应酌情设置伸缩缝，其间距一般与沉降缝一致。

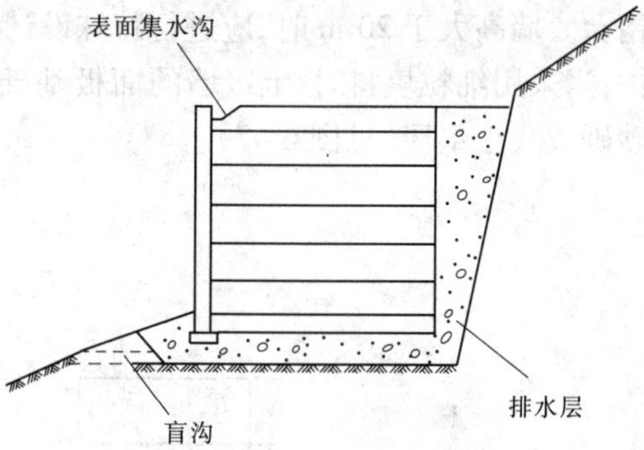

图6-49　加筋土挡土墙排水层示意

沉降缝、伸缩缝宽度一般为1～2 cm，可采用沥青板、软木板或沥青麻絮等填塞。

三、加筋土挡土墙结构计算

加筋体筋带的断面面积、长度以及加筋体的稳定性，应通过加筋体内部和外部的稳定性分析确定。

加筋体内部的稳定性按局部平衡法计算，对整体式桥台和墙高大于12 m的挡土墙，应用总体平衡法验算荷载组合Ⅰ。加筋体外部稳定性分析包括地基应力、基底滑移和倾覆，必要时增加整体滑动稳定性。筋带断面计算应考虑车辆荷载引起的拉力。筋带锚固长度计算不计车辆荷载引起的抗拔力。

地震地区挡土墙与桥台的验算范围分别按表6-22和表6-23确定。

表6-22　加筋土挡土墙抗震强度和稳定性验算控制范围

公路等级			高速公路、一级公路、二级公路			三、四级公路
基本烈度			7	8	9	9
地基类别	岩石及一般地区	非浸水	不验算	$H>4$ m验算	验算	验算
		浸水	不验算	验算	验算	验算
	液化土或软土路基		验算	验算	验算	验算

注：H为加筋体高度。

表6-23　加筋土桥台抗震强度和稳定性验算控制范围

基本烈度		7	8	9
地基类别	岩石及一般地基	高速公路、一级公路验算	验算	验算
	液化土及软土地基	验算	验算	验算

筋带抗拔安全系数及基底滑移、倾覆、整体滑动稳定系数不应小于表6-24的规定。

加筋体与地基的摩阻系数按表6-25采用。

表 6-24　安全系数和稳定系数

荷载组合	筋带抗拔安全系数 $[K_t]$	稳定系数		
		基底滑移 $[K_c]$	倾覆 $[K_0]$	整体滑动 $[K_a]$
组合Ⅰ	2.0	1.3	1.5	1.25
组合Ⅱ~Ⅳ	1.7	1.3	1.3	1.25
组合Ⅴ	1.6	1.2	1.2	1.25
组合Ⅵ	1.2	1.1	1.2	1.10

表 6-25　基底摩阻系数 μ

地基土分类	μ	地基土分类	μ
软塑黏土	0.25	碎石类土	0.50
硬塑黏土	0.30	软质岩土	0.40~0.60
砂粒土、黏砂土、半干硬的黏土	0.30~0.40	硬质岩土	0.60~0.70
砂类土	0.40		

（一）加筋体中活动区与稳定区

为了确定拉筋锚固段的起点，必须区分加筋体中活动区与稳定区。加筋体的潜在破裂面为最大拉力点的连线，称简化破裂面，潜在破裂面可以简化为上部平行于墙面（相距 $0.3H$），下部通过墙脚（与水平面夹角 $45° + \frac{\varphi}{2}$）的两段折线（见图 6-50（a））；当整体式桥台垫梁后缘距离 b_a 大于 $0.3H$ 时，则采用 $b_H = b_a$（见图 6-50（b））。

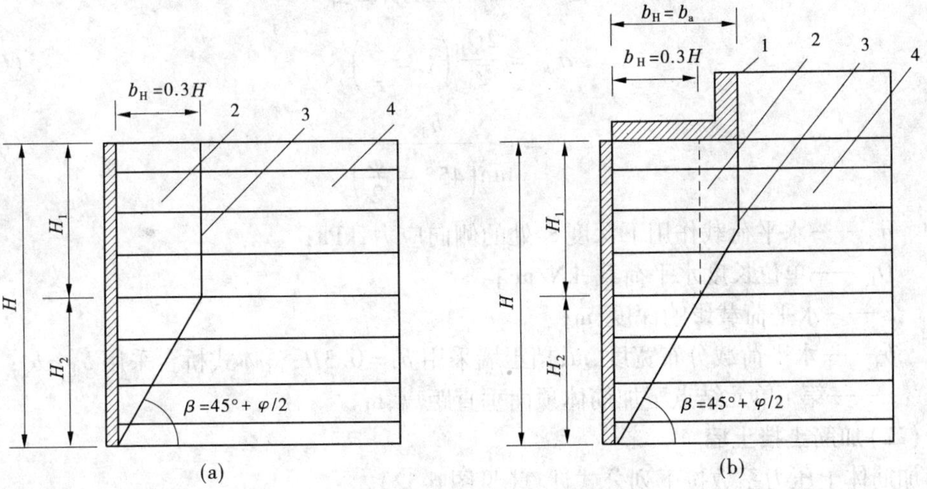

1—垫梁；2—活动区；3—简化破裂面；4—稳定区

图 6-50　简化破裂面图

简化破裂面上、下两部分高度 H_1、H_2 按下式计算

$$\left.\begin{aligned} H_2 &= b_H \tan\left(45° + \frac{\varphi}{2}\right) \\ H_1 &= H - H_2 \end{aligned}\right\} \tag{6-66}$$

式中　b_H——按定义采用；

φ——土的内摩阻角，(°)。

抗震验算时：β 采用 $45° + \frac{\varphi}{2} - \theta_s$，$b_H$ 按下式计算

$$b_H = H_2 \tan\left(45° - \frac{\varphi}{2} + \theta_s\right) \tag{6-67}$$

式中　H_2——由式(6-66)计算；

θ_s——地震角，(°)。

加筋体顶面在水平荷载作用下，深度 z_1 处的侧向应力按下式计算（见图 6-51）：

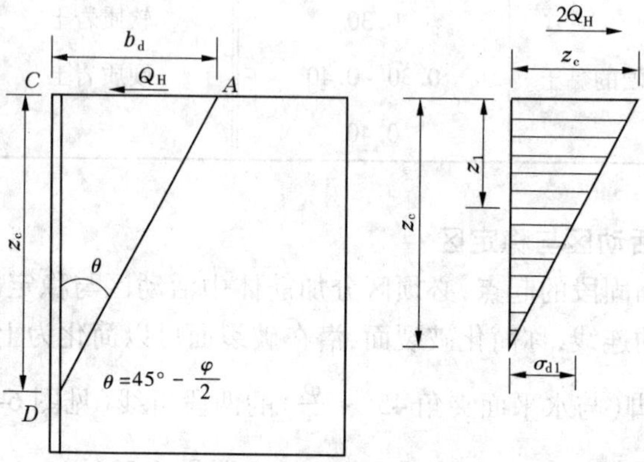

图 6-51　水平应力计算图

$$\sigma_{di} = \frac{2Q_H}{z_c}\left(1 - \frac{z_i}{z_c}\right) \tag{6-68}$$

$$z_c = \frac{b_d}{\tan\left(45° - \frac{\varphi}{2}\right)} \tag{6-69}$$

式中　σ_{di}——水平荷载作用下深度 z_i 处的侧向应力，kPa；

Q_H——单位长度水平荷载，kN/m；

z_c——水平荷载影响深度，m；

b_d——水平荷载分布宽度，m，挡土墙采用 $b_d = 0.3H$，整体式桥台采用 $b_d = b_a$；

z_i——第 i 单元结点至加筋体顶面垂直距离，m。

（二）加筋土挡土墙

加筋体土压力系数按下列公式计算（见图 6-52）。

$$\left.\begin{aligned} &\text{当 } z_i \leqslant 6\text{ m 时} \quad K_i = K_0\left(1 - \frac{Z_i}{6}\right) + K_a \frac{Z_i}{6} \\ &\text{当 } z_i > 6\text{ m 时} \quad K_i = K_a \end{aligned}\right\} \tag{6-70}$$

式中　K_i——加筋体内深度 z_i 处土压力系数；

K_0——静止土压力系数，$K_0=1-\sin\varphi$；

K_a——主动土压力系数，$K_a=\tan^2\left(45^\circ-\dfrac{\varphi}{2}\right)$；

z_i——第 i 单元结点至加筋体顶面垂直距离，m。

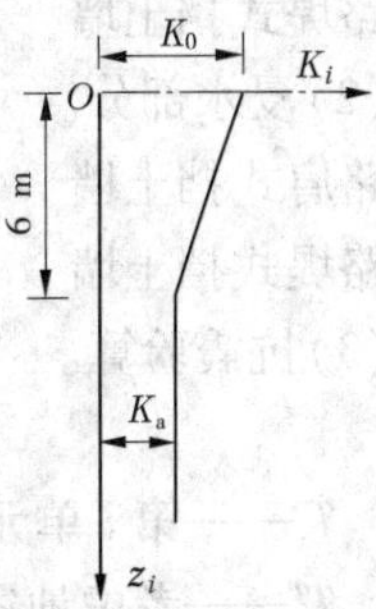

图 6-52　土压力系数图

路堤式挡土墙在车辆荷载作用下，深度 z_i 处的垂直应力按下式计算（见图 6-53）

$$\sigma_{ai}=\gamma_1 h\frac{L_c}{L_{ci}} \tag{6-71}$$

式中　σ_{ai}——车辆荷载作用下，加筋体内深度 z_i 处的垂直应力，kPa，当图 6-53 中扩散线上的 D 点未进入活动区时，取 $\sigma_{ai}=0$；

L_c——结构计算时采用的荷载布置宽度，m；

L_{ci}——深度 z_i 处应力扩散宽度，m。

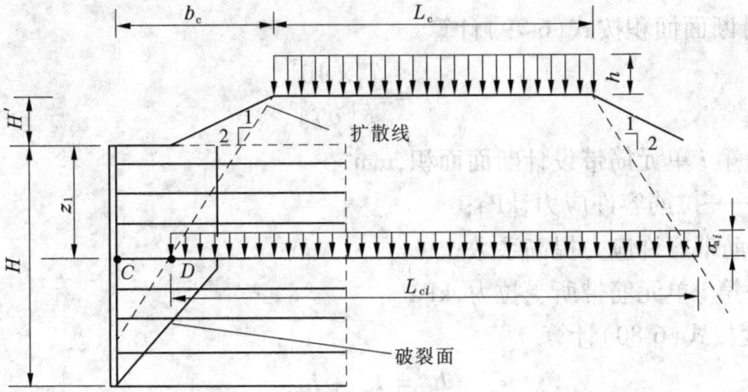

图 6-53　车辆荷载作用下垂直应力计算图

$$\left.\begin{aligned}&\text{当 } z_i+H'\leqslant 2b_c \text{ 时} & L_{ci}&=L_c+H'+z_i\\&\text{当 } z_i+H'>2b_c \text{ 时} & L_{ci}&=L_c+b_c+\frac{H'+z_i}{2}\end{aligned}\right\} \tag{6-72}$$

式中　b_c——面板背面至路基边缘距离，m。

抗震验算时，加筋体深度 z_i 处土压力应力增量按下式计算（见图 6-54）

$$\Delta\sigma_{wi}=3\gamma_1 K_a C_i C_z K_h\tan\varphi(h_i+z_i) \tag{6-73}$$

式中　C_i——重要性修正系数；

C_z——综合影响系数；

K_h——水平地震系数。

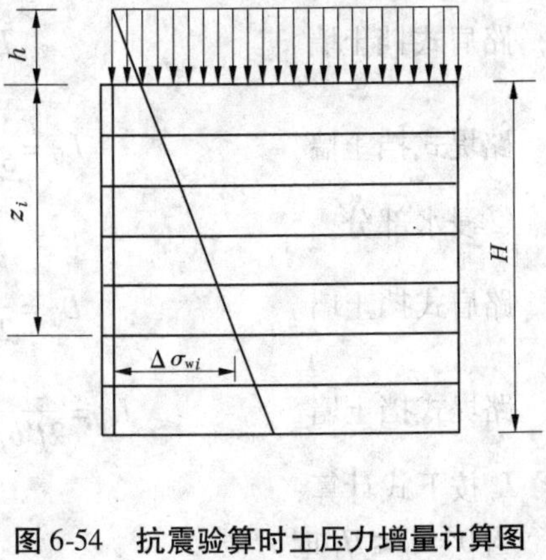

图 6-54　抗震验算时土压力增量计算图

筋带所受拉力分别按下列各式计算：

（1）一般情况。

路肩式挡土墙　$T_i=K_i(\gamma_1 z_i+\gamma_1 h)S_x S_y$

$$\tag{6-74}$$

路堤式挡土墙 $$T_i=K_i(\gamma_1 z_i+\gamma_2 h_1+\sigma_{ai})S_x S_y \tag{6-75}$$

(2)浸水部分。

路肩式挡土墙 $$T_i=K_i(\gamma_1 z_0+\gamma_0 z_i'+\gamma_1 h)S_x S_y \tag{6-76}$$

路堤式挡土墙 $$T_i=K_i(\gamma_1 z_0+\gamma_0 z_i'+\gamma_2 h_1+\sigma_{ai})S_x S_y \tag{6-77}$$

(3)抗震验算。

$$T_i' = T_i + \Delta\sigma_{wi} S_x S_y \tag{6-78}$$

式中 T_i——第 i 单元筋带所受拉力,kN,抗震验算时不考虑汽车荷载作用;

T_i'——考虑地震情况时第 i 单元筋带所受拉力,kN;

z_0——计算水位以上加筋体高度,m;

z_i'——计算水位以下的第 i 单元结点与计算水位高差,m;

γ_0——加筋体填料水下重度,kN/m³;

γ_1——加筋体填料重度,kN/m³;

S_x、S_y——筋带结点水平、垂直间距,m。

筋带设计断面面积按式(6-79)计算

$$A_i = \frac{T_i'' \times 10^3}{K[\sigma_L]} \tag{6-79}$$

式中 A_i——第 i 单元筋带设计断面面积,mm²;

$[\sigma_L]$——拉筋容许应力,kPa;

K——筋带容许应力提高系数;

T_i——第 i 单元筋带所受拉力,kPa。

筋带长度按式(6-80)计算

$$L_i = L_{1i} + L_{zi} \tag{6-80}$$

式中 L_i——筋带总长度,m;

L_{1i}——筋带锚固长度,m;

L_{zi}——活动区筋带长度,m。

L_{1i}的计算分以下两种情况:

①一般情况及抗震验算。

路肩式挡土墙 $$L_{1i}=\frac{[K_f]T_i''}{2f'b_i\gamma_1 z_i}$$

路堤式挡土墙 $$L_{1i}=\frac{[K_f]T_i''}{2f'b_i(\gamma_1 z_i+\gamma_2 h_1)}$$

②浸水部分。

路肩式挡土墙 $$L_{1i}=\frac{[K_f]T_i''}{2f'b_i(\gamma_1 z_0+\gamma_0 z_i')}$$

路堤式挡土墙 $$L_{1i}=\frac{[K_f]T_i''}{2f'b_i(\gamma_1 z_0+\gamma_0 z_i'+\gamma_2 h_1)}$$

L_{zi}按下式计算:

当 $0<z_i\leqslant H_1$ 时 $$L_{zi}=b_H$$

当 $H_1 < z_i \leqslant H$ 时　　$L_{zi} = \frac{H - z_i}{\tan\beta}$

式中　$[K_f]$——筋带要求抗拔稳定系数；

f'——筋带与填料的摩阻系数；

b_i——第 i 单元筋带宽度总和，m；

b_H——简化破裂面的垂直部分与墙面板背面距离，m。

（三）总体平衡法验算

采用总体平衡法验算时应满足式(6-81)的要求(见图 6-55)

$$\frac{1}{P_i}\sum_{j=m}^{1} S_j \geqslant 1.25 \tag{6-81}$$

$$P_i = \frac{G_i + Q_{Vi}}{\tan(\alpha + \beta)} S_x \tag{6-82}$$

$$T_j = A_j \cdot K \cdot [\sigma_L] \cdot 10^{-3} \tag{6-83}$$

$$F_j = \frac{2}{[K_f]} b_j f L_{1j} \sigma_j \tag{6-84}$$

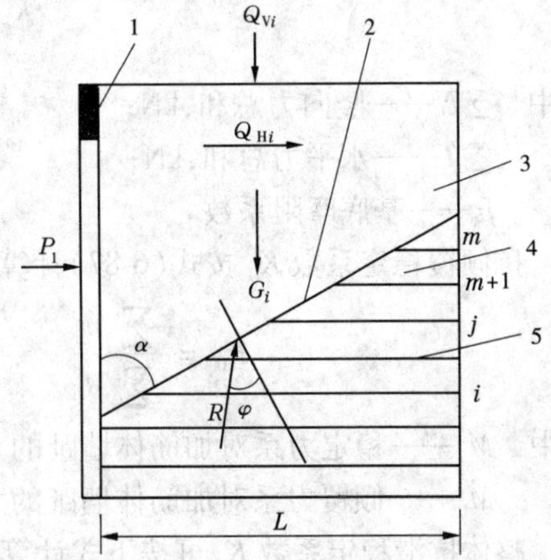

1—面板；2—破裂面；3—活动区；4—稳定区；5—筋带；

图 6-55　总体平衡法计算图

式中　P_i——加筋体破裂楔体及其上荷载作用下的水平滑力，kN；

S_j——T_j 与 F_j 中较小者，kN；

Q_{Vi}——垂直荷载，kN/m；

G_i——加筋体破裂楔体重力，kN/m；

α——破裂面与墙面的夹角，(°)；

T_j——被潜在破裂面所截割的第 j 层筋带容许拉力，kN；

F_j——被潜在破裂面所截割的第 j 层筋带抗拔力，kN，按下式计算；

σ_j——加筋体内深度 Z_j 处的垂直应力，kPa，应按下列情况分别计算。

路肩式挡土墙：

一般情况　　$\sigma_j = \gamma_1 z_j$

浸水部分　　$\sigma_j = \gamma_1 z_0 + \gamma_0 z_j'$

路堤式挡土墙：

一般情况　　$\sigma_j = \gamma_1 z_j + \gamma_2 h_1$

浸水部分　　$\sigma_j = \gamma_1 z_0 + \gamma_0 z_j' + \gamma_2 h_1$

基础底面地基承载力按式(6-85)验算

$$\left.\begin{aligned}\sigma_{max} &= \frac{N}{L} + \frac{6M}{L^2} \leqslant k[\sigma] \\ \sigma_{min} &= \frac{N}{L} - \frac{6M}{L^2} \geqslant 0\end{aligned}\right\} \tag{6-85}$$

式中　σ_{max}——基础底面地基最大压应力，kPa；

σ_{min}——基础底面地基最小压应力，kPa；

N——作用在基底的垂直合力，kN；

M——作用在基底的弯矩，kN · m；

L——加筋体底面宽度，m；

k——地基土容许承载力提高系数；

$[\sigma]$——修正后地基土的容许承载力，kPa。

基底抗滑稳定系数 K_c（见图 6-56）按式（6-86）计算

$$K_c = \frac{\mu \sum N}{\sum T} \tag{6-86}$$

式中　$\sum N$——竖向力总和，kN；

$\sum T$——水平力总和，kN；

μ——基底摩阻系数。

抗倾覆稳定系数 K_0 按式（6-87）计算

$$K_0 = \frac{\sum M_y}{\sum M_0} \tag{6-87}$$

式中　M_y——稳定力系对加筋体墙趾的力矩，kN · m；

M_0——倾覆力系对加筋体墙趾的力矩，kN · m。

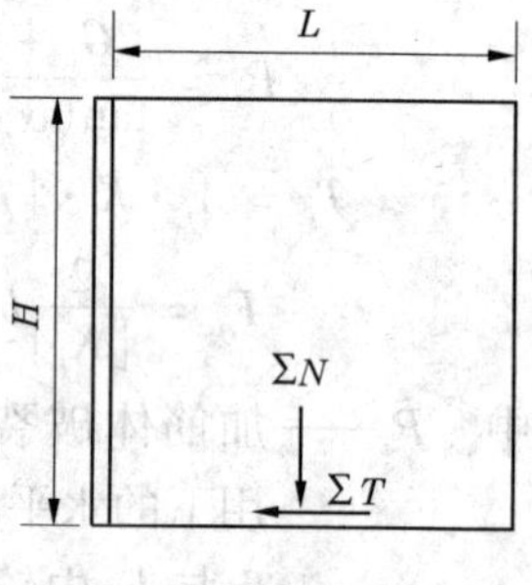

图 6-56　抗滑稳定示意图

整体抗滑稳定系数 K_s 可按下式计算（见图 6-57）：

一般情况

$$K_s = \frac{\sum (c_i' X_i + W_i \cos\alpha_i \tan\varphi_i)}{\sum W_i \sin\alpha_i} \tag{6-88}$$

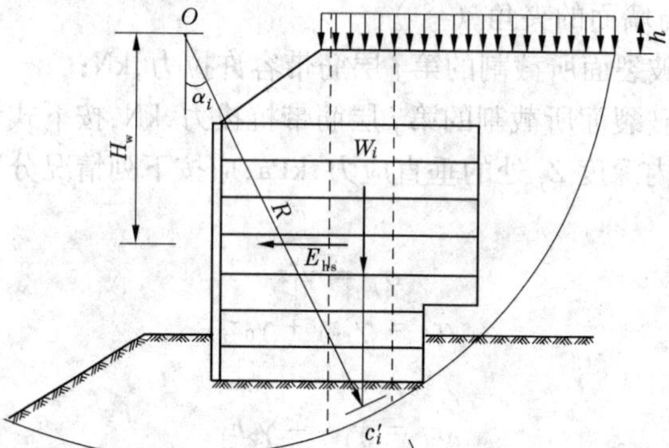

图 6-57　整体抗滑稳定计算示意

抗震验算

$$K_s = \frac{R \sum (c_i' X_i + W_i \cos\alpha_i \tan\varphi_i)}{R \sum W_i \sin\alpha_i + H_w E_{hs}} \tag{6-89}$$

式中　c_i'——第 i 土条的黏结力，kPa；

X_i——第 i 土条的弧长，m；

W_i—— 第 i 土条重力,kN;

α_i——第 i 土条滑动弧法线与垂直线的夹角,(°);

φ_i——第 i 土条滑动面处内摩阻角,(°);

R——滑动圆弧半径,m;

E_{hs}——滑体地震力,kN;

H_w——E_{hs}的力臂,m。

挡土墙设错台(见图 6-58(a))时,筋带断面与筋带长度均可按不设错台(见图 6-58(b))计算。

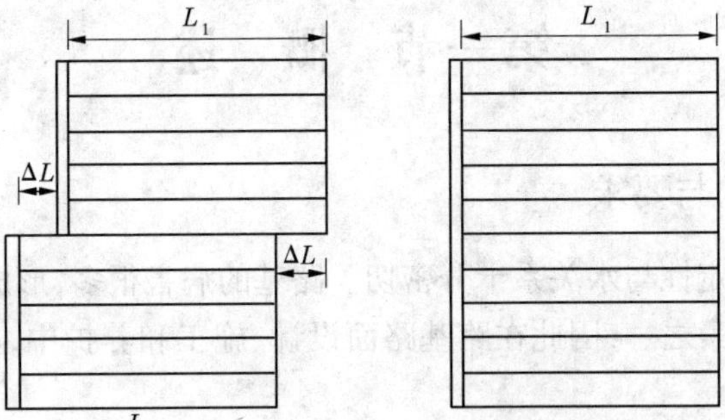

(a)设错台　　(b)不设错台

图 6-58　挡土墙断面图

习题与思考题

1. 什么叫挡土墙？其分类有哪些？
2. 常见的重力式挡土墙一般由哪几部分组成？
3. 作用在挡土墙上的力系有哪些？各种土压力如何计算？
4. 挡土墙验算的内容有哪些？如何验算？增加挡土墙稳定性的工程措施主要有哪些？
5. 如何进行加筋土挡土墙的设计和计算？

第七章　路基路面排水设计

学习要点　通过本章学习，学生应掌握路基的地面排水和地下排水的结构形式及适用条件，掌握路面排水的构造，能够对公路的排水系统进行综合设计。

第一节　概　述

一、排水的目的与要求

路基的强度和稳定性与水关系十分密切。路基的病害很多，形成病害的原因也很多，但水的作用是主要因素之一，因此在路基路面设计、施工和养护中，必须十分重视路基路面排水工程。

根据水源的不同，影响路基的水流可分为地面水和地下水，与此相适应的路基排水工程可分为地面排水设施和地下排水设施。

地面水包括大气降水（雨和雪）以及海、河、湖、水渠、水库水等。地面水对路基产生冲刷和渗透，冲刷可导致路基整体稳定性受损害，渗透使土体过湿而降低路基强度。

地下水包括上层滞水、潜水及层间水等。它们对路基的损坏，轻者使路基湿软，降低路基强度；重者会引起冻胀、翻浆或边坡坍滑，甚至整个路基沿倾斜基底滑动。

路基排水设计的目的是，必须将影响路基稳定性的地面水排除和拦截在路基用地范围以外，并防止地面水漫流、滞积或下渗。对影响路基稳定性的地下水，则应予以隔断、疏干、降低，并引到路基范围以外适当的地点。同时，对于路基下方，应采取措施妥善处理路基上方排泄下的水流或路基下方水道内的水流，以免冲刷路基坡脚。

路基排水设计的任务就是针对不同的水源，设置相应的排水设施，把影响路基强度和稳定性的水排到路基范围以外适当的地点，将路基湿度降低到一定范围内，保持路基常年处于干燥状态，确保路基路面具有足够的强度和稳定性。

路基路面设计时，应校核全线排水系统的设计是否完备合理，必要时予以补充或修改，应重视排水工程的质量和使用效果。此外，应根据实际情况，设置施工现场的临时性排水设施，保证路基土石方及附属结构在正确条件下进行施工作业，消除路基基底和土体内与水有关的隐患，保证路基工程质量。

路基养护中，应对排水设施定期补充或修改，保持排水设施的正常使用，水流畅通，并根据具体情况不断改善路基路面排水条件。

二、路基排水设计的一般原则

（1）排水设计要因地制宜、全面规划、因势利导、综合整治、讲究实效、注意经济，充分利用有利地形和自然水系。一般情况下,地面和地下设置的排水沟渠宜短不宜长,以使水流不过于汇集,做到及时疏散,就近分流。

(2)各种路基排水沟渠的设置,应注意与农田水利相配合,必要时可适当增设涵管或加大涵管孔径,以防农业用水影响路基的稳定性,并做到路基排水有利于农田灌溉。路基边沟一般不应用作农田灌溉渠道,两者必须合作并使用时,边沟的断面应加大,并予以加固,以防止水流危害路基。

(3)设计前必须进行调查研究,查明水源与土质条件,重点路段要进行排水系统的全面规划,考虑路基排水与桥涵布置相配合,地面排水与地下排水相配合,各种排水沟渠的平面布置与竖向布置相配合,做到综合治理和分期修建。对于排水困难和地质不良的路段,还应与路基防护和加固相配合,并进行特殊设计。

(4)路基排水要注意防止附近山坡的水土流失,尽量不破坏天然水系,不轻易合并自然沟渠和改变水流性质,尽量选择有利地质条件布设人工沟渠,减少排水沟渠的防护与加固工程。对于重点路段的重要排水设施,以及土质松软和纵坡较陡地段的排水沟渠,应进行必要的防护与加固。

(5)路基排水要结合当地水文条件和道路等级等具体情况,注意就地取材,以防为主,既要稳固适用,又必须讲究经济效益。可以考虑先重点后一般,先地下后地面,实行分期修建和逐步完善,但要注意不应遗留后患而导致短期内路基、路面的严重破坏,从而影响交通,造成经济方面的损失。

三、常用的路基排水设施

常用的路基地面排水设施有边沟、截水沟、排水沟、跌水、急流槽、渡槽和倒虹吸等。这些设施主要用于地面排水,功能不同,构造形式也不同。

常用的路基地下排水设施有盲沟、渗沟、渗井等,主要用于排除路基及边坡土体内的上层滞水或埋藏很浅的潜水,特点是排水量不大,主要以渗流的方式汇集水源,并就近排出路基范围之外。对于流量较大的地下水,要设置专门的地下管道予以排除。

第二节 路基排水设施的构造与布置

一、地面排水设施的构造与布置

(一)边沟

边沟设置在挖方路基的路肩外侧或低路堤坡脚外侧,走向与路中线平行,以汇集和排除路基范围内和流向路基的少量地面水。

边沟的排水量不大,一般不需要进行水文水力计算,依沿线具体条件,选用标准横断面形式。边沟紧靠路基,通常不允许其他排水沟渠的水流引入,也不能与其他人工沟渠合并使用。

边沟不宜过长,尽量使沟内水流就近排到路旁自然水沟或低洼地带,必要时增设涵洞,将边沟水引入路基另一侧排出。

边沟的纵坡（出水口附近除外）一般与路线纵坡一致，平坡路段，边沟仍应保持0.3%～0.5%的最小纵坡。边沟出水口附近及排水困难路段，如回头曲线和路基超高较大的平曲线等处，边沟应进行特殊设计。

边沟的横断面形式有梯形、矩形、三角形及流线形等，如图7-1所示。土质或软弱石质边沟，一般采用梯形边沟，其内侧边坡为1∶1.0～1∶1.5，石质或铺砌加固可取直坡，外侧边坡通常与挖方边坡一致，底宽、深度为0.4～0.6 m，干旱地区或水流少的路段，最低值不得小于0.3 m，降水量集中或地势低洼路段取高限或更大。石质或铺砌式边沟，常用矩形或近似梯形，以减少沟顶宽度。少雨浅挖地段土质边沟可采用三角形横断面，其内侧边坡宜采用1∶2～1∶3，外侧边坡坡度与挖方边坡坡度相同。三角形边沟的水流条件较差，流量较大时，沟深宜适当加大。流线形边沟，是将路堤横断面的边角修整圆滑，可以防止路基旁侧积沙或堆雪，适用于沙漠或积雪地区的路基。

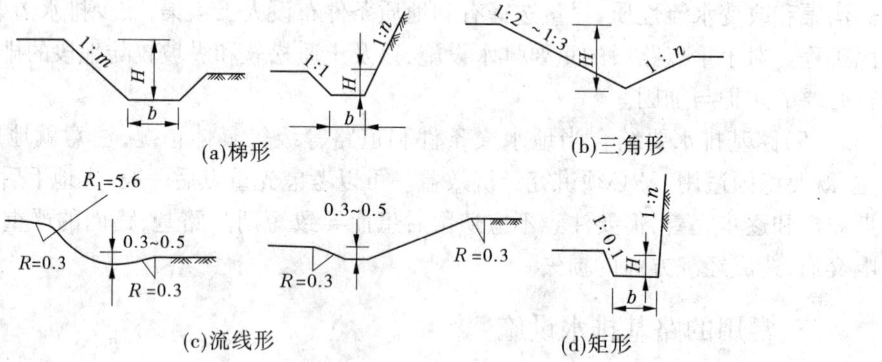

图7-1　边沟横断面形式示意图　（单位：m）

（二）截水沟

截水沟又称天沟，一般设置在挖方路基边坡坡顶以外，或山坡路堤上方的适当地点，用以拦截并排除路基上方流向路基的地面径流，减轻边沟的水流负担，保证挖方边坡和填方坡脚不受水流冲刷。降水量较少或坡面坚硬和边坡较低以致冲刷影响不大的地段，可以不设截水沟；反之，降水量较多，山坡汇水面积较大，且暴雨频率较高，山坡覆盖层较为松软，水土流失比较严重的地段，必要时可设两道或多道截水沟。

截水沟的横断面形式一般为梯形，沟的边坡坡度根据土质条件而定，一般采用1∶1.0～1∶1.5，如图7-2所示。沟底宽度 b 不小于0.5 m，沟深 h 按设计流量确定，也不应小于0.5 m。截水沟的位置应尽量与绝大多数地面水流方向垂直，以提高截水效能和缩短沟的长度。截水沟应保证水流畅通，就近引入自然沟内排出，必要时配以急流槽或涵洞等结构物，将水流引入指定地点。截水沟长度一般以200～500 m为宜。

截水沟沟底纵坡应不小于0.3%，沟底和沟壁要求平整密实，不渗水，不滞水，必要时予以加固和铺砌。

（三）排水沟

排水沟的主要用途在于引水，将路基范围内各种水源的水流（如边沟、截水沟、取土坑、边坡和路基附近积水）引至桥涵或路基范围以外的指定地点。当路线受到多段沟渠

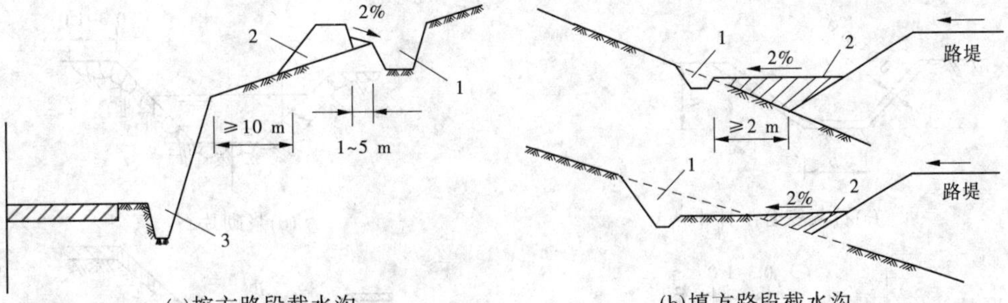

(a)挖方路段截水沟　(b)填方路段截水沟

1—截水沟;2—土台;3—边沟

图 7-2　截水沟示意

或水道影响时,为保护路基不受水害,可设置排水沟。

排水沟的横断面形式一般采用梯形,尺寸大小需要经水文水力计算确定。用于边沟、截水沟及取土坑出水口的排水沟,由于流量小,不需特殊计算,但底宽和深度不应小于0.5 m,土沟的边坡坡度为1∶1.0～1∶1.5。

排水沟的设置可根据需要结合当地地形条件确定,离路基尽可能远些,距离坡脚不宜小于2.0 m,平面上应力求直捷。需要转弯时也应尽量圆顺,做成弧形,其半径不宜小于10～20 m,连续长度宜短,一般不超过500 m。

排水沟水流进入其他沟渠或水道时,应使原水道不冲刷或淤积,应使排水沟与原水道两者呈锐角相交,交角不大于45°,有条件时可用半径 $R=10b$(b 为沟顶宽)的圆曲线向下游与其他水道相接,如图7-3所示。

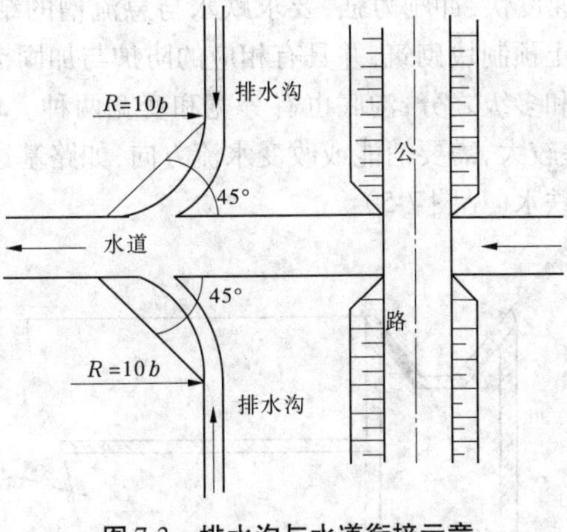

图 7-3　排水沟与水道衔接示意

排水沟应具有合适的纵坡,以保证水流畅通,不致流速太大而产生冲刷,亦不致流速太小而产生淤积,所以要通过水文水利计算择优确定。一般情况下,可取0.5%～1.0%,不小于0.3%,也不宜大于3%。

为防止水流对排水沟渠的冲刷与渗漏,对边沟、截水沟和排水沟等地面排水设施的沟底和沟壁应进行加固。常用的加固形式如图7-4所示。

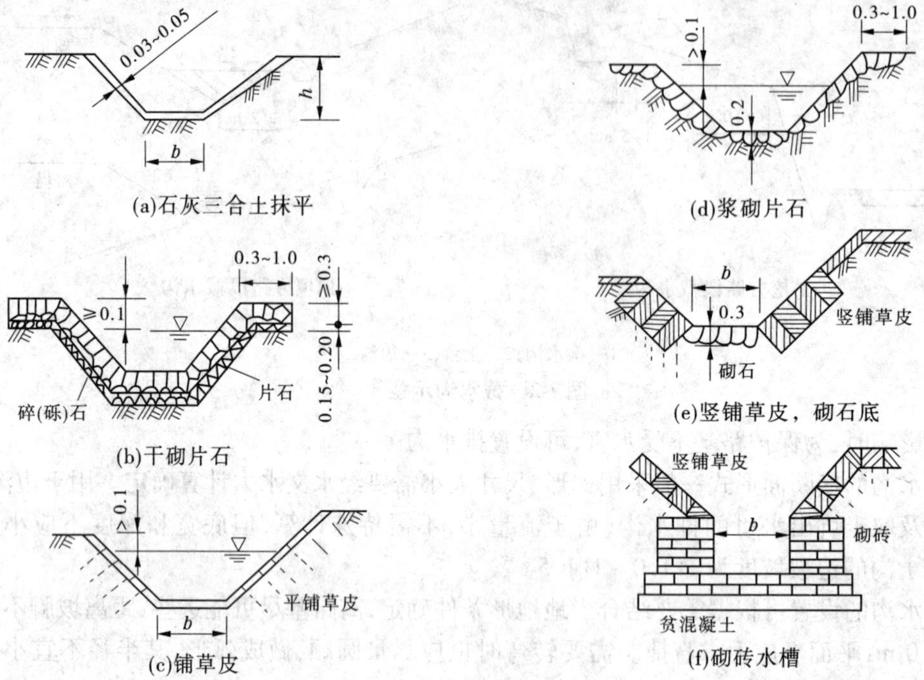

图 7-4　沟渠加固形式　(单位: m)

(四)跌水与急流槽

跌水与急流槽是路基地面排水沟渠的特殊形式,用于陡坡地段排水,沟底纵坡可达45°。由于纵坡陡,水流速度快,冲刷力强,要求跌水与急流槽的结构必须稳固耐久,一般宜采用浆砌块石或混凝土预制块砌筑,并具有相应的防护与加固措施。

跌水的构造有单级和多级之分,沟底也有等宽和变宽两种。单级跌水适用于排水沟渠连接处,由于水位落差较大,需要消能或改变水流方向,如路基边沟水通过涵洞排泄时,在涵洞的进口设置单级跌水(见图 7-5)。

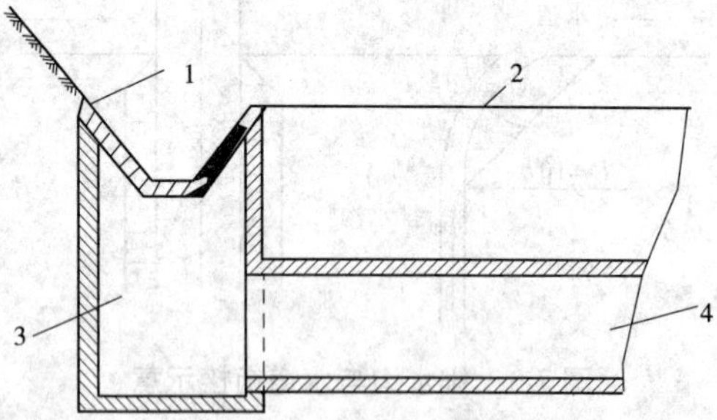

1—边沟;2—路基;3—跌水井;4—涵洞

图 7-5　边沟与涵洞单级跌水连接示意

较长陡坡地段的沟渠,为减小水流速度和消能,可采用多级跌水,如图 7-6 所示。多级跌水底宽和每级长度可根据实地需要,采用各自相等的对称形,亦可做成变宽或不等长度与高度。根据水力计算特点,跃水由进水口、跌水槽和出水口三部分组成,各组成部分的尺寸由水力计算而定。跌水两端的土质沟渠,应注意加固,保持水流畅通,不致产生水流冲刷和淤积,以充分发挥跌水的排水效能。

急流槽的纵坡比跌水的平均纵坡更陡,结构的坚固稳定性要求更高,是山区公路回头曲线沟通上、下线路基排水及沟渠出水口的一种常见排水设施。急流槽主体部分的纵坡依地形确定,一般可达 67%(1∶1.5)。急流槽的构造如图 7-7 所示。按水力计算特点,也由进水口、急流槽(槽身)和出水口三部分组成。急流槽多用浆砌片石、块石或混凝土砌筑。如水流通过岩石山坡,也可利用岩石坡面挖槽,如工程临时急需,也可就近取材,采用木槽。

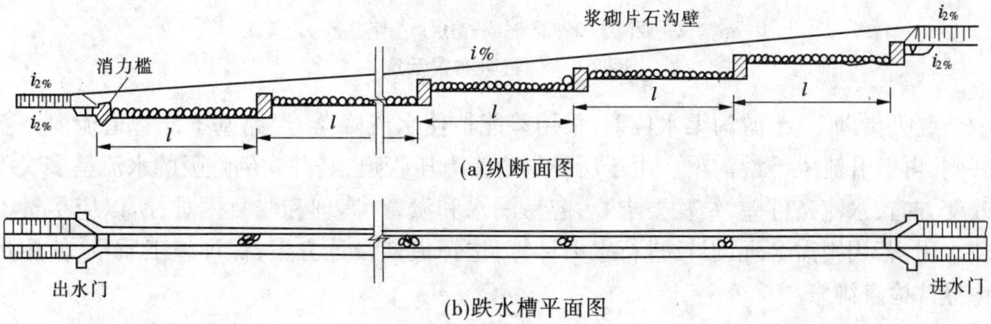

图 7-6　多级跌水结构示意

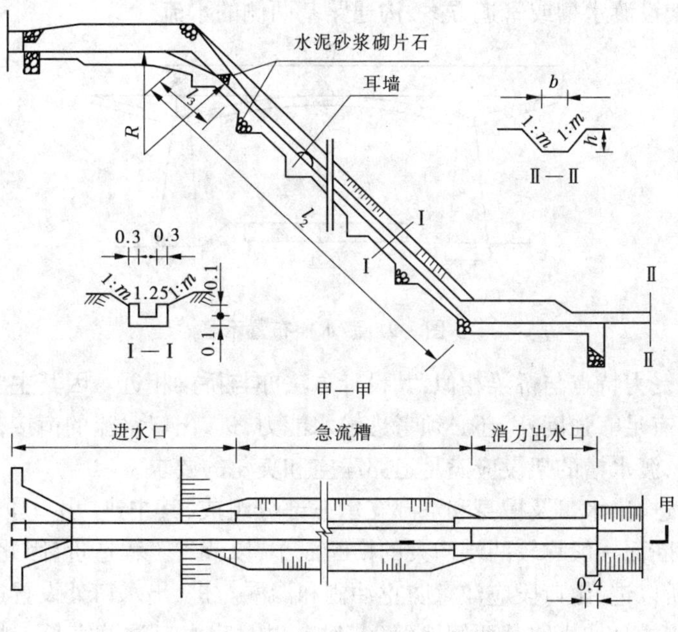

图 7-7　急流槽结构示意

(五)倒虹吸与渡水槽

当水流需要横跨路基,同时受到设计标高限制的情况下,可以采用管道或沟槽,从路基底部或上部架空跨越,前者称倒虹吸,后者为渡水槽,分别相当于涵洞和渡水桥,两者属于路基地面排水的特殊结构物,多是配合农田水利所需而采用。

当路线跨沟渠,而沟渠水位与路基标高相差不多,既不便设明涵,又不能修建架空渡槽时,可采用倒虹吸,图7-8为一倒虹吸布置方案。

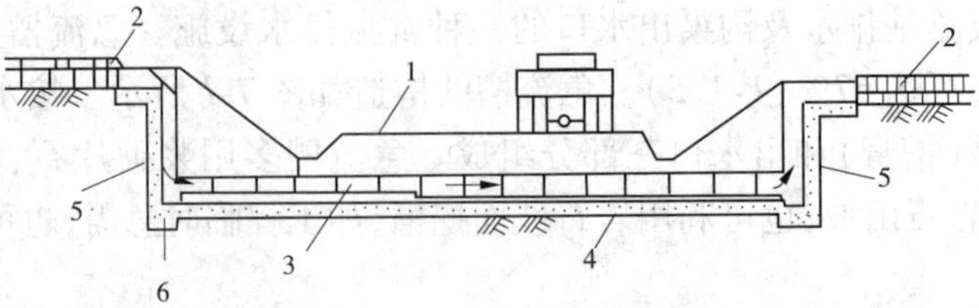

1—路基;2—原沟渠;3—洞身;4—垫层;5—竖井;6—沉淀池

图7-8　倒虹吸布置示意

倒虹吸借助上、下游沟渠水位差,采用势能迫使水流降落,经路基下部管道流向路基另一侧,再上升流入下游沟渠。由于所设管道为有压管道,竖井式倒虹吸的水流呈多次垂直改变方向,水流条件差,结构要求高,容易漏水和淤塞,清理和修复困难,所以应尽量不用或少用,若用则需合理设计,进行水力计算,选择最佳设计方案,保证施工质量,使用过程中经常检查维修。

渡水槽相当于渡水桥,如图7-9所示。其作用是公路路基上空将两侧沟渠连接起来,以保证水流畅通。当原水道与路基设计标高相差较大,而路基两侧地形有利,或当地确有必要,可采用架设渡水槽或管道方案,沟通路基两侧的水流。

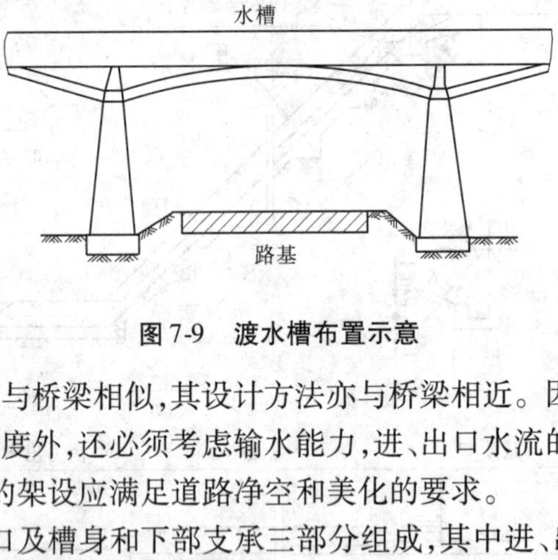

图7-9　渡水槽布置示意

渡水槽的受力特点与桥梁相似,其设计方法亦与桥梁相近。因其主要作用是输水,所以除在结构应有足够强度外,还必须考虑输水能力,进、出口水流的衔接,以及防止冲刷和渗漏等。另外,渡水槽的架设应满足道路净空和美化的要求。

渡水槽由进、出水口及槽身和下部支承三部分组成,其中进、出口段的构造如图7-10所示。槽身横断面一般均较两端沟渠的横断面小,以节省工程造价,因此槽中水流速度相应有所提高,所以进、出口段应注意防止冲刷和渗漏。进、出水口处设置过渡段,并根据土质情况,分别将槽身伸入路基两侧地面2~5 m,并且出水口过渡宜长一些,以防淤积。如果主槽较短,可不设过渡段,取槽身与沟渠断面相同,沟槽直接衔接。水流断面不同时,过渡段的平面收缩角为10°~15°,据此确定过渡段的有关尺寸。与槽身连接的土质沟渠,应进行防护加固,其长度至少是沟渠水深的4倍。

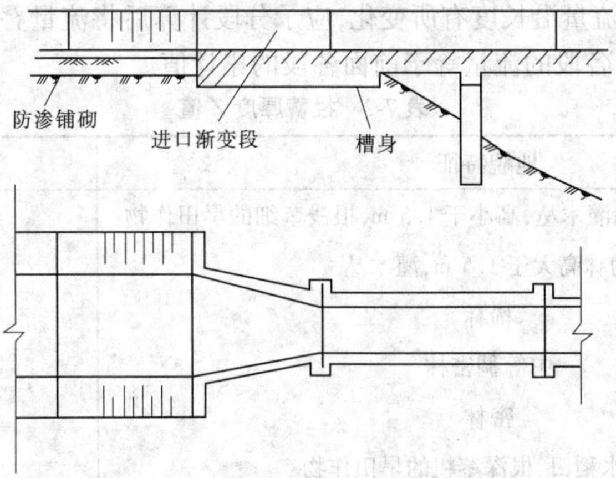

图 7-10　渡水槽进、出水口布置

(六)明渠的水文水利计算

在沟渠设计时,首先要根据降雨条件和水流特性确定流量,这一过程称为水文计算。设计流量已知,再结合其他条件和水流的力学性质,通过水力计算,可确定排水沟渠的结构形式和尺寸。

1. 设计流量计算

沟渠断面上,单位时间(s)内通过的水流数量(m^3)称为流量(m^3/s)。流量是路基排水设计的基本依据,其大小与汇水面积和一定频率下的径流厚度,以及汇水区域内的地形、地貌及地表植被等因素有关。对于路基排水设施的设计流量的计算方法,可采用下列简化公式计算

$$Q_s = \phi(h - Z)^{3/2} \cdot F^{4/5} \cdot \alpha \tag{7-1}$$

式中 Q_s——设计流量,m^3/s;

ϕ——地貌系数,其值按地形、主河沟的平均坡度、汇水面积 F 查表 7-1 而得;

h——径流厚度,mm,其值按当地土质、暴雨分区、设计洪水频率、汇流时间查《公路设计手册(涵洞)》而得;

Z——植物截流或洼地滞流的拦蓄厚度,mm,可查表 7-2;

F——汇水面积,km^2;

α——综合系数,由洪峰传播的流量折减系数 β、汇水区内降雨不均匀折减系数 γ 及小水库或湖泊影响的折减系数 δ 三者组成,即 $\alpha=\beta\gamma\delta$,详细计算可查有关设计手册,对于路基排水,由于汇水面积小($F<10\ km^2$),可近似取 $\alpha=1.0$。

表 7-1　地貌系数 ϕ 值

地形	主河沟平均坡度(%)	ϕ	地形	主河沟平均坡度(%)	ϕ
平地	1~2	0.05	山岭	60~100	0.13
平原	3~6	0.07		100~200	0.14
丘陵	10~20	0.09		200~400	0.15
山地	27~45	0.10		400~800	0.16

如果沟渠较长,流量沿长度有所变化,应予分段计算后将流量叠加(见图 7-11),分段长度为 200 ~ 300 m,各段的流量等于前面各段的累计值。

表 7-2 拦蓄厚度 Z 值

地貌特征	Z(mm)
密草高大于 1.5 m,稀灌木丛,高小于 1.5 m,根浅茎细的旱田作物	5
幼林高大于 1.5 m,灌木丛	10
稀林	15
中等稠密林	25
密林	35
山地水稻田、根深茎粗的旱田作物	10
平地水稻田	20

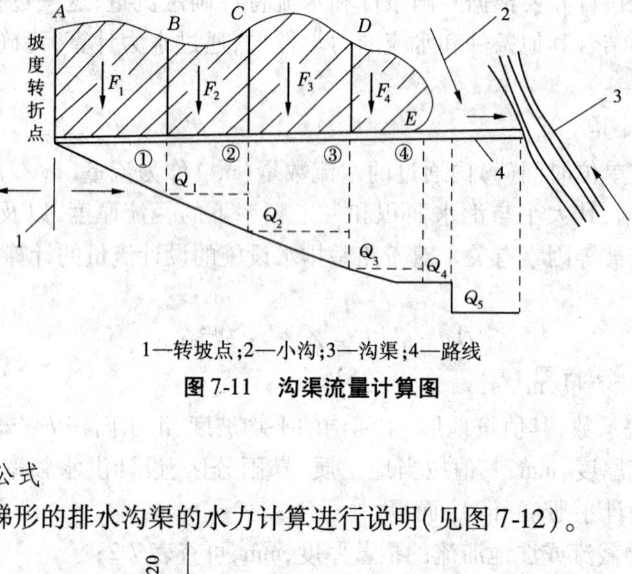

1—转坡点;2—小沟;3—沟渠;4—路线

图 7-11 沟渠流量计算图

2. 水力计算

1)基本计算公式

以横断面为梯形的排水沟渠的水力计算进行说明(见图 7-12)。

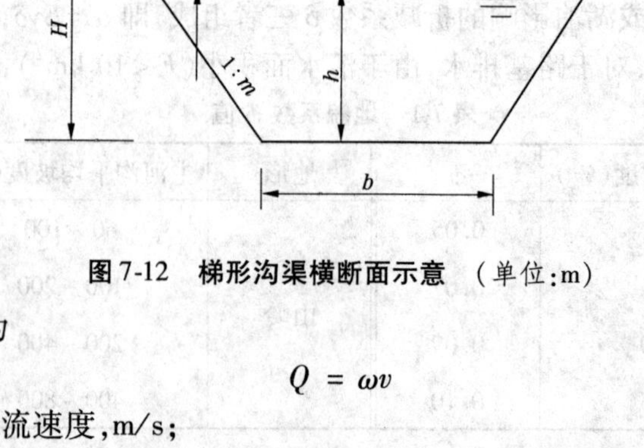

图 7-12 梯形沟渠横断面示意 (单位:m)

(1)通过流量为

$$Q = \omega v \tag{7-2}$$

式中 v——平均水流速度,m/s;

Q——通过流量，m^3/s；

ω——沟渠的过水断面面积，m^2。

（2）过水断面面积 ω 为

$$\omega = bh + mh^2 \tag{7-3}$$

式中　b——沟渠底宽，m；

h——水流深度，m；

m——边坡坡率。

（3）湿周 P(m)

$$P = b + kh \tag{7-4}$$

式中　k——计算系数，对称梯形边沟，$k=2\sqrt{1+m^2}$，不对称梯形边沟，$k=\sqrt{1+m_1^2}+\sqrt{1+m_2^2}$，矩形边沟，$k=2$。

（4）水力半径 R(m)

$$R = \frac{\omega}{P} \tag{7-5}$$

（5）水流速度 v(m/s)（等速情况下）

$$v = C\sqrt{Ri} \tag{7-6}$$

$$C = \frac{1}{n}R^{y} \tag{7-7}$$

式中　i——沟底纵坡，以小数表示；

C——流速系数；

y——指数，当 $R\leqslant 1.0$ 时，$y\approx 1.5\sqrt{n}$，当 $R>1.0$ 时，$y\approx 1.3\sqrt{n}$，加固的沟渠，可取 $y=1/6=0.167$，无加固的沟渠，取 $y=1/4=0.25$；

n——沟渠断面的粗糙系数，与沟渠表层材料有关，一般为 0.01～0.3，如表 7-3 所示。

表 7-3　粗糙系数 n 值

沟渠表层材料	n	沟渠表层材料	n
不整齐土方边沟、整齐石方边沟	0.027 5	干砌块石铺砌	0.020
整齐土方边沟、草皮铺砌	0.025	浆砌块石铺砌、粗糙混凝土铺砌	0.017
不整齐石方边沟	0.030	整齐混凝土铺砌	0.014

2）容许的最小流速与最大流速

为了使沟渠不产生泥沙淤积，设计时应保证沟渠内的水流具有一定的流速。沟渠的容许最小流速 v_{min}(m/s)，一般可按下列经验公式计算

$$v_{min} = \alpha R^{0.5} \tag{7-8}$$

式中　α——与水中含粒径有关的淤积系数，见表 7-4；

R——水力半径，m。

表 7-4　淤积系数

水中含土的类别	α	水中含土的类别	α
粗砂	0.65 ~ 0.77	细砂	0.41 ~ 0.45
中砂	0.58 ~ 0.64	极细砂	0.37 ~ 0.41

为使沟渠不产生冲刷,应限制设计流速。各种明渠的容许最大流速 $v_{\max}$ 可由试验结果确定,可参考表 7-5 的数值。表 7-5 所列数值适用于水流深度 0.4 ~0.6 m,超过此值时应乘以修正系数:当 $h<0.4$ m 时,修正系数取 0.85;当 $h<1.0$ m 时,修正系数取 1.25;当 $h\geqslant 2.0$ m 时,修正系数取 1.40。

表 7-5　明渠的容许最大流速

明渠类型	$v_{\max}$(m/s)	明渠类型	$v_{\max}$(m/s)
粗砂及亚黏土	0.8	干片块石	2.0
亚黏土	1.0	浆砌片石及浆砌砖	3.0
黏土	1.2	石灰岩、砂岩及混凝土	4.0
草皮护面	1.6		

3)最佳水力横断面的水力要素

在既定设计流量条件下,以容许最大流速通过时,使所得的水流横断面面积为最小,此时确定排水沟渠的横断面尺寸,称为最佳断面法。分析上述计算公式可以得知,固定条件下(即 Q_s、v、C 与 m 等参数不变),如果设计沟渠的横断面具有最小湿周,则可使水流横断面面积为最小。现以对称梯形沟渠为例,推导最佳断面的水力要素计算式。

(1)水流深度 h 与水流横断面面积 ω 的关系。

将式(7-3)代入式(7-4)得

$$P = \frac{\omega}{h} + (k - m)h \tag{7-9}$$

使 P 最小,则需 $\frac{\mathrm{d}P}{\mathrm{d}h}=0$,则得

$$h = \sqrt{\frac{\omega}{k - m}} \tag{7-10}$$

(2)水深 h 与沟底宽 b 的关系。

将式(7-10)代入式(7-3),则得

$$b = (k - 2m)h \tag{7-11}$$

由式(7-11)可求得对称梯形沟渠的最佳宽深比 $\frac{b}{h}$ 与坡率的关系,如表 7-6 所示。

表 7-6　对称梯形沟渠的最佳宽深比

m	0	1/4	1/2	3/4	1	5/4	3/2	7/4	2	3
$\frac{b}{h}$	2.00	1.56	1.24	1.00	0.83	0.70	0.61	0.53	0.47	0.32

(3)最佳断面时湿周 P_0 与 ω 的关系。

将式(7-10)代入式(7-9),得

$$P_0 = 2\sqrt{\omega(k-m)} \tag{7-12}$$

(4)最佳断面时的水力半径。

将式(7-12)代入式(7-5),得

$$R_0 = \frac{\omega}{P_0} = \frac{1}{2}\sqrt{\frac{\omega}{k-\omega}} = \frac{h}{2} \tag{7-13}$$

(5)最佳断面时的流速 v_0。

将式(7-13)改写成 $R_0 = a\omega^{0.5}$,并代入式(7-6),得

$$v_0 = \frac{1}{A}\omega^{0.5y+0.25} \tag{7-14}$$

式中　$a = \frac{1}{2\sqrt{k-m}}$;$A = \frac{n}{a^{y+0.5}i^{0.5}}$。

(6)最佳水流横断面面积。

$$\omega_0 = \frac{Q_s}{v_0} = (Q_s A)^{\frac{1}{0.5y+1.25}} \tag{7-15}$$

4)沟渠水力计算方法与示例

排水沟渠水力计算的目的是合理确定沟的断面尺寸,计算方法有试算法和最佳断面法两种。由于水力计算时涉及因素较多,计算条件不同,计算又要同时满足:①设计流量的需要;②流速要介于最大和最小容许值之间;③断面尺寸经济合理,便于施工与养护等。所以,计算过程需要反复试算与调整。

【例 7-1】　已知设计流量确定 $Q = 4.0\ \mathrm{m^3/s}$,沟底纵坡 $i = 0.04$,沟渠为浆砌片石加固,对称梯形断面,边坡坡率为 $m = 1.5$,浆砌片石沟渠粗糙系数 $n = 0.017$。

解　用最佳断面法计算。

(1)计算常数。

边坡坡率 $m = 1.5$,计算系数 $k = 2\sqrt{1+m^2} = 2\sqrt{1+1.5^2} = 3.6$

$a = \frac{1}{2\sqrt{k-m}} = \frac{1}{2\sqrt{3.6-1.5}} = 0.345$,系数 $y = 0.167$,则

$$A = \frac{n}{a^{y+0.5}i^{0.5}} = \frac{0.017}{0.345^{0.167+0.5}0.04^{0.5}} = 0.173$$

(2)计算有关水力要素。

最佳水流断面面积:$\omega_0 = \sqrt[0.5y+1.25]{QA} = 0.5\times0.167+1.25\ \sqrt{4.0\times0.173} = 0.76(\mathrm{m^2})$

水流深度:$h = \sqrt{\frac{\omega_0}{k-m}} = \sqrt{\frac{0.76}{3.6-1.5}} = 0.6(\mathrm{m})$

沟底宽度:$b = (k-2m)\times h = (3.6-2\times1.5)\times0.6 = 0.4(\mathrm{m})$

(3)实际流量和流速。

最佳断面时的流速:$v = \frac{1}{A}\omega_0^{0.5y+0.25} = \frac{1}{0.173}\times0.76^{0.5\times0.167+0.25} = 5.27(\mathrm{m/s})$

实际流量：$Q=\omega_0 v=4.01\ m^3/s$

验算：由于实际流量与设计流量相差未超过5%，水流速度在容许流速范围内，故上述计算结果满足规定要求，由此可确定采用沟底宽 $b=0.4$ m，沟深 $H=0.6+0.2=0.8$ (m)的断面形式。

二、地下排水设施的构造与布置

路基边坡土体中的上层滞水，或埋藏很浅的潜水称为地下水。拦截、汇集和排除地下水，或降低地下水位，使路基免遭破坏的结构物，称为地下排水结构物。公路常用的地下排水结构物有暗沟、渗沟和渗井等，特点是排水量不大，主要以渗流方式汇集水流，并就近排出路基范围以外。对于流量较大的地下水，应设置专用地下管道予以排除。地下排水设施埋设于地下，维修困难，投资大，因此要求地下排水设施牢固有效。

(一)暗沟

相对于地面排水的明沟而言，暗沟又称盲沟。根据构造特点，由于沟内分层填以大小不同的颗粒材料，利用渗水材料透水性将地下水汇集于沟内，并沿沟排泄至指定地点，此种构造相对于管道流水而言，在水力特性上属于紊流，习惯上称之为盲沟。

图 7-13 为埋置于一侧边沟下的盲沟，用以拦截流向路基的层间水，防止路基边坡滑坍和毛细水上升危及路基的强度与稳定性。

图 7-14 是路基两侧边沟下面均设盲沟，用以降低地下水位，防止毛细水上升至路基工作区范围内，形成水积累而造成冻胀和翻浆，或土基过湿而降低强度等。

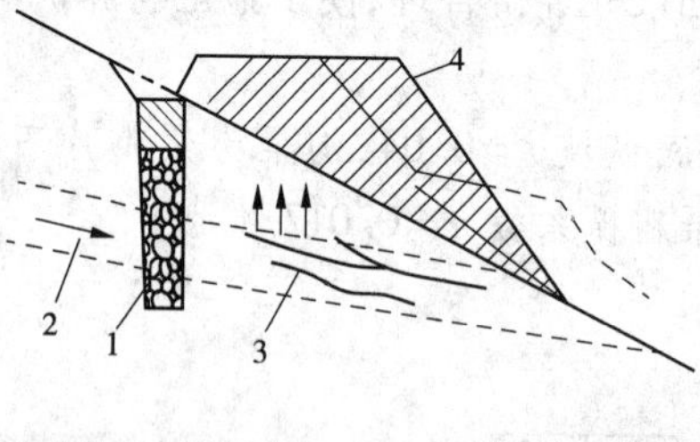

1—盲沟；2—层间水；3—毛细水；4—可能滑坡线

图 7-13　一侧边沟下设盲沟

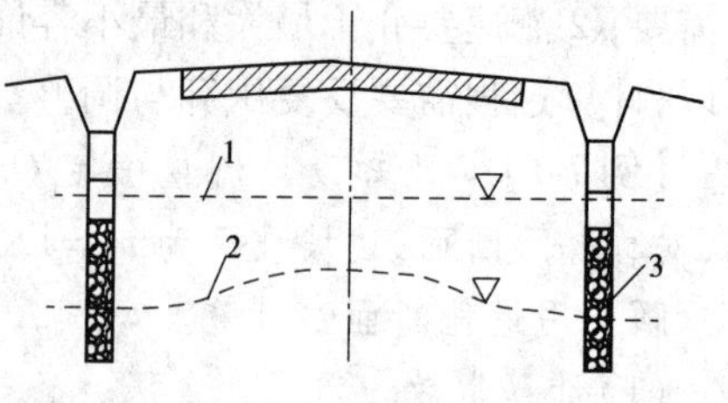

1—原地下水位；2—降低后地下水位；3—盲沟

图 7-14　两侧边沟下设盲沟

图 7-15 是设在路基挖方与填方交界处的横向盲沟，用以拦截和排除路堑下面的层间水后的小股泉水，保持路堤填土不受水害。

以上所述的盲沟，沟槽内全部填满颗粒，可以理解为简易盲沟，其构造比较简单，横断面成矩形，亦可做成上宽下窄的梯形，沟壁倾斜度约 1∶0.2，底宽 b 与深度 h 的比值大致为 1∶3，深 1.0 ~ 1.5 m，底宽 0.3 ~ 0.5 m。盲沟的底部中间填以 3 ~ 5 m 的碎石，其空隙较大，水可在空隙流动。粗粒碎石两侧和上部按一定的比例分层(层厚约 10 cm)填以较细粒径的颗粒，逐层粒径比例大致按 6 倍递减。盲沟顶部与地面一般设置有 30 cm 以上的不透水层，或顶部设有双层反铺草层。

简易盲沟的排水能力较小，不宜过长，沟底具有 1% ~ 2% 的纵坡，出水口底面高程应高出最高水位 20 cm，以防水流倒渗。

(二)渗沟

采用渗透方式将地下水汇集于沟内,并通过沟底通道将水排到指定地点,此种地下排水设施称渗沟。它的作用是降低地下水位或拦截地下水,其水力特征是紊流,但在构造上与上述简易盲沟有所不同。

渗沟有三种结构形式,如图7-16所示。

盲沟式渗沟与上述简易盲沟相似,但构造更为完善,当地下水流较大时,要求埋置更深时可在沟底设洞或管,前者称为渗洞,后者称为渗水隧道。

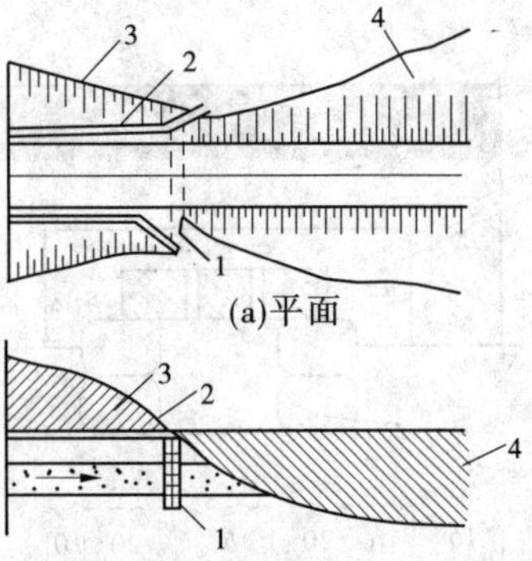

(a)平面　(b)纵剖面

1—盲沟;2—边沟;3—路堑;4—路堤

图7-15　挖填交界面处横向盲沟

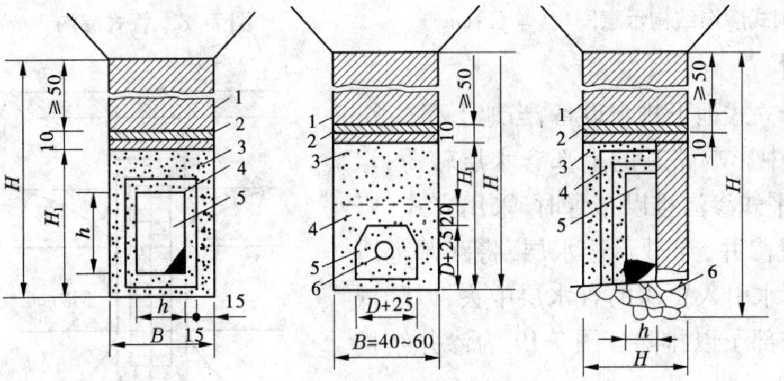

(a)填石渗沟　(b)管式渗沟　(c)洞式渗沟

1—夯实黏土;2—双层反铺草皮;3—粗砂;4—石屑;5—碎石;6—浆砌片石沟洞

图7-16　渗沟结构图式（单位:cm)

渗沟的位置与作用,视地下排水设施的需要而定,大致与图7-13~图7-15所示的简易盲沟相仿,但沟的尺寸更大,埋置更深,而且要进行水力计算确定尺寸。公路路基中,浅埋的渗沟2~3 m,深埋时可达6 m以上。

渗沟底部设洞或管,底部结构相当于顶部可以渗水的涵洞。图7-17是洞式渗沟结构图例之一,其洞宽 b 约20 cm,高 h 20~30 cm;盖板用条石或混凝土预制板;板长约为 $2b$,板厚 $P\geqslant15$ cm,并预留渗水孔,以便渗入沟内的水汇集于洞内排水。洞身要求埋入不透水层内,如果地基软弱还应铺设砂石地基;洞身埋在透水层中时,必要时在两侧和底部加设隔水层,以达到排水的目的。洞底设置不小于0.5%的纵坡,使集水通畅排出。

当排除地下水的流量更大,或排水距离较长,可考虑采用管式渗沟。渗沟底部埋设的管道,一般为陶土或混凝土预制管,管壁上部留有渗水孔,渗水孔交错排列,设于边沟下的管或渗沟,如图7-18所示。管的内径 D 由水力计算而定,一般0.4~0.6 m,管底设基座。对于冰冻地区,为防止冻结阻塞,除管道埋在冰冻线以下外,必要时采取保温措施,管径宜较大一些。

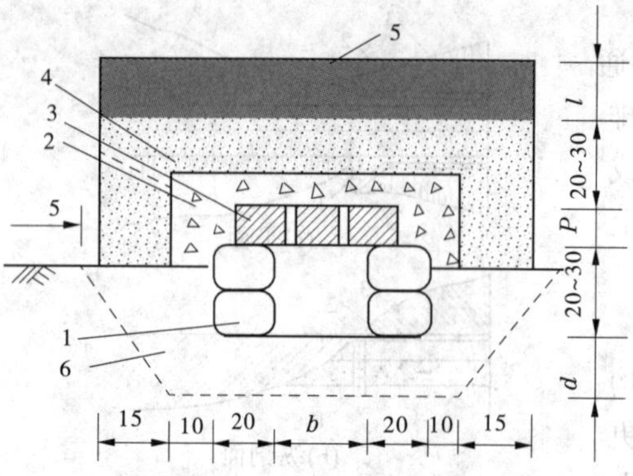

1—浆砌石块；2—碎砾石；3—盖板；4—砂；
5—双反铺草皮或土工布；6—基础

图 7-17　洞式渗沟结构示意图　（单位：cm）

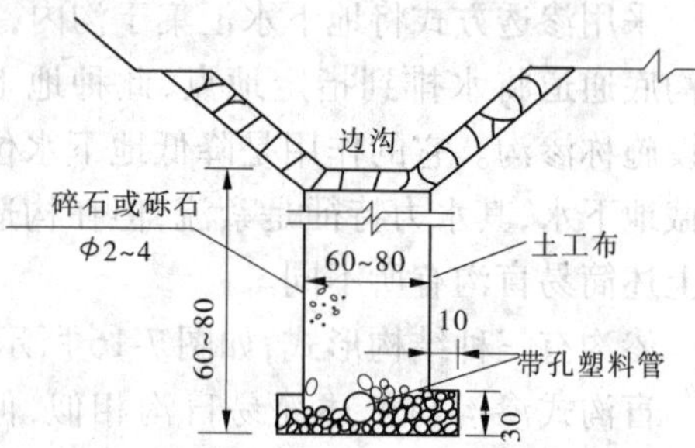

图 7-18　管式渗沟　（单位：cm）

（三）渗井

渗井属于立式地下排水设备，当地下存在多层含水层，其中影响路基的上部含水层较薄，渗水量不大，且平式渗沟难以布置时，采用立式（竖向）排水，设置渗井，穿过不透水层，将路基范围内的上层地下水引入更深的含水层中去，以降低地下水位或全部予以排除。图 7-19 为渗井结构与布置图例。

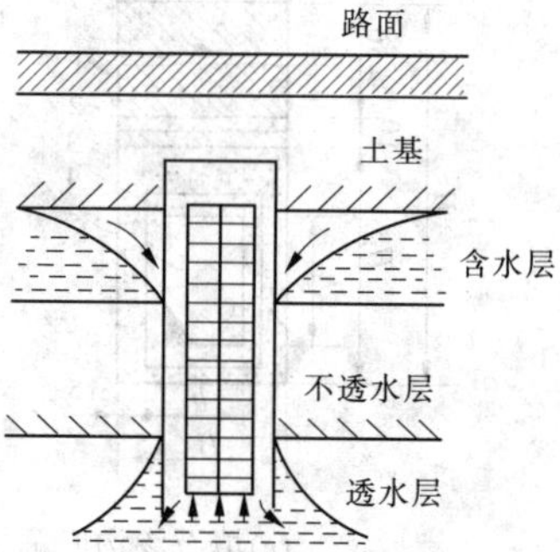

图 7-19　渗井结构与布置图例

渗井的平面布置，以及孔径与渗水量，按水力计算而定，一般为直径 1.0～1.5 m 的方形，并视地层构造情况而定。井内由中心向四周按层次，分别填入由粗变细的砂石材料，粗料渗水，细料反滤。填充料要求筛分冲洗，施工时需用铁皮套筒分隔填入不同粒径的材料，要求层次分明，不得粗细材料混杂，以保证渗井达到预期的排水效果。

鉴于渗井施工不易，单位渗水面积的造价高于渗沟，一般尽量少用，设计时应进行分析比较，有条件地选用。

第三节　路面排水设计

设置路面排水设施的目的，是迅速地将路面范围内的水排出路基，以保证行车安全。一般公路的路面排水设施通常由路拱坡度、路肩横坡和边沟组成。高速公路和一级公路的路面排水一般由路面（路肩）排水、中央分隔带排水组成，必要时可采用路面结构排水。

一、一般公路的路面排水

一般公路的路面排水设施通常由路拱坡度、路肩横坡和边沟组成。为保证路面上的雨水及时排出，减少雨水对路面的浸湿和渗透，路面采用两边低、中间高的路拱进行排水。

由于高级公路的平整度和水稳定性好，一般采用较小的路拱横坡度和直线形路拱。低级路面，为迅速排除路面积水，通常采用较大的路拱横坡度和抛物线形路拱。路拱横坡度的选择应有利于行车平稳和路面排水。在干旱、有积雪和浮冰地区，应采用低值；多雨地区应采用高值。道路纵坡较大或路面较宽，或行车速度较高，或交通量和车辆荷载较大，或经常有拖挂车行驶时采用低值，反之采用高值。

路肩横坡度一般比路面横坡度大1%，高速公路和一级公路当硬路肩采用与路面行车道相同结构时，路肩与路面行车道采用相同的路拱横坡度。

二、高等级公路的路面排水

(一)路面(路肩)排水

路面排水由路面横坡、路肩横坡、拦水带，或路肩矩形边沟、路肩排水沟、泄水口和急流槽等组成。图7-20为高速公路常见的路面排水形式。对于拦水带型路面排水，路面横坡一般采用1%～2%的单向坡，泄水口的间距应根据计算确定，一般为20～50 m。

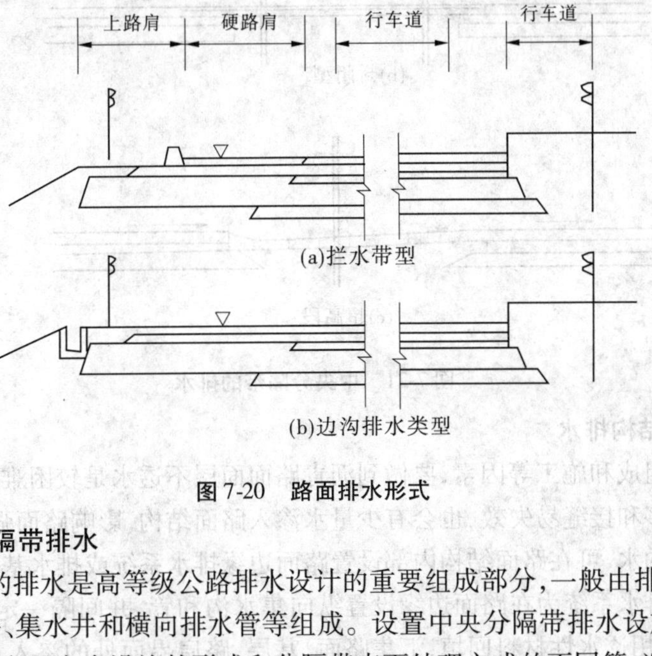

(a)拦水带型

(b)边沟排水类型

图7-20　路面排水形式

(二)中央分隔带排水

中央分隔带的排水是高等级公路排水设计的重要组成部分，一般由排水沟(明沟、暗沟)、渗沟、雨水井、集水井和横向排水管等组成。设置中央分隔带排水设施时，应根据分隔带宽度、绿化和交通安全设施的形式和分隔带表面处理方式的不同等，选择不同的排水方式。

若分隔带未设置排水设施，则做成中间高、两侧路面低，并通过单向路面(路肩)坡度的横向排水。若分隔带设置了排水设施，则分隔带两侧路面分别单独做成中间高、两边低的路拱，向中间排水设施和路肩两个方向排水。图7-21为中央分隔带排水形式。若中央分隔带较宽(大于3 m)，并采用植草皮或灌木时，可根据降水量的大小设置地下排水系统(见图7-21(a))；对于中央分隔带较窄或不设地下排水系统时，中央分隔带通常采用现浇薄层水泥混凝土或预制混凝土封面(见图7-21(b))；在有超高的曲线段，一般应在靠近超高内侧的中央分隔带设置浅碟沟或三角形边沟或U形沟，并在适当位置设雨水井和地下横向排水管，将水排出路基（见图 7-21（c）），雨水井设置的间距需根据浅碟沟或 U 形沟容许通过流量经计算确定，通常为 10 ~ 30 m，相邻雨水井井间的地下排水管可采用直径 20 ~ 40 cm 的水泥混凝土管或其他管材连接。

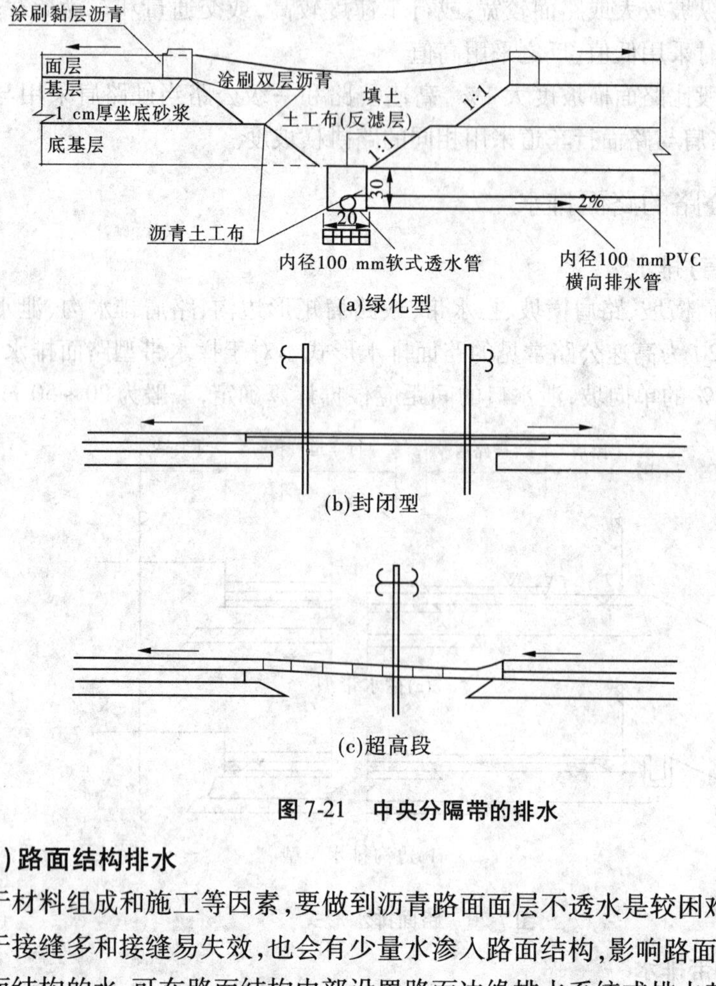

(a)绿化型

(b)封闭型

(c)超高段

图 7-21　中央分隔带的排水

（三）路面结构排水

由于材料组成和施工等因素，要做到沥青路面面层不透水是较困难的；水泥混凝土路面也由于接缝多和接缝易失效，也会有少量水渗入路面结构，影响路面强度。为迅速排除渗入路面结构的水，可在路面结构内部设置路面边缘排水系统或排水基层排水系统。

路面边缘排水系统为在路面边缘设置纵向集水沟和管，并间隔一定距离设置横向排水管，集水沟采用透水性材料回填，汇集路面、基层、路肩界面处的渗入水，并渗流入集水管，通过横向排水管排出路基，如图 7-22 所示。路面基层排水系统通常采用不含细料的开级配粒料（或低剂量沥青、水泥等结合料处治的开级配粒料）作排水基层，汇集渗入路面结构的水，当排水基层为全宽设置时，可通过横坡排出路基外，或通过横坡排向外侧纵向集水管，再集中通过一定间距设置的横向排水管将进入路面结构内部的水排出路基，如图 7-23 所示。排水基层下应设置反滤层或不透水层。纵向集水管（横向排水管）常可采用带孔（或不带孔）的聚氯乙烯（PVC）、聚乙烯（PE）塑料管或水泥混凝土管，管径可按设计渗流量由水力计算确定，一般为 75 ~ 150 mm。横向排水管设置间距由水力计算确定，最大设置间距通常不超过 50 ~ 60 m，以便于养护工作。

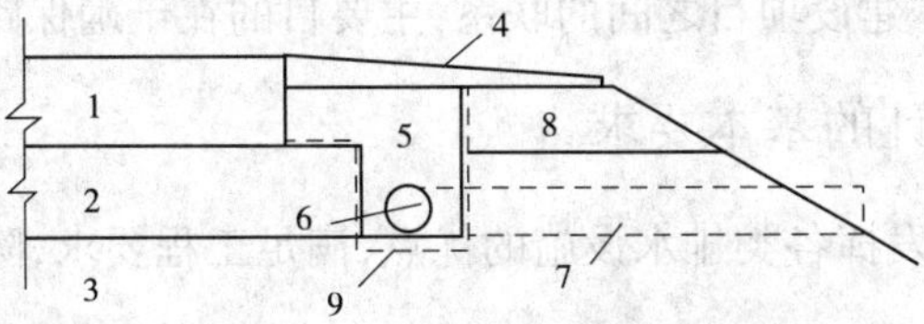

1—混凝土面层;2—基层;3—垫层;4—路肩面层;5—纵向集水沟;
6—纵向集水管;7—横向排水管;8—路肩基(垫)层;9—反滤织物

图 7-22　路面边缘排水系统

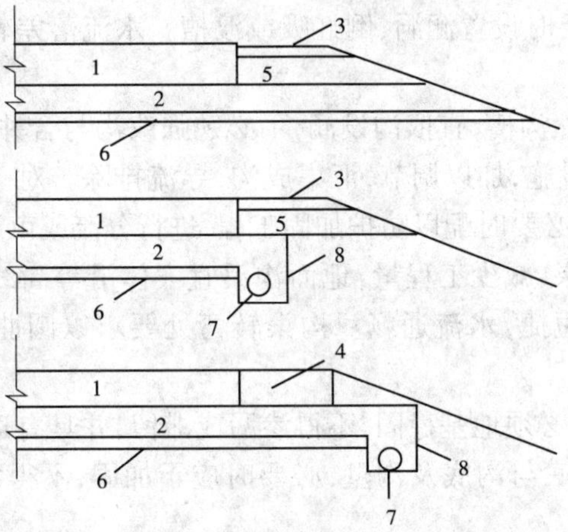

1—面层;2—透水基(垫)层;3—沥青路肩;4—混凝土路肩;
5—路肩基层;6—过滤层或不透水层;7—集水管;8—过滤织物

图 7-23　路面基层排水系统

排水基层的排水效果优于边缘排水系统,后者通常用于改善旧水泥混凝土路面的排水状况或旧水泥混凝土路面的养护,对于新建高等级路面宜采用排水基层排水系统。

第四节　排水系统的综合设计与示例

一、综合设计的意义

实践经验证明,排水系统综合设计的好坏,对路基稳定性的影响很大,特别是在多雨地区、黄土高原地区、寒冷潮湿地带、水网密布、地基软弱的平原区,以及水文地质条件不良等状况下,修建高等级道路时,更应重视路基排水的综合设计。

前述各类排水设施,均针对某一水源,为满足某一方面的要求而设置。在实际工程中,由于自然条件、路线布置及其他人为因素的不同,情况往往比较复杂,对于某些重点路段需要进行路基排水的综合设计,以提高排水效率,发挥各类排水设施的优点,降低工程费用。

综合设计的含义,应包括地面与地下排水设施的协调配合,路基排水设施与桥涵等泄水结构物的合理布置,排水工程与防护加固工程的相互配合,以及路基排水与沿线农田水利规划等有关其他基本建设项目之间的联系，主要目的在于确保路基强度与稳定性。

二、综合排水设计的基本要求

为提高排水效率，发挥各类排水设施的优点，满足工程要求，降低工程造价，综合排水设计有以下的要求：

(1)因地制宜和综合治理。流向路基的地面水和地下水，需在路基范围以外的地点，设置截水沟与排水沟或渗沟进行拦截，并引至指定地点。路基范围内的水源，分别采用边沟、渗沟、渗井与排水沟予以排除。路基排水应由高向低洼一侧排除，必须横跨路基时，尽量利用拟设的桥涵，必要时设置涵洞、倒虹吸或渡槽。水流落差较大时，应设置跌水或急流槽。

(2)对于明显的天然沟槽，宜依沟设涵，不必勉强改沟与合并。对于沟槽不明显的漫流，应在上游设置束流设施，加以调节，汇集成沟，导流排除。对于较大水流，注意因势利导，不可轻易改变流向，必要时配以防护加固工程，进行分流或束流。

(3)为提高截流效果，减少工程量，地面沟渠宜大体沿等高线布置，尽可能使沟渠垂直于流水方向，应力求短捷，水流通畅。沟渠转弯处要求以圆曲线相接，以减小水流的阻力。

(4)各种排水设施，必须地基稳固，不得渗漏或滞留，并具有适当纵坡，以控制与保持适当的流速。沟槽的基底与沟底及沟壁，必要时应予加固，不得漏水、渗水，防止损害路基，引起水土流失。

(5)路基排水综合设计，必须事先做好调查研究，查明水源和有关现状，测绘现场图纸，进行必要的水文水利计算，作出总体规划，提出总体布置方案，逐段、逐项进行细部设计计算，并进行效益分析与经济核算。

三、综合排水系统总体规划图

排水系统总体规划一般是用路线平面图和纵断面图表示的。只有对特殊地质不良、路基病害和排水特别复杂的路段，才需要单独绘制精确的或较大范围的带有等高线的平面图。下面介绍一般路段的沿线总体规划图。

平面图上一般须标明下列主要内容：①桥涵位置、中心里程、水流方向、进出口沟底标高及其附属工程等；②需要时需绘出路堤坡脚线和路堑坡顶线；③取土坑、弃土堆的位置；④其他有关工程的平面布置，如交叉道口、灌溉渠道等；⑤各种路基排水建筑物的平面位置，及沟渠长度、排水方向、排水纵坡、出水口与分界点的位置等。

纵断面图上一般需标明下列主要内容：①桥涵位置、中心里程、孔径或跨度、沟槽断面与设计洪水位等；②沿线洪水位；③地面线、设计纵坡与路基填挖情况；④其他有关工程的位置、中心里程、控制标高等；⑤边沟排水纵坡、分界点与出水口的位置、截水沟及排水沟的位置与长度等。

四、综合排水系统示例

图7-24是路堑与高路堤衔接处的边沟排水布置图，由于边沟泄出水流流向路基坡

脚，两者高差大，必须因地制宜，根据地形、地质等具体条件，将出水口延伸至坡脚以外，以免边沟水冲刷填方坡脚。

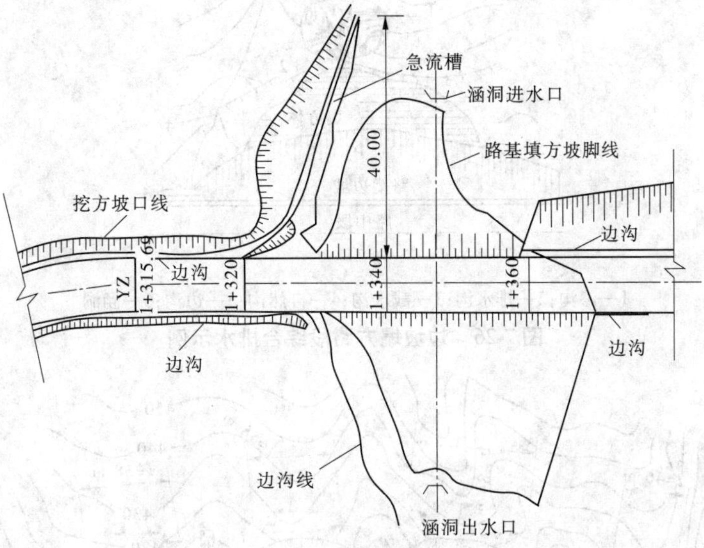

图 7-24　路堑与高路堤衔接处的边沟排水布置

当边沟水流流至回头曲线处，一般边沟水较满，流速较大，此时应顺着边沟方向沿山坡设置引水沟，将水引到路基范围以外的自然沟中，或设急流槽、涵洞等结构物，将水引下山坡或路基另一侧，以免对回头曲线路段冲刷（见图 7-25）。如局部路段有地下水的影响，应设置地下排水设施进行排除（见图 7-26）。

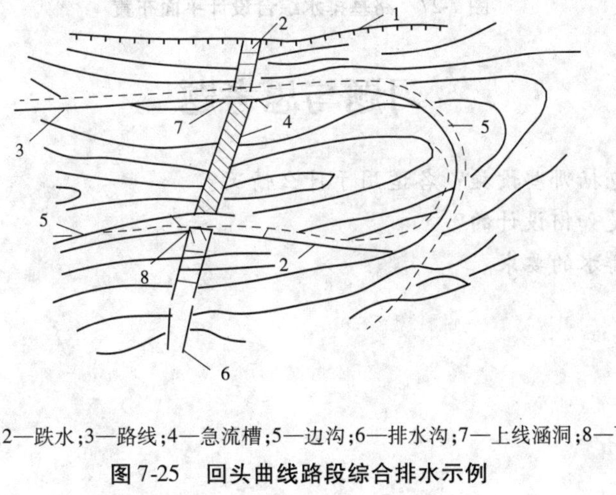

1—截水沟；2—跌水；3—路线；4—急流槽；5—边沟；6—排水沟；7—上线涵洞；8—下线涵洞

图 7-25　回头曲线路段综合排水示例

排水系统总体规划平面示例如图 7-27 所示。

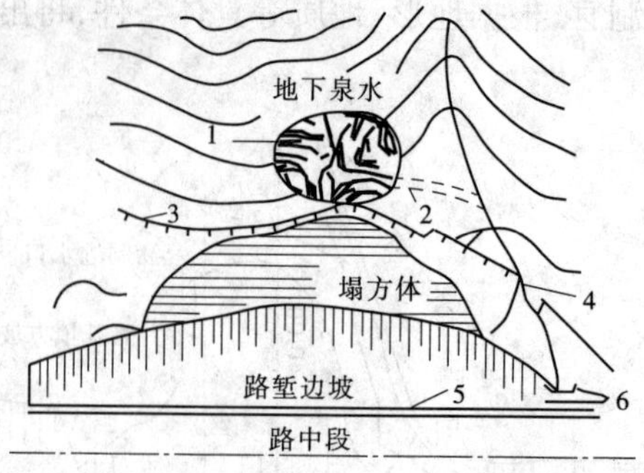

1—渗沟;2—排水沟;3—截水沟;4—自然沟;5—边沟;6—涵洞

图 7-26　边坡塌方路段综合排水示例

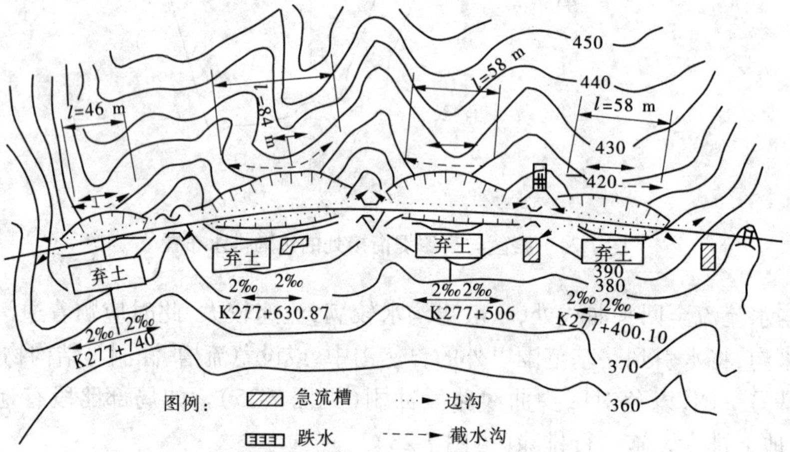

图 7-27　路基排水综合设计平面布置

习题与思考题

1. 路基排水包括哪些设施？各适用于什么情况？
2. 路面排水是如何设计的？
3. 试述综合排水的要求。

第八章　碎(砾)石路面与基层

学习要点　碎(砾)石路面是我国农村公路的路面、低等级公路的基层及高等级公路采用优质级配碎石做基层的主要结构形式。农村公路的路面、低等级公路采用碎(砾)石材料具有价廉性优的特点。高速公路和一级公路采用优质级配碎石做基层具有很好的强度、水稳定性和耐久性,同时优质级配碎石放在无结合料稳定材料基层的顶面可以防止放射裂缝的扩展,是目前柔性基层沥青路面、组合式路面和永久性沥青路面的结构层之一。通过学习,了解优质级配碎石做基层当前发展趋势。

碎(砾)石包括级配碎石、级配砾石、天然砂砾等,碎(砾)石作为路面基层的粒料应具备以下功能:

(1)具有一定抗剪强度,在荷载,尤其是重载作用下,不会发生剪切破坏。

(2)具有较高的承载能力,即有较高的模量,通过合理设计可使上面的沥青层底面不产生过大的拉应变或拉应力而导致路面过早疲劳开裂。

(3)具有良好的排水性能。

但采用碎(砾)石路面或基层应注意以下几点:

(1)由于碎(砾)石路面属非整体性材料,因此用作路面面层时只适合于低交通量道路或简易铺装临时道路。

(2)作为高级路面基层时,其上各层的抗疲劳验算应为重点。

(3)在重复荷载作用下可能导致塑性变形,应注意验算车辙总量。

粒料是指不加任何结合料稳定的集料,因为其一般除加水拌和外不加任何结合料,又称为无结合料集料,或非处治集料。按照我国现行基层施工规范将粒料材料分为两种,即级配型和嵌锁型。

嵌锁型碎石按其施工中是否洒水又分为干结碎石和水结碎石。嵌锁型碎石与级配型碎石相比,存在以下不足:填隙碎石采用大小颗粒的碎石分层撒铺、碾压,施工复杂、工艺烦琐,难以机械化施工,施工速度慢;填隙碎石是多孔隙结构,越往下结构孔隙越大,容易透水、蓄水;结构不稳定,行车作用下易变形。因此,我国现行规范规定填隙碎石只可用于各等级公路的底基层或三、四级公路的基层。级配型碎石又分为级配碎石、级配碎砾石、未筛分的碎石、级配砾石(未破碎)(砂砾,未破碎),统一称为级配粒料。其中以材料质优的密级配的级配碎石性能最好,可以作为各级道路的基层、底基层以及沥青面层和半刚性基层之间的过渡层。

级配碎砾石性能较级配碎石差,但是其性能较其他级配类型粒料为好。级配砾石、级配碎砾石以及符合级配、塑性指数等技术要求的天然砂砾,可用作二级和二级以下道路的基层,也可以作各级道路的底基层。

第一节　碎(砾)石路面材料的力学特性

一、碎(砾)石路面的强度构成

用加工轧削的碎(砾)石作主集料,并以石渣和石屑嵌缝,用黏土或石灰土泥浆灌缝按嵌挤原理压实形成的路面,称碎(砾)石路面。

碎(砾)石路面结构强度主要靠碎石颗粒间通过压实而得到的嵌挤锁结作用及填充结合料的黏结作用形成。嵌挤力的大小主要取决于石料的强度、尺寸、形状及表面粗糙程度所产生的内摩阻力的大小以及施工时压实的质量;黏结作用则取决于填充材料的黏结力及其与矿料间黏附力的大小。因此,碎石路面的结构强度既和石料本身的强度有关,也和碎石颗粒间的联结程度有关。

(一)纯碎石材料

级配碎石材料是按嵌挤原则产生强度,它的抗剪强度主要取决于剪切面上的法向应力和材料内摩阻角,由下列三项因素构成:

(1)粒料表面的相互滑动摩擦。

(2)因剪切时体积膨胀而需克服的阻力。

(3)因粒料重新排列而受到的阻力。

单一粒料在另一有粗糙面但表面平整的粒料上滑动,其摩阻角大多在30°以下;许多粒料相互紧密接触,沿某一剪切面相互变位时,因体积膨胀和粒料重新排列而多消耗的功,可使摩阻角增至40°~50°。

级配碎石粒料摩阻角的大小主要取决于石料的强度、级配、形状、尺寸、均匀性、表面粗糙度以及施工时的压实程度。当石料强度高、形状接近正立方体、级配良好、有棱角、尺寸均匀、表面粗糙、压实度高,则内摩阻力就大。

(二)土—碎(砾)石混合料

这类材料含土量少时,也是按嵌挤原则形成强度;当含土量较多时,则按密实原则形成强度。

土—碎(砾)石混合料的强度和稳定性取决于内摩阻力和黏结力。为得到最大强度和稳定性而设计的颗粒材料,应具有高内摩阻力来抵抗荷载作用下的变形。内摩阻力和由此而产生的抗剪力在很大程度上取决于密实度、颗粒形状和颗粒大小的分配。在这些因素中,以集料大小的分配,特别是粗细成分比例为最重要。

二、碎(砾)石材料的应力—应变特性

碎(砾)石材料的显著特点之一是应力—应变非线性性质(见图8-1、图8-2),回弹模量在很大程度上受竖向和侧向应力的影响。土基和粒料基层材料在路面结构中的实际回弹模量值,随汽车荷载大小、路面结构层及厚度和刚度而异。

由于粒状材料有非线性特性,因此其弹性模量随着应力水平而变化。级配碎石基层路面结构层状体系中级配碎石层的弹性模量一般采用由重复作用的三轴压缩试验所得的

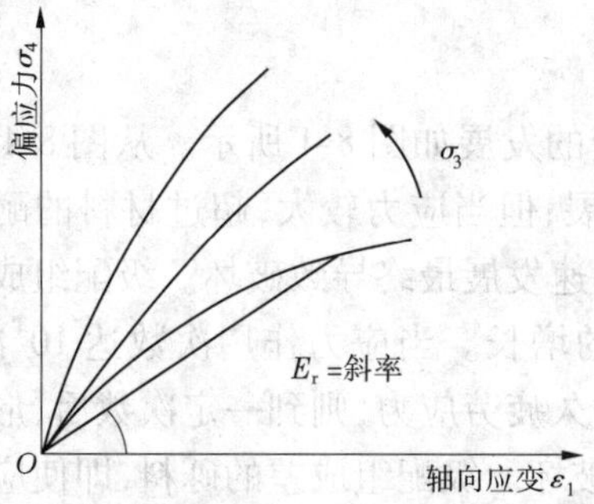

图 8-1　碎、砾石材料应力—应变

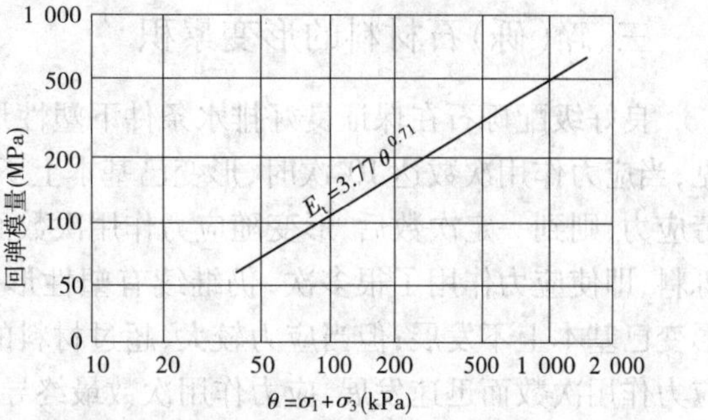

图 8-2　干的轧制集料回弹模量随主应力和的变化

回弹模量。粒状材料的回弹模量随着应力强度的增加而增加,通常回弹模量与第一应力不变量的简单关系可表达为式(8-1)

$$E = K_1\theta^{K_2} \tag{8-1}$$

式中　K_1、K_2——试验得到的回归常数;

θ——第一应力不变量,为三个主应力 σ_1、σ_2、σ_3 之和或者三个法向应力 σ_x、σ_y、σ_z 之和,$\theta=\sigma_1+\sigma_2+\sigma_3=\sigma_x+\sigma_y+\sigma_z$,若考虑层状体系的重量,则 $\theta=\sigma_x+\sigma_y+\sigma_z+\gamma\cdot Z\cdot(1+2K_0)$,其中 γ 为平均单位重量,Z 为模量计算点离地面的距离,而 K_0 为静止土压力系数。

土—集料混合料基(垫)层的结构强度和刚度,取决于颗粒尺寸分布、颗粒形状和密实度。其中最重要的是颗粒尺寸分布,特别是粗集料和细集料的比例。按分布情况的不同,土—集料混合料可分为三种不同的物理状态,见图 8-3。

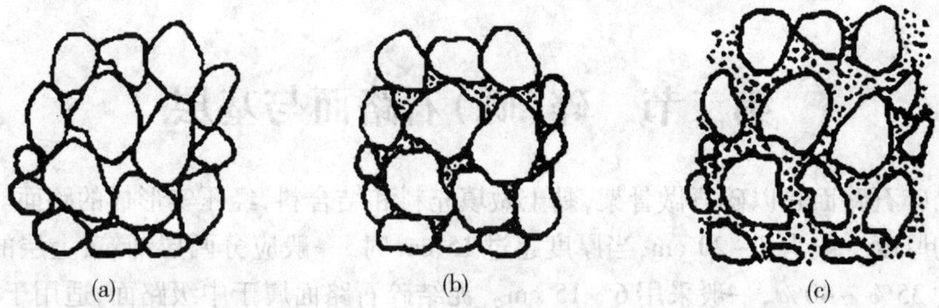

图 8-3　混合料的三种状态

第一种状态(见图 8-3(a)):仅含有少量或者不含细料(指粒径 0.074 mm 以下的颗粒),依靠颗粒之间的摩阻力获得其稳定性。不含细料的集料,其密实度较低,但透水性好,不易冰冻。由于这种材料没有黏结性,施工时压实困难。

第二种状态(见图 8-3(b)):含有适量的细料填满集料间的空隙。这类混合料仍靠集料间的摩阻力获取其稳定性,但抗剪强度提高了,密实度也提高了,透水性降低,施工时易于压实。

第三种状态(见图 8-3(c)):细料含量过多,使集料悬浮于土中,彼此失去接触。虽然施工时很易压实,但其密实度较低,实际上不透水,其稳定性受水的影响很大。

三、碎(砾)石材料的形变累积

良好级配砾石在保证良好排水条件下塑性形变的发展如图 8-4 所示。从图 8-4 中可见,当应力作用次数达 10^4次时,形变已基本上不发展;但当应力较大,超过材料的耐久疲劳应力,则到一定次数后,形变随应力作用次数而迅速发展最终导致破坏。级配组成差的砾料,即使应力作用了很多次,仍继续有塑性形变的增长。当应力作用次数达 10^4次时,形变已基本上不发展;但当应力较大,超过材料的耐久疲劳应力,则到一定次数后,形变随应力作用次数而迅速发展,应力作用次数最终导致破坏。级配组成差的砾料,即使应力作用了很多次,仍继续有塑性形变的增长,但要获得低的塑性形变,级配料中的细料含量必须少于获得最大密实度的含量。

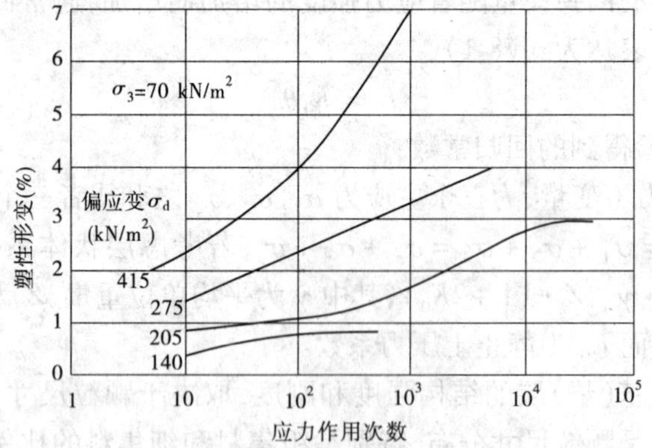

图 8-4　砾质材料在良好排水条件下的塑性形变

第二节　碎(砾)石路面与基层

泥结碎石路面是以碎石做骨架,黏土做填充料和结合料,经压实形成的路面。泥结碎石路面的厚度一般为 8 ~ 20 cm,当厚度超过 15 cm 时,一般应分两层铺筑,上层的厚度为总厚度的 35% ~40%,一般采用 6 ~ 15 cm。泥结碎石路面属于中级路面,适用于三、四级公路,地方道路应用较广,它具有施工简便、造价低的优点;但因含一定数量的黏土,水稳定性较差,不宜做沥青路面基层,如做沥青路面基层时,只能用于干燥路段。在中湿和潮湿路段填充黏结料的黏土中应掺一定剂量的石灰,做成泥灰结碎石,提高其稳定性。在泥结碎石路面上铺筑磨耗层可以改善行车条件和方便养护。

级配碎(砾)石基层是指按密实级配原理选配的碎(砾)石集料和适量黏性土,经拌和、摊铺、压实而成的结构层。

碎石路面对材料的基本要求是:碎石应具有较高的强度、韧性和抗磨耗能力,以不低于Ⅲ级、带有棱角、近于立方体、表面粗糙的碎石为好。碎石颗粒尺寸大致为 5 ~75 mm,通常按其尺寸大小分为六类,如表 8-1 所示。

表 8-1　各种碎石尺寸与分类

编号	碎石名称	粒径范围(mm)	用途	编号	碎石名称	粒径范围(mm)	用途
1	粗碎石	50 ~ 75	集料	4	石渣	15 ~ 25	嵌缝料
2	中碎石	35 ~ 50	集料	5	石屑	5 ~ 15	嵌缝料
3	细碎石	25 ~ 35	集料	6	石粉	0 ~ 5	封面料

一、水结碎石路面

水结碎石路面是用大小不同的轧制碎石从大到小分层铺筑，经洒水碾压后而成的一种结构层。其强度是由碎石之间的嵌挤作用以及碾压时所产生的石粉与水形成的石粉浆的黏结作用而形成的。由于石灰岩或白云岩石粉的黏结力较强，是水结碎石的常选石料。水结碎石路面厚度一般为 10 ~ 16 cm。

水结碎石路面对材料的基本要求是：碎石应具有较高的强度（Ⅲ级以上）、韧性和抗磨耗能力；碎石应具有棱角且近于立方体，长条扁平的石料不超过 10%。此外，碎石应干净，不含泥土杂物。碎石的最大尺寸应根据石料品质及碎石层的厚度来确定，坚硬石料不得超过碎石层压实厚度的 80%。

水结碎石路面施工一般按下列工序进行：

(1)准备工作。

(2)撒铺石料并铺平，可分一次或两次撒铺。

(3)预碾碎石。

(4)碾压碎石并洒水。

(5)撒铺嵌缝料并碾压与洒水碾压。

(6)撒铺石屑（米石）并洒水碾压成型。

(7)初期养护。

水结碎石，一般情况应全幅施工。如特殊情况需要半幅施工，纵向接缝处理必须仔细，以保证路面质量。摊铺主石时，不论分一层或两层均应按压实系数 1.25 ~ 1.3 一次摊铺，并须仔细找平。

碎石的碾压质量与石料性质、形状、层厚、压路机类型和重量、碾压行程次数以及洒水与铺撒嵌缝料的适时与否等因素有关。

各个阶段压路机碾压的行程次数，因压路机重量、石料性质及碎石层厚度而异。根据经验，压路机行程次数大致如表 8-2 所示，最后还要在路面上撒米石或粗砂，用中型压路机干压 3 ~ 5 遍。

碾压时，应从路两侧开始，逐渐移向路中。碾压轮迹重叠宽度：对三轮压路机为后轮宽度的 1/3 ~ 1/2，对双轮压路机则为 20 ~ 30 cm。

当用水结碎石做路面基层时，其所用材料质量、规格要求、施工程序和操作工艺皆与水结碎石路面相同，但不需加铺米石或石屑封面，以增进其与面层的结合。

表 8-2　水结碎石路面的碾压行程次数

阶段	压路机类型	车速(km/h)	行程次数	
			软石	坚石
第一阶段	轻型	头挡(1.5~2.25)	6~9 (干压 2~3 遍后洒水)	8~11 (干压 2~3 遍后洒水)
第二阶段	中型	头挡(1.5~2.25)	10~14(洒水)	
第三阶段	重型	二挡(2.5~3.0)	20~25(洒水)	

二、泥结碎石路面

泥结碎石路面是以碎石作为集料、泥土作为填充料和黏结料，经压实修筑成的一种结构。泥结碎石路面厚度一般为 8~20 cm；当总厚度等于或超过 15 cm 时，一般分两层铺筑，上层厚度超过 15 cm 时，一般分两层铺筑，上层厚度为 6~10 cm，下层厚度为 9~14 cm。泥结碎石路面的力学强度和稳定性不仅有赖于碎石的相互嵌挤作用，同时有赖于土的黏结作用。泥结碎石路面虽用同一尺寸石料修筑，但在使用过程中由于行车荷载的反复作用，石料会被压碎而向密实级配转化。

泥结碎石层所用的石料，其等级不宜低于Ⅳ级，长条、扁平状颗粒不宜超过 20%。不产石料地区的次要道路，交通量少时，可采用礓石和碎砖等材料。碎砖粒径宜稍大，一般为路面厚度的 80%。泥结碎石层所用黏土，应具有较高的黏性，塑性指数以 12~15 为宜。黏土内不得含有腐殖质或其他杂物。黏土用量一般不超过混合料总重的 15%~18%。

泥结碎石层施工方法有灌浆法、拌和法及层铺法三种。实践证明，灌浆法具有较高的强度和稳定性，因而目前采用较多。

三、泥灰结碎石路面

泥灰结碎石路面是以碎石为集料，用一定数量的石灰和土做黏结填缝料的碎石路面。因为掺入石灰，泥灰结碎石路面的水稳定性比泥结碎石为好。泥灰结碎石路面的黏土质量规格要求与泥结碎石相同；石灰质量不低于 3 级。石灰与土的用量不应大于混合料总重的 20%，其中石灰剂量为土重的 8%~12%。施工程序与质量要求与泥结碎石路面相同。采用拌和法时，应先将石灰与黏土拌和均匀，再撒在石料上拌和，摊铺均匀，边压边洒水，使石灰与土在碾压中成浆并充满空隙。

施工程序与质量要求均与泥结碎石路面相同。泥灰结碎石多用在潮湿与中湿路段作为沥青路面的基层，亦可作为中级路面的面层。

四、填隙碎石基层

用单一尺寸的粗碎石作为集料，形成嵌挤作用，用石屑填满碎石间的孔隙，增加密实度和稳定性，这种结构称填隙碎石。填隙碎石可用作各等级公路的底基层和二级以下公路的基层,一层铺筑厚度通常为碎石最大粒径的1.5~2倍,即10~12 cm,适于盛产石料的地区。施工方法分干法和湿法两种。将碎石材料撒铺后直接压实而成的结构层,称为干压碎石;经洒水碾压而成的称为水结碎石。适量洒水,可降低碎石颗粒间的摩阻力,提高压实效果。同时水结碎石在压实过程中会产生一部分磨碎的石粉,它可起黏结作用。由于石灰岩或白云岩石粉的黏结力较强,因此常用它来铺筑。

填隙碎石对材料的基本要求是:材料中的扁平细长和软弱颗粒不应超过15%,粗碎石的集料压碎值,重交通量道路不大于26%,其他道路不大于30%。碎石的最大粒径应根据石料品质及碎石层的厚度来确定,坚硬石料不得超过碎石层压实厚度的80%,石料较软时可采用较大尺寸。

填隙碎石基层强度的形成主要是靠碎石间的嵌挤锁结作用,而粗碎石是填隙碎石基层形成强度和稳定性的主要组成材料,因此粗碎石颗粒组成应满足表8-3的要求。所用的填隙料可直接用轧制碎石时得到的5 mm以下的细筛余料(即石屑),且它是最好的填隙料。当采用表8-3中1号粗集料时,填隙料的标准最大粒径可为20 mm。相应尺寸的细砾砂和粗砂也可以用作填隙料,但其技术性能不如石屑。填隙料应满足表8-4中的要求。

表8-3　填隙碎石、粗碎石颗粒组成

编号	标准尺寸	通过下列筛孔(mm)的质量百分率(%)								
		100	80	60	50	40	30	25	20	10
1	40~80	100	90~100	25~60		0~15		0~5		
2	30~60		100	90~100		25~50	0~15		0~5	
3	25~50			100	90~100	35~75		0~15		0~5

表8-4　填隙料的颗粒组成

筛孔尺寸(mm)	10	5	2.0	0.5	0.075	塑性指数
通过百分率(%)	100	85~100	60~80	30~50	0~10	小于6

第三节　级配碎(砾)石路面

级配碎(砾)石路面,是用粒径大小不同的粗细碎(砾)石集料和砂(或石屑)各占一定比例的混合料,其颗粒组成符合密实级配要求,其中包括一部分塑性指数较高的黏土,填充空隙并起黏结作用,经压实后形成密实结构。其强度的形成是靠集料间的摩阻力和细粒土的黏结力,经碾压密实联结所构成的。它可以做中级路面面层;当路基处于干燥地段时,也可以做次高级路面的基层。在潮湿地段做沥青路面基层时,应在土中掺加一定剂量的石灰,以提高其强度和稳定性。

级配碎(砾)石路面的优点是平整度较好(但要经常养护),施工维修简易,在就地取材前提下造价低廉;缺点是耐磨性差,在行车作用下易起波浪变形,使用年限较短。因此,需在上面加铺磨耗层和保护层,进行及时养护,这样不但可改善行车条件,而且也可适当延长使用寿命。

一、级配碎(砾)石路面与基层厚度和材料

级配碎(砾)石路面厚度一般为 8 ~ 16 cm,当厚度大于 16 cm 时应分两层铺筑,下层厚度为总厚度的 60%,上层为总厚度的 40%。如基层和面层为同样类型的结构,其总厚度在 16 cm 以下时,可分两层摊铺,一次碾压。

级配碎(砾)石路面所用材料,主要为天然砾石或较软的软石。其形状以接近立方体或圆球形为佳,石料强度应不低于Ⅳ级,针片状颗粒的含量不应超过 20%。级配混合料的级配范围见表 8-5。

表 8-5　级配碎(砾)石矿料级配

编号	通过下列筛孔(mm)的质量百分率(%)									小于 0.5 mm 细粒性质		适用条件
	50 ~ 80	40	25	20	10	5	2	0.5	0.074	液限	塑性指数	
1	—	100	—	60 ~ 80	40 ~ 60	30 ~ 50	20 ~ 35	15 ~ 25	7 ~ 12	不大于 35	8 ~ 14	潮湿或有黏性土地区
2	—	100	—	70 ~ 90	50 ~ 70	40 ~ 60	25 ~ 40	20 ~ 32	8 ~ 15	不大于 35	8 ~ 12	干旱半干旱或缺乏黏性土地区
3	100	—	55 ~ 85	—	35 ~ 70	25 ~ 60	15 ~ 45	10 ~ 20	5 ~ 10	不大于 25	不大于 4	潮湿路段
4	—	—	90 ~ 100	—	60 ~ 75	40 ~ 60	20 ~ 50	15 ~ 25	5 ~ 12	不大于 25	不大于 6	中湿或干燥路段
5	100	—	<50	—	<30	<25	<15	<8	≤3	不大于 25	不大于 4	
6	—	—	<65	—	<45	<35	<25	<15	≤5	不大于 25	不大于 6	

注:1、2 号做面层,3、4 号做基层,5、6 号做垫层。

级配碎(砾)石路面所用材料,主要为天然砾石或较软的碎石。其形状以接近立方体或圆球形为佳,石料强度应不低于Ⅳ级。

级配碎石、级配砾石用作高速公路和一级公路底基层以及二级公路的基层时,其压碎值不大于 30%;用作二级公路底基层和二级以下公路的基层时,其压碎值不大于 35%;用作二级以下公路的底基层时,其压碎值不大于 40%。级配碎石还可用于高速公路和一级公路基层,其压碎值不大于 26%。

用作基(垫)层时,碎(砾)石的最大尺寸不宜大于 40 mm(方孔筛);用作底基层时,不

宜大于 50 mm(方孔筛)。为防止冻胀和湿软,应控制小于 0.5 mm 细料的含量和塑性指数。细料含量过多,或塑性指数偏大的砂砾,可通过筛除和掺配的结合,使其符合规范要求。在中湿和潮湿路段,用作沥青路面的基层时,为了提高基层的强度和稳定性,应在级配砾石中掺石灰,细料含量可适当增加,掺入的石灰剂量为细料含量的 8% ~12%。级配砾石有时用来作垫层叫作级配砂砾垫层。级配砂砾要求颗粒尺寸在 0.5 ~4 m,其中 2.5 ~4 cm 含量不少于 50%。

二、级配碎(砾)石路面与基(垫)层的施工

级配碎(砾)石路面与基(垫)层的施工一般按下列工序进行:开挖路槽→备料运料→拌和与整形→碾压→铺封层。若施工方法采用拌和机集中拌制,则第三、四两工序分别改为拌和与摊铺整形两工序。

(一)开挖路槽

开挖路槽可使用机械或人工,路槽开挖整修后,用重型机滚压数遍,以使达到规定的压实度。

(二)备料运料

按施工路段长度(与拌和方法有关)分段运备材料。碎(砾)石可直接堆放在路槽内,砂及黏土可堆放在路肩上。

(三)铺料

先铺砾石,再铺黏土,最后铺砂。

(四)拌和与整形

拌和与整形可采用平地机与拖拉机牵引犁进行。拌和时边拌边洒水,使混合料的适度均匀,避免大小颗粒分离。混合料的最佳含水率为 5% ~9%。混合料拌和均匀后按松厚(压实系数 1.3 ~1.4)摊平并整理成规定的路拱横坡度。

(五)碾压

选用轻型压路机压 2 ~3 遍,继而用中型压路机碾压成型。碾压工作应注意在最佳含水率下进行,必要时可适当洒水,每层压实厚度不得超过 16 cm,超过时需分层碾压。

(六)铺封层

撒过嵌缝料后,即用中型压路机进行碾压,并随时注意用扫帚将石屑扫匀。如表面太干须略微洒水碾压,如表面太湿须待干后再压。最终碾压阶段,需使碎石缝隙内泥浆能翻到路面上与所撒石屑黏成一个坚实的整体为止。

泥结碎石亦可做路面的基层,但其水稳定性较差,当用作沥青路面基层时,一般只适用于干燥路段。泥结碎石做基层时,主层矿料的粒径不宜小于 40 mm,并不宜大于层厚的 70%。嵌缝料应与主层矿料的最小粒径相衔接。土的塑性指数以 10 ~12 为宜,含土率不宜大于混合料总量的 15%。

第四节 优质级配碎石基层

无结合料处治粒料在国外是一种应用极为普遍的筑路材料,广泛用于柔性路面的基

层和底基层，用于基层的常为较优质的碎石层。美国、澳大利亚及南非还把最佳级配的优质碎石用于半刚性基层与沥青面层之间，作为减少沥青路面反射裂缝的措施。我国也在多项大型工程中应用了这类材料和结构，取得了较好的效果。

优质级配碎石基层强度主要来源于碎石本身强度及碎石颗粒之间的嵌挤力。因此，对于碎石基层应保证高质量的碎石，获得高密度的良好级配和良好的施工压实手段。我国相关规定在总结国内外经验及国内使用情况的基础上，规定高速公路和一级公路路面级配碎石集料压碎值应不大于26%。研究表明，集料中粒径小于0.5 mm含量及其塑性指数对级配碎石的力学性质有明显的影响。因此，从结构强度和结构层排水综合考虑，建议液限应小于25%，同时规定粒径小于0.5 mm的细集料应无塑性，如特殊情况下难以做到，则塑性指数应小于8。

级配是影响级配碎石强度与刚度的重要因素。一般来说，密实的级配易于获得高密度，从而使级配碎石获得高的*CBR*值和回弹模量。用于高等级公路基层或用于半刚性基层和沥青面层之间的最佳级配优质碎石，其级配应能获得最大密实的集料，并具有较好的透水性。表8-6给出了几种级配情况，表中ASTM是由美国材料试验协会提供的级配。G_{30}、G_{40}、G_{50}级配分别为最大粒径为30 mm、40 mm、50 mm时，用变K法按最大密实度原理推导出的级配。

表8-6　几种级配集料通过筛孔百分率情况

筛孔(mm)	种类						
	JTG E42—2005规范	ASTM（细）	ASTM（中）	ASTM（粗）	G_{30}	G_{40}	G_{50}
50			100	100			100
40						100	91
35			94	88		95	86
30	100				100	88	80
25					93	82	75
20	92.5	100	80	60	84	74	68
10	70	77	59.	40	63	55	50
5	40	60	43	25	46	41	37
2.5	22.5	24	16	7	31	30	25
0.5	15				16	14	13
0.074	4	10	5	0	6	5	5

表8-7中给出了室内标准重型击实试验得到的7种级配碎石的最大干密度及相应的最佳含水率。

表 8-7　级配碎石击实试验结果

级配	项目		
	最大干密度(g/cm^3)	最佳含水率(%)	孔隙率
规范级配	2.31	6	0.137
ASTM(中)	2.23	4.5	0.178
ASTM(细)	2.32	7.5	0.133
ASTM(粗)	2.07	3.0	0.227
G_{30}	2.33	4.6	0.130
G_{40}	2.36	4.0	0.119
G_{50}	2.37	5.0	0.115

回弹模量是表征级配碎石刚度的重要指标及设计参数。一般来说,级配碎石的回弹模量明显低于半刚性基层材料,然而与半刚性材料不同的是,级配碎石材料具有较显著的非线性。这种非线性特性使其在刚度较大的下卧层上表现出较大的回弹模量,从而亦具有足够的抵抗应力和变形的能力,最终使得级配碎石作为上基层不仅具有减缓半刚性沥青路面反射裂缝的作用,同时也具有较好的抗疲劳能力。

优质级配碎石回弹模量随应力状态的变化而呈非线性关系,表 8-8 是部分静三轴弹性模量试验结果。表 8-9 是动三轴弹性模量试验结果。

表 8-8　级配碎石静三轴弹性模量试验结果

试件编号	含水率(%)	密实度(%)	K_1	K_2	相关系数
1	3	95	6 664	0.492	0.93
2	5	100	5 116	0.535	0.90
3	7	100	2 207	0.642	0.92
4	4	100	5 864	0.543	0.91
5	7	97	4 841	0.547	0.91
6	7	97	3 597	0.584	0.91
7	5	95	5 200	0.533	0.92
8	3	95	7 843	0.496	0.91
9	3	100	9 402	0.453	0.90

表 8-9 级配碎石动三轴弹性模量试验结果

试件编号	含水率(%)	密实度(%)	K_1	K_2	相关系数
1	3	90	26 087	0.420	0.89
2	2.5	93	31 925	0.384	0.90
3	5	95	22 602	0.416	0.87
4	5	100	21 687	0.433	0.90
5	8	90	18 936	0.500	0.80
6	7.5	100	16 939	0.500	0.80
7	3	95	30 025	0.410	0.82
8	5	95	26 746	0.451	0.80
9	8	94	17 628	0.480	0.90

级配碎石弹性模量随应力状态而变化的非线性特性表明,处于路面结构半刚性基层上的级配碎石和处于土基上的级配碎石底基层,由于所处的应力状态不同,它们的弹性模量取值也不同。表 8-10 是不同层位级配碎石受力状态及模量取值的建议范围。

表 8-10 不同层位级配碎石受力状态及模量取值建议范围

结构层位	最小主压应力 σ_3(MPa)	最大主压应力 σ_1 (MPa)	应力不变量 θ ($\sigma_1+2\sigma_3$)	回弹模量 E (MPa)
级配碎石上基层[1]	20 ~ 120	120 ~ 600	250 ~ 800	350 ~ 550
级配碎石底基层[2]	受拉	30 ~ 120	30 ~ 120	150 ~ 250

注:1. 路面结构为 5 ~ 20 cm 沥青面层 + 10 ~ 15 cm 碎石上基层 + 40 ~ 50 cm 半刚性基层 + 土基。
2. 路面结构为 5 ~ 20 cm 沥青面层 + 20 ~ 40 cm 半刚性基层 + 20 cm 碎石底基层 + 土基。

从表 8-10 中可以看出,对于常规高等级沥青路面结构,当级配碎石作为上基层防止半刚性基层反射裂缝时,其受力远高于传统结构中作底基层时的应力水平。按此应力水平,并取前述动三轴试件模型(K_1、K_2 取平均值) $E=244.432\,8\theta^{0.47}$(MPa),时,则级配碎石作上基层时,其模量模型建议取 350 ~ 550 MPa,此范围对应的沥青面层厚度为 5 ~ 20 cm,由于目前高等级公路沥青路面面层厚多为 12 ~ 18 cm,对应于此结构的碎石基层模量取 400 ~ 450 MPa 基本合适。而当级配碎石作为传统结构底基层时,若仍按上述动三轴试验模型,则模量可取 150 ~ 250 MPa,此建议值与在工地上用承载板的实测模量基本一致。

习题与思考题

1. 说明碎砾石材料的力学性质。
2. 试述级配碎砾石路面与基层的施工。
3. 什么是优质级配碎石基层?

第九章　无机结合料稳定路面

学习要点　无机结合料稳定材料基层是目前我国最常用的底基层、基层材料，在实际工程中应用广泛。本章从该类材料类型、物理力学性质、强度形成原理与影响因素、配合比设计方法等方面对该类材料进行了多角度介绍。通过本章学习，可初步了解各类无机结合料稳定材料的特点，掌握配合比设计的基本方法。

第一节　概　述

在粉碎的或原状松散的土中掺入一定量的无机结合料（包括水泥、石灰或工业废渣等）和水，经拌和得到的混合料在压实与养生后，其抗压强度符合规定要求的材料称为无机结合料稳定材料。

无机结合料稳定材料具有稳定性好、抗冻性强、结构本身自成板体等特点，但其耐磨性差，因此广泛用于修筑路面结构的基层和底基层。

无机结合料稳定材料种类较多，其物理、力学性质各有特点，使用时应根据结构要求、掺加剂和原材料的供应情况及施工条件进行综合技术经济比较后选定。由于无机结合料稳定材料的刚度介于柔性路面材料和刚性路面材料之间，常称为半刚性材料，以此修筑的基层或底基层亦称为半刚性基层（底基层）。

无机结合料稳定材料是目前我国最常用的基层、底基层材料，具有较好的板体性和较高的抗压强度，因而能使得路面结构抵抗车轮荷载压应力的能力大幅提升，与柔性材料相比，其受力更类似于刚性材料，如水泥混凝土路面面层板。正因如此，采用半刚性基层的沥青路面可以有效减小路面结构层总厚度，降低路面总造价。我国以前受到经济条件限制，在大范围提升公路等级和行驶质量的建设过程中，半刚性基层起到了非常关键的作用。

第二节　无机结合料稳定材料的物理特性及力学特性

无机结合料稳定材料的力学特性包括应力—应变关系、疲劳特性、收缩（温缩和干缩）特性。

一、无机结合料稳定材料的应力—应变特性

无机结合料稳定材料的重要特点之一是强度和模量随龄期的增长而不断增长。一般规定：水泥稳定类材料设计龄期为 3 个月，石灰或石灰粉煤灰（简称二灰）稳定类材料设计龄期为 6 个月。

表 9-1 给出了水泥稳定碎石抗压强度 R、抗压回弹模量 E_p、劈裂强度 σ_{sp}、劈裂模量 E_{sp} 与龄期之间的关系。表 9-2 则为石灰粉煤灰稳定碎石的测试结果。

表 9-1　水泥稳定碎石的力学特性指标与龄期的关系

力学参数(MPa)	28 d	90 d	1 800 d	28 d/180 d	90 d/180 d
R	4. 49	5. 57	6. 33	0. 71	0. 88
E_p	2 093	3 097	3 872	0. 54	0. 80
σ_{sp}	0. 413	0. 634	0. 813	0. 51	0. 78
E_{sp}	533	926	1 287	0. 41	0. 72

表 9-2　石灰粉煤灰稳定碎石的力学特性指标与龄期关系

力学参数(MPa)	28 d	90 d	1 800 d	28 d/180 d	90 d/180 d
R	3. 10	5. 75	8. 36	0. 37	0. 69
E_p	1 086	1 993	2 859	0. 38	0. 70
σ_{sp}	0. 219	0. 536	0. 913	0. 41	0. 59
E_{sp}	359	960	1 720	0. 37	0. 56

半刚性材料应力—应变特性试验方法有顶面法、粘贴法、夹具法和承载板法等。试件有圆柱体试件和梁式(分大、中、小梁)试件。试验内容有抗压强度、抗压回弹模量、劈裂强度和劈裂模量、抗弯拉强度和弯拉模量等。

由于材料的变异性和试验过程的不稳定性,同一种材料不同的试验方法、同一种试验方法不同的材料及同一种试验方法不同龄期试验结果存在差异性。通过各种试验方法的综合比较,认为抗压试验和劈裂试验较符合实际。无机结合料稳定材料的应力—应变特性与原材料的性质、结合料的性质和剂量及密实度、含水率、龄期、温度等有关。劈裂强度与材料的抗拉强度存在一定对应关系,可以建立两者之间的相关关系,然后通过测试劈裂强度来估算抗拉强度。我国规范中的路面设计方法,当采用半刚性材料作(底)基层时,采用的也是抗压和劈裂相关指标。

劈裂试验的情况如图 9-1 所示。

二、无机结合料稳定材料的疲劳特性

材料的抗压强度是材料组成设计的主要依据,由于无机结合料稳定材料的抗拉强度远小于其抗压强度,材料往往因抗拉强度不足而造成病害,所以将材料的抗拉强度作为路面结构设计的控制指标,但因抗拉强度试验本身变异性较大,测试过程较复杂,因此通过劈裂与抗拉的关系来确定抗拉性能指标。

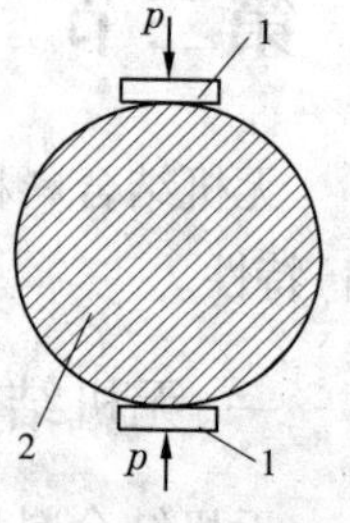

1—压条;2—试件

图 9-1　劈裂试验

抗拉强度试验方法有直接抗拉试验、间接抗拉(劈裂)试验和弯拉试验。常用的疲劳试验有弯拉疲劳试验和劈裂疲劳试验。

无机结合料稳定材料的疲劳寿命主要取决于重复应力与极限应力之比(σ_f/σ_s)。疲劳性能通常用应力比与达到破坏时反复作用次数(N_f)所绘成的散点图来表示。试验证明,应力比之间与 N_f 关系通常用双对数疲劳方程及单对数疲劳方程回归较为合理

$$\left.\begin{aligned} \lg N_f &= a + b\lg \frac{\sigma_f}{\sigma_s} \\ \lg N_f &= a + b\lg \frac{\sigma_f}{\sigma_s} \end{aligned}\right\} \tag{9-1}$$

式中　a、b——回归系数。

在一定的应力条件下,材料的疲劳寿命取决于材料的强度和刚度。强度愈大,刚度愈小,其疲劳寿命就愈长。由于材料的不均匀性,无机结合料稳定材料的疲劳方程还与材料试验的变异性有关。

三、无机结合料稳定材料的干缩特性

无机结合料稳定材料经拌和压实后:由于水分挥发和混合料内部的水化作用,混合料的水分会不断减少。由此发生的毛细管作用、吸附作用、分子间力的作用、材料矿物晶体或凝胶体间层间水的作用和碳化收缩作用等会引起无机结合料稳定材料体积收缩。描述材料干缩特性的指标主要有干缩应变、干缩系数、干缩量、失水量、失水率和平均干缩系数。

失水量:试件失去水分的质量(g);

失水率:试件单位质量的失水量(%);

干缩量:水分损失时试件的收缩量($\times 10^{-3}$);

干缩应变(ε_d):水分损失引起的试件单位长度的收缩量($\times 10^{-6}$);

干缩系数:某失水量时,试件单位失水率对应的干缩应变($\times 10^{-6}$);

平均干缩系数(α_d):某失水量时,试件的干缩应变与试件的失水量之比($\times 10^{-6}$)

$$\left.\begin{aligned} \varepsilon_d &= \frac{\Delta l}{l} \\ \alpha_d &= \frac{\varepsilon_d}{\Delta w} \end{aligned}\right\} \tag{9-2}$$

式中　Δw——试件总失水量;

Δl——试件整体收缩量;

l——试件长度。

无机结合料稳定材料的干缩特性(最大干缩应变和平均干缩系数)的大小与结合料的类型、剂量、被稳定材料的类别、粒料含量、粒径小于0.6 mm的细颗粒的含量、试件含水率和龄期等有关。

对稳定粒料类,三类半刚性材料的干缩特性的大小次序为:石灰稳定类 > 水泥稳定类 > 石灰粉煤灰稳定类。对于稳定细粒土,三类半刚性材料的收缩性的大小排列为:石灰土 > 水泥土和水泥石灰土 > 石灰粉煤灰土。

四、半刚性材料的温度收缩特性

半刚性材料是由固相(组成其空间骨架的原材料的颗粒和其间的胶结物)、液相(存在于固相表面与空隙中的水和水溶液)和气相(存在于空隙中的气体)组成,所以半刚性材料的外观胀缩性是三相不同的温度收缩性的综合效应的体现。一般气相大部分与大气贯通,在综合效应中影响较小,可以忽略。原材料中砂粒以上颗粒的温度收缩系数较小,粉粒以下的颗粒温度收缩性较大。

半刚性材料温度收缩的大小与结合料类型和剂量、被稳定材料的类别、粒料含量、龄期等有关。半刚性基层一般在高温季节修建,成型初期基层内部含水率大,且尚未被沥青面层封闭,基层内部的水分必然要蒸发,从而发生由表及里的干燥收缩。同时,环境温度也存在昼夜温度差,因此修建初期的半刚性基层同时受到干燥收缩和温度收缩的综合作用,必须注意养生保护。

经过一定龄期的养生,半刚性基层上铺筑沥青面层后,基层内相对湿度略有增大,使材料的含水率趋于平衡,这时半刚性基层的变形以温度收缩为主。

温度收缩用温缩应变 ε_1 和平均温缩系数 α_1 表示

$$\left.\begin{aligned} \varepsilon_1 &= \frac{\Delta l}{l} \\ \alpha_1 &= \frac{\varepsilon_1}{\Delta c} \end{aligned}\right\} \tag{9-3}$$

式中　Δc——试件收缩时温差;

　　其他符号含义同前。

第三节　石灰稳定类基层

以石灰作为黏结材料的无机结合料稳定材料作基层的,称为石灰稳定类基层。用石灰稳定细粒土时的混合料简称石灰土,相应成型后的基层称为石灰土基层(底基层)。

石灰剂量是石灰质量占土颗粒干质量的百分率,即石灰剂量 =石灰质量/干土质量。石灰稳定类材料适用于各级公路路面的底基层,也可用作二级和二级以下公路的基层,但不宜用作高等级公路的基层。

一、石灰稳定土强度形成原理

在土中掺入适量的石灰,并在最佳含水率下拌匀压实,使石灰与土发生一系列的物理、化学作用,从而使土的性质发生根本的变化。在初期,主要表现为土的结团、塑性降低、最佳含水率增加和最大密实度减小等,后期主要表现为结晶结构的形成,从而提高其整体性、强度和稳定性。这些相互作用如下所述。

(一)离子交换作用

土的微小颗粒具有一定的胶体性质,它们一般都带有负电荷,表面吸附着一定数量的钠、氢、钾等低价阳离子(Na^+、H^+、K^+)。石灰是一种强电解质,在土中加入石灰和水后,石灰在溶液中电离出来的钙离子(Ca^{2+})与土中的钠、氢、钾离子产生离子交换作用,原来的钠(钾)土变成钙土,土颗粒表面所吸附的离子由一价变成了二价,减小了土颗粒表面吸附水膜的厚度,使土粒相互之间更为接近,分子引力随之增加,许多单个土粒聚成小团粒,组成一个稳定结构。

(二)结晶作用

在石灰土中只有一部分熟石灰 $Ca(OH)_2$ 进行离子交换作用,绝大部分饱和的 $Ca(OH)_2$ 自行结晶。熟石灰与水作用生成熟石灰结晶网格,其化学反应式为

$$Ca(OH)_2 + nH_2O \rightarrow Ca(OH)_2 \cdot nH_2O$$

(三)火山灰作用

熟石灰的游离 Ca^{2+} 与土中的活性氧化硅 SiO_2 和氧化铝 Al_2O_3 作用生成含水的硅酸钙和铝酸钙的化学反应就是火山灰作用,其反应式为

$$xCa(OH)_2 + SiO_2 + nH_2O \rightarrow xCaO \cdot SiO_3 \cdot (n+1)H_2O$$

$$xCa(OH)_2 + Al_2O_3 + nH_2O \rightarrow xCaO \cdot Al_2O_3 \cdot (n+1)H_2O$$

上述所形成的熟石灰结晶网格和含水的硅酸钙和铝酸钙结晶都是胶凝物质,它具有水硬性并能在固体和水两相环境下发生硬化。这些胶凝物质在土微粒团外围形成一层稳定保护膜,填充颗粒空隙,使颗粒间产生结合料,减少了颗粒间的空隙与透水性,同时提高了密实度,这是石灰土获得强度和水稳定性的基本原因,但这种作用比较缓慢。

(四)碳酸化作用

在土中的 $Ca(OH)_2$ 与空气中的 CO_2 作用,其化学反应式为

$$Ca(OH)_2 + CO_2 \rightarrow CaCO_3 + H_2O$$

$CaCO_3$ 是坚硬的结晶体,它和其反应生成的复杂盐类把土粒胶结起来,从而大大提高了土的强度和整体性。

二、影响强度的因素

(一)土质

各种成因的土都可以用石灰来稳定,但生产实践证明:黏性土较好,其稳定的效果显著,强度也高。当采用高液限黏土时施工不易粉碎且增加干缩裂缝;采用粉性土的石灰土早期强度较低,但后期强度也可满足行车要求;采用低液限土质时易拌和,但难以碾压成型,稳定的效果不显著。塑性指数偏大的黏性土,要加强粉碎,粉碎后,15 ~ 25 mm 的土块不宜超过 5%。经验证明,塑性指数小于 12 的土不宜用石灰稳定。硫酸盐类含量超过 0.8% 或腐殖质含量超过 10% 时,对石灰土强度有显著影响,不宜直接采用。

(二)灰质

石灰应是消石灰粉或生石灰粉,对高速公路或一级公路宜用磨细生石灰粉。要尽量缩短石灰的存放时间。在同等石灰剂量下,质量好的石灰,稳定效果好。如采用质量差的石灰,为了满足石灰土的技术要求,要适当增加石灰剂量。

(三)石灰剂量

石灰剂量对石灰土强度影响显著,石灰剂量较低(3% ~4%)时,石灰主要起稳定作

用,土的塑性、膨胀、吸水量减小,使土的密实度、强度得到改善。随着剂量的增加,强度和稳定性均提高,但剂量超过一定范围时,强度反而降低。工程中常用的最佳剂量范围,对于黏性土及粉性土为8%～14%,对于砂性土则为9%～16%。剂量的确定应根据结构层技术要求进行混合料组成设计。

(四)含水率

不同土质的石灰土有不同的最佳含水率,需通过标准击实试验确定,并用以控制施工中的实际加水量。所用水应是干净可供饮用的水。

(五)密实度

石灰土的强度随密实度的增加而增长。实践证明,石灰土的密实度每增减1%,强度约增减4%。而密实的石灰土,其抗冻性、水稳定性也好,缩裂现象也少。

(六)石灰土的龄期

一般石灰土初期强度低,前期(1～2个月)增长速率较后期为快。石灰土强度与龄期关系可表示为

$$R_t = R_1 t^{\beta} \tag{9-4}$$

式中　R_1——1个月龄期抗压强度;

R_t——t个月龄期抗压强度;

β——系数,一般为0.1～0.5。

(七)养生条件

养生条件主要指温度与湿度。养生条件不同,其强度也有差异。当温度高时,物理化学反应、硬化、强度增长快;反之,强度增长慢,在负温条件下甚至不增长。因此,要求施工期的最低温度应在5℃以上,并在第一次重冰冻(-3～-5℃)到来之前1～1.5个月完成。

施工经验证明,保证施工时的温度,灰土强度高,质量可以保证,一般在使用中很少损坏。养生的湿度条件对石灰土的强度也有很大影响。实践证明,在一定潮湿条件下养生,强度的形成比在一般空气中养生要好。

三、石灰土基层的应用

石灰稳定土不但具有较高的抗压强度,而且也具有一定的抗弯强度,且强度随龄期逐渐增加。因此,石灰稳定土一般可以用于各类路面的基层或底基层。但石灰稳定土因其水稳定性较差,不宜用作高速公路或一级公路的基层,必要时可以用作底基层。在冰冻地区的潮湿路段以及其他地区的过分潮湿路段,也不宜采用石灰土用作基层。

四、石灰稳定土基层缩裂防治

石灰稳定土基层防治缩裂的措施有:

(1)控制压实含水率。石灰稳定土因含水率过大产生的干缩裂缝显著,因而压实时含水率一定不要大于最佳含水率,应按略小于最佳含水率控制。

(2)严格控制压实标准。实践证明,压实度小时产生的干缩要比压实度大时严重,因此应尽可能达到最大压实度。

(3)温缩的最不利季节是材料处于最佳含水率附近,而且温度为0~10 ℃时。因此,施工要在当地气温进入0 ℃前一个月结束,以防在不利季节产生严重温缩。

(4)干缩的最不利情况是石灰稳定土成型初期,因此要重视初期养护,保证石灰土表面处于潮湿状况,谨防干晒。

(5)石灰稳定土施工结束后要及早铺筑面层,使石灰土基层含水率不发生大变化,可减轻干缩裂隙。

(6)在石灰稳定土中掺加集料(砂砾、碎石等),使其集料含量为60%~70%,使混合料满足最佳组成要求,不但提高强度和稳定性,而且具有较好的抗裂性。

第四节　水泥稳定类基层

以水泥作为黏结材料的无机结合料稳定材料统称水泥稳定土,做基层时称为水泥稳定(土)类基层。用水泥稳定细粒土时的混合料简称水泥土,该材料实际工程中较少应用,水泥稳定类基层(底基层)应用最多的是水泥稳定砂砾和水泥稳定碎石。

水泥是水硬性结合料,水泥稳定类基层具有良好的整体性、足够的力学强度、抗水性和耐冻性。其初期强度较高,且随龄期增长而增长。

一、强度形成原理

在利用水泥来稳定土的过程中,水泥、土和水之间发生了多种非常复杂的作用,从而使土的性能发生了明显的变化。这些作用可以分为:

(1)化学作用:如水泥颗粒的水化、硬化作用,有机物的聚合作用,以及水泥水化产物与黏土矿物之间的化学作用等。

(2)物理-化学作用:如黏土颗粒与水泥及水泥水化产物之间的吸附作用,微粒的凝聚作用,水及水化产物的扩散、渗透作用,水化产物的溶解、结晶作用等。

(3)物理作用:如土块的机械粉碎作用,混合料的拌和、压实作用等。

其中的主要过程如下所述。

(一)水泥的水化作用

在水泥稳定土中,首先发生的是水泥自身的水化反应,从而产生具有胶结能力的水化产物,这是水泥稳定土强度的主要来源。水泥的水化过程反应简式如下:

硅酸三钙　$2C_3S + 6H_2O \rightarrow C_3S_2H_3 + 3CH$

硅酸二钙　$2C_2S + 4H_2O \rightarrow C_3S_2H_3 + CH$

铝酸三钙　$C_3A + 6H_2O \rightarrow C_3AH_6$

铁铝酸四钙　$C_4AF + 7H_2O \rightarrow C_4AFH_7$

水泥水化生成的水化产物,在土的孔隙中相互交织搭接,将土颗粒包覆连接起来,使土逐渐丧失了原有的塑性等性质,并且随着水化产物的增加,混合料也逐渐坚固起来。但水泥稳定土中水泥的水化与水泥混凝土中水泥的水化之间还有所不同。这是因为:

(1)土具有非常高的比表面积和亲水性。

(2)水泥稳定土中的水泥含量较少。

(3)土对水泥的水化产物具有强烈的吸附性。

(4)在一些土中常存在酸性介质环境。由于这些特点,在水泥稳定土中,水泥的水化硬化条件较混凝土中差得多;特别是由于黏土矿物对水化产物中的 $Ca(OH)_2$ 具有极强的吸附和吸收作用,使溶液中的碱度降低,从而影响了水泥水化产物的稳定性;水化硅酸钙会逐渐析出 $Ca(OH)_2$,从而使水化产物的结构和性能发生变化,进而影响到混合料的性能。因此,在选用水泥时,在其他条件相同时,应优先选用硅酸盐水泥,必要时还应对水泥稳定土进行“补钙”,以提高混合料中的碱度。

(二)离子交换作用

土中的黏土颗粒由于颗粒细小、比表面积大,因而具有较高活性,当黏土颗粒与水接触时,黏土颗粒表面通常带有一定量的负电荷,在黏土颗粒周围形成一个电场,这层带负电荷的离子称为电位离子。带负电的黏土颗粒表面,进而吸引周围溶液中的正离子,如 Na^+、K^+ 等,而在颗粒表面形成了一个双电层结构,这些与电位离子电荷相反的离子就称为反离子。在双电层中,电位离子形成了内层,反离子形成外层。靠近颗粒的反离子与颗粒表面结合较紧密,当黏土颗粒运动时,结合较紧密的反离子将随颗粒一起运动,而其他反离子将不产生运动;由此在运动与不运动的反离子之间便出现了一个滑移面。

由于在黏土颗粒表面存在着电场,因此也存在着电位,颗粒表面电位离子形成的电位称为热力学电位(φ),滑动面上的电位称为电动电位(ξ);由于反离子的存在,离开颗粒表面越远电位越低,经过一定的距离电位将降低为零,此距离称为双电层厚度。由于各个黏土颗粒表面都具有相同的双电层结构,因此黏土颗粒之间往往间隔着一定的距离。

在硅酸盐水泥中,硅酸三钙和硅酸二钙占主要部分,其水化后所生成的氢氧化钙所占的比例也较高,可达水化产物的25%。大量的氢氧化钙溶于水以后,在土中形成了一个富含 Ca^{2+} 的碱性溶液环境。当溶液中富含 Ca^{2+} 时,因为 Ca^{2+} 的电价高于 Na^+、K^+ 等离子,因此与电位离子的吸引力较强,从而取代了 Na^+、K^+,成为反离子,同时 Ca^{2+} 双电层电位的降低速度加快。因而使电动电位减小、双电层的厚度降低,使黏土颗粒之间的距离减小,相互靠拢,导致土的凝聚,从而改变土的塑性,使土具有一定的强度和稳定度。这种作用就称为离子交换作用。

(三)化学激发作用

钙离子的存在不仅影响到了黏土颗粒表面双电层的结构,而且在这种碱性溶液环境下,土本身的化学性质也将发生变化。

土的矿物组成基本上都属于硅铝酸盐,其中含有大量的硅氧四面体和铝氧八面体。在通常情况下,这种矿物质具有比较高的稳定性,但黏土颗粒周围介质的 pH 值增加到一定程度,黏土矿物质中的 SiO_2 和 Al_2O_3 的活性将被激发出来,与溶液中 Ca^{2+} 进行反应,生成新的矿物,这些矿物主要是硅酸钙和铝酸钙系列矿物,这些矿物的组成和结构与水泥的水化产物都有很多类似之处,并且同样具有胶凝能力。生成的这些胶结物质包裹着黏土颗粒表面,与水泥的水化产物一起,将黏土颗粒凝结成一个整体。因此,氢氧化钙对黏土矿物的激发作用,将进一步提高水泥稳定土的强度和水稳定性。

(四)碳酸化作用

水泥水化生成的 $Ca(OH)_2$,除可与黏土矿物发生化学反应外,还可以进一步与空气

中的 CO_2 发生碳化反应并生成碳酸钙晶体。其反应如下

$$Ca(OH)_2 + CO_2 + nH_2O \rightarrow CaCO_3 + (n+1)H_2O$$

碳酸钙生成过程中产生体积膨胀,也可以对土的基体起到填充和加固作用;只是这种作用相对来讲比较弱,并且反应过程缓慢。

二、影响强度的因素

(一)土质

土的类别和性质是影响水泥稳定土强度的重要因素,各类砂砾土、砂土、粉土和黏土均可用水泥稳定,但稳定效果不同。试验和生产实践证明,用水泥稳定级配良好的碎(砾)石和砂砾,效果最好,不但强度高,而且水泥用量少;其次是砂性土;再次之是粉性土和黏性土。重黏土难以粉碎和拌和,不宜单独用水泥来稳定,因此一般要求土的塑性指数不大于17。

(二)水泥的成分和剂量

各种类型的水泥都可以用于稳定土。但试验研究证明,水泥的矿物成分和分散度对其稳定效果有明显影响。对于同一种土,通常情况下硅酸盐水泥的稳定效果好,而铝酸盐水泥较差。

在水泥硬化条件相似,矿物成分相同时,随着水泥分散度的增加,其活性程度和硬化能力也有所增大,从而水泥土的强度也大大提高。

水泥土的强度随水泥剂量的增加而增长,但过多的水泥用量,虽获得强度的增加,在经济上却不一定合理,在效果上也不一定显著,且容易开裂。试验和研究证明,水泥剂量为4% ~6%较为合理。

(三)含水率

含水率对水泥稳定土强度影响很大,当含水率不足时,水泥不能在混合料中完全水化和水解,发挥不了水泥对土的稳定作用,影响强度形成。同时,含水率小,达不到最佳含水率也影响水泥稳定土的压实度。因此,使含水率达到最佳含水率的同时,也要满足水泥完全水化和水解作用的需要为好。但含水率过大又会引起干缩程度增加,因此含水率控制必须严格。

水泥正常水化所需的水量约为水泥重的20%,对于砂性土,完全水化达到最高强度的含水率较最佳密度的含水率为小;而黏性土则相反。

第五节　工业废渣稳定基层

一、概述

随着工业的发展,工业废渣逐渐增多,如何综合利用工业废渣引起了国内外重视。近年来,我国利用工业废渣铺筑路面基层,取得了显著成效,不但提高了路面使用品质,而且降低了工程造价,"变废为宝",具有很大的经济意义。

公路上常用的工业废渣有:火力发电厂的粉煤灰和煤渣,钢铁厂的高炉渣和钢渣,化

肥厂的电石渣,以及煤矿的煤矸石等。粉煤灰和煤渣中含有较多的二氧化硅、氧化钙或氧化铝等活性物质。用石灰稳定工业废渣时,石灰在水的作用下形成饱和的 $Ca(OH)_2$ 溶液,废渣的活性氧化硅和氧化铝在 $Ca(OH)_2$ 溶液中产生火山灰反应,生成水化硅酸钙和铝酸钙凝胶,把颗粒胶凝在一起,随水化物不断产生而结晶硬化,具有水硬性。温度较高时,强度增长快,因此石灰稳定工业废渣最好在热季施工,并加强保湿养生。

工业废渣材料主要用石灰与之综合稳定,即石灰工业废渣材料,主要有石灰粉煤灰类及石灰其他废渣类。

石灰稳定工业废渣基层具有:水硬性、缓凝性、强度高、稳定性好,成板体且强度随龄期不断增加,抗水、抗冻、抗裂而且收缩性小,适应各种气候环境和水文地质条件等特点。所以,近几年来,修筑高等级公路,常选用石灰稳定工业废渣做高级或次高级路面的基层或底基层。

二、石灰煤渣类基层

石灰煤渣(简称二渣)基层是用石灰和煤渣按一定配合比,加水拌和、摊铺、碾压、养生而成型的基层。二渣中如掺入一定量的粗集料便称三渣;掺入一定量的土便成为石灰煤渣土。各地可根据当地气候、水文地质条件、公路等级及实践经验参照如下配合比选用:

采用石灰煤渣做基层或底基层时,石灰与煤渣的比可以是20:80～15:85。

采用石灰煤渣土做基层或底基层时(土为细粒土),石灰与煤渣的比可用1:2～1:3,但混合料的石灰不应小于10%。

采用石灰煤渣粒料做基层或底基层时,石灰:煤渣:粒料可以是(7～9):(26～33):(67～58)。为了提高石灰煤渣和石灰煤渣土的早期强度,可外加1%～2%的水泥。

石灰煤渣、石灰煤渣土和三渣皆具有水硬性,物理力学性质基本上与石灰土相似,但其强度与水稳定性都比石灰土好。石灰煤渣的28 d强度可达1.5～3.0 MPa,并随龄期而增长。初期强度增长慢,尚有一定的塑性,但达到一定龄期后,处于弹性工作状态,成板体,具有刚性,当冷缩和干缩时,易产生裂缝。研究表明,当采用石灰煤渣粒料时,抗缩裂能力有所改善。

施工程序和方法基本上与石灰土基层相同。但要加强养生,重视提高初期强度,防止早期重交通量下出现早期破坏现象。

三、石灰粉煤灰类基层

石灰粉煤灰基层是用石灰和粉煤灰按一定配合比,加水拌和、摊铺、碾压及养生而成型的基层。在二灰中掺入一定量的土,经加水拌和、摊铺、碾压及养生成型的基层,称二灰土基层。混合料的配合比组成,各地可根据当地的实践经验或参照下面配合比选用。

采用石灰粉煤灰土做基层或底基层时,石灰与粉煤灰的比常用1:2～1:4(对于粉土,以1:2为合适)。石灰粉煤灰与细粒土的比为30:70～50:50。

采用石灰粉煤灰与级配的中粒土和粗粒土时,石灰与粉煤灰的比为1:2～1:4,石灰粉煤灰与粒料的比常采用20:80～15:85。

为了防止裂缝,采用石灰与粉煤灰的比为1:3~1:4,集料含量为80%~85%最佳,既可抗干缩又可抗温缩。不少地区在修筑高级或次高级路面时选用这种基层和底基层,既减少了因基层反射裂缝而引起的面层开裂问题,还减轻了沥青路面的车辙。

石灰粉煤灰类的基层施工,类似于石灰稳定土基层的施工。施工时,应尽量安排在温暖高温季节,以利于形成早期强度而成型。

习题与思考题

1. 石灰土、二灰碎石、水稳碎石都是较常用的基层或底基层材料,它们的应用场合有什么么不同?

2. 石灰土、二灰碎石、水稳碎石在性能上的主要区别有哪些?

3. 无机结合料稳定材料基层的主要优点和缺点各是什么?

第十章　沥青路面

学习要点　通过本章学习，学生应掌握沥青路面的分类及特性，沥青混合料的组成设计，了解沥青路面材料的力学性质及SMA沥青路面设计。

第一节　概　述

一、基本特性

沥青路面是通过各种方式将沥青材料用作矿料的结合料，经铺筑后形成路面面层并与其他各类基层和垫层共同组成的路面结构的统称。由于使用沥青做结合料，矿料间的黏结力获得很大增强，使混合料的强度和稳定性都得到了提高，并提高了路面的使用性能和耐久性。与水泥混凝土路面相比，沥青路面具有表面平整、无接缝、行车舒适、耐磨、振动小、噪声低、施工工期短、养护维修简便、适宜分期修建等优点，因而获得广泛的应用。20世纪50年代以来，各国修建沥青路面的数量显著增长，所占比重越来越大，沥青路面已成为世界各国公路的主要面层类型。近20年来，我国在公路和城市道路上修筑了相当数量的沥青路面。沥青路面已经成为我国高速公路的主要结构形式，随着国民经济和现代化道路交通发展的需要，沥青路面将会得到广泛的应用和发展。

沥青路面属于柔性路面，面层抗拉强度较低，其整体强度和稳定性在很大程度上取决于土基和基层的特性，因而要求基层和土系必须具有足够的强度和良好的稳定性。沥青路面设计的任务是根据使用要求及气候、水文、土质等自然条件，密切结合当地实践经验，设计确定经济合理的路面结构，使之能承受交通荷载和环境因素的作用，在预定的使用期限内满足相应的承载力、耐久性、舒适性和安全性的要求。沥青路面在路基设计时，对软弱土基或翻浆路段必须有相应的处理措施，防止由土基强度过低、变形过大而导致路面提前破坏，施工时必须根据路基土的特性进行充分压实。沥青路面修筑后，由于透水性小，土基和基层内的水分难以排出，使土基和基层湿度增大而造成强度下降，导致路面破坏，因此设计时尽量采用水温稳定性较好的材料铺筑基层。对交通量较大的路段，为使沥青路面具有较强的抗拉和抗疲劳性能，宜采用相对较厚的沥青面层。采用较薄的沥青面层时，特别是在旧路面上加铺沥青混合料补强层时，要采取必要的措施加强面层与下承层之间的黏结，以防止水平力作用而引起沥青面层的推挤、剥落等破坏。低温时，沥青路面的抗变形能力降低，所以在寒冷地区，土基会产生不均匀冻胀，而使沥青路面开裂，此时需设置防冻层，同时采用合理的沥青混合料类型，避免出现沥青面层低温开裂。

二、沥青路面的分类

根据施工工艺的不同，沥青路面可分为三种：层铺法、路拌法及厂拌法施工的沥青路面。

(一)层铺法施工的沥青路面

层铺法施工是将沥青分层洒布、矿料分层撒铺,之后碾压形成沥青面层的施工方法。主要优点是工艺和设备简便,施工进度快,功效高,造价相对较低;缺点是结构强度低,使用寿命短,路面成型期较长,需要经过炎热季节经行车碾压之后路面才能最终成型。根据铺装时采用的具体工艺、结构层厚度、适用条件的不同,路面又可进一步分为沥青表面处治路面、沥青贯入式路面和碎石封层等。

1.沥青表面处治路面

沥青表面处治路面是用沥青和矿料按层铺法铺筑,厚度一般为1.5~3.0 cm的路面面层结构。表面处治可做成单层或多层,优点是摩阻系数大,表面构造深,有利于车辆行驶安全。另外,还具有良好的抗低温开裂性能。沥青表面处治适用于三级、四级公路的面层,旧沥青面层上加铺罩面或抗滑层、磨耗层等。

2.沥青贯入式路面

沥青贯入式路面也称沥青贯入碎石,主要靠矿料颗粒间的锁结作用及沥青的黏结作用获得需要的强度和稳定性,采用层铺法施工,厚度一般为4~8 cm,用作基层时,厚度可达10 cm。当沥青贯入式路面的上部加铺拌和的沥青混合料时,称为上拌下贯,此时,拌和层的厚度宜为3~4 cm,其他层厚度为7~10 cm。沥青贯入式路面适用于做二级及二级以上公路的沥青面层,也可做路面基层使用,即沥青贯入碎石设置在沥青混凝土面层与半刚性基层或粒料基层之间成为连接层。

3.碎石封层

施工工艺和工序与沥青表面处治相同,但要求结合料有较大的黏结强度和稳定性,一般情况下要求用改性沥青,并要求使用粒径严格单一的材料,对石料的洁净度和针片状颗粒含量要求很高,要求用机械洒布沥青和撒铺石料,对施工机械的要求较高。优点是路面成型后具有较大的构造深度,有利于行车安全。

根据碎石撒铺工艺的不同,碎石封层分为异步碎石封层和同步碎石封层。异步碎石封层工艺是先由沥青洒布车洒布沥青,而后由碎石撒铺机撒铺骨料,两个工序在同一点间隔10 min左右,最后用压路机碾压成型。同步碎石封层施工时洒布沥青和撒铺骨料由一台设备同时完成,两个工序在同一点间隔几秒钟,最后用压路机碾压成型。除简化工序的优点外,同步碎石封层最大的优点是能够在沥青保持高温时撒铺石料,能够有效地保证两者之间的黏结。

(二)路拌法施工的沥青路面

路拌法是在路面上用人工或机械将矿料和沥青材料就地拌和、摊铺、碾压密实后形成沥青结构层的施工方法。优点是沥青材料在矿料中的分布比层铺法均匀,可以缩短路面的成型期。缺点是所用矿料为冷料,需使用黏稠度较低的沥青材料,所以混合料的强度较低。典型的路拌法施工沥青路面为乳化沥青碎石混合料路面,乳化沥青碎石混合料适用于做三级、四级公路的沥青面层,二级公路养护罩面及各级公路的调平层。

(三)厂拌法施工的沥青路面

厂拌法施工的沥青路面是用不同粒径的碎石、天然砂(或机制砂)、矿粉和沥青按一定比例在拌和机中热拌所得的拌和物,称为热拌沥青混合料(HMA),在规定温度范围内运到工地并用摊铺机摊铺,碾压密实成型的沥青路面。这种混合料的矿料部分具有严格的级配要求,当这种混合料压实达到规定强度和孔隙率后,称作沥青混凝土,沥青混凝土具有很高的强度和密实度,常温下还具有一定的塑性,它的强度和密实度是各种沥青矿料混合料中最高的,优点是透水性小,水稳性好,有较强的抵抗自然因素影响和行车荷载作用的能力,使用寿命长,耐久性好。根据热拌沥青混合料强度构成原理、矿料级配组成、路用性能等因素的不同,厂拌法施工的沥青路面可进一步分类。

1. 按混合料强度构成原理

按混合料强度构成原理可分为级配密实型沥青混合料和嵌挤锁结型沥青混合料。级配密实型沥青混合料的矿料级配按最大密实原则设计,强度和稳定性主要取决于混合料中沥青与矿料的黏结力,矿质颗粒之间的摩阻力处于次要地位。代表性的是设计空隙率较小的密实式沥青混凝土(Asphalt Concrete,以 AC 表示)混合料和密实式沥青稳定碎石(Asphalt-Treated Base,以 ATB 表示)混合料,此类混合料沥青用量一般较大,强度受温度影响明显,但抗渗水性、耐久性较好。

嵌挤锁结型沥青混合料采用颗粒尺寸较大、较为均一的矿料,细集料和填料较少,形成开级配沥青混合料。代表性的是半开级配沥青碎石混合料(Asphalt Macada m,以 AM 表示)、大孔隙开级配排水式沥青碎石(OGFC)。其强度和稳定性主要依靠骨料颗粒之间相互嵌挤、锁结作用所产生的内摩阻力,沥青与矿料的黏结力相对较小,只起次要作用。嵌挤锁结型沥青混合料路面比级配密实型沥青混合料路面的高温稳定性要好,但空隙率大、易渗水,所以耐久性相对较差。

2. 按材料组成及结构

按材料组成及结构分为连续级配沥青混合料、间断级配沥青混合料。连续级配沥青混合料的矿料级配具有连续、光滑的级配曲线。若矿料级配组成中缺少一个或几个粒径档次(或用量很少),则称为间断级配沥青混合料。

3. 按矿料级配组成和空隙率

按矿料级配组成和空隙率分为密级配沥青混合料、半开级配沥青混合料、开级配沥青混合料。如矿料具有连续级配、设计空隙率为 3% ~6% 的称为密级配沥青混合料。如矿料由适当比例的粗集料、细集料及少量填料(或不加填料)组成,标准马歇尔击实成型试件的剩余空隙率为6% ~12%,则为半开级配沥青碎石混合料。如沥青混合料采用颗粒尺寸较大且较为均一的矿料,细集料和填料较少,设计空隙率达到 18% 或更大,即为开级配沥青混合料,如大孔隙开级配排水式沥青碎石混合料。

4. 按公称最大粒径

沥青混合料按公称最大粒径分为特粗式(公称最大粒径 >31.5 mm)、粗粒式(公称最大粒径≥26.5 mm)、中粒式(公称最大粒径 16 mm 或 19 mm)、细粒式(公称最大粒径 9.5 mm 或 13.2 mm)、砂粒式(公称最大粒径 <9.5 mm)。

5. 沥青玛琋脂碎石混合料

由沥青结合料与少量的纤维稳定剂、细集料及较多的填料组成的沥青玛琋脂填充于具有间断级配的粗集料骨架空隙中组成的沥青混合料,即为沥青玛琋脂碎石混合料(SMA)。其优点是具有抗滑、耐磨、密实耐久、抗疲劳、抗高温车辙、减少低温开裂等优点,同时能有效减轻行车噪声污染。沥青玛𤧛脂碎石混合料适用于高速公路及一级公路抗滑表层,其厚度通常为 3.5 ~ 4 cm。

三、沥青路面类型的选择

采用不同施工工艺和材料可修筑成不同类型的沥青路面,因此必须根据路面的使用要求和施工的具体条件,按技术经济原则综合考虑、选定最适当的路面结构。

沥青类路面类型的选择使用,一方面要根据任务要求(道路的等级、交通量、使用年限、修建费用等)和工程特点(施工季节、施工期限、结构组合状况等),另一方面还应考虑材料的供应情况、施工机具、劳力和施工技术条件等因素。

沥青混凝土是适合现代交通的一种优质高级面层材料。铺筑在坚硬基层上的优质沥青混凝土面层可使用 15 ~ 20 年。我国《公路沥青路面施工技术规范》(JTG F40—2004)规定:高速公路及一级公路的表面层、中面层、下面层应采用沥青混凝土,二级公路的表面层宜用沥青混凝土。在工程实践中可参照表 10-1 选择面层类型。

表 10-1　面层类型的选择

公路等级	路面等级	面层类型	设计年限(年)	设计年限内的累计标准轴次(万次/车道)
高速公路、一级公路	高级路面	沥青混凝土、沥青玛𤧛脂碎石	15	>400
二级公路	高级路面	沥青混凝土	12	>200
	次高级路面	热拌沥青碎石、沥青贯入式	10	100 ~ 200
三级公路	次高级路面	乳化沥青碎石、沥青表面处治	8	10 ~ 100
四级公路	中级路面	填隙碎石、级配碎(砾)石 半整齐石块路面	5	≤10
	低级路面	粒料改善土	5	

密级配沥青混凝土(AC)适用于各级公路沥青面层的任何层次;沥青玛𤧛脂碎石混合料(SMA)适用于铺筑新建公路的表面层或旧路面加铺磨耗层;设计空隙率 6% ~ 12% 的半开级配沥青碎石混合料(AM)仅适用于三级及三级以下公路、乡村公路,且沥青混合料拌和设备缺乏添加矿粉装置和人工炒拌的情况;设计空隙率 3% ~ 6% 粗粒式及特粗式的密级配沥青稳定碎石混合料(ATB)适用于基层;设计空隙率大于 18% 的粗粒式及特粗排水式沥青稳定碎石混合料(ATPB)适用于排水基层;设计空隙率大于 18% 的细粒排水式沥青稳定碎石混合料适用于高速行车、多雨潮湿、不易被尘土污染、非冰冻地区铺筑排水式沥青路面磨耗层。开级配排水式沥青混合料基层的下卧层应具有排水和抗冲刷能力,

工程上必须通过试验,取得成功的经验并经过论证后使用。

特粗式沥青混合料适用于基层,粗粒式沥青混合料适用于下面层或基层,中粒式沥青混合料适用于中面层和表面层,细粒式沥青混合料适用于表面层和薄层罩面。砂粒式沥青混合料适用于非机动车道或行人道路。对高速公路及一级公路,除沥青稳定碎石基层外,通常宜选用公称最大粒径为 13.2 ~26.5 mm 的沥青混合料。

对沥青层较厚的高速公路及一级公路,在选择级配类型、确定矿料级配和最佳沥青用量时,应首先保证路面整体结构不致发生早期破坏,并在此基础上优先或侧重考虑各层的服务功能后作出抉择,主要包括:

(1)表面层应具有良好的表面功能、密水、耐久、抗车辙、抗裂,潮湿区和湿润区的路面上面层应符合潮湿条件下的抗滑要求,抗滑性能不符合要求时,宜铺筑抗滑磨耗层。在寒冷地区表面层应考虑低温抗裂性能的要求。

(2)三层式面层的中面层或双层式面层的下面层应重点满足混合料的高温抗车辙性能。下面层应在满足高温抗车辙性能的基础上,重点考虑抗疲劳性能及抗裂性能的要求。

(3)除排水式沥青混合料外,每一层都应该考虑密水性,当上层为渗水性结构层时,层间或下层应采取防渗水或排水措施。高速公路的紧急停车带(硬路肩)沥青面层宜采用与行车道相同的结构,但表面层宜采用密级配沥青混凝土混合料铺筑。

沥青面层集料的最大粒径宜从上至下逐渐增大,并与设计厚度匹配。除人行道路外,沥青层的压实厚度不宜小于集料最大粒径的 2 倍。对于高速公路和一级公路,密级配沥青混合料的层厚不宜小于公称最大粒径的 3 倍,SMA 等嵌挤型沥青混合料的层厚不宜小于公称最大粒径的 2.5 倍,以减少离析,便于压实。

沥青类路面一般不宜铺筑在纵坡大于 6% 的路段上。在纵坡大于 3% 的路段,考虑抗滑的要求,面层宜采用粗粒式沥青碎石或粗粒式沥青混凝土。

第二节　沥青路面材料的力学特性和温度稳定性

一、沥青混合料的强度特性

表征沥青混合料力学强度的参数是抗压强度、抗剪强度和抗拉强度(包括抗弯拉强度)。沥青混合料均具有较高的抗压强度,而抗剪强度和抗拉强度较低。沥青路面的破坏一般是由拉裂或滑移开始逐渐扩展的。

(一)抗剪强度

沥青混合料的抗剪强度服从 Mohr-Coulomb 强度理论。材料在外力作用下不产生剪切破坏,应具备下列条件

$$\tau_{max} < \sigma \tan\varphi + c \tag{10-1}$$

式中 τ_{max}——在外荷载作用下,某一点产生的最大剪应力;

σ——在外荷载作用下,同一剪切面上的正应力;

φ——材料的内摩阻角;

c——材料的黏结力。

剪切强度可通过直剪试验或三轴压缩试验获得。沥青混合料的抗剪强度主要取决于沥青与矿料间的黏结力,以及矿料在沥青混合料中相互嵌挤而产生的内摩阻角。

沥青混合料的黏结力取决于许多因素,其中最主要的是沥青黏滞度、沥青含量与矿粉含量的比值及沥青与矿料相互作用的特性。沥青的黏滞度越高,黏结力就越大,抗剪强度也越高。随着沥青含量增加,矿料颗粒间自由沥青增加,沥青混合料的黏结力下降。在沥青与矿料的界面上,由于分子的吸附作用,越靠近矿料表面,沥青的黏滞度越高,因此矿料的比面积和矿料周围沥青膜的厚度对沥青混合料的黏结力影响很大。矿料颗粒越小,比表面积越大,包裹矿料颗粒的沥青膜越薄,黏结力就越大。

矿料的级配、颗粒的形状和表面特性,都对沥青混合料的内摩阻力有影响。随着颗粒尺寸的增大,内摩阻力也增大,颗粒表面粗糙、棱角尖锐的混合料,由于颗粒相互嵌挤,其内摩阻力比圆滑颗粒混合料的内摩阻力大得多。另外,沥青混合料中沥青的存在会降低内摩阻力,当沥青含量过多时,内摩阻力会显著降低,黏结力也会下降。

(二)抗拉强度

在气候寒冷地区,冬季气温下降,特别是急剧降温时,沥青混合料产生收缩,如果收缩受阻,则会产生拉应力,如该应力超过沥青混合料的抗拉强度,路面就会开裂。

沥青混合料的抗拉强度主要由混合料中结合料的黏结力提供,其大小可采用直接拉伸试验或劈裂试验确定。直接拉伸试验是将混合料做成圆柱形试件,其两端用环氧树脂粘于金属盖帽上,通过安置在试件上的变形传感器,测定试件在各级拉应力下的应变值(见图10-1),应力—应变曲线中的最大应力值即为极限抗拉强度。劈裂试验测试方法较简单:将沥青混合料用马歇尔标准击实法制成直径为101.6 mm、高为63.5 mm的圆柱形试件,或从轮碾机成型的板块试件或从道路现场钻取的直径为100 mm或150 mm、高为40 mm的圆柱形试件,试验时沿着试件的直径方向,经由试件两侧的垫条按一定速率施加压力(见图10-2),直到试件开裂破坏。

施加压力时,试件中的应力分布如图10-3所示。

水平直径平面的应力为

$$\sigma_x = \frac{2P}{\pi td}\left(\frac{d^2 - 4x^2}{d^2 + 4x^2}\right)^2 \tag{10-2}$$

$$\sigma_y = -\frac{2P}{\pi td}\left(\frac{4d^2}{d^2 + 4x^2} - 1\right) \tag{10-3}$$

$$\tau_{xy} = 0 \tag{10-4}$$

垂直直径平面(沿加载轴)的应力为

$$\sigma_x = \frac{2P}{\pi td} = \text{常数} \tag{10-5}$$

$$\sigma_y = -\frac{2P}{\pi t}\left(\frac{2}{d - 2y} + \frac{2}{d + 2y} - \frac{1}{d}\right) \tag{10-6}$$

$$\tau_{xy} = 0 \tag{10-7}$$

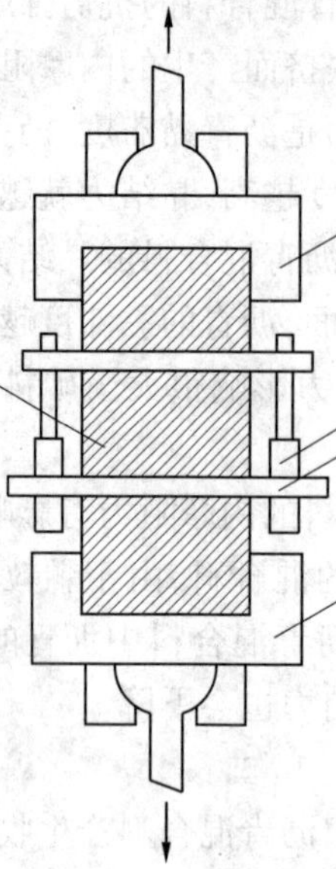

1—上盖帽;2—变形传感器;3—金属箍;4—下盖帽;5—试件

图 10-1　直接拉伸试验示意图

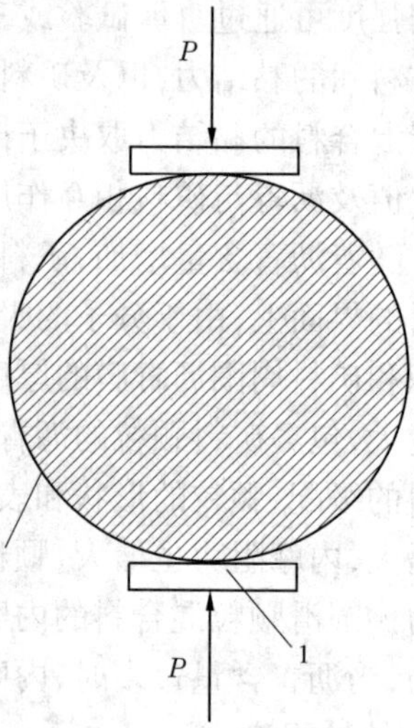

1—压条;2—试件

图 10-2　间接拉伸试验示意图

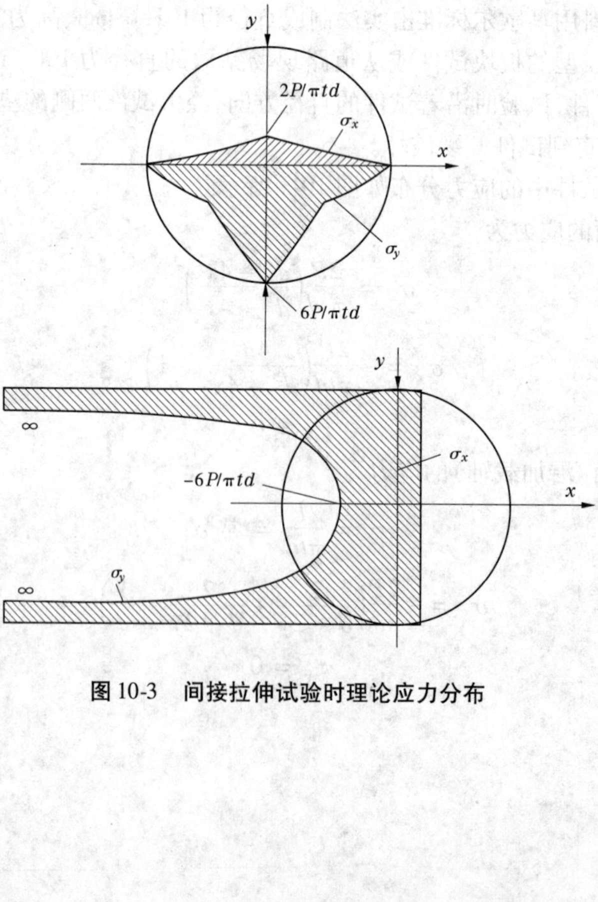

图 10-3　间接拉伸试验时理论应力分布

式中　P——总荷载，MN；

t——试件长度，m；

d——试件直径，m；

x、y——从试件中心算起的坐标值。

上述计算式中正号表示拉应力，负号为压应力。沥青混合料受条形荷载作用时大部沿垂直于直径的平面劈裂破坏，则混合料极限抗拉强度 S_t 为

$$S_t = \frac{2P_{max}}{\pi td} \tag{10-8}$$

沥青混合料在低温下的抗拉强度同沥青的性质、含量、集料的级配、测试时的温度等因素有关。试验表明，沥青黏滞度大、含量高，则混合料具有较高的抗拉强度。密级配混合料优于开级配混合料。在低温下，沥青混合料的抗拉强度随温度降低而提高，形成一个峰值（脆化点），低于脆化点后则强度下降。

我国现行沥青路面规范中采用劈裂强度作为沥青混凝土和半刚性材料的抗拉强度，设计时参见《公路沥青路面设计规范》（JTG D50—2006）。

（三）抗弯拉强度

沥青路面在行车荷载反复作用下，往往因路面弯曲而产生开裂破坏，因此必须验算沥青混合料的抗弯拉强度。

沥青混合料的抗弯拉强度在室内用梁式试件在简支受力情况下测定。梁式试件的高和宽应不小于矿料最大粒径的 4 倍，梁的跨径为高的 3 倍。常用的试件尺寸为：粗粒式沥青混合料试件尺寸为 150 mm × 150 mm × 550 mm，跨径为 450 mm；中、细粒式为 100 mm × 100 mm × 400 mm，跨径为 300 mm；砂粒式为 50 mm × 50 mm × 240 mm，跨径为 150 mm。试验采用三分点加荷，使梁中间部分处于纯弯拉状态（见图 10-4）。

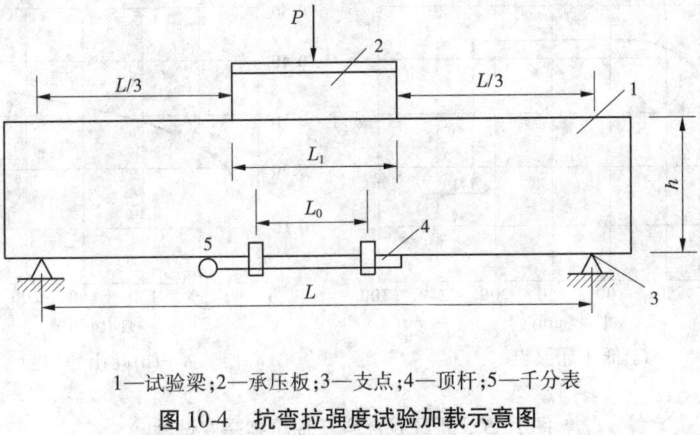

1—试验梁；2—承压板；3—支点；4—顶杆；5—千分表

图 10-4　抗弯拉强度试验加载示意图

我国《公路工程沥青及沥青混合料试验规程》（JTJ 052—2000）规定的试件尺寸是由轮碾成型后切制的，试件长 250 mm ± 2.0 mm，宽 30 mm ± 2.0 mm，高 35 mm ± 2.0 mm。试验温度采用 15 ℃ ± 0.5 ℃。当用于评价沥青混合料低温拉伸性能时，采用试验温度 −10 ℃ ± 0.5 ℃。沥青混合料的抗弯拉强度为

$$\sigma_t = \frac{PL}{bh^2} \tag{10-9}$$

式中　P——最大荷载,MN;

b——试件宽度,m;

h——试件高度,m;

L——跨径,m。

沥青混合料的抗弯拉强度取决于所用材料的性质(沥青的性质、用量、集料级配)及结构破坏过程的加荷状况(重复次数、应力增长速度等)。另外,试验时的温度状况对抗弯拉强度也有很大影响。

二、沥青混合料的应力—应变特性

沥青混合料是一种弹-黏-塑性材料,在应力—应变关系中呈现出不同性质。有时仅呈现为弹性性质,有时主要呈黏塑性性质。在大多数情况下,几乎同时综合呈现上述性质。对沥青混合料进行三轴试验,在固定的应力作用下,可得到应变和应力作用时间的关系曲线。图10-5(a)表示施加应力较小的情况,一部分应变在施荷后立即产生,而卸荷后这部分应变立即消失,表明混合料为弹性应变,应力与应变成正比;另一部分应变随加荷时间的增加而增加,卸荷后随时间的增长而逐渐消失(或基本消失),这是混合料的黏弹性应变。图10-5(b)表示应力较大时的情况,此时,除有瞬时弹性应变和滞后弹性应变外,还存在着随时间而发展的近似直线变化的黏性和塑性流动。卸荷后,这部分应变不再恢复而成为塑性应变。试验说明,沥青混合料在受力较小时,特别是受荷时间短时基本上处于弹性状态并兼有黏弹性的性质;而当混合料受荷达到一定值时,特别是受荷时间较长时,不仅出现弹性应变,而且还有随时间而发展的黏塑性应变,混合料表现出弹-黏-塑性质。

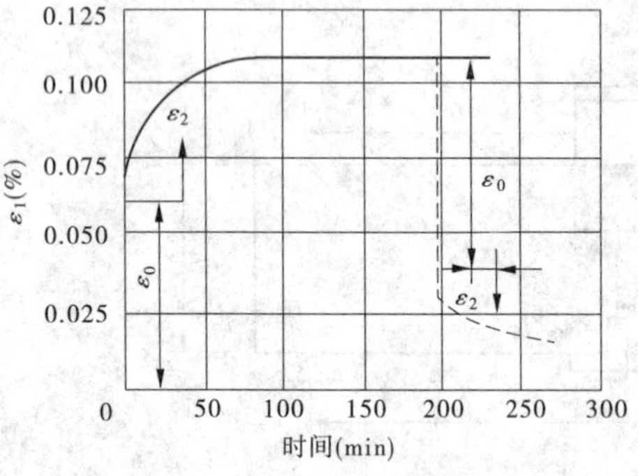

(a)低于屈服点

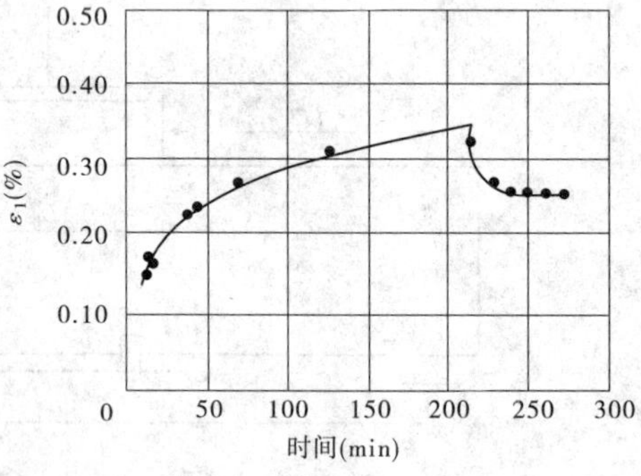

(b)高于屈服点

图10-5　沥青混合料三轴压缩蠕变试验

为了正确地了解沥青混合料的工作状况,还应考虑沥青混合料在应力—应变状态下呈现出的应力松弛特性。应力松弛是变形物体在恒定应变下应力随时间而自动降低的过程,这是由于物体内部物质流动的结果。为使物体保持变形的状态,随时间的推移,所需的力愈来愈小,使应力下降到初始数值的那段时间叫作松弛时间 t'(见式(10-10)),是表征应力松弛过程的主要参数。

$$t' = \frac{\eta}{E} \tag{10-10}$$

式中　η——黏滞度，Pa · s；

E——弹性模量。

从式(10-10)可见，沥青混合料的应力松弛时间主要取决于黏滞度，而黏滞度又随温度变化而变化。沥青混合料在冬季低温时具有很高的黏滞度，则应力松弛时间较长，超出荷载的作用时间，沥青混合料呈现出弹性体；夏季高温时，混合料的黏滞度迅速降低，应力松弛时间大大缩短，接近或小于荷载作用时间，在临界状态下就会产生塑性变形。因此，沥青混合料的应力—应变特性不仅与荷载大小和作用时间有关，而且与材料的温度有关。

考虑到荷载作用时间和温度对沥青混合料应力—应变特性的影响，C · 范德甫(Vander Poel)提出用劲度模量(简称劲度)作为表征弹 - 黏 - 塑性材料的性质指标。所谓劲度模量，就是材料在给定的荷载作用时间和温度条件下应力与总应变的比值，即

$$S_{t,T} = \left(\frac{\sigma}{\varepsilon}\right)_{t,T} \tag{10-11}$$

式中　$S_{t,T}$——劲度模量，MPa；

σ——施加的应力，MPa；

ε——总应变；

t——荷载作用时间，s；

T——材料的温度，℃。

(一)沥青的劲度

图 10-6 表示荷载作用时间和温度对沥青劲度的影响。荷载作用时间极短时，曲线接近水平，表明材料呈弹性，而荷载作用时间很长时，材料呈纯黏性。此时，沥青的劲度模量为

$$S_{t,T} = \frac{3\eta}{t} \tag{10-12}$$

当荷载作用时间介于两者之间时，沥青材料呈弹 - 黏性质。

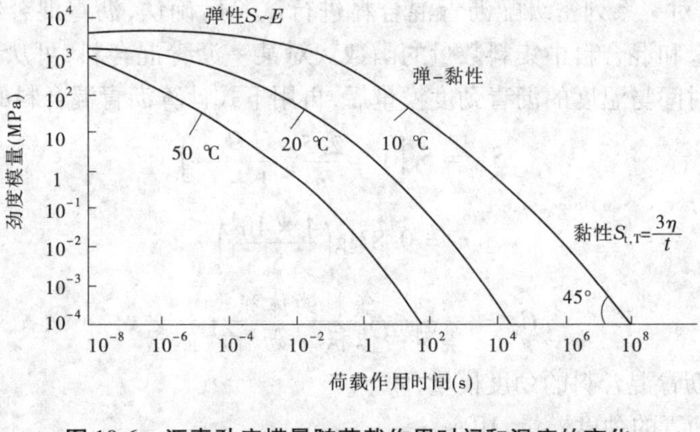

图 10-6　沥青劲度模量随荷载作用时间和温度的变化

图 10-6 也表示温度对沥青劲度模量的影响:劲度模量随温度而变,而且各温度曲线的形状基本相似,表明在同一荷载作用时间下,温度对材料具有相同的影响。这是沥青材料的一项重要性质,据此,就能在实验室通过有限的变化温度和加荷时间的试验得到很长荷载作用时间下的情况。C · 范德甫用 47 种不同流变类型(即不同针入度和软化点或针入度指数组合)的沥青材料,在较大范围的荷载作用时间和温度下进行了大量的试验,得出预计不同荷载作用时间和温度下沥青劲度模量的诺谟图(见图 10-7)。图中参数:温度差为软化点与温度之差(即 $SP-T$);荷载作用时间(t)或荷载作用频率($f=\frac{1}{t}$);针入度指数(PI)。针入度指数可根据沥青材料的针入度和软化点用下式求得

$$PI=\frac{1\,951.4-500\lg P-20SP}{50\lg P-SP-120.14} \tag{10-13}$$

式中 SP——软化点(环球法),℃;

P——25 ℃时针入度,0.1 mm。

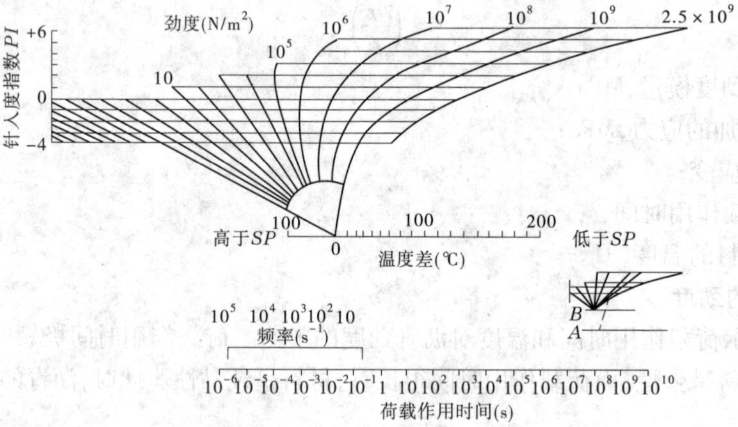

图 10-7　沥青劲度模量诺谟图

(二)沥青混合料的劲度模量

C · 范德甫对一系列密级配沥青混合料进行试验后确认,沥青混合料的劲度模量是沥青的劲度模量和混合料中集料数量的函数。对某一沥青混合料,可从诺谟图中查得规定荷载作用的时间与温度的沥青劲度模量后,再用下式计算沥青混合料的劲度模量

$$S_m=S_b\left[1+\frac{2.5}{n}\cdot\frac{C_v}{1-C_v}\right] \tag{10-14}$$

$$n=0.83\lg\left(\frac{4\times10^4}{S_b}\right) \tag{10-15}$$

$$C_v=\frac{\text{集料的体积}}{\text{集料的体积}+\text{沥青的体积}} \tag{10-16}$$

式中 S_m——沥青混合料的劲度模量,MPa;

S_b——沥青的劲度模量,MPa;

C_v——混合料中集料的集中系数。

式(10-14)仅适用于沥青混合料的空隙率 V_v 为3%，$C_v=0.7\sim0.9$ 的情况，其他情况下要对 C_v 修正

$$C'_v = \frac{C_v}{1+(0.01V_v-0.03)} \tag{10-17}$$

根据式(10-17)算得的 C'_v 代替式(10-14)中的 C_v 值，就可求得沥青混合料的劲度模量。

三、沥青混合料的疲劳特性

与其他路面材料一样，沥青混合料的变形与破坏，不仅与荷载的大小有关，也与荷载的作用次数有很大的关系。路面材料在低于极限抗拉强度下经受重复拉应力或拉应变而最终导致破坏，称为疲劳破坏。导致路面材料最终破坏(即开始疲劳开裂)的荷载作用次数，称为疲劳寿命。

影响沥青混合料疲劳特性的因素很多，除与材料的性质(种类、组成等)、环境因素(温度、湿度等)、加荷方式等因素有关外，还取决于沥青混合料的劲度。因此，对沥青混合料疲劳特性影响的主要因素有沥青混合料的密实度、劲度、沥青含量、集料特性、温度及加载速度等。

沥青混合料的疲劳特性可用试验进行研究，可分为三类试验方法：一是实际路面在真实汽车荷载作用下的疲劳破坏试验，如美国的AASHO试验，历时3年才完成；二是足尺路面结构在模拟行车荷载作用下的试验研究，如澳大利亚的加速加载试验(ALF试验)；三是室内小型沥青混合料试件的疲劳试验研究。因第三类方法费用少、周期短且易于实现，因此使用得最多。

室内小型疲劳试验常采用梁式试件，进行反复弯曲疲劳试验，或在悬臂端施加正弦波形反复荷载，也可以用圆柱形试件进行间接拉伸疲劳试验。

采用弯曲试验时，弯挠应力 σ (MPa)和应变 ε 按下式计算

$$\sigma = \frac{3aP}{bh^2} \tag{10-18}$$

$$\varepsilon = \frac{12h\Delta}{(3l^2-4a^2)} \tag{10-19}$$

式中　b——试件宽度，m；

h——试件高度，m；

l——支点间距，m；

P——使梁弯曲的动荷载，MN；

a——荷载距支点的水平距离，m；

Δ——梁中点的动挠度，m。

疲劳试验可以用控制应力或控制应变两种方式控制加荷(见图10-8)。采用控制应力方式时，每次对试件施加的荷载为常量。施加荷载过程中，在应力集中处开始产生裂缝，随着荷载作用次数的增多，试件不断受到损伤，劲度随之降低，故荷载应力尽管不变，实际的弯曲应变则随施加荷载次数的增加而增大。而控制应变方式是在测试过程中始终

保持每次荷载下应变值不变,要不断改变荷载使梁产生不变的挠曲,因此应力随施加荷载次数的增加而不断减小。

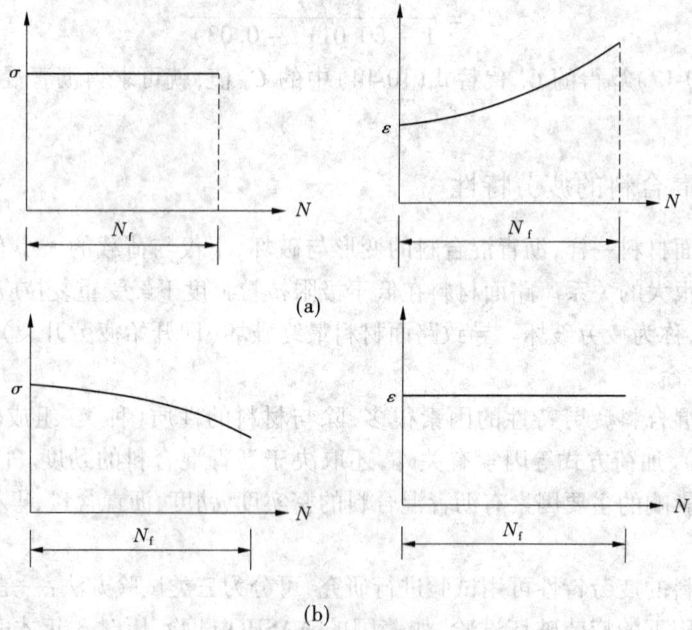

图 10-8　控制应力和控制应变的疲劳试验

在控制应力条件下,沥青混合料达到疲劳破坏的荷载平均作用次数为

$$N_1 = K_1\left(\frac{1}{\sigma_{\max}}\right)^{n_1} \tag{10-20}$$

控制应变施加荷载时,达到破坏的平均作用次数为

$$N_2 = K_2\left(\frac{1}{\varepsilon_{\max}}\right)^{n_2} \tag{10-21}$$

式中　$\sigma_{\max}$——拉应力的最大值;

$\varepsilon_{\max}$——拉应变的最大值;

K_1、K_2——取决于沥青混合料组成和特性的系数;

n_1、n_2——坡度因素,应力—疲劳寿命图,一般 $n_1 > n_2$,对大多数沥青混合料 $n_2 = 5 \sim 6$。

图 10-9 为一些典型沥青混合料的拉应变与疲劳寿命的关系。

试验表明,同一种沥青混合料由于试验时所采用的控制方式不同,试件达到破坏的荷载作用总次数有一定的差别,一般情况下,按应力控制得出的疲劳寿命较短。沥青面层薄(<5 cm)时,相对而言,拉应变对沥青混凝土的劲度不敏感,在此情况下,用应变控制较合适;在沥青面层(>15 cm)中,面层对路面强度起主要作用时,沥青混凝土劲度的变化对沥青混凝土的应变有明显的影响,而对应力的影响较小,在此情况下,用应力控制较合适。但由于应变便于量测,因此国际上大多数有影响的设计方法都采用应变作为设计

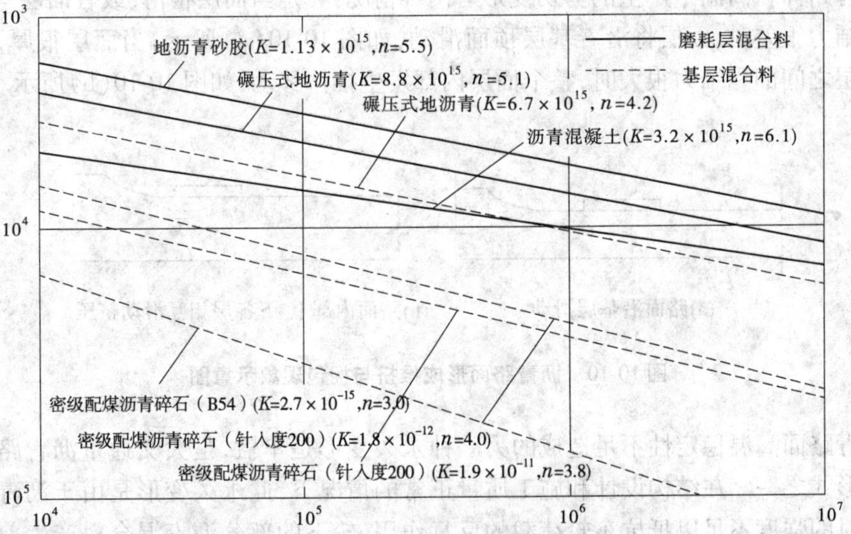

图 10-9　沥青混合料的拉应变与疲劳寿命的关系

指标。

疲劳破坏是路面结构损伤的主要现象,路面材料的抗疲劳性能直接关系到路面的使用寿命。提高路面的抗疲劳性能应注意从两方面入手:一方面是合理的材料设计,使混合料达到最佳配合比和最大密度;另一方面是合理的结构设计,使各结构层的层位与厚度达到理想的程度,在车辆荷载作用下,确保结构层的最大应力和应力比在控制范围之内。

四、沥青混合料的温度稳定性

(一)沥青混合料高温稳定性

1. 高温稳定性破坏

沥青混合料的显著特点是强度和抗变形能力随温度的升降而发生变化。温度升高时,沥青黏滞度降低,矿料间的黏结力削弱,导致强度降低。温度降低时恰好相反,沥青的黏滞度增高,因而强度增大。强度随温度的变化幅度很大,可达几倍至几十倍,表 10-2 为沥青混凝土试件强度随温度变化的情况。沥青混合料强度的这种变化导致沥青路面稳定性和工作状况变化,使用性能降低。

表 10-2　沥青混凝土试件强度随温度变化关系

温度(℃)	50	20	0	-10	-35
抗压强度(MPa)	1.0~2.0	2.5~5.0	8.0~13.0	10.0~17.0	18.0~30.0

夏季高温时,在停车地点(平面交叉口、停车场等)和行车变速的路段上,由于行车荷载的加速、减速、启动、制动,路面可能受到很大的水平作用力(可达到 0.6~0.8 MPa),在车辆重复荷载作用下会发生变形累积。在这种情况下,如果沥青混合料的高温稳定性不足,路面会产生较大的剪切变形,表现为推挤、拥包等永久变形。因此,提高沥青混合料在高温下的抗剪切能力,就是提高其高温稳定性。

沥青路面在高温下产生的剪切变形有两种情况:一是当面层很薄,或者面层与基层之间的黏结力很差时,面层将沿着基层顶面滑动,如图 10-10(a)所示;当面层很厚,或者面层与基层之间的黏结力很大时,整个面层内部发生推挤移动,如图 10-10(b)所示。

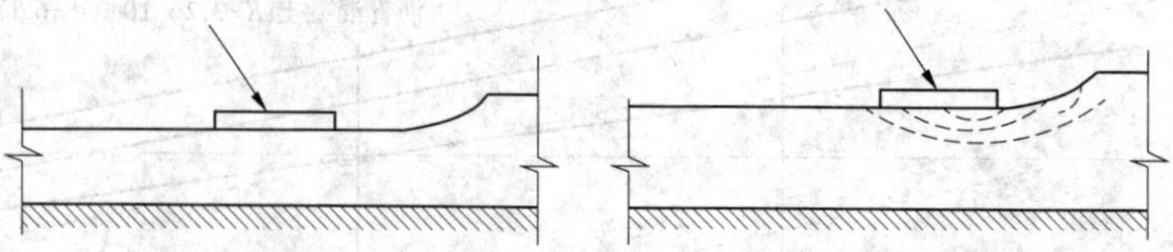

(a)路面沿基层滑动　　(b)路面内部上、下各层相互滑动挤压

图 10-10　沥青路面形成推挤与拥包现象示意图

沥青路面高温稳定性不足造成的另一种永久变形是车辙,是大交通量沥青路面的主要病害形式之一。在结构设计和施工质量正常的情况下,此永久变形是由于沥青混合料在高温时的强度不足以抵抗车轮荷载的反复作用,轮下的部分沥青混合料产生剪切变形逐渐被挤压到两侧,使两侧的沥青面层鼓起,产生侧向流动,形成辙槽,由此形成的车辙称为流动性车辙或失稳性车辙。

沥青混凝土的高温稳定性主要表现在夏季路面是否在车辆荷载的作用下逐渐形成车辙。由于高等级道路绝大部分都采用半刚性基层,行车荷载通过半刚性材料层作用在土基顶面的应力很小。因此,高等级道路上沥青路面层所产生的车辙深度可占总车辙深度的 90% 以上。

高温条件是指路面在使用过程中受交通荷载的反复作用,容易产生车辙、拥包、推挤等永久变形的温度范围,一般为高于 25 ~ 30 ℃的气温条件,此时路面温度可达到 40 ~ 50 ℃甚至更高,已经达到甚至超过道路沥青的软化点。此外,荷载的长时间作用也会导致路面出现永久变形。车辙等永久变形的出现会严重降低路面使用功能,危及行车安全,缩短路面使用寿命,成为高速公路最具危害的路面破坏类型之一,已成为世界各国沥青路面研究中需要解决的重要课题之一。

2. 沥青混合料高温性能试验方法

用于沥青混合料高温特性研究的试验方法很多,主要有室内圆柱形试件的单轴静载、动载、重复试验,三轴静载、动载、重复试验,简单剪切的静载、重复加载和动力试验,此外还有中空圆柱形试件的动力、剪切试验,棱柱形梁式试件的弯曲应变试验,小型模拟设备的车辙试验。大型环道、直道试验设备的足尺路面高温性能试验和现场试验路面的加速车辙试验等。我国现行《公路沥青路面施工技术规范》(JTG F40—2004)中规定,采用马歇尔试验方法进行沥青混合料组成设计,用车辙试验的动稳定度作为考察、选样混合料的重要指标。车辙试验是一种模拟车轮在路面上行走而形成车辙的试验方法,基本原理是通过车轮在板式试件或路面结构上反复行走,观察或检验试件或路面结构的响应,用动稳定度或车辙深度来表征试验结果。这种试验结果是一种工程指标而不是力学参数,不能用于理论计算,但可用于预测沥青路面车辙深度或用于检验沥青混合料高温抗车辙性能。

车辙是路面结构及土基在行车荷载作用下的补充压实,以及结构层中材料的侧向位移产生的累积永久变形,是高级沥青路面的主要破坏形式。研究表明,处于45 ℃以上的沥青路面在车辆荷载的重复作用下最易造成车辙。车辙的年增加量与沥青的软化点、60 ℃的黏度、沥青混合料的动稳定度有很显著的相关性。沥青混合料的动稳定度(DS)是一项评价沥青混合料高温稳定性的指标,由车辙试验确定。车辙试验试件用轮碾成型机碾压成型,试件尺寸为:长300 mm、宽300 mm、厚50 mm,也可现场切割制作长300 mm、宽150 mm、厚50 mm的板块状试件。试验时用固定荷载的橡胶轮反复行走后,测定其变形稳定期每增加变形1 mm的碾压次数,即动稳定度,以次/mm表示。车辙试验的试验温度与轮压是动稳定度的重要影响因素,我国《公路沥青路面施工技术规范》(JTG F40—2004)规定,一般情况下,试验温度为60 ℃,轮压为0.7 MPa。计算稳定度的时间原则上为试验开始后45~60 min。研究表明,采用动稳定度来表征沥青混合料的高温稳定性是适宜的,不少国家在沥青混合料设计时采用了该项指标,如日本沥青路面纲要规定,在60 ℃,轮压为0.64 MPa的情况下进行车辙试验,要求动稳定度不小于1 500次/mm,重交通道路,动稳定度要大于3 000次/mm。我国对沥青混合料动稳定度作了明确规定,参见《公路沥青路面施工技术规范》(JTG F40—2004)。

3. 沥青混合料高温稳定性影响因素

一般将影响沥青路面高温稳定性的因素分为内在因素和外部条件两个方面。内部因素反映混合料的组成和原材料质量,外部条件主要反映气候条件、交通条件及施工质量等,见表10-3。

表10-3　沥青混合料高温稳定性影响因素

影响因素		影响规律
内因	沥青用量	矿料相同条件下,沥青用量越多,高温稳定性越差
	沥青质量	稠度大的沥青可提高高温稳定性,否则将降低
	混合料类型	矿料最大粒径大、颗粒粗的沥青混合料高温稳定性好
	矿料级配类型	嵌挤型高温稳定性好,密实级配型相对较差
	矿料颗粒形状	颗粒越接近立方体越好
	矿料表面特性	颗粒表面越粗糙越好
	沥青与矿料的黏附	黏附性越高越好
	矿粉用量	适当增加其用量有利于提高高温稳定性
外因	温度	越高路面变形越明显
	湿度	随湿度的增加而下降
	行车荷载	车速越慢变形越明显,荷载越大,永久变形越大
	施工质量	施工时密实度越高,永久变形越小

高温稳定性对沥青路面的正常使用影响很大,因此需要从内因和外因两方面采取措施和方法提高沥青混合料的高温稳定性。

(二)沥青混合料低温抗裂性

1. 低温开裂破坏

沥青路面在低温时强度与刚度虽然增大,但变形能力却降低。气温下降,特别是急骤下降时,路面结构内会产生温度梯度,路面面层因降温而收缩的趋势会受到其下部层次的约束而产生拉应力。开始时由于沥青混合料的劲度相对较低,产生的拉应力较小,但随着温度的进一步降低,沥青混合料的劲度增加,伴随收缩趋势进一步增加,导致拉应力超过沥青混凝土的强度,造成面层开裂。沥青路面的低温缩裂,大致可分为两类:一类是温度下降而造成路面的开裂,它与沥青混合料的体积收缩率有关,这种裂缝是由表面开始开裂而逐渐发展成为裂缝;另一类是属于路基或基层收缩与冰冻共同作用而产生的裂缝,这类裂缝是从基层开始逐渐反射到沥青面层。由于路面收缩的主轴是纵向的,因此低温产生的裂缝大都是横向的,间距6~10 m。裂缝的出现往往是沥青路面损坏的开始。随着低温循环的影响,裂缝将会进一步扩展而雨水又由裂缝渗入路面结构,导致路面工作状况进一步恶化。

影响沥青路面低温开裂的因素很多,主要有沥青的性质、当地的气温状况、沥青老化程度、路面的种类和路面层次的厚度等。此外,路面面层与基层的黏结状况、基层所用材料的特征、行车状况对开裂也有一定的影响。

使用稠度较低、温度敏感性低的沥青,可以减少或延缓路面的开裂;路面所在地区的气温愈低、沥青材料愈易老化,都会使路面产生开裂的可能性增大。增加沥青面层厚度可以减少或者延缓路面的开裂,但是不能根除。

近年来,有的国家提出在沥青路面面层上用沥青——橡胶(黏稠沥青75% +磨细硫化橡胶粉25%)混合料铺设一层厚约10 mm的薄层,构成应力吸收薄膜,以提高路面的抗拉强度和减少温度对路面开裂的影响。在路面面层与基层之间,用沥青-橡胶混合料铺设一层应力吸收薄膜夹层,也能有效地防止路面的反射开裂。

2. 低温开裂预估

评价沥青混合料的低温抗裂性能主要是预估开裂温度。

低温开裂预估有代表性的是Christion等提出的方法,该方法将沥青混合料假设为一根弹性梁,由于降温而产生的应力可由下式计算

$$\sigma_{x(t)} = \int_{t_0}^{t} S_{\mathrm{mix}}(\Delta t, T)\alpha(T)\,\mathrm{d}T(t) \tag{10-22}$$

式中 $\sigma_{x(t)}$——路面温度从 t_0 降至 t 时,沥青混合料累计温度应力,MPa;

S_{mix}——沥青混合料在 Δt 温度范围内的劲度模量,MPa;

α——路面温度在 $t_0 \sim t$ 时,沥青混合料的平均温度线收缩系数,1/℃。

用式(10-22)计算所得的累计温度应力与沥青混合料的极限抗拉强度相比较,累计温度应力与极限抗拉强度相等时的温度即为开裂温度。图10-11为预估开裂温度的一个实例,可看出,沥青混合料的预估开裂温度为-30 ℃,此时累计温度应力与沥青混合料的极限抗拉强度相等。

此外,可以利用试验的方法,如TSRST试验,在试验过程中,通过指定的降温速率,在工程建设前,通过保证试验过程中出现的断裂温度小于现场的预计温度进行混合料试验。

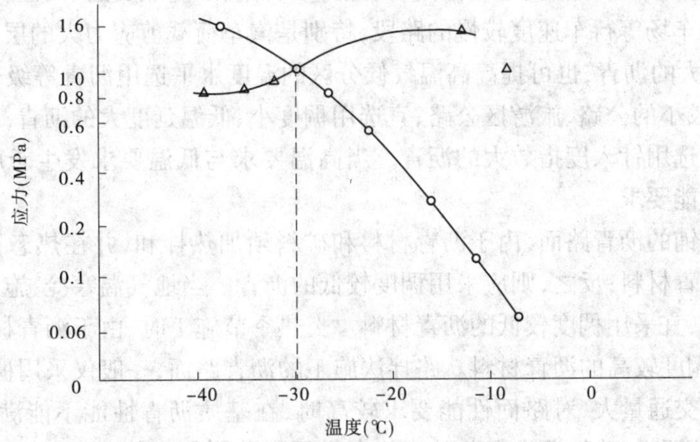

图 10-11　用温度应力和抗拉强度分析低温开裂温度

第三节　沥青混合料的组成

一、沥青

沥青路面使用的沥青材料有石油沥青、煤沥青、沥青乳液等。石油沥青在道路建筑中使用最广,可铺筑各种沥青面层和基层,并且不受地区和公路等级限制,其性质与石油的性质及获得沥青的方法有关。高树脂、少石蜡的石油是炼制道路沥青的最好原料。煤沥青主要是由炼焦或制造煤气得到的高温焦油加工而得的,其主要成分是芳香族碳氢化合物及其氧、氮和硫的衍生物的混合料。煤沥青与石油沥青相比较,温度稳定性低,易老化,但其与矿料颗粒表面的黏附性较好,由于煤沥青会造成轻微的空气污染,一般不宜做沥青面层,仅作为透层沥青使用。沥青乳液也称乳化沥青,它是沥青经机械作用分裂为细微颗粒,分散于含有表面活性物质(乳化剂 - 稳定剂)的水中,形成均匀而稳定的分散系,根据其中表面活性物质的特性及形成乳胶体的性质,乳化沥青可分为乳液和乳膏两大类。选用乳化沥青时,对于酸性石料、潮湿的石料,以及低温季节施工时宜选用阳离子乳化沥青;对于碱性石料或与掺入水泥、石灰、粉煤灰共同使用时,宜选用阴离子乳化沥青。

公路各沥青等级的适用范围应符合表 10-4 的规定。沥青路面采用的沥青强度等级,须按公路等级、气候条件、交通条件、路面类型及在路面结构中的层位、受力特点及施工方法等,结合当地使用经验,经技术论证后确定。

表 10-4　公路各沥青等级的适用范围

沥青等级	适用范围
A 级沥青	各等级公路,适用于任何场合及层次
B 级沥青	高速公路及一级公路的下面层,二级及二级以下公路的各个层次, 用作改性沥青、乳化沥青、稀释沥青的基层沥青
C 级沥青	三级及三级以下公路的各个层次

高速公路及一级公路、夏季气温高、高温持续时间长、重载交通、山区及丘陵区上坡路段、服务区、停车场等行车速度较慢的路段，特别是汽车荷载剪应力大的层次，宜采用稠度大、60 ℃黏度大的沥青，也可提高高温气候分区的温度水平选用沥青等级；对于冬季寒冷地区、交通量较小的公路、旅游区公路，宜选用稠度小、低温延度大的沥青；对日温差、年温差大的地区宜选用针入度指数大的沥青。当高温要求与低温要求发生矛盾时，应优先考虑满足高温性能要求。

对热拌热铺的沥青路面，由于沥青材料和矿料须加热拌和，并在热态下铺压，可采用稠度较高的沥青材料；反之，则应采用稠度较低的沥青。当地气温寒冷、施工气温较低、矿料粒径偏细时，宜采用稠度较低的沥青材料。炎热季节施工时，由于沥青材料的温度散失较慢，则可用稠度较高的沥青材料。路拌法施工的沥青路面，一般仅采用稠度较低的沥青材料。当公路交通量大，对路面性能要求较高时，在基质沥青性能不能满足要求的情况下，可采用改性沥青，改性沥青可单独或复合采用高分子聚合物、天然沥青及其他改性材料制作。

二、粗集料

粗集料在沥青混合料中起形成矿质骨架的作用，对混合料的强度等路用性能影响很大。沥青路面的粗集料可采用轧制碎(砾)石、筛选砾石、矿渣等。碎石应均匀、清洁、坚硬、无风化，粒径小于0.05 mm的颗粒含量应小于2%，吸水率小于2% ~3%。颗粒形状应接近立方体并有多棱角，细长或扁平颗粒含量应小于15%，杂质含量不能超标，压碎值应不大于20% ~30%。轧制砾石系由天然砾石轧制并经筛选而得的，要求粒径大于5 mm颗粒中40%(按质量计)以上至少含一个破碎面。用于沥青贯入式面层时，主层矿料中30% ~40%(按质量计)以上颗粒至少要有两个破碎面。

筛选砾石由天然砾石筛选得到。因天然砾石是各种岩石经自然风化而成的不同尺寸的粒料，强度极不均匀，且多是圆滑形状。所以，筛选砾石仅适用于交通量较小的路面面层下层、基层的沥青混合料，不宜用于防滑面层。在交通量大的沥青路面面层，若使用砾石拌制沥青混合料，则应在砾石中至少掺有50%(按质量计)粒径大于5 mm的碎石或经轧制的砾石。沥青贯入式路面用砾石时，主层矿料中亦应掺有30% ~40%以上的碎石或轧制砾石。

粗集料与沥青材料黏附性大小，对沥青混合料的强度和耐久性有极大影响，应优先选用与石油沥青材料有良好黏附性的碱性碎(砾)石。当集料与沥青材料的黏附性用水煮法测定时，一般公路不低于3级，高等级公路应不低于4级。用于高速公路及一级公路沥青路面表面层及各类抗滑表层的粗集料要符合规定的石料磨光值要求，应选用坚硬、耐磨、抗冲击好的碎石，不得使用筛选砾石、矿渣及软质集料。为了保证石料与沥青之间有较好的黏结性能，经检验属于酸性岩石的石料，用于高速公路及一级公路和城市快速路、主干路时宜使用针入度较小的沥青，必要时可在沥青中掺加抗剥离剂，或用干燥磨细消石灰或生石灰粉、水泥作为矿粉的一部分，共用量宜为矿料总量的1% ~2%；将粗集料用石灰浆处理后也可有效地提高石料与沥青之间的黏结力。

三、细集料

细集料与粗集料共同形成混合料矿质骨架。沥青面层的细集料可采用天然砂、机制砂及石屑等,质量应符合规范规定的技术要求。热拌密级配沥青混合料中,天然砂的用量通常不超过集料总量的20%。机制砂是从轧制岩石中筛选而得的,其最大粒径一般小于5 mm。无论是天然砂还是机制砂,均要求坚硬、清洁、干燥、无风化、不含杂质,并且应有适当的级配。热拌沥青混合料宜采用优质的天然砂或机制砂,在缺乏砂资源地区也可以用石屑。但一般情况下石屑的含泥量高、强度低,所以高速公路及一级公路沥青混凝土面层及抗滑表层的石屑用量不宜超过天然砂及机制砂的用量。河砂、海砂的颗粒缺乏棱角,表面光滑,使用时虽能增加和易性,满足了提高密实度的要求,但内摩阻角较小,为了提高混合料的内摩阻角,可掺加部分机制砂。

细集料应与粗集料一样,要求与沥青形成良好的黏结能力。与沥青的黏结性能很差的天然砂以及用花岗岩、石英岩等酸性石料破碎的机制砂或石屑不宜用于高速公路及一级公路的沥青面层,必须使用时,应有抗剥落措施。

四、矿粉与纤维稳定剂

在混合料中,矿粉与沥青形成沥青胶浆填充于矿质骨架空隙中,在密级配沥青混合料中,矿粉表面积占全部矿料表面积的90%以上,矿粉的使用使矿料比表面积大大增加,从而沥青以结构沥青形式存在,减少自由沥青数量,有利于提高沥青黏结力,获得较高的强度。矿粉中所含粒径小于0.075 mm的颗粒应不少于30%,但过细颗粒的含量也不宜过多,否则会降低混合料施工的和易性和水稳性。对矿粉的要求是干燥、洁净,宜采用石灰岩或岩浆岩中的强基性、憎水性岩石经磨细得到的矿粉,原石料中的泥土杂质应除尽,也可采用水泥、石灰、粉煤灰做矿粉,但其用量不宜超过矿料总量的2%。其中粉煤灰用量不得超过填料总量的50%,且烧失量不超过12%,与矿粉混合后的塑性指数应小于4%,高速公路及一级公路的沥青面层不宜采用粉煤灰做填料。

在SMA混合料中,纤维稳定剂与矿粉、沥青和细集料共同形成沥青玛琋脂,填充于粒径较为单一的集料空隙中,是沥青玛琋脂碎石混合料的重要组成部分,纤维稳定剂在SMA混合料中的主要作用包括:

(1)加筋作用。纤维在混合料中以三维状分散相存在,犹如钢纤维混凝土、土工格栅等加筋材料所起的作用。

(2)分散作用。混合料加入纤维后,可使沥青与矿粉形成的胶团适当分散,形成均匀的材料体系。如果没有纤维,由于沥青和矿粉用量较大,所形成的胶团不能均匀地分散到集料之间,混合料铺筑在路面上会形成明显的“油斑”,形成离析现象。

(3)吸附与吸收沥青的作用。在SMA混合料中加入纤维稳定剂利于充分吸附(表面)及吸收(内部)沥青,从而使沥青用量增加,沥青油膜变厚,有利于提高混合料耐久性。

(4)稳定作用。纤维使沥青膜处于比较稳定的状态,尤其在夏季高温季节,沥青受热膨胀时,纤维内部的空隙具有缓冲作用,不致使其成为自由沥青,有利于改善混合料高温稳定性。

(5)增黏作用。纤维将增加沥青与矿料的黏附性。

第四节 沥青混合料的组成设计

沥青混合料组成设计内容包括确定沥青混合料材料品种及混合料类型、矿料最优级配、最佳沥青用量。在工程实践中,高速公路及一级公路的热拌沥青混合料配合比设计分实验室目标配合比设计阶段、施工阶段的生产配合比设计阶段及生产配合比验证三个阶段进行。我国《公路沥青路面施工技术规范》(JTG F40—2004)规定,热拌沥青混合料配合比设计采用马歇尔试验方法。

一、目标配合比设计

(一)设计任务

采用的原材料、混合料的类型、矿料级配类型和最佳沥青用量的确定是根据公路性质、交通量、路用性能要求、筑路材料、当地气候条件、施工技术水平等进行选择。在设计中,使用工程实际的材料计算各种材料的用量比例,之后配合成符合规范要求的矿料级配,进行马歇尔试验,确定最佳沥青用量,并以此矿料级配及沥青用量作为目标配合比,供拌和机确定各冷料仓的供料比例、进料速度及试拌使用。

(二)设计步骤

1. 确定混合料类型

矿料最大粒径对沥青混合料路用性能影响很大,因此混合料类型由矿料公称最大粒径确定。当结构层厚度(h)与矿料最大粒径(D)的比值较小时,沥青混合料的高温稳定性提高,车辙等损害减小,但抗疲劳能力降低;比值增大时,矿料细集料含量多,沥青用量大,沥青混合料的抗疲劳特性提高,但高温稳定性下降。一般取 $h/D \geqslant 2$,此时沥青混合料施工和易性、可压实性较好,易达到规定的密实度和平整度。确定矿料最大粒径后,根据混合料所在层位、气候环境、材料来源、施工条件等确定沥青混合料类型。

确定混合料类型之后,要选择原材料,根据沥青路面处于各种因素对沥青混合料路用性能的影响情况,结合当地材料供应等条件,按技术、经济合理的原则,通过相关试验选择质量符合要求的原材料品种。

2. 确定工程设计级配范围及矿料配合比设计

根据公路等级、工程性质、气候条件、交通条件、材料供应条件等确定混合料工程设计级配范围,并符合《公路沥青路面施工技术规范》(JTG F40—2004)规定的级配要求,并根据材料实际情况进行工程设计级配范围调整。在实际工程中,常常要用两种或两种以上具有不同级配的原材料掺配后才能得到既定级配要求的矿质集料,即对矿料进行配合比设计。

高速公路及一级公路沥青路面矿料配合比通过电子表格用试配法进行,其他等级公路沥青路面可参照进行,矿料级配曲线按《公路沥青及沥青混合料试验规程》(JTG E20—2011)的方法绘制。

3. 马歇尔试验

制备沥青混合料试件时，沥青用量的中值可根据以往工程经验结合工程实际情况进行预估，之后按一定间隔，密级配沥青混合料可取 0.5%，沥青碎石混合料可为 0.3%，取 5 个或 5 个以上不同的沥青用量分别制成马歇尔试件。每组试件的数量按试验规程要求确定，对粒径较大的沥青混合料则需要增加试件数量。测定马歇尔击实试件的毛体积相对密度、吸水率，计算沥青混合料试件的空隙率、矿料间隙率、有效沥青的饱和度等体积指标，进行体积组成分析，之后进行马歇尔试验，测定马歇尔稳定度和流值，沥青混合料马歇尔试验的指标要满足规范要求。

4. 确定最佳沥青用量

马歇尔试验做完之后，以沥青用量（油石比）为横坐标、马歇尔试验的各项指标为纵坐标，将试验结果绘入图中并达成圆滑的曲线（见图 10-12），确定同时符合规范规定的沥青混合料技术指标的沥青用量范围 $OAC_{min} \sim OAC_{max}$。试验时选择的沥青用量范围应涵盖设计空隙率的全部范围，并尽可能涵盖沥青饱和度的要求范围，并使密度和稳定度出现峰值。如达不到上述要求，应扩大沥青用量范围。

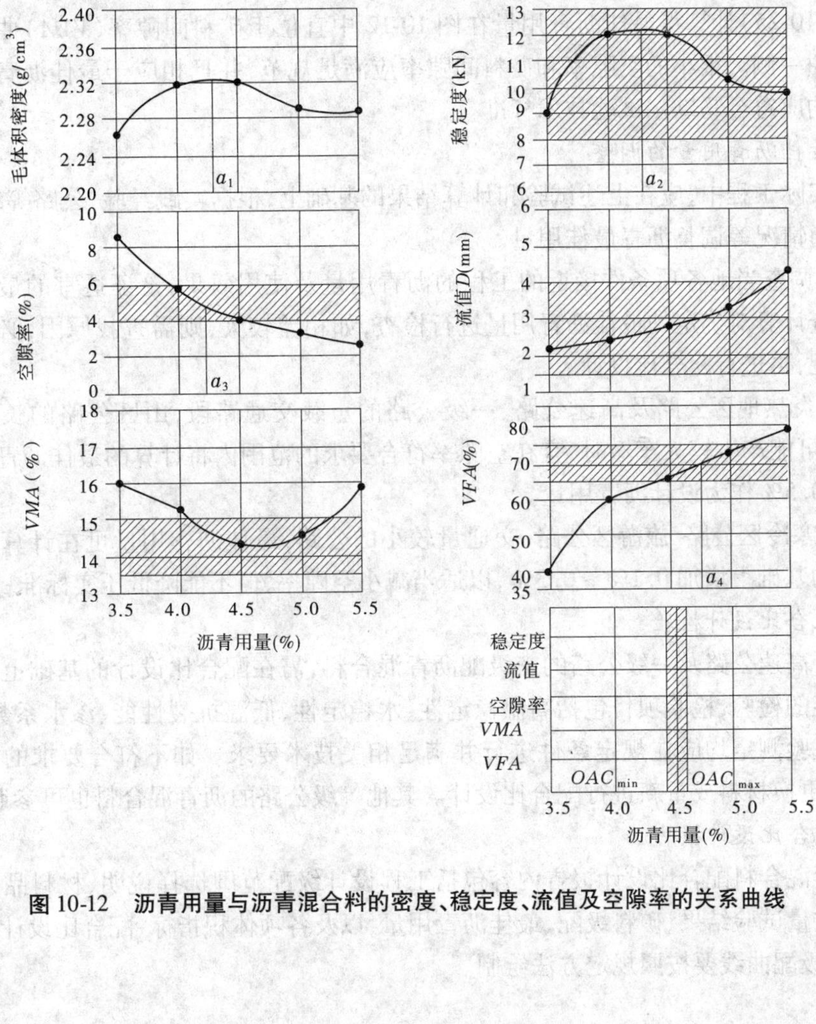

图 10-12　沥青用量与沥青混合料的密度、稳定度、流值及空隙率的关系曲线

根据图 10-12 试验曲线,确定最佳沥青用量:

(1)求 OAC_1

$$OAC_1 = a_1 + a_2 + a_3 + a_4 \tag{10-23}$$

式中　a_1——相应于密度最大的沥青用量(%);

a_2——相应于稳定度最大的沥青用量(%);

a_3——相应于目标空隙率(或规范范围中值)的沥青用量(%);

a_4——相应于饱和度规范范围中值的沥青用量(%),如所取沥青用量范围未能涵盖饱和度要求的范围,则舍去该项,分母取为 3。

(2)求 OAC_2

$$OAC_2 = (OAC_{min} + OAC_{max})/2 \tag{10-24}$$

式中　OAC_{min}——各项指标均符合技术标准的沥青用量最小值(%);

OAC_{max}——各项指标均符合技术标准的沥青用量最大值(%)。

(3)求 OAC

$$OAC = (OAC_1 + OAC_2)/2 \tag{10-25}$$

式(10-25)计算得最佳沥青用量在图 10-12 中宜位于矿料间隙率(VMA)曲线的最低处的贫油一侧。很小的空隙率和矿料间隙率应满足规范,并且相应于最佳沥青用量的各项指标均应符合马歇尔试验技术标准。

5. 最佳沥青用量的调整

在实际工程中,应在上述试验和计算结果的基础上,根据实践经验、公路等级、气候条件和交通情况等调整沥青最佳用量。

(1)调查当地各项条件接近的工程的沥青用量及使用效果,论证适宜的最佳沥青用量。检查计算对确定的最佳沥青用量进行检查,如相差较大,则需查找原因,必要时重新调整级配,再进行配合比设计。

(2)炎热地区公路及高速公路、一级公路的重载交通路段,山区公路的长大坡度路段,预计可能产生较大车辙时,宜在空隙率符合要求的范围内将计算的最佳沥青用量减小 0.1% ~0.5% 作为设计沥青用量。

(3)寒冷区公路、旅游区公路、交通量较小的公路,最佳沥青用量可在计算的沥青最佳用量的基础上增加 0.1% ~0.3%,以适当减小空隙率,但不能降低压实标准。

6. 配合比设计检验

用于高速公路及一级公路的密级配沥青混合料,需在配合比设计的基础上进行各种使用性能的检验,检验项目包括高温稳定性、水稳定性、低温抗裂性能、渗水系数,各性能指标的试验测定均应在规定条件进行并满足相关技术要求。如不符合要求的沥青混合料,必须更换材料或重新进行配合比设计。其他等级公路的沥青混合料也可参照进行。

7. 配合比设计报告

沥青混合料配合比设计报告内容包括工程设计级配范围选择说明、材料品种选择和原材料质量试验结果、矿料级配、最佳沥青用量,以及各项体积指标、配合比设计检验结果等,矿料级配曲线要按照规定方法绘制。

二、生产配合比设计阶段

对间歇式拌和机,必须对二次筛分后进入各热料仓的材料取样进行筛分,以确定各热料仓的材料比例,供拌和机控制室使用。同时反复调整冷料仓进料比例,达到供料均衡,并取目标配合比设计的最佳沥青用量、最佳沥青用量 ±0.3% 三个沥青用量进行马歇尔试验,最终确定生产配合比的最佳沥青用量。

三、生产配合比验证阶段

拌和机采用生产配合比进行试拌,铺筑试验路段,并用所拌和沥青混合料及路上钻取的试样进行马歇尔试验检验,据此确定生产用的标准配合比,并作为生产上控制的依据和质量检验的标准。标准配合比的矿料级配应至少包括 0.075 mm、2.36 mm、4.75 mm 三挡,三挡的筛孔通过率接近要求级配范围的中值。经验证确定的标准配合比在施工过程中不能随意改变。

在生产过程中,当进场材料发生变化,沥青混合料的矿料级配、马歇尔试验技术指标不符合要求时,要及时调整配合比,使沥青混合料质量符合要求并保持相对稳定,必要时重新进行配合比设计。

第五节 SMA 沥青混合料路面

SMA 是一种由沥青、纤维稳定剂、矿粉及少量的细集料组成的沥青玛琋脂填充于间断级配的粗集料骨架空隙中形成的沥青混合料。其基本组成是形成骨架的粗碎石和沥青玛琋脂结合料。SMA 混合料是一种全新的沥青混合料类型,其组成是一种骨架嵌挤密实结构,具有三多一少的特点,即粗集料多、矿粉多、沥青结合料多、细集料少。由于与普通沥青混合料在组成设计上存在较大差异,SMA 的配合比设计是以体积指标确定的,不完全依靠马歇尔试验方法。

SMA 混合料组成设计仍按目标配合比设计、施工配合比设计、施工配合比验证三个阶段完成。

一、SMA 目标配合比设计

(一)原材料选择、取样

1. *沥青结合料*

沥青结合料的质量必须满足沥青玛琋脂的需要,要求有较高的黏度,符合一定的技术要求,保证混合料具有足够的高温稳定性和低温韧性。

2. *矿料*

SMA 具有很好的高温稳定性,主要是由于含量很高的粗集料之间的嵌挤作用,因此粗集料必须具有良好的抗滑性能、低压破碎值且坚韧性好,同时颗粒接近立方体、表面粗糙、棱角丰富,扁平颗粒含量少。由于 SMA 混合料一般选用改性沥青,质地坚硬的花岗岩、石英岩、砂岩均可使用。

SMA 混合料中细集料用量通常少于 10%，可以选用坚硬岩石反复破碎后得到的机制砂，有利于提高混合料高温稳定性。

SMA 混合料中矿粉与沥青用量之比可达到 1.8 ~ 2.0，大于密级配沥青混合料。通常选用磨细的石灰石粉。

3. 纤维稳定剂

生产 SMA 混合料必须采用纤维稳定剂，可以使用的纤维包括矿物纤维和有机纤维等。SMA 混合料所用结合料、矿料及纤维稳定剂应通过相关试验进行质量检测，各项技术指标均应符合相关技术标准的要求。

(二) 确定矿料级配

1. 设计初试级配

SMA 路面的工程设计级配范围应符合规范中的矿料级配范围。在工程设计级配范围内，调整各种矿料比例，设计 3 组粗细不同的初始级配，3 组级配的粗集料骨架分界筛孔的通过率处于级配范围的中值、中值 ±3% 附近，矿粉数量均为 10% 左右。

2. 选择沥青用量，测定 VMA、VCA_{min}

计算初始级配矿料的合成毛体积相对密度、合成表观密度和有效密度。筛出合成级配中颗粒小于粗集料骨架分界筛孔的集料，用捣实法测定粗集料骨架的松方毛体积相对密度，计算粗集料骨架混合料的平均毛体积相对密度，并计算各组初始级配在捣实状态下的粗集料松装间隙率 VCA_{DRC}。预估 SMA 混合料适宜的沥青用量作为马歇尔试验的初始沥青用量，以此沥青用量和选定的矿料级配制作马歇尔试件，测定试件的毛体积相对密度，马歇尔标准击实次数为双面 50 次，一组马歇尔试验试件数目不少于 4 ~ 6 个。

(三) 确定最佳沥青用量

计算在不同沥青用量下 SMA 混合料的最大理论相对密度。

马歇尔试件中的粗集料骨架间隙率 VCA_{MIX} 按下式计算

$$VCA_{MIX} = \left(1 - \frac{\gamma_f}{\gamma_{ca}} \cdot P_{CA}\right) \times 100 \tag{10-26}$$

式中　P_{CA}——沥青混合料中粗集料的比例(%)；

γ_f——沥青混合料试件的毛体积相对密度，表干法测定；

γ_{ca}——粗集料骨架部分的平均毛体积相对密度。

按照 $VCA_{MIX} < VCA_{DRC}$ 及 $VMA > 16.5\%$ 的要求，从 3 组初始级配的试验结果中选择设计配合比，当有 1 组以上的级配符合上述要求时，以粗集料骨架分界集料通过率大且 VMA 较大的级配为设计级配。

根据选择的矿料设计级配和初始沥青用量试验的空隙率结果，以 0.2% ~ 0.4% 为间隔，调整 3 个不同的沥青用量，制作马歇尔试件，计算空隙率等指标。进行马歇尔稳定度试验，检验稳定度、流值是否符合技术标准。

二、SMA 目标配合比设计检验

在上述设计基础上，根据确定的设计矿料级配、最佳沥青用量，检验 SMA 混合料的高温稳定性、低温抗裂性能、密水性能、水稳定性，按规定方法分别进行车辙试验、低温弯曲试验、浸水马歇尔试验、渗水试验。此外，应进行谢伦堡沥青析漏试验，检验SMA混合料中有无多余的自由沥青或沥青玛𤥻脂。SMA混合料路面的构造深度大、粗集料外露，空隙中经常有水，在交通荷载反复作用下，由于集料与沥青的黏结力不足而容易引起集料脱落、掉粒、飞散，进而形成坑槽，为了防止出现这种破坏，在SMA混合料配合比设计时，需进行肯塔堡飞散试验的混合料损失或浸水飞散试验，试验结果可作为确定最佳沥青用量的依据之一，控制SMA混合料沥青用量。

习题与思考题

1. 沥青路面如何进行分类？分别适用于什么情况？
2. 高温对沥青路面有哪些影响？如何检验沥青路面的高温稳定性？
3. 沥青混合料的最佳沥青用量是如何确定的？
4. 什么是SMA沥青路面？它有哪些特点？

第十一章　沥青路面结构设计

学习要点　通过本章学习，学生应了解沥青路面的弹性层状体系理论分析方法，掌握沥青路面破坏状态与设计标准，掌握沥青路面结构组合设计，掌握新建沥青路面设计和改建沥青路面设计。

第一节　弹性层状体系理论概述

一、沥青路面设计方法

沥青路面是指在柔性基层半刚性基层上铺筑一定厚度的沥青混合料作面层的路面结构。

沥青路面设计的任务确保其在使用寿命期间不发生不可接受的破坏，其设计是基于路面的使用性能，在设计时根据公路使用要求以及水文、地质、气候等自然条件，交通条件，当地筑路材料及施工条件，设计确定技术经济合理的路面结构；以保证路面在预定的使用期限内，既能适应当地自然环境条件，又能满足行车的使用要求。路面设计内容包括选择适当的路面材料，进行材料配合比设计并确定设计参数、路面结构组合设计，路面厚度计算以及不同路面结构方案的比选。对高速公路、一级公路的路面设计，除行车道部分路面外，还应包括路缘带、硬路肩、加减速车道、紧急停车带、匝道、收费站和服务区的路面设计。

当前，世界各国沥青路面设计方法可概括为两类：一类是以经验或试验为依据的经验法，其著名代表是美国加州承载比法（CBR 法）和美国各州公路工作者协会（American Association of Stations Highway Officials，简称 AASHO）法；另一类是以力学分析为基础，同时考虑环境因素、交通条件和路面材料特性的理论法，多年来，有关理论法的研究取得了很大进展，许多国家相继提出了较完整的设计体系，如英荷壳牌（Shell）法、美国地沥青协会（AI）法。理论法对沥青路面的应力、应变和位移进行分析，大多采用弹性层状体系理论，并可以采用电子计算机技术，因此具有广阔的应用发展前景。我国现行沥青路面设计方法，正是基于弹性层状体系理论进行沥青路面结构设计与计算。

二、弹性层状体系理论分析

路面结构是由路面结构层及土基组成的，各层材料不同，在荷载作用下应力—应变关系大多为非线性，应力卸除后有一部分残余变形不可恢复。但考虑到运动车轮作用于路面的瞬时性，路面结构在瞬时产生的永久变形很小，因此在进行路面结构分析和计算时，仍将路面结构视为线弹性体，应用弹性层状体系理论分析路面结构应力、应变和位移，在分析时将路面结构视为弹性半空间地基上具有一定厚度的多个弹性层状体系，如图 11-1 所示，并作如下的假设：

(1)各层由均质、连续、各向同性的线弹性材料组成,用弹性模量 E_i、泊松比 μ_i 表示其弹性参数。

(2)最下一层为水平方向和竖直向下方向无限延伸的半无限体,其上各层在水平方向为无限大,但竖向具有一定厚度 h_i,且不计各层材料自重。

(3)各层在水平方向无限远处及最下层无限深处的应力、变形和位移为零,各层分界面上的应力和位移完全连续,层间无摩阻力。

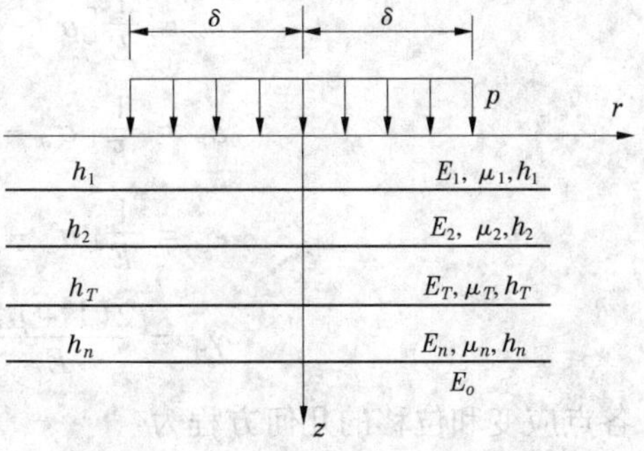

图 11-1　路面结构的弹性层状体系

弹性层状体系受力分析时,将作用于层状体系表面的车轮荷载简化为圆形均布的竖向力或水平力,并采用圆柱坐标体系进行分析。在图 11-2 的圆柱坐标体系(r、θ、z)中,在弹性层状体内取微元六面体,其应力分量有 3 个法向应力(σ_r、σ_θ、σ_z)及三对剪应力($\tau_{rz}=\tau_{zr}$、$\tau_{r\theta}=\tau_{\theta r}$、$\tau_{z\theta}=\tau_{\theta z}$)。

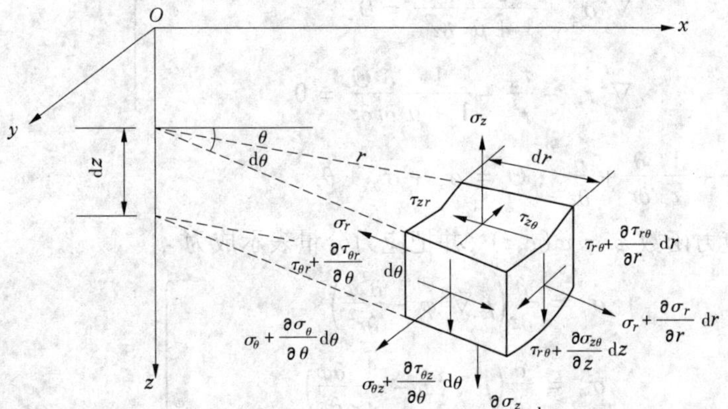

图 11-2　圆柱坐标体系中微分单元体受力分析

当层状体系表面作用轴对称荷载时,各应力、应变和位移分量也对称于对称轴,即仅是 r 和 z 的函数。因此,$\tau_{r\theta}=\tau_{\theta r}=0$,$\tau_{z\theta}=\tau_{\theta z}=0$,3 对剪应力仅剩下 1 对 $\tau_{rz}=\tau_{zr}$。

由弹性力学可知,对于以圆柱坐标表示的轴对称问题,其平衡方程(不计体积力)为

$$\left.\begin{aligned}\frac{\partial\sigma_r}{\partial r}+\frac{\partial\tau_{zr}}{\partial z}+\frac{\sigma_r-\sigma_\theta}{r}=0\\ \frac{\partial\sigma_z}{\partial z}+\frac{\partial\tau_{rz}}{\partial r}+\frac{\tau_{rz}}{r}=0\end{aligned}\right\}\qquad(11\text{-}1)$$

表示体系内任一点应力、应变的物理方程为

$$\left.\begin{aligned}\varepsilon_r &= \frac{1}{E}[\sigma_r - \mu(\sigma_\theta + \sigma_z)]\\ \varepsilon_\theta &= \frac{1}{E}[\sigma_\theta - \mu(\sigma_z + \sigma_r)]\\ \varepsilon_z &= \frac{1}{E}[\sigma_z - \mu(\sigma_r + \sigma_\theta)]\\ \gamma_{zr} &= \frac{2(1+\mu)}{E}\tau_{zr}\end{aligned}\right\} \tag{11-2}$$

各点应变和位移的几何方程为

$$\varepsilon_r = \frac{\partial u}{\partial r};\varepsilon_0 = \frac{u}{r};\varepsilon_z = \frac{\partial \omega}{\partial z} \tag{11-3}$$

式(11-3)中,消去位移分量,得到用应力分量表示的变形连续方程为

$$\left.\begin{aligned}&\nabla^2\sigma_r - \frac{2}{r^2}(\sigma_r - \sigma_\theta) + \frac{1}{1+\mu}\frac{\partial^2\Theta}{\partial r^2} = 0\\ &\nabla^2\sigma_\theta - \frac{2}{r^2}(\sigma_r - \sigma_\theta) + \frac{1}{1+\mu}\frac{1}{r}\frac{\partial\Theta}{\partial r} = 0\\ &\nabla^2\sigma_z + \frac{1}{1+\mu}\frac{\partial^2\Theta}{\partial z^2} = 0\\ &\nabla^2\tau_{zr} - \frac{\tau_{zr}}{r^2} + \frac{1}{1+\mu}\frac{\partial^2\Theta}{\partial r\partial z} = 0\end{aligned}\right\} \tag{11-4}$$

式中:$\nabla^2 = \frac{\partial^2}{\partial r^2} + \frac{1}{r}\frac{\partial}{\partial r} + \frac{\partial^2}{\partial z^2}$;$\Theta = \sigma_r + \sigma_\theta + \theta_z$。

如果引用应力函数 $\varphi = \varphi(r,z)$,并把应力分量表示成为

$$\left.\begin{aligned}\sigma_r &= \frac{\partial}{\partial z}\left(\mu\nabla^2\varphi - \frac{\partial^2\varphi}{\partial r^2}\right)\\ \sigma_\theta &= \frac{\partial}{\partial z}\left(\mu\nabla^2\varphi - \frac{1}{r}\frac{\partial\varphi}{\partial r}\right)\\ \sigma_z &= \frac{\partial}{\partial z}\left[(2-\mu)\nabla^2\varphi - \frac{\partial^2\varphi}{\partial z^2}\right]\\ \tau_{zr} &= \tau_{rz} = \frac{\partial}{\partial r}\left[(1-\mu)\nabla^2\varphi - \frac{\partial^2\varphi}{\partial z^2}\right]\end{aligned}\right\} \tag{11-5}$$

则将式(11-5)代入平衡方程式(11-1)及变形连续方程式(11-4)中,式(11-1)的第一个方程自然满足,其余各方程均转化为重调和方程

$$\nabla^2\nabla^2\varphi = 0 \tag{11-6}$$

求解方程式(11-6),得到应力函数 φ,代入式(11-5)中即得各应力分量。

由式(11-5)、式(11-2)及式(11-3)可以得出以应力函数表示的位移分量,即

$$\left.\begin{aligned}u &= -\frac{1+\mu}{E}\frac{\partial^2\varphi}{\partial r\partial z}\\ \omega &= \frac{(1+\mu)}{E}\left[2(1-\mu)\nabla^2\varphi - \frac{\partial^2\varphi}{\partial z^2}\right]\end{aligned}\right\} \tag{11-7}$$

求解方程式(11-6)中 $\varphi(r,z)$ 的方法有分离变量法和积分变换法。习惯上,多采用汉克尔积分变换法。由汉克尔变换求得解为

$$\varphi(r,z) = \int_0^{\infty} \left[(A + BZ)e^{-\xi z} + (C + DZ)e^{\xi z} \right] \xi J_0(\xi r)\,d\xi \tag{11-8}$$

式中　$J_0(\xi r)$ ——第一类零阶贝塞尔函数;

A、B、C、D ——待定系数,由弹性层状体系的层间连续条件和边界条件确定。

将式(11-8)代入式(11-5)和式(11-7)中可得所有应力分量和位移分量表达式。对于某种特定的荷载、体系层数与层间连续条件,式中的待定系数就可以确定。

当已知弹性层状体系内任一点的应力状态,可按下述一元三次方程求解该点的3个主应力

$$\sigma^2 - \Theta_1\sigma^2 + \Theta_2\sigma - \Theta_3 = 0 \tag{11-9}$$

式中　Θ_1——第一应力不变量,$\Theta_1 = \sigma_r + \sigma_\theta + \sigma_z$;

Θ_2——第二应力不变量,$\Theta_2 = \sigma_r \cdot \sigma_\theta + \sigma_\theta \cdot \sigma_z + \sigma_z \cdot \sigma_r - \tau_{r\theta}^2 - \tau_{z\theta}^2 - \tau_{zr}^2$;

Θ_3——第三应力不变量,$\Theta_3 = \sigma_r \cdot \sigma_\theta \cdot \sigma_z + 2\tau_{r\theta} \cdot \tau_{z\theta} \cdot \tau_{zr} - \sigma_z\tau_{r\theta}^2 - \sigma_r\tau_{z\theta}^2 - \sigma_\theta\tau_{zr}^2$。

对式(11-9)求解,可得3个实根 σ_1、σ_2 和 σ_3($\sigma_1 > \sigma_2 > \sigma_3$),即为所求的3个主应力。此时最大剪应力为

$$\tau_{\max} = \frac{1}{2}(\sigma_1 - \sigma_3) \tag{11-10}$$

沥青路面在车辆荷载作用下结构层的抗拉强度和抗剪强度可利用式(11-10)验算。

三、弹性双层体系解

一个具有有限层厚的弹性层和弹性半无限地基(路基)组成弹性双层体系(见图11-3),其弹性参数分别为 E_1、μ_1 和 E_0、μ_0,弹性层厚度为 h。

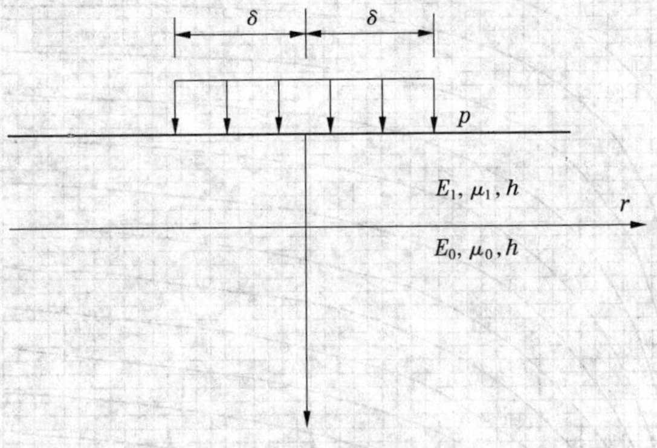

图11-3　弹性双层体系

应用弹性双层体系理论,在双层体系表面作用直径为 D 的垂直均布圆形荷载 p 时,可获得距离圆形荷载中心轴任意处双层体系路面的竖向垂直位移(弯沉)为

$$\omega = \frac{2(1-\mu_1^2)p\delta}{E_1}\int_0^{\infty} \frac{2e^{-\xi h} - 4\xi h - Me^{2\xi h}}{1 + 4\xi^2h^2 + ML - Me^{2\xi h} - Le^{-2\xi h}} \times \frac{J_1(\xi h)}{\xi h}d\xi \tag{11-11}$$

式中　$L = \dfrac{(3-4\mu_0) - m(3-4\mu_1)}{3-4\mu_0+m}$；

$M = \dfrac{m(3-4\mu_1)+1}{1-m}$；

$m = \dfrac{E_0(1+\mu_1)}{E_1(1+\mu_0)}$；

E_1、μ_1、E_0、μ_0——上层和半空间体的弹性模量和泊松比。

式(11-11)为含有贝塞尔函数和指数函数的广义积分。所有各分量的表达式都是如此形式，其数值计算需要借助计算机完成。

为使用方便，将式(11-11)改写成

$$L = \frac{2p\delta}{E_0}\alpha \tag{11-12}$$

$$\alpha = \frac{(1-\mu_1^2)E_0}{E_1}\int_0^{\infty}\frac{Le^{-\xi h} - 4\xi h - Me^{2\xi h}}{1+4\xi^2h^2+ML-Me^{2\xi h}-Le^{-2\xi h}} \times \frac{J_1(\xi h)}{\xi}\mathrm{d}\xi$$

式中　E_0——弹性半空间体，即路基的弹性模量，MPa；

α——垂直位移系数（弯沉系数），是 h/D 和 E_0/E_1 的函数；

E_1——双层体系上层材料弹性模量，MPa；

μ_1——双层体系上层材料厚度，cm。

可通过计算机计算垂直位移，图 11-4 为 $r=0$，$\mu_0=0.35$，$\mu_1=0.25$ 时，根据垂直位移系数 α 计算结果绘制的诺谟图。

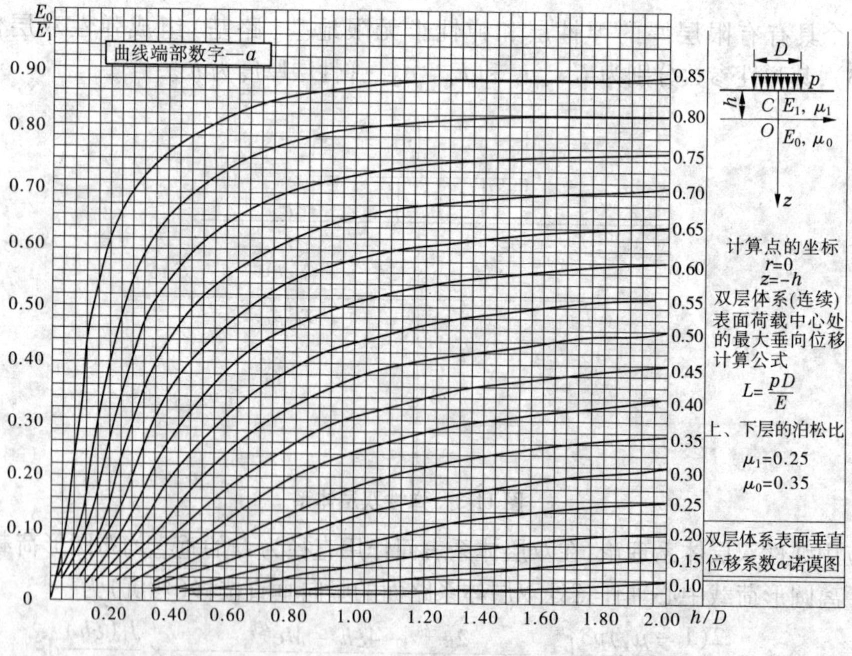

图 11-4　弹性双层体系表面垂直位移系数的诺谟图

第二节　沥青路面的破坏状态与设计标准

一、沥青路面的主要破坏形态

沥青路面的破坏形态主要有三大类型:①裂缝类,如纵向或横向裂缝、网状裂缝、块状裂缝等;②变形类,如沉陷、车辙、搓板、推移和拥起等;③表面功能性损坏,如剥落、松散、坑槽和泛油等。过多的路面损坏意味着路面寿命的终结,因此沥青路面设计的目标应是在预定的使用年限内控制和限制路面的各项结构性能,使之处于某一正常范围,完成路面的预定功能。

路面破坏的原因是多方面的,从外因来说,有行车荷载和自然因素两个方面。前者包括车辆荷载及其重复性,后者包括水分、温度、冰冻等。从内因来说,主要是路面材料的物理力学性质。因此,在分析路面的破坏现象时必须全面考虑各项因素,查明破坏的主要原因及部位,从而找出防止的措施。如果从路面结构设计上能防止路面的破坏现象,就能保证路面的正常使用寿命。下面着重介绍沥青路面的主要破坏形态。

(一)横向裂缝和反射裂缝

目前,由于我国沥青路面中90%以上采用半刚性基层,产生横向裂缝的现象较为普遍。横向裂缝多数是由于沥青面层在低温(通常为负温度)时,材料收缩受限制而产生较大拉应力,当拉应力超过材料相应温度条件下的抗拉强度时而产生的低温缩裂及半刚性基层引起的反射裂缝。低温裂缝和反射裂缝早期不会影响路面的正常使用,但在水分侵蚀及行车荷载作用下,会使面层裂缝进一步扩大而形成网状裂缝,并削弱路面结构整体强度。一般横向裂缝首先发生在路面薄弱断面处,如雨水井处、交叉口转角处、施工的接缝处及材料离析处。

(二)纵向裂缝

沥青路面的纵向裂缝形成的原因是多方面的,首先是由于面层或基层底面在荷载的反复作用下而产生的拉应变(或拉应力)超过材料的疲劳限度或由于荷载过大而引起并扩展到表面;由水泥、石灰等稳定材料修建的基层形成的反射裂缝;其次是路基冻胀及沉陷造成的;再次是在摊铺机工作时工作缝过长,未按热接缝规定施工,达不到密实度,行车后形成纵向裂缝;此外,还有由于路基稳定性不足而引起的路面纵向开裂。

沥青路面的纵向平行裂缝是近年来高等级公路路面破坏的一种新现象,与前面纵向裂缝不同,多是由于面层向下发展,且发生在基层刚度大、整体性好、路面结构强度较高的路段。由于路面的强度高,且行车荷载较重,在路表面产生的剪应力大于面层材料的抗剪强度,使面层产生平行的纵向裂缝,且随行车荷载的重复作用,裂缝不断向下延伸,最终导致路面破坏。

(三)疲劳开裂

疲劳开裂是路面在正常使用情况下,路表无显著永久变形而出现的裂缝。其特征是初期为沿轮迹带产生较短、较细的纵向平行裂缝,随着行车荷载进一步作用逐渐发展为网状裂缝,开裂面积、裂缝宽度不断扩大。疲劳裂缝虽然不影响路面正常使用,但是路面一旦开裂,水分将沿裂缝浸入沥青面层、基层直至土基,导致面层进一步破坏和路面整体及土基强度降低。产生疲劳裂缝的原因主要是:沥青面层受行车荷载的反复弯曲作用,当结构层产生的拉应力(或拉应变)超过材料的疲劳强度时,底面开裂,并逐渐向表面发展。另外,由水硬性结合料稳定而形成的整体性基层和底基层,也可能产生疲劳开裂,向上扩展甚至导致面层破坏。疲劳开裂在北方寒冷地区和南方多雨地区,经冰冻水浸后更促进其发展。

(四)沉陷

沉陷是路面在行车荷载作用下,车轮带处的路面出现较大的凹陷变形,有时在凹陷两侧伴随出现隆起现象。当沉陷严重时,超过了路面结构的变形能力,会在受拉区产生以纵向为主的裂缝,并可逐渐发展为网裂。造成路面沉陷的主要原因是路基土的压缩。当路基土的承载力不足时,不能承受从路面传递下来的行车荷载,便产生较大的垂直变形。如竣工后路基遇水软化也可能造成沉陷,另外,路上有特重车辆通行也可能造成沉陷。

(五)车辙

车辙是在行车荷载大量重复作用下,在车轮轮带处沿路面纵向产生的带状凹陷。对于交通量较大的高速公路、一级公路沥青路面,车辙已成为一种主要的破坏形式。产生车辙的主要原因:在行车荷载大量反复作用下,路基和路面结构层,特别是柔性基层和沥青面层永久变形逐渐累积的结果。即使每一次行车荷载作用产生的永久变形量很小,但是多次重复作用累积的永久变形的总和,使得车辙足以影响车辆正常行驶,尤其是高温季节,沥青面层因蠕变和侧向位移而累积的永久变形更大。

(六)推移与拥包

推移是沥青面层表面沿着行车方向,产生剪切或拉裂而出现推挤和拥起。产生这种破坏的原因是:沥青路面受到放大的水平荷载作用时,如经常启动、制动路段及弯道、坡度变化处,车轮荷载引起的垂直力和水平力的综合作用,使沥青面层内产生的剪应力超过材料的抗剪强度。在气温较高季节,沥青混合料的抗剪强度降低,更容易发生推移、拥包等剪切破坏。

(七)松散与坑槽

松散是指沥青面层材料组成设计不好或施工压实质量差,结合料含量太少或结合料与集料黏结力不足,导致面层在行车荷载作用下集料间失去黏结而相互脱离和散开。坑槽是路面局部骨架松散脱落,是由于松散的材料被车轮后真空吸力及风和雨水带离路面而形成的洼坑;另外网裂的进一步发展,在行车荷载作用下使松动的碎块脱离面层也会形成坑槽。

二、沥青路面的设计标准

由于沥青路面破坏形态的多样性,在结构设计时,必须选择多种破坏模式作为临界状态,与此相对应选择多个指标作为设计控制指标。因此,应选择既能反映沥青路面主要破坏特点,又能在路面结构设计中起到控制作用的临界破坏状态和设计标准。目前,国内外的设计方法均以开裂和变形为沥青路面的两大主要破坏模式,在设计中予以考虑。

(一)疲劳开裂

路面结构疲劳寿命的大小,与路面材料特性和环境因素有关,主要取决于所受到的重复应力(或应变)的大小。因而,可根据设计使用年限内累计荷载作用次数,由疲劳特性曲线,即疲劳方程确定路面结构层容许的重复应力(或应变)大小。

在设计时,以疲劳开裂为临界状态设计,选择沥青面层和水硬性结合料稳定基层底面拉应力(或拉应变)为指标,用结构层底面的最大拉应力(或拉应变)不超过相应的容许值为标准,即

$$\left.\begin{aligned}\sigma_r &\leqslant [\sigma_r]\\ \varepsilon_r &\leqslant [\varepsilon_r]\end{aligned}\right\} \tag{11-13}$$

国际上著名的沥青路面设计方法,如壳牌(Shell)法、美国沥青协会(AI)及我国现行沥青路面设计方法均采用了此指标。

(二)低温缩裂

低温缩裂是与荷载因素无关的设计指标。低温时产生的温度应力 σ_{rt} 应不超过该温度时材料的抗拉强度$[\sigma_{rt}]$,即

$$\sigma_{rt} \leqslant [\sigma_{rt}] \tag{11-14}$$

低温缩裂主要依赖于沥青的选择及混合料组成设计解决,而非结构设计,因此目前国内外主要设计方法大多未采用此指标或未将其作为主要指标。

(三)车辙

以车辙为临界状态的设计方法,限定设计使用年限内车辆荷载作用下路基路面结构内产生的累积车辙深或永久变形的总和 L_{re},不超过行驶质量和行车安全所容许的车辙深度或永久变形量$[L_{re}]$,即

$$L_{re} \leqslant [L_{re}] \tag{11-15}$$

国外的设计方法,如壳牌(Shell)法规定高速道路容许车辙深度为 10 mm,一般道路为 30 mm。我国现行沥青路面设计方法目前未考虑该指标。

(四)推移

推移(拥包)是沥青面层在车轮受竖向力和水平力共同作用下产生的剪切变形,以其为临界状态设计方法时,应限制在车轮竖直力和水平力共同作用下,面层结构中产生的最大剪应力 τ_{max} 不超过特定环境条件下(高温)面层材料的容许剪应力$[\tau_R]$,即

$$\tau_{max} \leqslant [\tau_R] \tag{11-16}$$

剪切指标通常用于城市道路停车站、交叉口等车辆频繁制动路段及紧急制动路段高温下的沥青路面设计。

(五)路面回弹弯沉

路面回弹弯沉是路面在垂直荷载作用下,产生的竖向弹性变形。路面回弹弯沉量表征了路面各层抵抗垂直变形的综合能力。路面回弹弯沉不仅反映了路基路面结构的整体刚度和强度,而且还与路面的使用状态存在一定的内在联系。同时路面回弹弯沉值的测定也比较方便。所以,我国现行的沥青路面设计方法,采用设计弯沉为路面整体刚度的设计指标。以标准轴载作用下,路表回弹弯沉值 L_s 不超过满足路面使用状态和设计使用年限要求的路面设计弯沉值 L_d 作为设计标准,即

$$L_s \leqslant L_d \tag{11-17}$$

第三节　沥青路面结构组合设计

沥青路面结构层的选择和层次的合理安排,是整个路面结构能否在设计使用年限内承受住车辆荷载和自然因素的共同作用,同时又能发挥各结构层的最大效能,是整个路面经济合理的关键。根据理论分析和多年的使用经验,路面结构设计应遵循以下原则。

一、面层类型和等级的选择

路面组合设计的第一步是选择面层类型和等级。由于面层直接承受行车荷载和环境因素作用,因此宜选择强度高、耐磨、稳定性好的材料作为面层,公路等级越高,交通量越大,面层的等级也就越高,公路等级按交通量确定,路面类型按公路等级确定。

二、按路面受力特征选择各结构层次

行车荷载作用在路面上,路面结构中所产生的应力和应变随深度增加而递减,对路面各结构层材料强度和刚度的要求也随着深度的增加而降低。因此,在进行路面结构组合时,为充分发挥各层次材料的效能,各结构层应按强度和刚度自上而下递减的规律组合,同时需要考虑到面层强度、刚度高,造价也高,而基层和底基层强度、刚度较面层低,造价也低这一情况,在厚度组合时,为达到经济的目的,应从上到下由薄变厚。

为满足行车荷载对路面的要求,高等级公路的沥青面层一般采用两层或三层结构进行设计。采用两层时分别称为表面层和底面层,采用三层时分别称为表面层、中面层和底面层。表面层采用中粒式或细粒式沥青混凝土,中面层和底面层采用中粒式或粗粒式沥青混凝土。如采用沥青贯入碎石作为面层,则需在其上加铺沥青表面处治或沥青砂作为封层,或将其做成上拌下贯式,以防止面层渗水。各级公路沥青面层推荐厚度如表 11-1 所示。

表 11-1　沥青面层推荐厚度　(单位:cm)

公路等级	推荐厚度	公路等级	推荐厚度
高速公路	12 ~ 18	三级公路	2 ~ 4
一级公路	10 ~ 15	四级公路	1 ~ 1.5
二级公路	5 ~ 10		

基层是主要承受行车荷载应力的承重层,要求其具有足够的强度、刚度和稳定性。常用的基层材料有三类:沥青稳定类、无机结合料(石灰、水泥和工业废渣等)稳定类和粒料类。高等级公路沥青路面一般应选用强度和刚度较高的前两类基层,并且采用双层式基层,其中上基层采用强度、刚度高的材料,如采用沥青碎石或无机结合料稳定硬质集料;底基层可充分利用当地材料,如选用无机结合料稳定土或碎(砾)石混合料等强度、刚度稍低的材料。

路面结构中相邻结构层材料的模量比对路面结构的应力分布影响显著。如相邻两层材料模量比过大,上层底面将产生过大的弯拉应力(或弯拉应变)容易使上层开裂,因此在确定路面层数和结构层材料时,根据理论分析和使用经验,建议基层与面层的模量比不小于0.3,土基与底基层或基层的模量比以0.08～0.40为宜。按此分析,路面结构分更多的层次铺筑,以使相邻层模量逐次过渡更为合理,但为便于施工,路面结构层的层数也不宜过多,同时各结构层的适宜厚度还应考虑压实机具所能达到的效果综合确定。

三、考虑结构层自身结构特征

路面结构由多层且各自结构特性不同的层次组成,因此在路面结构组合时要注意相邻层次的相互影响,尽量避免和消除相邻层次间的不利影响。例如,沥青面层不能直接铺筑于碎(砾)石基层上,而宜在其间设置沥青碎石作过渡层,以防止由于基层的松动而造成面层不平整或变形开裂;在无机结合料稳定类半刚性基层上铺筑沥青混凝土,为防止和减缓基层干缩和温缩开裂而引起面层反射裂缝,通常宜适当加厚面层,或者设置沥青碎石、级配碎石等联结层。此外,在软弱潮湿的路基上,不宜直接铺筑碎(砾)石基层,以防止污染基层或产生过大的变形,并且,为保证路面结构层之间传递应力的连续性和结构的整体性,层间结合要尽量紧密稳定。

四、考虑不利水温状况的影响

由于沥青面层不透气,当在湿度较大的某些中湿和潮湿路段上铺筑沥青路面时,会使得路基和基层中因温度和湿度坡差向内积聚的水分无法通过面层排除,如果基层水稳定性不好,如含泥量较多,塑性指数较大的泥结碎石、级配砾石等,遇水将变软,强度、刚度急剧下降,致使路面破坏。因此,一般应选取水稳定性好的材料作沥青路面的基层,特别是在中湿和潮湿路段。如果在水文地质条件较差的潮湿和过湿路段,应加强路基排水,并可采取技术措施进行综合处理,如采用低剂量石灰稳定路基土或加设粒料垫层等,以改善路基水温状况,并保证处理后的路基回弹模量不小于25 MPa。

在冻深较大的季节性冰冻区,当路基土为易冻胀土时,还要考虑冻胀和翻浆的危害。此时,路基总厚度的确定,除要满足力学强度的要求外,还要满足防冻层厚度的要求,以避免路基内出现较厚的聚冰带,导致路面不均匀冻胀和开裂等破坏。路面防冻的最小厚度可参照《沥青路面设计规范》(JTG D50—2006)。当按力学强度计算的路面总厚度小于规范所列厚度值时,应增设或加厚垫层,以使路面总厚度满足要求。

第四节　新建沥青路面结构厚度计算

一、理论计算模型

(一)计算图式

我国现行沥青路面设计方法,采用双圆垂直均布荷载作用下的多层弹性层状理论,以路表设计弯沉值作为路面整体刚度的设计控制指标。路面厚度是根据多层弹性理论,并考虑到路面实际使用情况以及计算的合理性，以层间接触条件为完全连续体系时，在双圆均布荷载作用下，轮隙中心处实测路表弯沉值 L_s 等于设计弯沉值 L_d 的原则进行计算的，计算图式如图 11-5 所示。

$$L_s = L_d \tag{11-18}$$

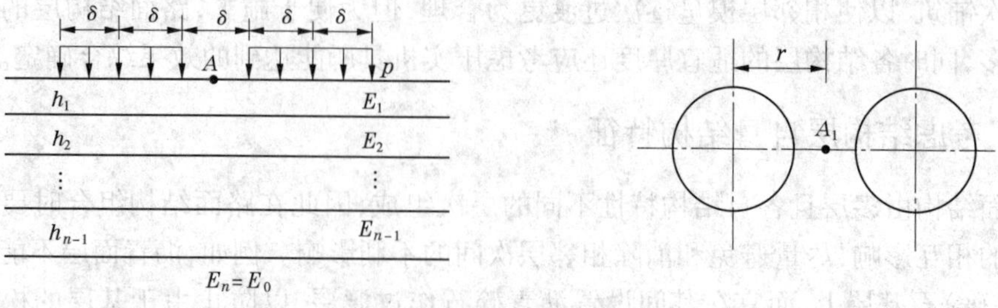

图 11-5　路表弯沉计算图式

对高速公路、一级公路和二级公路沥青混凝土面层和半刚性基层、底基层，应对层底弯拉应力进行验算，即沥青混凝土面层和半刚性基层、底基层的最大弯拉应力 σ_m 应不超过材料的容许拉应力 σ_R，即

$$\sigma_m \leqslant \sigma_R \tag{11-19}$$

层底弯拉应力根据多层弹性理论，采用电算方法求解，层间接触条件为完全连续体系，双圆荷载作用，计算图式如图 11-6 所示。验算沥青混凝土面层及半刚性材料基层、底基层的层底拉应力时，应分别计算单圆荷载的中心点 B、单圆半径二分之一点 D、单圆内侧边缘点 E 及双圆轮隙中心点 C 的应力，比较后确定最大应力 σ_m。

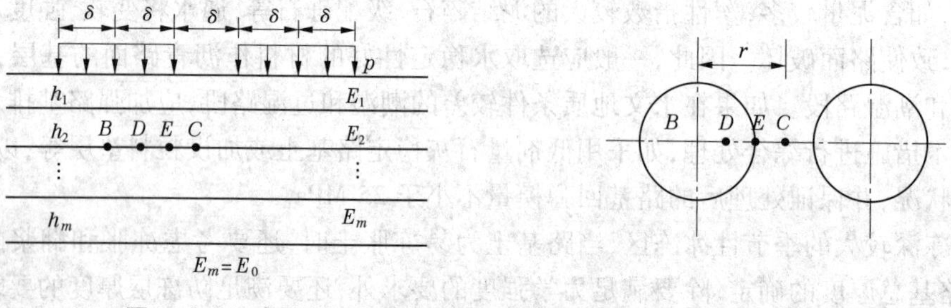

图 11-6　沥青混凝土面层和半刚性材料层层底拉应力计算图式

我国《城市道路设计规范》(CJJ 37—2012)规定：对于经常承受较大水平荷载作用的停车站、交叉口等路段的沥青混凝土面层，除弯沉和弯拉指标外，还应验算高温季节时，在车轮垂直荷载与水平荷载共同作用下，其破坏面上可能产生的剪应力 τ_α 不应超过材料的容许剪应力 τ_R，即

$$\tau_\alpha \leqslant \tau_R \tag{11-20}$$

面层破裂面上实际可能产生的剪应力可采用弹性多层体系程序计算。

(二)路面容许弯沉值与设计弯沉值

1. 路面容许弯沉值

现有路面回弹弯沉值是用杠杆式弯沉仪和标准轴载的汽车，按前进卸荷法测定的。弯沉值的大小反映了路基路面的整体强度，在相同车轮荷载作用下，路面的弯沉值越大，则路面抵抗垂直变形的能力越弱,反之则强。实践表明,对于回弹弯沉值大的路面,在经受了较少的行车荷载重复作用后,即可能表现出某种破坏形态;对于回弹弯沉值小的路面,达到相同的破坏状态时,路面能经受较多次重复作用才达到这种破坏形态。因此,在达到相同的路面破坏状态时,回弹弯沉值大小同作用于路面的行车荷载累计作用次数或使用寿命成反比。如果建立路面达到某种破坏状态时重复荷载作用次数和路面弯沉之间的关系,就能够根据对路面所要求的使用寿命(或轮载累计重复作用次数)确定路面所容许的最大弯沉值,这个弯沉值就称为容许弯沉值。所以,路面容许弯沉值的定义为:路面在使用期末的不利季节,路面处于临界破坏状态时的回弹弯沉值。

容许弯沉值与路面使用寿命的关系可通过调查测定确定。选择使用多年并出现某种破坏状态的路面,测定弯沉值,调查累计交通量,进行分析整理。在调查中,路面破坏状态的判定十分重要,因此世界各国确定容许弯沉值采用的标准不尽统一。我国通常将公路沥青路面按外观特征分为五级,如图 11-7 和表 11-2 所示,并把第四外观等级作为路面临界破坏状态,以该级路面的弯沉值的低限作为临界状态的划分标准。从表中 11-2 所列的外观特性可知,这样的临界状态相当于路面已疲劳开裂并伴有少量永久变形的情况。对不同外观特征的路段进行弯沉测定后,便可按上述标准确定路面处于临界状态时的路面回弹弯沉值,即路面的容许弯沉值。将此弯沉值同该路面在使用期间标准轴载累计作用次数相关联,可得到如下形式的关系

$$L_R = A \cdot N_e^{-\beta} \tag{11-21}$$

式中 L_R——容许回弹弯沉值;

N_e——累计当量轴载作用次数;

A——回归系数;

β——L_R 随累计当量轴次而改变的变化率。

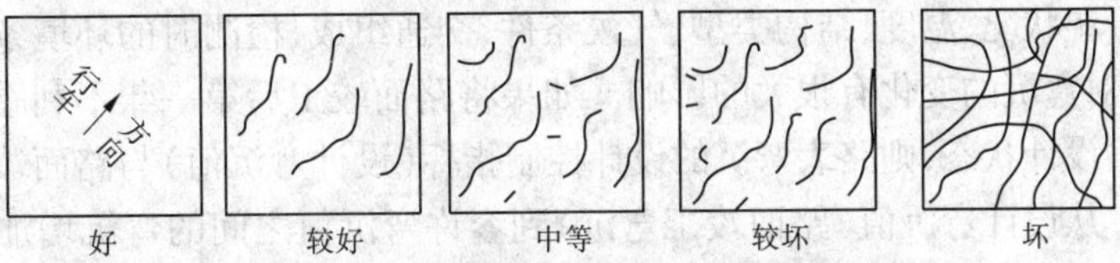

图 11-7　沥青面层损坏程度的外观标准

表 11-2　沥青路面外观等级描述

外观等级	外观状况	路面表面外观特征
一	好	坚实、平整、无裂纹、无变形
二	较好	平整、无变形、少量开裂
三	中等	平整、无变形、有少量纵向或不规则裂纹
四	较坏	无明显变形、有较多纵横向裂纹或局部网裂
五	坏	连片严重龟(网)裂或伴有车辙、沉陷

为建立累计交通量与容许弯沉值之间的关系,我国有关部门进行了广泛的调查,选择了 54 个路段,其中高速公路 1 条,一级公路 10 条,二级公路 41 条,三级公路 2 条,面层类

型有沥青混凝土面层 20 段、沥青碎石面层 12 段、上拌下贯沥青面层 14 段，沥青表面处治 8 段。基层类型有水泥稳定砂砾、二灰碎石（砂砾）、石灰水泥砂砾、碎石灰土、灰土碎石等半刚性基层及少量级配碎石等柔性基层，交通量换算为 BZZ - 100 标准累计轴次的范围是 $27\times10^4\sim1\ 470\times10^4$。

将不同路面外观状态的实测路面弯沉值，分别按两倍标准差原则舍弃异常点后，计算其代表弯沉值，并考虑测点数的影响，进行加权平均求得各段的容许弯沉值，并与相应的累计当量轴次进行统计回归（见图 11-8）得

$$L_R = 650N_e^{-0.204} \tag{11-22}$$

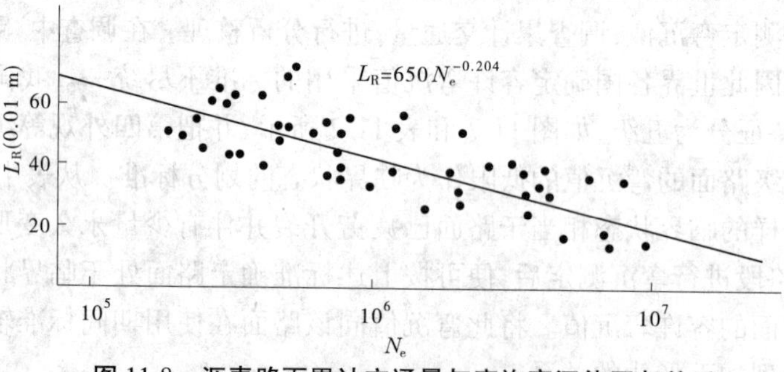

图 11-8　沥青路面累计交通量与容许弯沉值回归关系

2. 路面设计弯沉值

路面设计弯沉值是根据设计年限内，每个车道通过的累计当量轴次、公路等级、面层和基层类型确定的，设计弯沉相当于路面竣工后第一年不利季节、路面在标准轴载 100 kN 作用下，所测得的最大回弹弯沉值。路面设计弯沉和容许弯沉实际上反映了路表弯沉在使用期间内变化的复杂过程，该变化受多方面的因素综合作用，主要有路基路面结构层的材料特性、压实程度、干湿状况、温度、结构类型、气候条件、交通组成、检测时的环境条件及使用的仪器设备等，都对弯沉的变化有很大的影响。如果将路面竣工后第一年不利季节的路面结构状态取作路面设计状态，则路表弯沉的设计控制指标（设计弯沉值）与路面竣工的弯沉验收指标相一致。从设计弯沉值（路面竣工弯沉）到容许弯沉值之间的弯沉增加（或强度、刚度衰减）的变化，是行车荷载、环境因素不断作用及路面各结构材料层力学性能不断衰变等多方面因素综合作用的复杂过程，通常定义 A_T 为表示相对弯沉变化系数，即

$$A_T = L_R/L_0 \tag{11-23}$$

式中　L_R——路面使用期末容许弯沉值，0.01 mm；

L_0——路面竣工弯沉值，0.01 mm。

通过大量的试验测试，并对测试结果进行统计分析，得到路面设计弯沉值的计算公式为

$$L_d = 600N_e^{-0.2}A_cA_sA_b \tag{11-24}$$

式中　L_d——路面设计弯沉值，0.01 mm；

N_e——设计年限内一个车道上的累计当量轴次；

A_c——公路等级系数，高速公路、一级公路为 1.0，二级公路为 1.1，三、四级公路为 1.2；

A_s——面层类型系数，沥青混凝土面层为 1.0，热拌沥青碎石、乳化沥青碎石、上拌

下贯或贯入式路面为 1.1，沥青表面处治为 1.2，中、低级路面为 1.3；

A_b——基层类型系数，对半刚性基层、底基层总厚度大于或等于 20 cm 时为 1.0，如面层与半刚性基层之间设置小于或等于 15 cm 级配碎石层、沥青贯入碎石、沥青碎石的半刚性基层结构时，仍取 1.0，柔性基层、底基层或柔性基层厚度大于 15 cm，底基层为半刚性下卧层时为 1.6。

二、轴载换算与累计当量轴次

（一）标准轴载

路面设计时使用累计当量轴次进行行车荷载的统计，实际上由于路面上行驶的车辆类型很多，它们的轴载也不相同，因此必须选择一种标准轴载，并将各级轴载换算为标准轴载，从而计算设计使用年限内作用于路面的累计当量轴次。我国路面设计以双轮组单轴载 100 kN 为标准轴载，并以 BZZ－100 表示。标准轴载的计算参数按表 11-3 确定。

表 11-3　标准轴载的计算参数

标准轴载	BZZ－100	标准轴载	BZZ－100
标准轴载 P（kN）	100	单轮传压面当量圆直径 d（cm）	21.30
轮胎接地压力 p（MPa）	0.70	两轮中心距（cm）	1.5 d

当超重车较多时，轮胎接地压强可提高至 0.8～0.90 MPa。

（二）轴载换算

当将路上车辆的轴载换算为标准轴载时，应遵循两项原则：①换算以达到相同的临界状态为标准，即同一种路面结构，甲轴作用了 N_1 次后达到预定的临界状态，乙轴作用了 N_2 次后，路面也达到同样的临界状态，此时甲、乙两种轴载作用是等效的，则应按此等效原则建立两种轴载作用次数间的换算关系；②对于同一种交通组成，不论以其中哪一种轴载为标准进行等效换算后，由此所计算的路面厚度结果应当是相同的。

根据上述原则，可以建立轴载换算公式。

（1）当以设计弯沉为指标及验算沥青层层底拉应力时，凡轴载大于 25 kN 的各级轴载（包括车辆的前、后轴）P_i 的作用次数 n_i 均应按下式换算成标准轴载为 P 的当量作用次数 N

$$N = \sum_{i=1}^{K} C_1 \cdot C_2 \cdot n_i \left(\frac{P_i}{P}\right)^{4.35} \tag{11-25}$$

式中　N——标准轴载的当量轴次，次/d；

n_i——被换算车辆的各级轴载作用次数，次/d；

P——标准轴载，kN；

P_i——被换算车辆的各级轴载，kN；

C_1——轴数系数，当轴间距大于 3 m 时，按单独的一个轴载计算，当轴间距小于 3 m 时，按双轴或多轴计算，轴数系数 $C_1 = 1 + 1.2(m-1)$，m 为轴数；

C_2——轮组系数，单轮组为 6.4，双轮组为 1，四轮组为 0.38；

K——被换算车辆的类型数。

(2)当进行半刚性基层层底拉应力验算时,凡轴载大于 50 kN 的各级轴载(包括车辆的前、后轴)P_i 的作用次数 n_i 均应按下式换算成标准轴载为 P 的当量作用次数 N'

$$N' = \sum_{i=1}^{K} C_1' \cdot C_2' \cdot n_i \left(\frac{P_i}{P}\right)^8 \tag{11-26}$$

式中　C_1'——轴数系数,当轴间距为小于 3 m 的双轴或多轴,$C_1' = 1 + 2(m-1)$,m 为轴数;

C_2'——轮组系数,单轮组为 18.5,双轮组为 1,四轮组为 0.09。

(三)累计当量轴次

设计车道上标准轴载在使用年限(t 年)内的累计作用次数 N_e 可在通过调查得到整个行车道的第一年标准轴载日平均作用次数 N_1 和交通量年平均增长率 γ 后,按下式计算

$$N_1 = \frac{365N_1\left[(1+\gamma)^t - 1\right]}{\gamma} \cdot \eta \tag{11-27}$$

式中　η——车道系数,可按表 11-4 确定。

表 11-4　车道系数

车道特征		车道系数	车道特征	车道系数
单车道		1.0	四车道	0.4~0.5
双车道	有分隔带	0.5	六车道	0.3~0.4
	无分隔带	0.6~0.7		

三、路面结构设计指标和设计参数的确定

(一)路面材料设计参数的确定

路面设计时需要采用路基路面材料参数(路基回弹模量的确定方法可参照路基部分),这些参数取值正确与否,将直接关系到路面结构设计的正确性和合理性。在路面的初步设计阶段,高速公路、一级公路应选用沿线筑路材料和外购材料进行混合料配合比设计。在选定配合比的基础上,按有关规程的规定实测材料的设计参数,并论证确定各层材料回弹模量、抗拉强度和抗剪强度设计值。二级以下公路可参考规范的推荐值或当地公路的经验值;在技术设计阶段,各级公路、路面各结构层材料的设计参数均应实测确定。

目前,我国测定路面材料强度和模量的方法有压缩试验、劈裂试验和弯拉试验,因为不同测试方法测得的参数不同,采用哪种试验及其强度和模量值作为设计参数主要取决于以下因素:①强度和模量值应较好地反映行车荷载作用下各种路面材料的力学特性;②强度和模量值用于厚度计算时,所计算路面厚度应较好地与实际情况相吻合;③参数测试方法简便,测试结果比较稳定。

我国现行《公路沥青路面设计规范》(JTG D50—2006)规定:以设计弯沉值计算路面厚度并对结构层进行层底拉应力验算时,各层材料的模量均采用抗压回弹模量,沥青混凝土和半刚性材料的抗拉强度采用劈裂试验测得的劈裂强度。在工程可行性研究或二、三级公路的初步设计阶段,可参考表 11-5 ~ 表 11-7,论证选用各种材料回弹模量及抗拉强

度。表中列出了 20 ℃和 15 ℃时的抗压模量，以路面设计弯沉计算路面厚度时，采用 20 ℃的抗压模量，验算层底拉应力以 15 ℃的抗压模量。

表 11-5　沥青混合料设计参数参考值

材料名称	沥青针入度	抗压模量 E（MPa）		劈裂强度 σ（MPa）
		20 ℃	15 ℃	
细粒式密级配沥青混凝土	≤90	1 200 ~ 1 600	1 800 ~ 2 200	1.2 ~ 1.6
中粒式密级配沥青混凝土	≤90	1 000 ~ 1 400	1 600 ~ 2 000	0.8 ~ 1.2
细、中粒式开级配沥青混凝土	≤90	700 ~ 1 000	1 000 ~ 1 400	0.6 ~ 1.0
粗粒式密级配沥青混凝土	≤90	800 ~ 1 200	1 200 ~ 1 600	0.6 ~ 1.0
排水沥青碎石混合料基层	—	600 ~ 800	—	—
沥青贯入式	—	400 ~ 600	—	—
SMA	≤90	1 200 ~ 1 600	1 200 ~ 1 500	1.4 ~ 1.9

表 11-6　基层材料设计参数

材料名称	配合比或规格要求	抗压模量 E（MPa）	劈裂强度 σ（MPa）	说明
二灰砂砾	7∶13∶80	1 300 ~ 1 700	0.6 ~ 0.8	
二灰碎石	8∶17∶75	1 300 ~ 1 700	0.5 ~ 0.8	
水泥砂砾	5% ~ 6%	1 300 ~ 1 700	0.4 ~ 0.6	
水泥碎石	5% ~ 6%	1 300 ~ 1 700	0.4 ~ 0.6	
石灰水泥粉煤灰砂砾	6∶3∶16∶75	1 200 ~ 1 600	0.4 ~ 0.6	
石灰水泥碎石	5∶3∶92	1 000 ~ 1 400	0.35 ~ 0.5	
石灰土碎石	粒料占 60% 以上	700 ~ 1 100	0.3 ~ 0.4	
碎石灰土	粒料占 40% ~ 50%	600 ~ 900	0.25 ~ 0.35	
水泥石灰砂砾土	4∶3∶25∶68	800 ~ 1 200	0.3 ~ 0.4	
二灰土	10∶30∶60	600 ~ 900	0.2 ~ 0.3	
石灰土	8% ~ 12%	400 ~ 700	0.2 ~ 0.25	
石灰土	4% ~ 7%	200 ~ 350	—	处理基层时
级配碎石	符合级配要求	300 ~ 350 250 ~ 300 200 ~ 250	—	作上基层用 作基层用 作底基层用
填隙碎石	填隙密实	200 ~ 280	—	作底基层用
未筛分碎石 天然砂砾	具有一定级配 符合规范要求	180 ~ 220 150 ~ 200	—	作底基层用
中、细砂		80 ~ 100	—	作垫层用

(二)路面结构厚度设计

路面厚度是以双圆均布荷载作用下，轮缝中心实际路表弯沉值等于设计弯沉值的原则进行计算的。由于力学计算模型与实际路面的差异，以及土基、路面材料的非线性及参数理论值与实际状态存在差异等因素，使理论弯沉值和实测弯沉值之间存在一定误差，因此需要修正理论弯沉值，通过大量实测资料分析，得到实测弯沉值与理论弯沉值关系如下式

$$L_s = 1\,000\frac{2p\delta}{E_0}\alpha_c F \tag{11-28}$$

$$\alpha_c = f\left(\frac{h_1}{\delta},\frac{h_2}{\delta},\cdots,\frac{h_{n-1}}{\delta};\frac{E_2}{E_1},\frac{E_3}{E_2},\cdots,\frac{E_0}{E_{n-1}}\right)$$

式中 L_s——路面实测弯沉值，0.01 mm；

p——标准轴载的轮胎接地压力，MPa；

δ——当量圆半径，cm；

α_c——理论弯沉系数；

F——弯沉综合修正系数，按下式计算

$$F = 1.63\left(\frac{L_s}{2\,000\delta}\right)^{0.38}\cdot\left(\frac{E_0}{p}\right)^{0.36}$$

在进行路面厚度计算时，先进行路面结构组合设计，即先拟定路面各结构层，确定土基弹性模量、结构层材料间弹性模量和劈裂强度等力学强度参数，并先拟定某基层或底基层作为未知层，拟定面层和其他各层的厚度，利用专用电算设计程序即可求得设计层的厚度。通常对于采用半刚性基层、底基层的沥青路面，可选任一层为设计层；当采用半刚性基层、粒料类材料为底基层时，通常应拟定面层、底基层厚度，以半刚性基层为设计层，当采用柔性基层、底基层的沥青路面时宜拟定面层、底基层的厚度，求算基层厚度，此时，如算出的柔性基层(粒料类基层)厚度过大，可考虑选用沥青碎石作上基层，以减薄路面总厚度，同时增加结构的强度和稳定性。

在不具备电算条件时，可通过查弯沉诺谟图的方法进行路表弯沉计算，求得某一结构层的厚度。对三层体系双圆荷载计算图示(见图 11-9)，弯沉电算结果绘成诺谟图，如图 11-10所示。

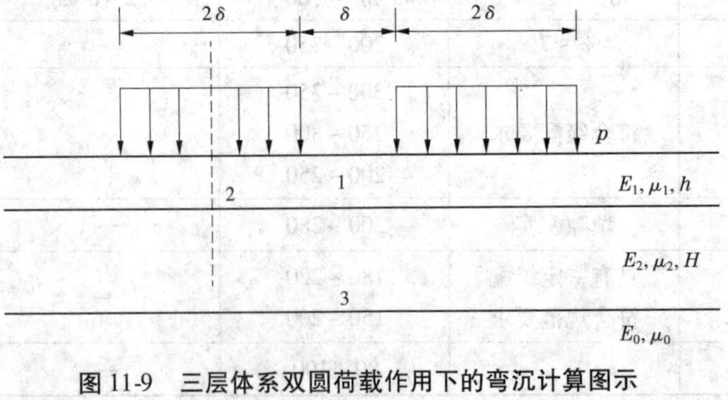

图 11-9 三层体系双圆荷载作用下的弯沉计算图示

计算得到设计层厚度之后，为保证路面各层具有良好的工作状态，应检验结构受力是

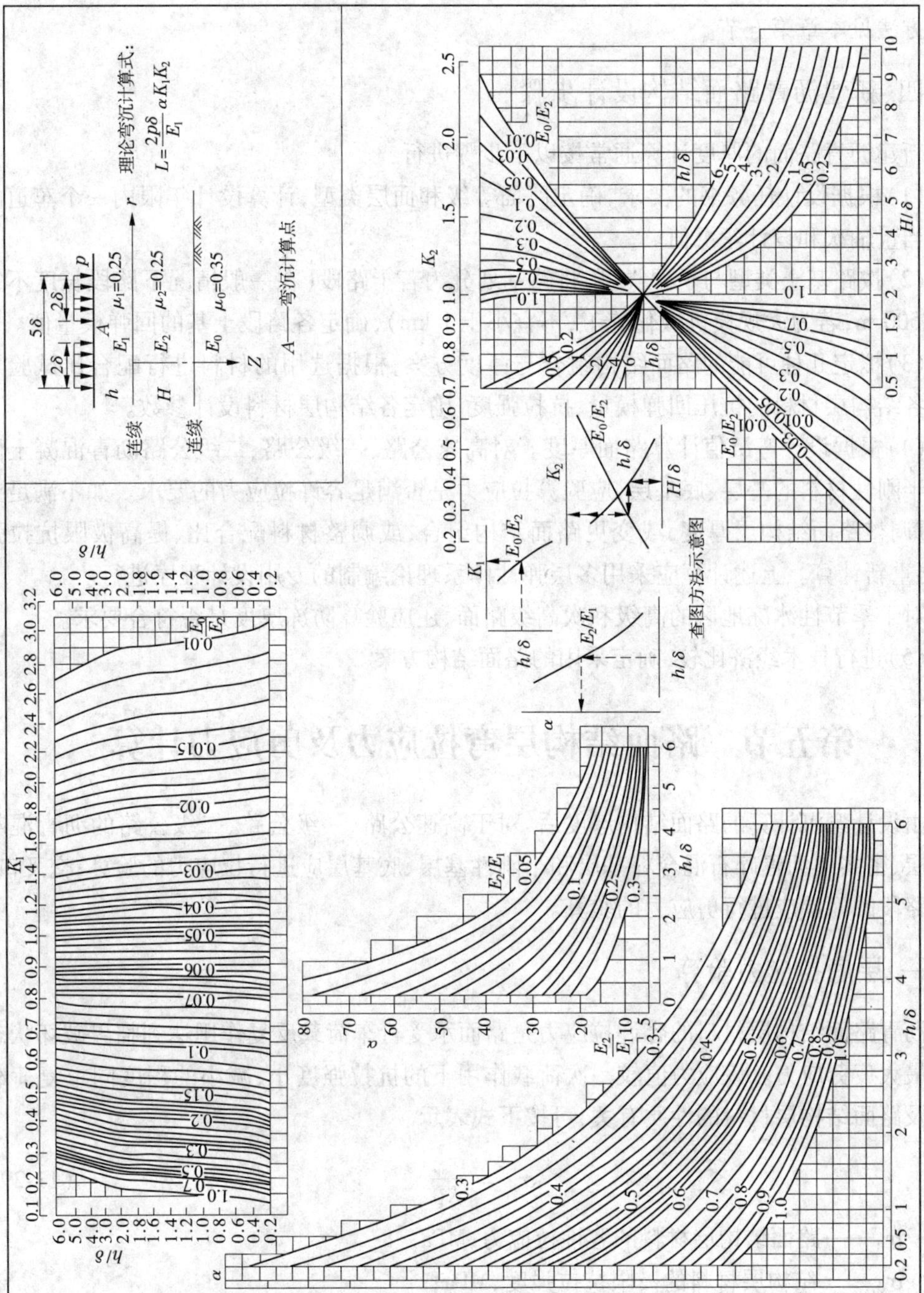

图11-10　三层体系弯沉诺谟图

否合理,因此要对整体性材料进行拉应力验算,必要时还要对面层进行剪应力验算,详细验算方法见本章第五节。

四、新建沥青路面结构设计步骤

新建沥青路面的厚度计算通常按以下步骤进行:

(1)根据设计任务书的要求,确定路面等级和面层类型,计算设计年限内一个车道的累计当量轴次和设计弯沉值。

(2)按路基土类型与干湿类型,将路基划分为若干路段(在一般情况下路段长度不宜小于 500 m,若为大规模机械化施工,不宜小于 1 km),确定各路段土基的回弹模量值。

(3)拟定几种可能的路面结构组合与厚度方案,根据选用的材料进行配合比试验及测定各结构层材料的抗压回弹模量、抗拉强度,确定各结构层材料设计参数。

(4)根据设计弯沉值计算路面厚度。对高速公路、一级公路、二级公路沥青混凝土面层和半刚性材料的基层、底基层,应验算拉应力是否满足容许拉应力的要求。如不满足要求,应调整路面结构层厚度,或变更路面结构组合,或调整材料配合比、提高极限抗拉强度,再重新计算。上述计算应采用多层弹性体系理论编制的专用设计程序进行。

对于季节性冰冻地区的高级和次高级路面,还应验算防冻厚度是否符合要求。

(5)进行技术经济比较,确定采用的路面结构方案。

第五节　路面结构层弯拉应力及剪应力计算

由设计弯沉计算的路面结构厚度后,对于高速公路、一级公路、二级公路的沥青混凝土面层、密实型沥青碎石混合料基层和半刚性基层、底基层应进行拉应力的验算;交叉口、坡道路段的面层应进行剪应力的验算。

一、层底拉应力验算

沥青路面结构层材料的容许拉应力是路面承受行车荷载反复作用达到临界破坏状态时的最大疲劳应力。该应力值较一次荷载作用下的抗拉强度小,减小的程度同重复荷载次数及路面结构层材料的性质有关,可按下式表示

$$\sigma_R = \frac{\sigma_{sp}}{K_s} \tag{11-29}$$

式中　σ_R——路面结构层材料的容许拉应力,MPa;

σ_{sp}——结构层材料的极限抗拉强度,MPa;

K_s——抗拉强度结构系数。

我国现行《公路沥青路面设计规范》(JTG D50—2006)规定,采用劈裂试验测定路面结构层材料的极限抗拉强度(劈裂强度)σ_{sp}。沥青混凝土的劈裂强度与温度有关,规范规定试验温度为 15 ℃,水泥稳定类材料的龄期为 90 d,二灰稳定类、石灰稳定类的龄期规定为 180 d。

结构层材料的抗拉强度因疲劳而降低的抗拉强度结构系数 K_s 与材料的疲劳特性有关，根据重复荷载应力与达到疲劳临界状态的荷载作用次数之间的关系（疲劳方程），可表示如下：

对沥青混凝土面层

$$K_s = 0.09A_a \cdot N_e^{0.22}/A_c \tag{11-30}$$

对无机结合料稳定集料类

$$K_s = 0.35N_e^{0.11}/A_c \tag{11-31}$$

对无机结合料稳定细粒土类

$$K_s = 0.45N_e^{0.11}/A_c \tag{11-32}$$

式中　A_a——反映沥青混合料性质的混合料级配系数，细、中粒式沥青混凝土为 1.0，粗粒式沥青混凝土为 1.1，改性沥青混凝土及 SMA 为 0.85；

A_c——公路等级系数，取值同式（11-24）；

N_e——设计年限内累计标准轴载作用次数。

在不具备电算条件时，可通过查弯沉诺谟图得到理论最大拉应力系数，按下式计算层底拉应力

$$\sigma_m = p\,\overline{\sigma}_m \tag{11-33}$$

$$\overline{\sigma}_m = f\left(\frac{h_1}{\delta},\frac{h_2}{\delta},\cdots,\frac{h_{n-1}}{\delta};\frac{E_2}{E_1},\frac{E_3}{E_2},\cdots,\frac{E_0}{E_{n-1}}\right)$$

式中　σ_m——结构层底最大拉应力，MPa；

p——轮胎接地压力，MPa；

$\overline{\sigma}_m$——理论最大拉应力系数，由电算程序求得。

对三层体系双圆荷载计算图式（见图 11-9），在常用的路面材料和厚度范围内，上层底面的最大拉应力产生在（$r = 0, z = 0$）处，或靠近 z 轴，而中层底面的最大拉应力一般产生在（$r = 1.5\delta, z = 0$）处，上层底面和中层底面的理论最大拉应力系数电算结果的诺谟图如图 11-11、图 11-12 所示。

二、面层剪应力验算

（一）剪应力与抗剪强度

沥青路面的面层材料为颗粒材料，其抗剪强度符合莫尔—库仑强度理论。对处于三向受力状态的路面结构层，在其破坏面上取单元体，其三个主应力分别为 σ_1、σ_2 和 σ_3，且 $\sigma_1 > \sigma_2 > \sigma_3$。根据莫尔—库仑强度理论，其强度条件取决于 σ_1 和 σ_3，由图 11-13 的莫尔圆可得破裂面上的剪应力 τ_α 和正应力 σ_α 为

$$\left.\begin{aligned}\tau_\alpha &= \frac{1}{2}(\sigma_1 - \sigma_3)\cos\varphi \\ \sigma_\alpha &= \frac{1}{2}\left[(\sigma_1 + \sigma_3) - (\sigma_1 - \sigma_3)\sin\varphi\right]\end{aligned}\right\} \tag{11-34}$$

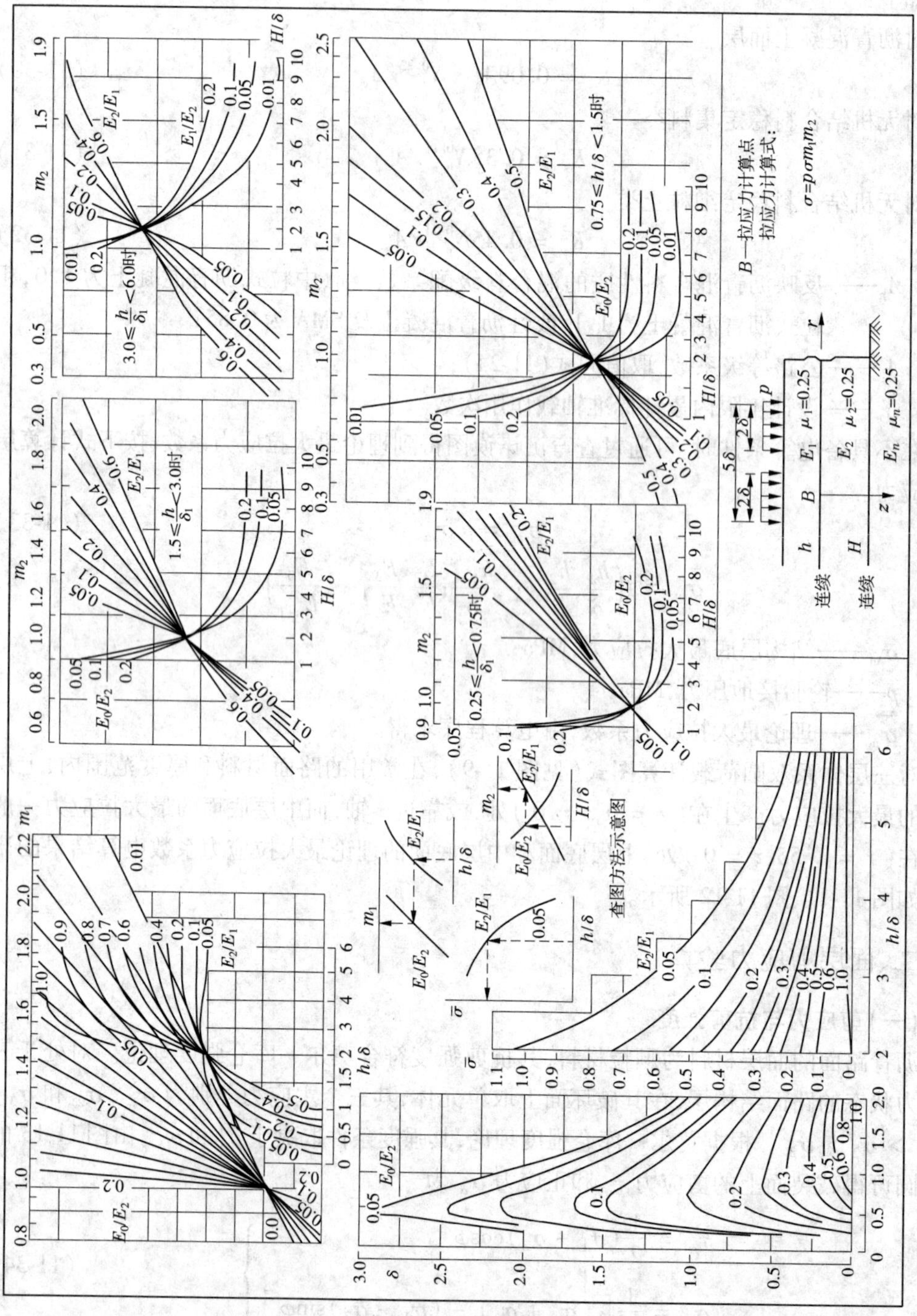

图11-11 三层体系上层底面最大拉应力系数诺谟图(上层与中层层间连续)

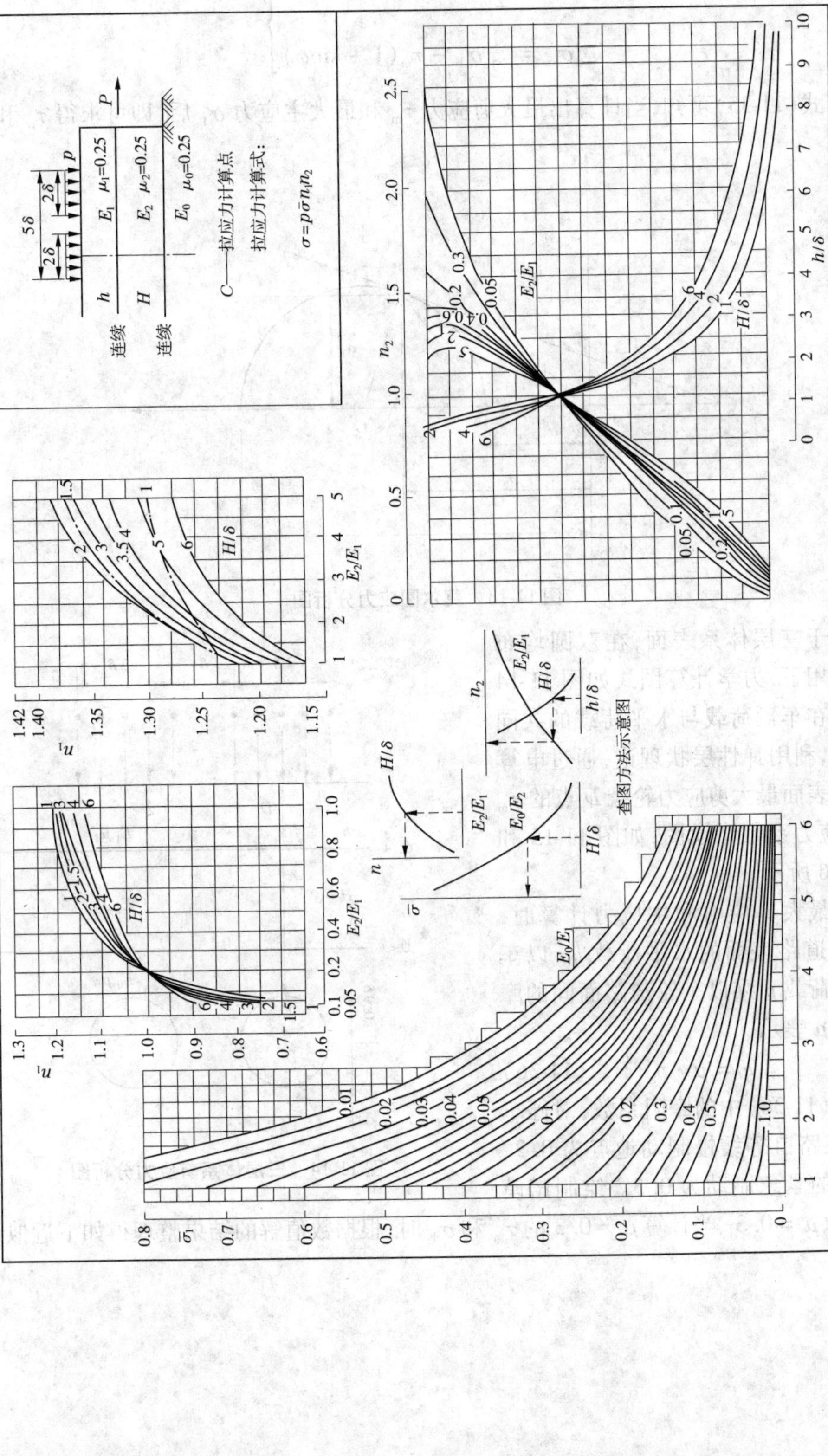

图11-12　三层体系中层底面最大拉应力系数诺谟图(上层与中层层间连续)

由于最大剪应力 $\tau_m=\frac{1}{2}(\sigma_1-\sigma_3)$，则式(11-34)可写成

$$\left.\begin{aligned}\tau_\alpha &= \frac{1}{2}\tau_m\cos\varphi \\ \sigma_\alpha &= \frac{1}{2}\sigma_1-\tau_m(1+\sin\varphi)\end{aligned}\right\}\tag{11-35}$$

由式(11-35)可知，当计算出最大剪应力 τ_m 和最大主应力 σ_1 后，即可求得 τ_α 和 σ_α。

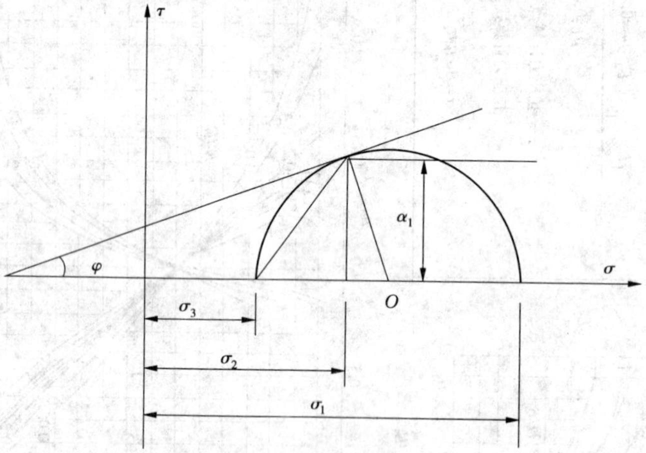

图 11-13　莫尔圆应力分析图

对于三层体系表面，在双圆均布荷载作用下，力学计算图式如图 11-14 所示。在车辆荷载与水平荷载的共同作用下，利用弹性层状理论，通过电算绘制出表面最大剪应力轮缘 D 点的 τ_m 和 σ_1 应力系数诺谟图，如图 11-15 和图 11-16 所示。

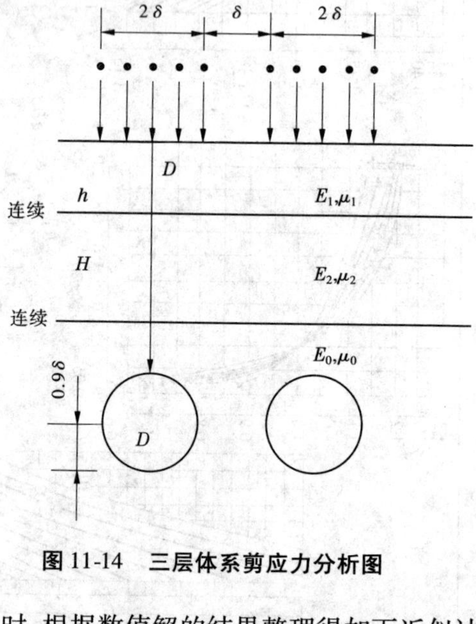

图 11-14　三层体系剪应力分析图

在最大剪应力和主应力计算时，作用在道路表面的水平荷载 q，以车轮垂直荷载 p 乘以车轮与路面间的摩阻系数 μ 表示

$$q=\mu\cdot p\tag{11-36}$$

式(11-36)中的摩阻系数，对停车站、交叉路口等缓慢制动地点为 0.2，对偶然的紧急制动为 0.5。绘制诺谟图时，取 $\mu=0.3$，当计算 $\mu\neq0.3$ 的 τ_m 和 σ_1 时，根据数值解的结果整理得如下近似计算公式：

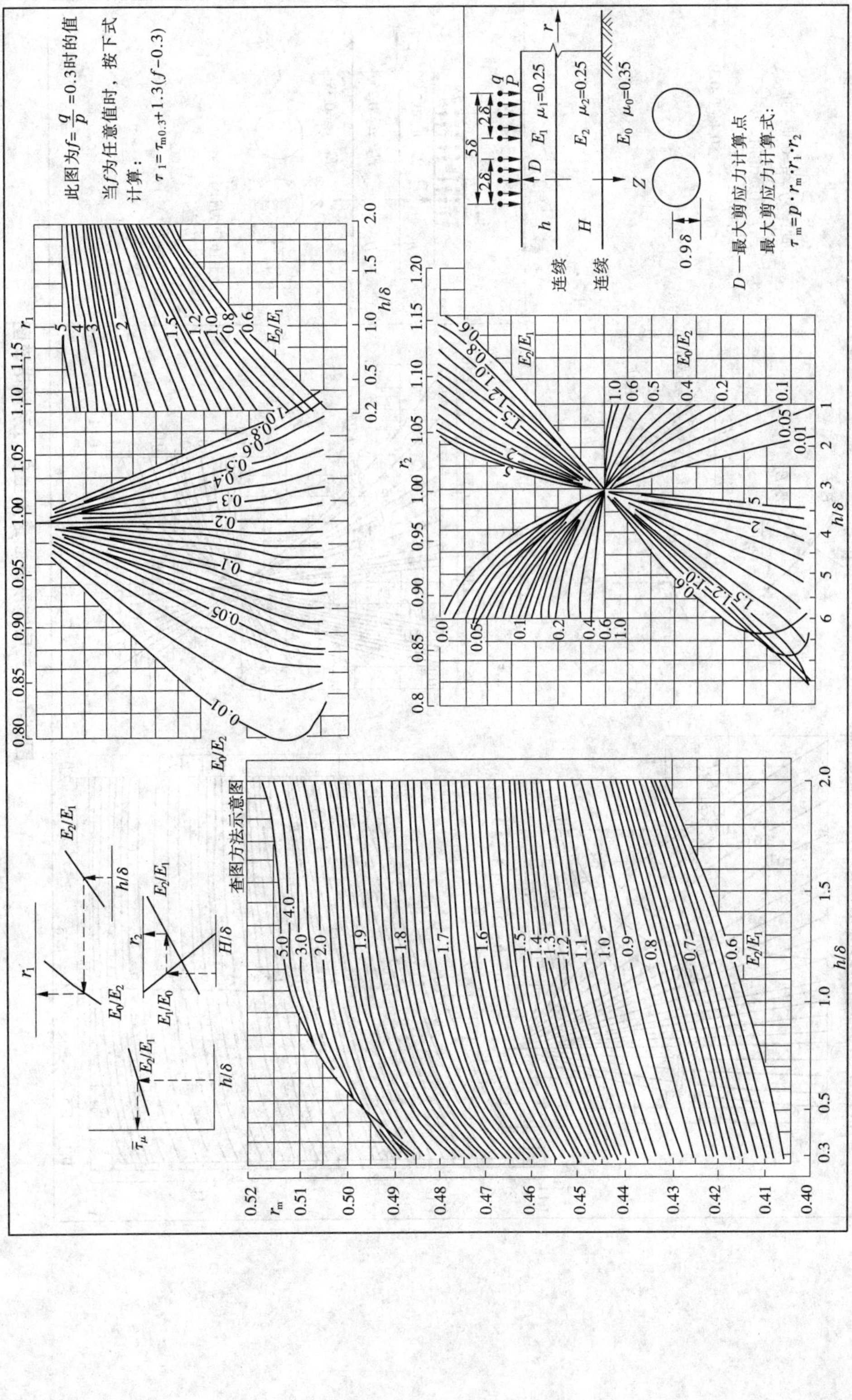

图11-15　三层体系表面最大剪应力系数诺谟图

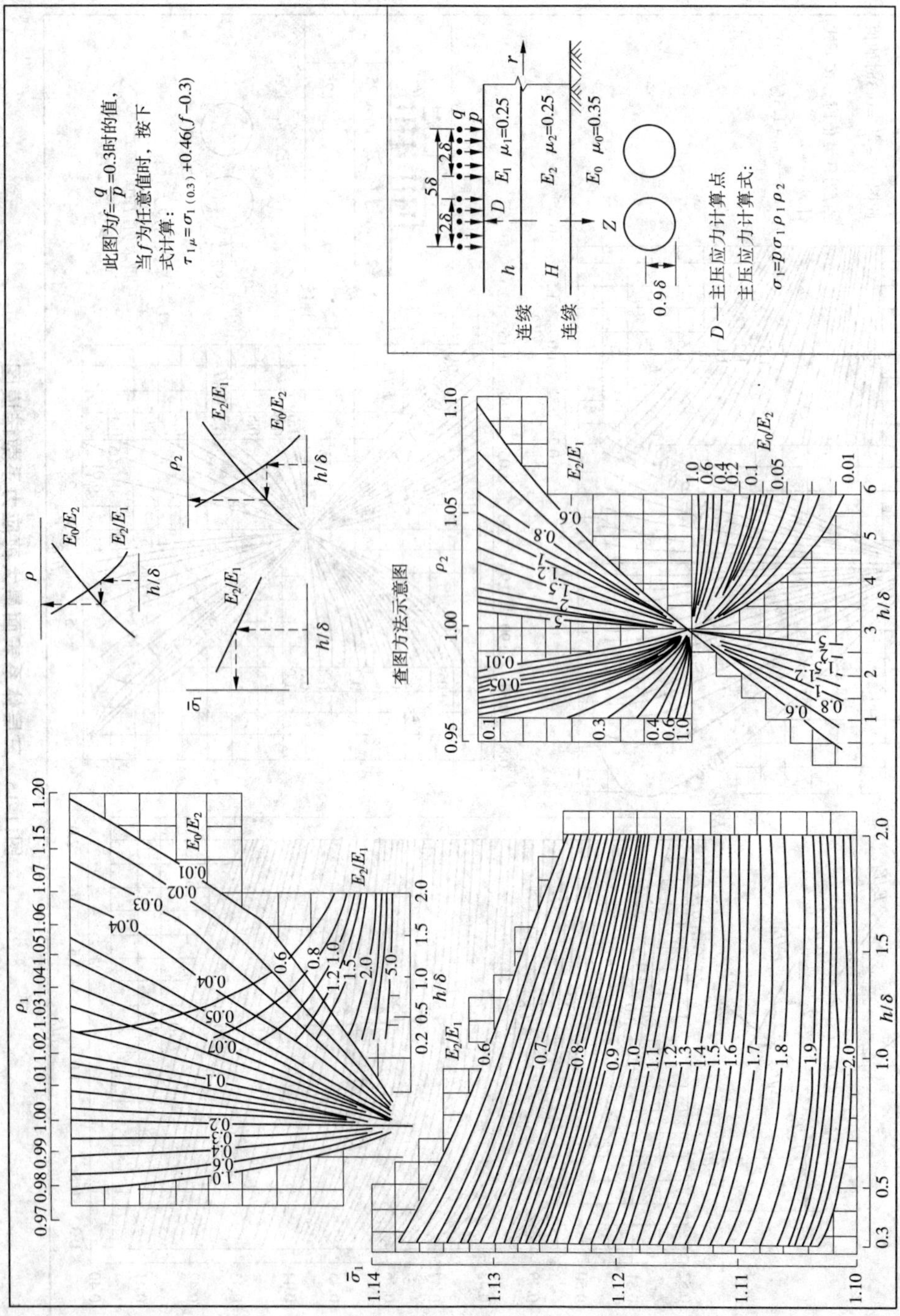

图11-16　三层体系表面最大主应力系数诺谟图

$$\left.\begin{aligned}\tau_{m\mu} &= \tau_{m(0.3)} + 1.3(\mu - 0.3)p \\ \sigma_{1\mu} &= \sigma_{1(0.3)} + 0.46(\mu - 0.3)p\end{aligned}\right\} \tag{11-37}$$

(二)面层剪应力验算

当验算沥青路面面层抗剪强度时,需要确定易于发生面层推移(或拥包)等现象的夏季高温时的沥青混合料的容许剪应力。该容许剪应力为沥青混合料的抗剪强度 τ 除以相应的抗剪切结构强度系数 K_T,即

$$\tau_R = \frac{\tau}{K_T} \tag{11-38}$$

抗剪强度 τ 按下式用库仑理论计算

$$\tau = c + \sigma_\alpha \tan\varphi \tag{11-39}$$

沥青混合料的抗剪强度参数,即黏结力 c 和内摩阻角 φ 通常由三轴剪切试验测定,并以当地高温月份路表实际温度的平均值为试验标准温度。计算面层剪应力时,各结构层计算模量采用抗压回弹模量。

沥青混合料的抗剪切结构强度系数同行车荷载作用情况有关。经调查整理,停车站、交叉口等缓慢制动处($\mu = 0.2$)

$$K_T = \frac{0.35}{A_c} N_t^{0.15} \tag{11-40}$$

在紧急制动处($\mu = 0.5$)

$$K_{T(0.5)} = \frac{1.2}{A_c} \tag{11-41}$$

式中　N_t——停车站或交叉口在设计使用年限内同一位置停车的标准轴载累计数;

A_c——道路等级系数。

三、多层体系的等效换算

路面结构通常是多层结构,一般采用弹性层状体系的计算机程序计算,著名的程序有美国沥青学会的 DAMA 程序,壳牌(Shell)公司的 BISAR 程序,Chevron 研究公司开发的 CHRV 程序及加州大学 Berkeley 分校的 ELSYM 程序等。

当应用计算机分析计算路面结构条件不具备的情况下,采用一些简化但又不过多影响精度的近似方法,将多层路面体系等效换算为三层体系,再利用三层体系理论解的诺谟图分析多层体系的应力、变形和位移。

(一)路表弯沉等效换算法

按照弯沉相等的原则,将多层体系换算为三层(或双层)体系。多层体系路面(见图 11-17)换算时,保持面层弹性模量和厚度不变,以作为换算后三层体系的上层,同时保持路基弹性模量不变,作为换算后三层体系下层。其间各层利用下式换算为弹性模量与多层体系中第二层相同的等效层

$$H = h_2 + \sum_{i=3}^{n-1} h_i \sqrt[2.4]{\frac{E_i}{E_2}}$$

对于城市道路的沥青路面,需验算沥青面层的抗剪强度,当按三层体系诺谟图计算面

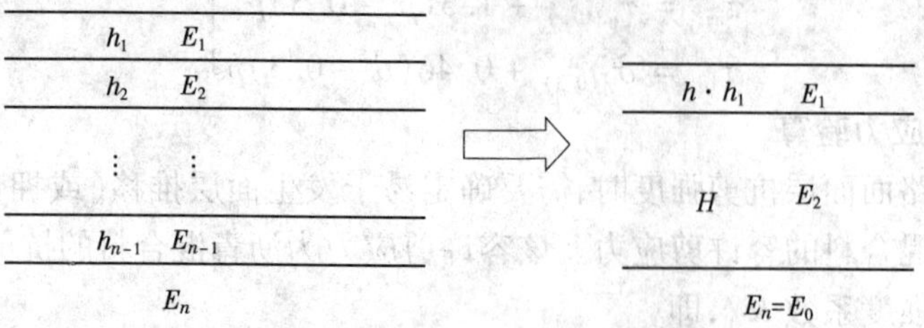

图 11-17　多层体系路表弯沉等效换算图

层剪应力时,多层体系剪应力等效换算关系与弯沉计算相同,即以多层体系面层作上层,其下各层用式(11-41)换算为中层。

(二)弯拉应力等效换算法

按照某一层底弯拉应力相等的原则,将多层体系换算为三层体系。

1. 上层底面弯拉应力等效换算

如图 11-18 所示的 n 层体系,当计算其中第 j 层($j \leqslant n-2$)的底面弯拉应力时,将第 j 层以上的结构层作为三层结构体系的上层,路基保持参数不变作为下层,其间各层作为中间层,换算后上层的等效厚度为

$$h = h_j + \sum_{i=1}^{j} h_i \sqrt[4]{\frac{E_i}{E_j}} \tag{11-42}$$

换算后三层体系中层的等效层厚度为

$$H = h_{j+1} + \sum_{i=j+2}^{n-1} h_i \sqrt[0.9]{\frac{E_i}{E_{j+1}}} \tag{11-43}$$

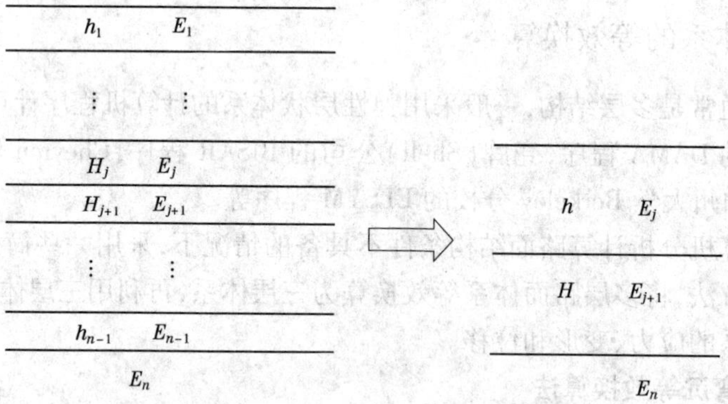

图 11-18　上层底面弯拉应力等效换算图

2. 中层底面弯拉应力等效换算

对于如图 11-19 所示 n 层体系路面结构,当计算与路基相邻层第 $n-1$ 层底面弯拉应力时,保持路基模量不变作为三层体系下层,将第 $n-1$ 层作为三层体系中层,并保持其弹性模量和厚度不变,其上各层换算为三层体系上层,换算时上面各层按邻近中层结构层的模量进行等效厚度计算

$$h = h_{n-2} + \sum_{i=1}^{n-3} h_i \sqrt[4]{\frac{E_i}{E_{n-2}}} \tag{11-44}$$

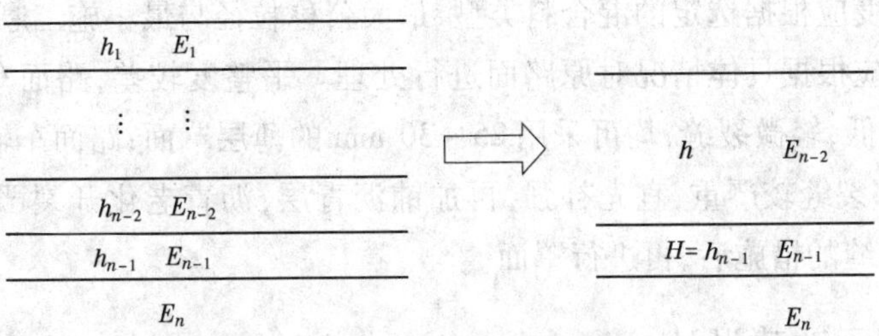

图 11-19　中层底面弯拉应力等效换算图

第六节　沥青路面改建设计

一、沥青路面改建设计原则

沥青路面随着交通量的不断增加和使用时间的延长，其性能和承载能力不断下降，使用一定时期后路面便不能满足正常的交通荷载的要求，需要改建或补强。改建设计应遵循以下原则。

（一）总原则

（1）当原有路面需要提高等级时，对不符合技术标准的路段应先进行线形改善，此时按新建路面设计。

（2）改线路段和加宽路面按新建路面设计。

（3）提高路基、调整纵坡的路段，当路基提高标高大于 40 cm 以上时，按新建路面设计。

（4）当路基提高标高小于 40 cm，可按在原有路面上补强时的改建路面设计。

（二）砂石路面改建为沥青路面的原则

（1）原路面的水稳性不良时，不宜直接加铺沥青面层，而应将路面翻松，掺入石灰或增加粒料以改善其水稳性，并作好排水设计。

（2）路面的强度和稳定性基本符合要求时，路拱不符合要求或严重松散、坑槽和搓板的路段，可将原有路面翻松或加铺整平层，调整路拱；如路拱基本符合要求，路面局部有坑槽或松散的路段，可作局部修补；当原有路面的强度、稳定性、路拱和平整度符合要求时，可直接铺筑沥青面层。

（三）旧沥青路面改建原则

（1）沥青路面因整体强度不足需加铺补强层时，原有沥青面层一般可不铲除，但应对局部的松散、坑槽进行修补，对较为严重的纵横裂缝、成片的网裂、龟裂的路段，宜先补强，再加铺结构层。

(2)沥青路面的整体强度符合要求时,但路面的使用性能降低,不满足路面服务性能指标时,应采取罩面措施,恢复和改善路面的使用性能。

(3)罩面厚度应根据选定的混合料类型、最大公称粒径与最小施工厚度确定。

(4)罩面前应根据具体情况对原路面进行处理。平整度较差,路面车辙深度小于 10 mm,抗滑性能降低,轻微裂缝,均可采用 25 ~ 30 mm 的薄层罩面;路面车辙深度为 10 ~ 25 mm 的路段,局部裂缝较严重,宜先补强,再加铺沥青层;沥青老化开裂严重时,应采取刨除或减少反射裂缝的措施后,再进行罩面。

二、沥青路面改建设计

沥青路面改建(补强)设计工作包括现有路面结构状况调查、弯沉评定以及补强厚度计算等内容。

(一)路面结构状况调查与评定

为了解路面结构现状和路面剩余使用寿命情况,并为下一步提出合理的路面补强方案和补强厚度计算提供基础资料和参数,可通过对现有路面结构状况和承载力进行调查与评定来实现。

1. 路面结构状况调查

对现有路面状况调查主要包括如下内容:

(1)交通调查。调查路面当前年平均双向日交通量和交通组成,确定交通量年平均增长率。

(2)路基状况调查。调查沿线路基土质、填挖高度、地面排水与地下水情况、含水率和压实度等,确定路基干湿类型。

(3)路面状况调查。调查路面结构类型与组合、宽度、各层厚度。基层应按层取样试验,判断其结构层或材料是否可以利用。

(4)路面修建与养护资料调查。

2. 路面结构承载力调查

可通过弯沉调查来评定现有路面的结构强度和承载力,在调查时,应将全段进行分段,分段时应考虑下列因素:

(1)同一路段路基的干湿类型与土质基本相同。

(2)在同一路段内,各测点的弯沉值比较接近。若局部路段弯沉值较大,应先补强。

(3)各路段的最小长度应与施工方法相适应,除改建路面外,一般不应小于 500 m,机械化施工时不应小于 1 km。水文、土质条件复杂或需要特殊处理的路段,其分段长度可视实际情况确定。

在对原有路面进行弯沉检测时,应采用标准轴载汽车测定,且每一车道、每路段的测点数不应少于 20 点。当采用非标准轴载(轴载 60 ~ 130 kN)的汽车测定时,则按下式将非标准轴载测得的弯沉值换算为标准轴载下的弯沉值

$$\frac{L_{100}}{L_i} = \left(\frac{P_{100}}{P_i}\right)^{0.87} \tag{11-45}$$

式中　P_{100}、L_{100}——100 kN 标准轴载及相应的弯沉值；

P_i、L_i——非标准轴载及相应的弯沉值。

各路段的计算弯沉值 L_0（0.01 mm）可采用下式计算

$$L_0 = (\bar{L}_0 + Z_\alpha S) \cdot K_1 \cdot K_2 \cdot K_3 \tag{11-46}$$

式中　$\bar{L}_0$——路段内原路面实测弯沉的平均值，0.01 mm；

Z_α——保证率系数，补强二级及二级以上的公路路面时，取 1.5，补强三、四级公路路面时，取 1.3；

S——路段内原路面实测弯沉的标准差，0.01 mm；

K_1——季节影响系数，根据当地经验选用；

K_2——温度影响系数，根据当地经验选用；

K_3——温度修正系数。

由于路面在一年内的不同时期具有不同的强度，经补强设计的路面必须保证在最不利季节具有良好的使用状态，因此原有路面的弯沉值应在不利季节测定；若在非不利季节测定，应根据当地经验考虑季节影响系数的修正。对冰冻地区的潮湿或过湿路基，宜考虑路面强度逐渐衰减的影响，乘以湿度影响系数。

当原路面为沥青面层时，弯沉测定值还随路面温度的变化而变化，路面弯沉值是以 20 ℃为测定沥青路面弯沉值的标准状态，当沥青面层厚度小于或等于 5 cm 时，不需温度修正；当路面温度为 20 ℃ ±2 ℃时，也不需要进行温度修正；其他情况下测定弯沉值均应进行温度修正，温度修正系数 K_3 为

$$K_3 = \frac{L_{20}}{L_T} \tag{11-47}$$

式中　L_{20}——换算为 20 ℃时沥青路面的弯沉值；

L_T——测定时沥青面层内平均温度为 T 时的弯沉值，即

$$T = a + bT_0 \tag{11-48}$$

式中　a、b——系数，$a = -2.65 + 0.52h$，$b = 0.62 - 0.008h$，h 为沥青面层厚度，cm；

T_0——测定时路表温度与前 5 h 平均气温之和，℃。

经过标准温度 20 ℃与测定时沥青面层平均温度 T 时两种弯沉测定值之比，统计分析温度修正系数的经验公式为：

当 $T \geqslant 20$ ℃时

$$K_3 = \exp\left[h\left(\frac{1}{T} - \frac{1}{20}\right)\right]$$

当 $T < 20$ ℃时

$$K_3 = \exp\left[0.002h(20 - T)\right]$$

(二) 原路面当量回弹模量的计算

当采用层状弹性理论计算路面补强层厚度时,需根据原路面计算弯沉值,通过换算求取原路面综合当量回弹模量,各路段的当量回弹模量为

$$E_t = 1\,000\frac{2p\delta}{L_0}m_1 m_2 \tag{11-49}$$

式中 E_t——原路面的当量回弹模量,MPa;

p——标准轴载车型的轮胎压力,MPa;

δ——标准轴载单轮传压面当量圆半径,cm;

L_0——原路面计算弯沉值,0.01 mm;

m_1——轮板对比值,即用标准轴载的汽车在原路面上测得的弯沉值 L_l 与相同压强条件下用承载板所测得的回弹变形 L_b 之比,一般根据各地的对比试验结果确定,试验研究表明,变形在相当大范围内均十分接近 1.1,所以在缺乏对比资料的情况下,取 $m_1 = 1.1$;

m_2——原路面当量回弹模量扩大系数,计算与原有路面接触的补强层层底拉应力时,按式(11-50)计算,计算其他补强层层底拉应力及弯沉值时,取 1.0。

计算与旧路面接触的补强层层底弯拉应力时,与补强层相邻结构层(原路面面层)的材料参数应保持不变,但实际计算时,旧路面已被视为用当量回弹模量表示的均质弹性半空间地基,因此在进行与旧路面接触的补强层层底拉应力验算时,应按照应力等效原则对旧路面当量回弹模量进行修正,规范给出如下公式

$$m_2 = e^{0.037\frac{h'}{\delta}}\left(\frac{E_{n-1}}{p}\right)^{0.25} \tag{11-50}$$

$$h' = \sum_{i=1}^{n-1} h_i (E_i/E_{n-1})^{0.25}$$

式中 E_{n-1}——与原路面接触层材料的抗压模量,MPa;

h'——各补强层等效为与原路面接触层相当的等效总厚度, cm;

h_i——第 i 层补强层的厚度,cm;

E_i——第 i 层补强层材料的抗压回弹模量,MPa;

$n-1$——补强层层数。

(三) 补强厚度的计算

在确定出原有路面的当量回弹模量以后,可采用弹性层状理论计算补强层厚度。当补强层为单层时,计算的力学模型采用双层弹性体系;补强 $n-1$ 层时,以 n 层弹性体系为力学模型。补强设计时,仍以设计弯沉值作为路面整体刚度的控制指标,对于二级和二级以上的公路,还应验算补强层层底拉应力。设计弯沉值、各补强层层底拉应力和容许拉应力的计算方法、综合弯沉修正系数及补强层材料参数的确定与新建路面时的各项规定相同,设计层的厚度也采用弹性层状理论编制的设计程序进行计算。

第七节　沥青路面设计示例

例:新建公路设计:某地位于$Ⅱ_{1a}$区,沿线土质为中液限黏性土,沿线有充足碎石集料和石灰供应。新建一条一级公路,为双向四车道,设计年限为15年,预测该路竣工后第一年的交通组成见表11-7,设计拟采用沥青路面结构,进行路面结构设计。

表11-7　预测交通组成

车型	前轴重(kN)	后轴重(kN)	后轴数	后轴轮组数	后轴距(m)	交通量(次/d)
南阳351	48.70	97.30	1	双	—	300
黄河JN150	49.00	101.60	1	双	—	300
齐齐哈尔Q0650	55.00	121.00	1	双	—	400
延安SX161	54.64	91.25	2	双	135.0	300

一、轴载分析

路面设计以双轴组单轴载100 kN作为标准轴载。

(一)以设计弯沉值为指标及验算沥青层层底拉应力累计当量轴次

1. 轴载换算

计算结果详见表11-8轴载换算结果表(弯沉)。

表11-8　轴载换算结果表(弯沉)

车型		p_i (kPa)	c_1	c_2	n_i	$c_1c_2n_i(\frac{p_i}{P})^{4.35}$(轴次)
黄河JN150	前轴	49.00	1	6.4	300	72.76
	后轴	101.60	1	1	300	321.45
南阳351	前轴	48.70	1	6.4	300	70.84
	后轴	97.30	1	1	300	266.33
齐齐哈尔Q0650	前轴	55.00	1	6.4	400	160.34
	后轴	121.00	1	1	400	916.59
延安SX161	前轴	54.64	1	6.4	300	116.87
	后轴	91.25	2.2	1	300	443.16
$N=\sum_{i=1}^{k}c_1c_2n_i\left(\frac{p_i}{P}\right)^{4.35}$						2 368.34

注:轴载小于25 kN的轴载作用不计。

2. 累计当量轴次计算

根据设计规范,一级公路沥青路面的设计年限为15年,四车道的车道系数η为

0.4 ~ 0.5，取 0.45，$\gamma=7\%$，累计当量轴次

$$N_e=\frac{\left[(1+\gamma)^t-1\right]\times 365\times N_1\eta}{\gamma}$$

$$=\frac{\left[(1+0.07)^{15}-1\right]\times 365\times 2\,368.34\times 0.45}{0.07}=977.5\times 10^4(\text{轴次})$$

（二）验算半刚性基层层底拉应力的累计当量轴次

1. 轴载换算

计算结果详见表 11-9 轴载换算结果表（半刚性基层层底拉应力）。

表 11-9　轴载换算结果表（半刚性基层层底拉应力）

车型		p_i (kPa)	c_1'	c_2'	n_i	$c_1'c_2'n_i(\frac{p_i}{P})^8$（轴次）
黄河 JN150	后轴	101.60	1	1	300	340.62
南阳 351	后轴	97.30	1	1	300	241.00
齐齐哈尔 Q0650	前轴	55.00	1	18.5	400	61.96
	后轴	121.00	1	1	400	1 837.99
延安 SX161	前轴	54.64	1	18.5	300	44.09
	后轴	91.25	3	1	300	432.62
$N=\sum_{i=1}^{k}c_1'c_2'n_i(\frac{p_i}{P})^8$						2 958.28

注：轴载小于 50 kN 的轴载作用不计。

2. 累计当量轴次

设计年限内累计当量轴次为

$$N_e=\frac{\left[(1+\gamma)^t-1\right]\times 365\times N_1'\eta}{\gamma}$$

$$=\frac{\left[(1+0.07)^{15}-1\right]\times 365\times 2\,958.28\times 0.45}{0.07}=1\,221.0\times 10^4(\text{轴次})$$

二、结构组合与材料选取

由上面的计算得到设计年限内一个行车道上的累计标准轴次为 1 200 万次左右，根据规范推荐结构，路面结构层采用沥青混凝土（15 cm）、基层采用水泥碎石（25 cm）、底基层采用石灰土（厚度待定）。

规范规定高速公路、一级公路的面层由二至三层组成，查规范，采用三层沥青面层，表面层采用细粒式密级配沥青混凝土（4 cm），中间层采用中粒式密级配沥青混凝土（5 cm），下面层采用粗粒式密级配沥青混凝土（6 cm）。

查有关资料得各层材料抗压模量（15 ℃和 20 ℃）与 15 ℃劈裂强度（见表 11-10）。以设计弯沉值计算路面厚度时，各层材料均采用 20 ℃抗压回弹模量。验算层底拉应力时，沥青混合料采用 15 ℃劈裂强度。该路段处于 Ⅱ_{1a} 区，为干燥、中湿土，稠度为 1.20 的

土基回弹模量为 40 MPa。

三、设计指标的确定

对于一级公路，规范要求以设计弯沉值作为设计指标，并进行结构层层底拉应力的验算。

表 11-10　结构组合设计及材料参数汇总表

层位	材料名称	h(cm)	20 ℃模量(MPa)	15 ℃模量(MPa)	15 ℃劈裂强度(MPa)
面层	细粒式沥青混凝土	4	1 400	2 000	1.4
	中粒式沥青混凝土	5	1 200	1 800	1.0
	粗粒式沥青混凝土	6	1 000	1 400	0.8
基层	水泥碎石	25	1 500		0.5
	石灰土	—	550		0.225
土基		—	40		—

(一)设计弯沉值

该公路为一级公路，路面等级系数 A_c 取 1.0，面层是沥青混凝土路面 A_s，取 1.0，半刚性基层，底基层总厚度大于 20 cm，基层类型系数 A_b 取 1.0。

设计弯沉值为

$$L_d = 600N_e^{-0.2}A_cA_sA_b$$
$$= 600 \times 10\,097\,000^{-0.2} \times 1.0 \times 1.0 \times 1.0 = 23.84(\times 0.01\ \text{mm})$$

(二)各层材料的容许层底拉应力

在本设计中，$K_s = 0.09A_aN_e^{0.22}/A_c$，其中 A_c 为公路等级系数，取 1.0，A_a 为沥青混凝土类型系数，粗粒式沥青混凝土为 1.1，中、细粒式沥青混凝土为 1.0。

1. 细粒式密级配沥青混凝土

$$K_s = \frac{0.09A_aN_e^{0.22}}{A_c} = \frac{0.09 \times 1.0 \times 10\,097\,000^{0.22}}{1.0} = 3.13$$

$$\sigma_R = \frac{\sigma_{SP}}{K_s} = \frac{1.4}{3.13} = 0.447\,3(\text{MPa})$$

2. 中粒式密级配沥青混凝土

$$K_s = \frac{0.09A_aN_e^{0.22}}{A_c} = \frac{0.09 \times 1.0 \times 10\,097\,000^{0.22}}{1.0} = 3.13$$

$$\sigma_R = \frac{\sigma_{SP}}{K_s} = \frac{1.0}{3.13} = 0.3195(\text{MPa})$$

3. 粗粒式密级配沥青混凝土

$$K_s = \frac{0.09A_aN_e^{0.22}}{A_c}$$

$$= \frac{0.09 \times 1.1 \times 10\,097\,000^{0.22}}{1.0} = 3.44$$

$$\sigma_R = \frac{\sigma_{SP}}{K_s} = \frac{0.8}{3.44} = 0.2326(\text{MPa})$$

4. 水泥碎石

$$K_s = \frac{0.35N_e^{0.11}}{A_c} = \frac{0.35 \times 12\,210\,000^{0.11}}{1.0} = 2.11$$

$$\sigma_R = \frac{\sigma_{SP}}{K_s} = \frac{0.5}{2.11} = 0.2370(\text{MPa})$$

5. 石灰土

$$K_s = \frac{0.45N_e^{0.11}}{A_c} = 0.45 \times 12\,210\,000^{0.11} = 2.71$$

$$\sigma_R = \frac{\sigma_{SP}}{K_s} = \frac{0.35}{2.71} = 0.1292(\text{MPa})$$

四、计算石灰土层的厚度

采用沥青路面设计专用程序计算得，石灰土的厚度为 25 cm，实际路面结构的路表实测弯沉值为 24.19(0.01 mm)，沥青面层的层底均受压应力，水泥碎石底层的层底的最大拉应力为 0.122 3 MPa，石灰土层底的最大拉应力为 0.075 MPa，均小于容许应力，因此路面厚度满足设计要求。

习题与思考题

1. 我国沥青路面设计采用何种方法？试对沥青路面的结构设计进行力学分析。
2. 沥青路面主要有哪些破坏状态？设计标准是如何考虑的？
3. 沥青路面结构组合设计时需要考虑哪些因素？结合具体情况举例说明。
4. 试述新建沥青路面的设计。
5. 试述改建沥青路面的设计。

第十二章　水泥混凝土路面

学习要点　通过本章学习,学生应了解水泥混凝土路面的构造,会对各种接缝进行设计,掌握水泥混凝土路面对材料的要求及配合比设计。

第一节　概　述

一、水泥混凝土路面的定义及分类

水泥混凝土路面是指以水泥混凝土板作为面层,下设基层、垫层所组成的路面结构,按其路面结构的力学特性又称刚性路面。

水泥混凝土路面,包括普通混凝土路面、钢筋混凝土路面、连续配筋混凝土路面、预应力混凝土路面、装配式混凝土路面和钢纤维混凝土路面。在公路、城市道路及机场道路中,目前我国应用最广泛的是就地浇筑的普通混凝土路面,简称混凝土路面。

所谓普通混凝土路面,是指除接缝区和局部范围(边缘和角隅)外不配置钢筋的混凝土路面。

钢筋混凝土路面是指为防止可能产生的裂缝缝隙张开,板内配置有纵、横向钢筋(或钢丝)网的混凝土路面。

连续配筋混凝土路面是沿纵向配置连续的钢筋,除在与其他路面交接处或临近构造物附近设置胀缝以及视施工需要设置施工缝外,一般不设横缝的混凝土路面。

预应力混凝土路面是指对混凝土施加预应力的一种路面结构形式,分无筋预应力混凝土路面、有筋预应力混凝土路面和自应力混凝土路面。

钢纤维混凝土路面是指在水泥混凝土中掺入一些低碳钢或不锈钢纤维拌制而成的混合料,经摊铺、振实、硬化成型的一种均匀而多向配筋混凝土路面。

碾压混凝土路面是指水泥和水泥用水量较普通混凝土显著减少的水泥混凝土,经摊铺、振动碾压成型的水泥混凝土路面。

装配式混凝土路面是在工厂把水泥混凝土预制成板块,然后运至工地现场装配而成的一种路面结构形式。

二、水泥混凝土路面特点

与其他类型路面相比,水泥混凝土路面具有以下优点:

(1)强度高。水泥混凝土路面具有很高的抗压强度和较高的抗弯拉强度以及抗磨耗能力。

(2)稳定性好。水泥混凝土路面的水稳性和热稳性均较好,特别是它的强度能随着时间的延长而逐渐提高,不存在沥青路面的那种“老化”现象。

(3)耐久性好。由于水泥混凝土路面的强度和稳定性好,所以它持久耐用,寿命达20~40年,而且它能通行包括履带式车辆等在内的各种运输工具。

(4)有利于反向行车。水泥混凝土路面色泽鲜明,能见度好,对夜间行车有利,但是,水泥混凝土路面也存在缺点,主要有以下几方面:

①对水泥和水的需求量大。修筑0.2 m厚、7 m宽的水泥混凝土路面,每1 000 m要耗费水泥400~500 t和水约250 t,尚不包括养生用的水在内,这给水泥供应不足和缺水地区带来较大困难。

②有接缝。一般水泥混凝土路面要建造许多接缝,这些接缝不但增加施工和养护的复杂性,而且容易引起行驶车辆的跳动,影响行车的舒适性,接缝又是路面的薄弱点,如处理不当,将导致路面板边和板角处破坏。

③开放交通较迟。一般水泥混凝土路面完工后,要经过28 d的潮湿养生,才能开放交通,如需提早开放交通,则需采取特殊措施。

④修复困难。水泥混凝土路面损坏后,开挖很困难,修补工作量也大,且影响交通。

第二节　水泥混凝土路面构造

一、路基和基层

(一)路基

理论分析表明,通过水泥混凝土面板和基层传到路基上的压力很小,一般不超过0.05 MPa。因此,水泥混凝土面板下不需要有坚强的土基支承。然而,如果路基的稳定性不足,在水温变化的影响下出现较大的变形,特别是不均匀沉陷,仍将给水泥混凝土面板带来很不利的影响。工程实践证明,路基支承不均匀,使面板在受荷时底部产生过大的弯拉应力,导致水泥混凝土路面产生破坏。因此,水泥混凝土路面下的路基必须密实、稳定和均匀。路基一般要求处于干燥或中湿状态,过湿状态或强度与稳定性不符合要求的潮湿状态的路基必须经过处理。

路基的不均匀支承可能由以下因素所造成:

(1)不均匀沉陷。湿软地基未达充分固结;土质不均匀、压实不充分、填挖结合部以及新老路基交接处处理不当。

(2)不均匀冻胀。季节性冰冻地区,土质不均匀(对冰冻敏感性不同);路基潮湿条件变化。

(3)膨胀土胀缩。在过干或过湿(相对于最佳含水率)时压实,排水设施不良等。

控制路基不均匀支承的最经济、最有效的方法是:

(1)把不均匀的土掺配成均匀的土。

(2)控制压实时的含水率接近于最佳含水率,并保证压实度达到要求。

(3)加强路基排水,完善路基排水设施,对于湿软地基,则应采取加固措施。

(4)加设垫层,以缓和可能产生的不均匀变形对路面板的不利影响。

(二)基层

水泥混凝土面板下设置基层的目的有以下几个方面：

(1)防唧泥。水泥混凝土面板如直接放在路基上，会由于路基土塑性变形量大，细粒含量多和抗冲刷能力低而极易产生唧泥现象。铺设基层后，可减轻以至消除唧泥的产生。但未经处治的砂砾基层，其细料含量和塑性指数不能太高，否则仍会产生唧泥。

(2)防冰冻。在季节性冰冻地区，用对冰冻不敏感的粒状多孔材料铺筑基层，可以减小路基的冰冻深度，从而减轻冰冻的危害。

(3)减小路基顶面的压应力，并缓和路基不均匀变形对路面板的影响。

(4)防水。在湿软路基上，铺筑级配粒料基层，以排除从路表面渗入路面板下的水(见图12-1)以及隔断地下毛细水上升。

(5)为路面板施工(如立侧模，运送水泥混凝土等)提供方便。

(6)提高路面结构的承载能力，延长路面的使用寿命。

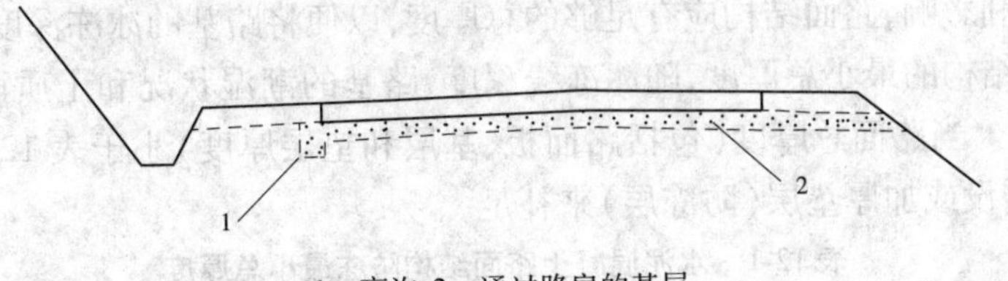

1—盲沟；2—通过路肩的基层

图12-1 兼起排水作用的粒料基层

因此，除非路基本身就是有良好级配的砂砾类土，且具有良好排水条件的轻交通道路外，都应设置基层。同时，基层应具有足够的强度和稳定性，且断面正确，表面平整。理论计算和工程实践都已证明，采用整体性好，具有较高的弹性模量的材料(如贫混凝土、沥青混凝土、水泥稳定碎石、二灰稳定碎石、级配碎石等)修筑基层，可以确保水泥混凝土路面良好的使用特性和延长路面的使用寿命。因此，基层材料必须符合《公路路面基层施工技术规范》(JTJ 034—2000)规定的技术要求。如果基层出现较大的塑性变形累积(主要在接缝附近)，路面板将与之脱空，支承条件恶化，从而增加板的应力；同时，若基层材料中含有过多的细料，还将促使唧泥和错台等病害产生。图12-2为两种基层在荷载重复作用下的塑性变形累积曲线。

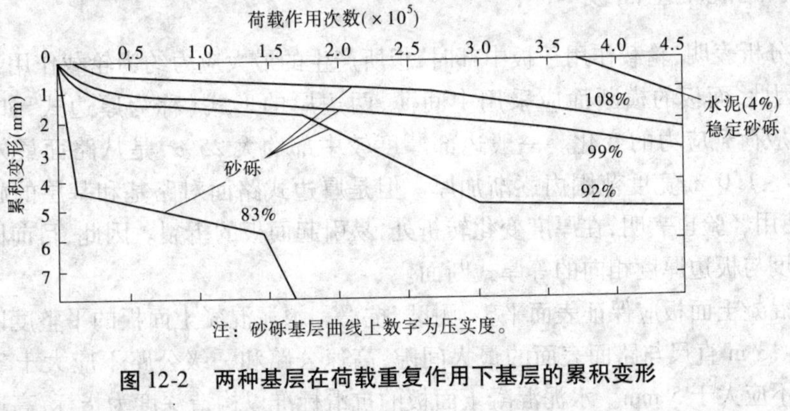

注：砂砾基层曲线上数字为压实度。

图12-2 两种基层在荷载重复作用下基层的累积变形

由图 12-2 可以看出，砂砾基层在荷载重复作用后的累积变形量很大，且原始压实度越低，变形累积量便越大；而用少量水泥（4%）稳定砂砾的基层，在经受重复荷载作用 4.5×10^5 次后，并未出现可量测到的塑性变形（见图 12-2 上方横坐标）。因此，无机结合料稳定类基层成为水泥混凝土路面（特别在交通繁重的路段上）最适用的基层类型。当因条件限制而只能采用未经处治的粒料基层时，必须严格控制细料含量并保证压实要求。

基层厚度以 20 cm 左右为宜。研究表明，用厚基层来提高路基的支承力，或者说借以降低面板应力或减薄面板厚度一般是不经济的，但是随着稳定类基层厚度的减小，基层底面的弯拉应力随之增大，因此基层厚度不宜太薄。

基层宽度应比水泥混凝土面板每侧至少宽出 30 cm（采用小型机具施工）或 50 cm（采用轨道式摊铺机施工）或 65 cm（采用滑模摊铺机施工），或与路基同宽，以供施工时安装模板，并防止路面边缘渗水至路基而导致路面破坏。

在冻深大于 0.5 m 的季节性冰冻地区，为防止路基可能产生的不均匀冻胀对水泥混凝土面板的不利影响，路面结构应有足够的总厚度，以便将路基的冰冻深度约束在有限的范围内。路面结构的最小总厚度，随冰冻线深度、路基的潮湿状况和土质而异，其值可参照表 12-1 选定。当路面总厚度（包括路面板、基层和垫层厚度）小于表 12-1 的防冻最小总厚度时，应增设或加厚垫层（防冻层）来补足。

表 12-1　水泥混凝土路面结构防冻最小总厚度　　（单位：m）

路基干湿类型	路基土类型	当地最大冰冻深度			
		0.50~1.00	1.00~1.50	1.50~2.00	>2.00
中湿路基	易冻胀土	0.30~0.50	0.40~0.60	0.50~0.70	0.60~0.95
	很易冻胀土	0.40~0.60	0.50~0.70	0.60~0.85	0.70~1.10
潮湿路基	易冻胀土	0.40~0.60	0.50~0.70	0.60~0.90	0.75~1.20
	很易冻胀土	0.45~0.70	0.55~0.80	0.70~1.00	0.80~1.30

二、水泥混凝土面板

理论分析表明，轮载作用于板中部时，板所产生的最大应力约为轮载作用于板边部时的 2/3。因此，面板的横断面应采用中间薄、两边厚的形式（称为厚边式，如图 12-3 所示），以适应荷载应力的变化。一般边部厚度较中部约大 25%，是从路面最外侧板的边部，在 0.6~1.0 m 宽度范围内逐渐加厚。但是厚边式路面对路基和基层的施工带来不便；而且使用经验也表明，在厚度变化转折处，易引起面板的折裂。因此，目前国内外常采用板中厚度与板边厚度相向的等厚式断面。

水泥混凝土面板应保证表面平整、耐磨、抗滑。水泥混凝土面板的平整度以 3 m 直尺量测为准。3 m 直尺与路面表面的最大间隙，高速公路和一级公路不应大于 3 mm；其他各级公路不应大于 5 mm。水泥混凝土面板的抗滑标准以构造深度为指标，高速公路和一级公路的构造深度不应低于0.7～1.10 mm(一般路段)或0.8～1.20 mm(特殊路段);其他各级公路不应低于0.5～1.00 mm(一般路段)或0.6～1.10 mm(特殊路段)。

三、排水要求

水泥混凝土路面的排水应根据道路等级、地形、地质、气候、年降雨量、地下水等条件,结合路基排水进行设计,使之形成良好的排水系统,确保排水畅通、路基路面稳定和行车安全。

高速公路和一级公路的路面排水一般由路肩排水、中央分隔带排水和路面表面渗入水的排出等组成,现代水泥混凝土路面的使用经验表明,路肩必须设置边坡与板底连通的排水盲沟,以利于将路面板接缝处的渗水排出路肩。

四、接缝的构造与布置

水泥混凝土具有热胀冷缩的性质。由于一年四季气温的变化,水泥混凝土面板会产生不同程度的膨胀和收缩。而在一昼夜中,白天气温升高,混凝土面板顶面温度较底面为高,这种温度坡差会形成板的中部隆起的趋势。夜间气温降低,板顶面温度较底面为低,会使板的周边和角隅发生翘曲的趋势,如图12-3(a)所示。无论是一年四季的温度变化还是一昼夜的温度变化引起的变形都会受到板与基础之间的摩擦阻力和黏结力、板的自重以及行车荷载等的约束,致使板内产生过大的应力,造成板的断裂如图12-3(b)所示或拱胀等破坏。

从图12-3可见,由于翘曲而引起的裂缝,则在裂缝发生后被分割的两块板体尚不致完全分离,倘若板体温度均匀下降引起收缩,则将使两块板体被拉开如图12-3(c)所示,从而失去荷载传递作用。

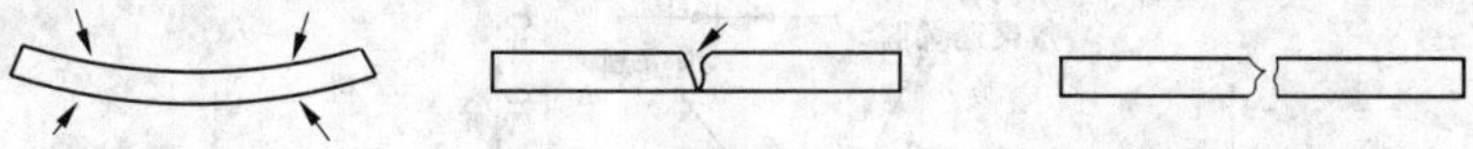

(a)温度坡差引起的变形　(b)温度坡差引起板的开裂　(c)温度均匀下降引起板的断裂

图12-3　混凝土由于温度坡差引起的变形及开裂

为避免这些缺陷,水泥混凝土路面不得不在纵横两个方向设置许多接缝,把整个路面分割成许多板块,如图12-4所示。

横向接缝是垂直于行车方向的接缝,共有三种:缩缝、胀缝和施工缝。缩缝保证板因温度和湿度的降低而收缩时沿该薄弱断面缩裂,从而避免产生不规则的裂缝。胀缝保证路面板在温度升高时能部分伸胀,从而避免产生路面板在热天的拱胀和折断破坏,同时胀缝也能起到缩缝的作用。另外,水泥混凝土路面每天完工以及因雨天或其他因素不能继续施工时,应尽量做到胀缝处。如不可能,也应做至缩缝处,并将缩缝做成施工缝的构造形式。

在任何形式的接缝处,板体都不可能是连续的,其传递荷载的能力总不如非接缝处。而各种接缝都不免要漏水。因此,对各种接缝,都必须为其提供相应的传荷与防水的设

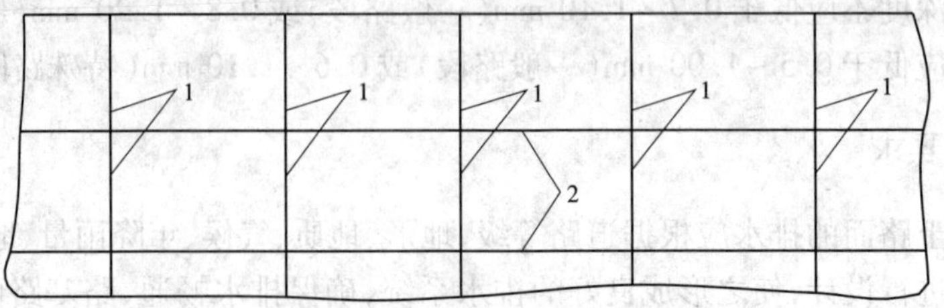

1—横缝;2—纵缝

图 12-4 路面接缝设置

施。

(一)横缝的构造与布置

1. 胀缝的构造

胀缝一般采用平头通缝,缝隙宽 20 ~ 25 mm。如施工时气温较高,或胀缝间距较短,缝隙可小些;反之则应宽些。缝隙上部 3 ~ 4 cm 深度内浇灌填缝料,下部则设置富有弹性的嵌缝板,它可由油浸或沥青浸制的软木板制成。

对于交通繁重的道路,为保证水泥混凝土面板之间能有效地传递荷载,防止形成错台,应在胀缝处板厚的中央设置传力杆。传力杆一般为长 40 ~ 50 cm,直径 28 ~ 36 mm 的光圆钢筋,最大间距 30 cm 设一根。杆的半段固定在水泥混凝土内,另半段涂以沥青,并套上长 8 ~ 10 cm 的铁皮或塑料套筒,筒底与杆端之间留出 3 ~ 4 cm 的空隙,并用木屑与弹性材料填充,以利杆的自由伸缩(如图 12-5 所示)。在同一条胀缝上的传力杆,设有套筒的活动端最好在缝的两边交错布置。

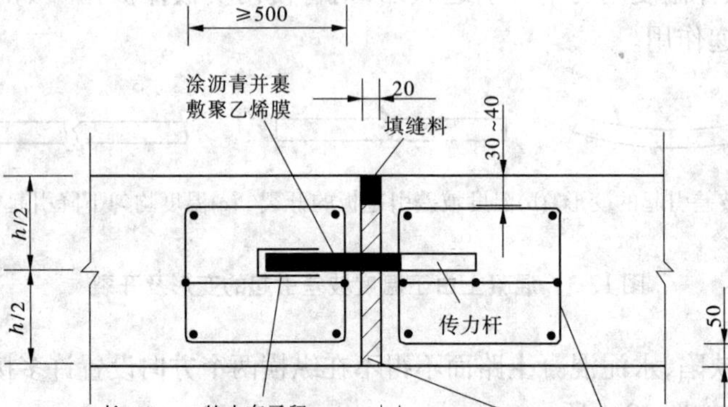

图 12-5 胀缝构造 (单位:mm)

2. 缩缝的构造

缩缝一般采用假缝形式,如图 12-6(a)所示,即仅在板的上部设缝隙,当板收缩时将沿此最薄弱断面有规则地自行断裂。缩缝缝隙宽 3 ~ 8 mm,深度为板厚的 1/4 ~ 1/5,一般为 5 ~6 cm。近年来,国外有减小假宽度与深度的趋势。假缝缝隙内亦需浇灌填缝料,以防地表水下渗及砂石杂物进入缝内。

特重和重交通道路、收费广场以及邻近胀缝或自由端部的 3 条缩缝，应采用设传力杆假缝形式，如图 12-6(b) 所示；其他情况可采用不设传力杆假缝形式，如图 12-6(a) 所示。高速公路的横向缩缝槽口增设深 20 mm、宽 7 ~ 10 mm 的浅槽口，如图 12-7 所示。

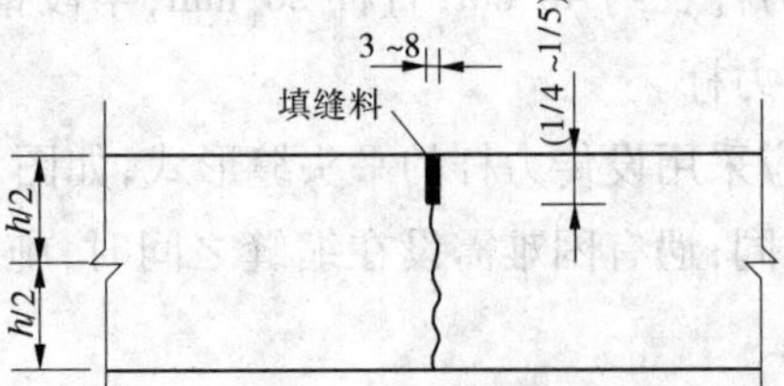

(a)不设传力杆假缝型

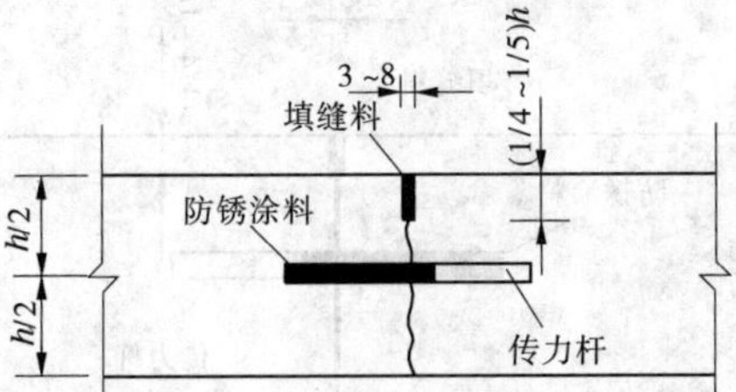

(b)设传力杆假缝型

图 12-6　横缝与施工缝的构造　(单位:mm)

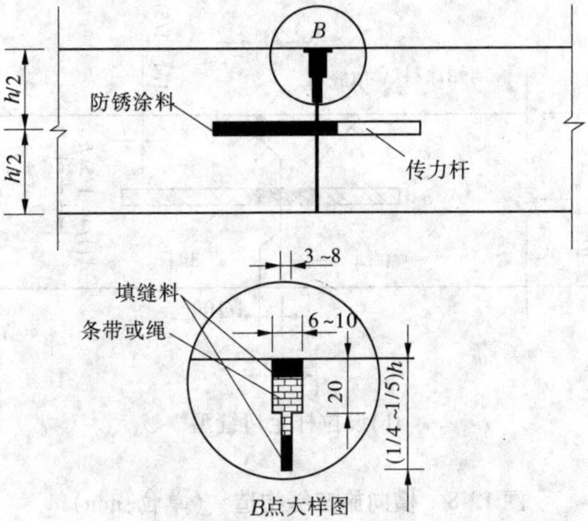

图 12-7　浅槽口的构造　(单位:mm)

由于缩缝缝隙下部面板断裂面凹凸不平，能起一定的传荷作用，一般不必设置传力杆，但对交通繁重或地基水文条件不良路段，也应在板厚中央设置传力杆。这种传力杆长度为 30 ~ 50 cm，直径 28 ~ 36 mm，最长每隔 30 cm 设一根，如图 12-7(b) 所示。一般全部锚固在水泥混凝土内，以使缩缝下部凹凸面的传荷作用有所保证；但为便于板的翘曲，有时也将传力杆半段涂以沥青，称为滑动传力杆，而这种缝称为翘曲缝。

应当补充指出，当在胀缝或缩缝上设置传力杆时，传力杆与路面边缘的距离应较传力杆间距小些。

3. 施工缝的构造

施工缝采用平头缝或企口缝的构造形式,如图 12-8 所示。平头缝上部应设置深为板厚的 1/4 ~ 1/5,宽为 3 ~ 8 mm 的沟槽,槽内浇灌填缝料。为利于板间传递荷载,在板厚的中央也应设置传力杆。传力杆长约 40 cm,直杆 20 mm,半段锚固在混凝土中,另半段涂沥青或润滑油,亦称滑动传力杆。

设在缩缝处的施工缝应采用设传力杆的平头缝形式,如图 12-8(a)所示;设在胀缝处的施工缝,其构造与胀缝相同;遇有困难需设在缩缝之间时,施工缝应采用设拉杆的企口缝形式,如图 12-8(b)所示。

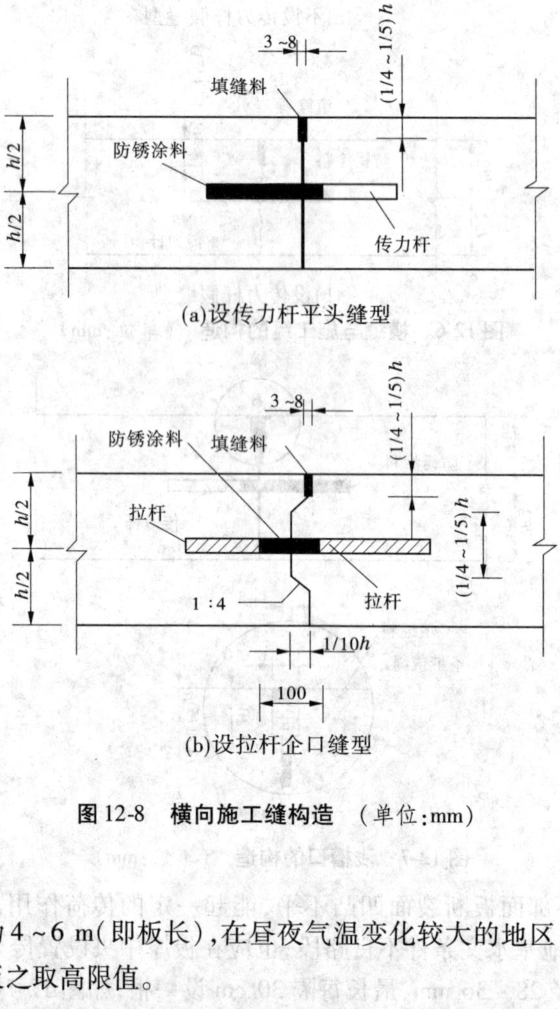

图 12-8　横向施工缝构造　(单位:mm)

4. 横缝的布置

缩缝间距一般为 4 ~ 6 m(即板长),在昼夜气温变化较大的地区,或地基水文条件不良路段,取低限值;反之取高限值。

在桥涵两端以及小半径平、竖曲线处应设置胀缝。胀缝是水泥混凝土路面的薄弱环节,它不仅给施工带来不便,同时,由于施工时传力杆设置不当(未能正确定位),使胀缝处的水泥混凝土常出现碎裂等病害;当雨水通过胀缝渗入地基后,易使地基软化,引起唧泥、错台等破坏;当砂石进入胀缝后,易造成胀缝处板边挤碎、拱胀等破坏。同时,胀缩容易引起行车跳动,其中的填缝料又要经常补充或更换,增加了养护的麻烦。因此,近年来国内外修筑的水泥混凝土路面均有减少胀缝的趋势。我国《公路水泥混凝土路面设计规范》(JTG D40—2011)规定,胀缝应尽量少设或不设,但在邻近桥梁或固定建筑物处或与其他类型路面相连接处、板厚变化处、隧道口、小半径曲线和纵坡变换处,均应设置胀缝。在其他位置,当板厚等于或大于 20 cm 并在夏季施工时,也可不设胀缝。

但是,采用长间距胀缝或无胀缝路面结构时,需注意采取一些相应的措施,如增大基层表面的摩阻力,以约束板在高温或潮湿时伸长的趋势;在气温较高时施工,以尽量减小水泥混凝土板的胀缩幅度;相对地缩短缩缝间距,以便减小板的温度翘曲应力,减小缩缝缝隙的宽度以提高传荷能力,并增进板对地基变形的适应性。

(二)纵缝的构造与布置

纵缝是指平行于水泥混凝土路面行车方向的接缝。纵缝间距(即板宽)一般按 3 ~ 4.5 m设置,这对行车和施工都较方便。当双车道路面按全幅宽度施工时,纵缝可做成假缝形式。当按一个车道施工时,可做成平头式纵缝。为利于板间传递荷载,也可采用企口式纵缝,如图 12-9(c)所示,缝壁应涂沥青,缝的上部也应留有宽 3 ~ 8 mm 的缝隙,内浇灌填缝料。为防止板沿两侧路拱横坡滑动拉开和形成错台,以及防止横缝错开,有时在平头式及企口式纵缝上设置拉杆,如图 12-9(a)、(c)、(d)所示,拉杆长 50 ~ 70 cm,直径 18 ~ 20 mm,间距 1.0 ~ 1.5 m。

对多车道路面,应每隔 3 ~ 4 个车道设一条纵向胀缝,其构造与横向胀缝相同。当路旁有路缘石时,缘石与路面板之间也应设胀缝,但不必设置传力杆。

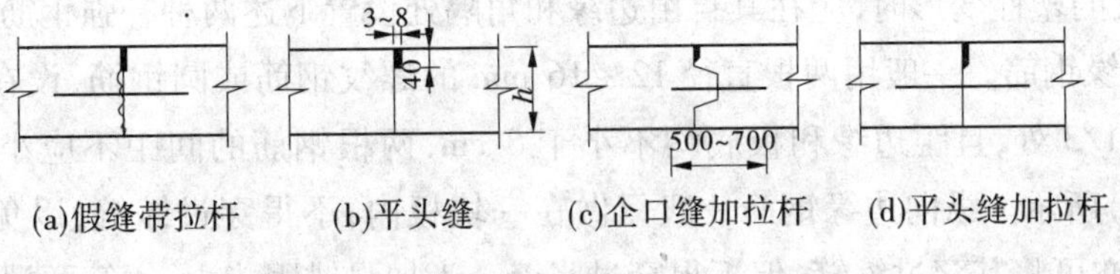

(a)假缝带拉杆　(b)平头缝　(c)企口缝加拉杆　(d)平头缝加拉杆

图 12-9　纵缩缝的构造形式　(单位:mm)

(三)纵横缝的布置

纵缝与横缝一般做成垂直正交,使水泥混凝土面板具有 90°的角隅。纵缝两旁的横缝一般成一条直线。工程实践证明,如横缝在纵缝两侧错开,将导致路面板产生从横缝延伸出来的裂缝,如图 12-10 所示。在交叉口范围内,为了避免路面板形成较锐的角并使路面板的长边与行车方向一致,大多采用辐射式的接缝布置形式,如图 12-11 所示。

应当指出,国外有一种新的水泥混凝土路面接缝布置形式,即胀缝甚少,缩缝间距不等,按 4 m、4.5 m、5 m、5.5 m 和 6 m 的顺序设置,而且横缝与纵缝交成 80°左右的斜角,如设传力杆,则传力杆与路中线平行,其目的是使一辆车只有一个后轮横越接缝,减小由于共振作用所引起的行车跳动的幅度,同时也可缓和板伸张时的顶推作用。

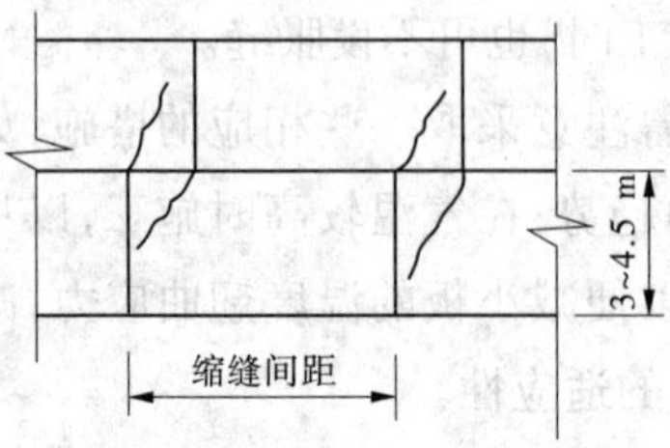

图 12-10 横缝错开时引起的裂缝

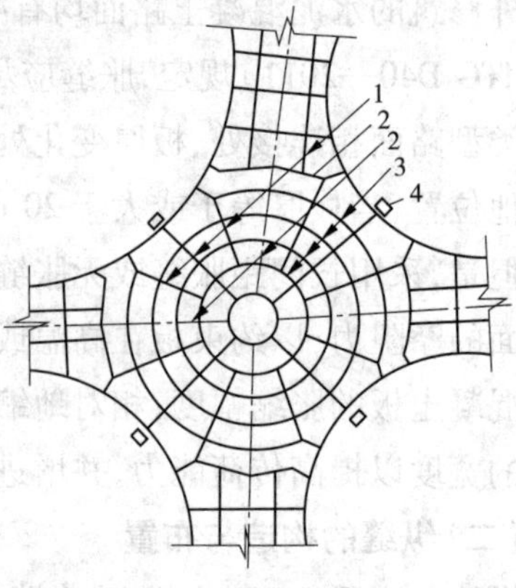

1—纵缝(企口式);2—胀缝;3—缩缝;4—进水口

图 12-11 交叉口接缝布置

至于缩缝传力杆的设置问题,国外一般认为:①对低交通量道路,当缩缝间距小于 4.5 ~6.0 m 时,可不设传力杆;②对大交通量道路,则应设置传力杆,采用小间距缩缝和稳定类基层时可另当别论。

五、特殊部位混凝土路面的处理

(一)板边和角隅补强

当采用板中计算厚度的等厚式板时,或水泥混凝土板纵、横向自由边缘下的基础有可能产生较大的塑性变形时,应在其自由边缘和角隅处设置下述两种补强钢筋。

(1)边缘钢筋。一般用两根直径 12 ~16 mm 的螺纹钢筋或圆钢筋,设在板的下部板厚的 1/4 ~1/3 处,且距边缘和板底均不小于 5 cm,两根钢筋的间距不应小于 10 cm,如图 12-12(a)所示。纵向边缘钢筋一般只做在一块板内,不得穿过缩缝,以免妨碍板的翘曲;但有时亦可将其穿过缩缝,但不得穿过胀缝。为加强锚固能力,钢筋两端应向上弯起。在横胀缝两侧板边缘以及水泥混凝土路面的起终端处,为加强板的横向边缘,亦可设置横向边缘钢筋。

(2)角隅钢筋。设置在胀缝两侧板的角隅处,一般可用两根直径 12 ~14 mm、长 2.4 m 的螺纹钢筋弯成如图 12-12(b)的形状。角隅钢筋应设在板的上部,距板顶面不应小于 5 cm,距胀缝和板边缘各为 10 cm。在交叉口处,对无法避免形成的锐角,宜设置双层钢筋网补强,如图 12-12(c)所示,以避免板角断裂。钢筋布置在面板的上下部,距板顶(底) 5 ~7 cm为宜。

(二)窨井和雨水口处理

当水泥混凝土路面中必须设置窨井、雨水口等其他构造物时,则宜设在板中或接缝处,在井口边设置胀缝与水泥混凝土面板分开,构造物周围的水泥混凝土面板需用钢筋加固。当构造物不可避免地布置在离板边小于 1 m 时,则应在水泥混凝土面板薄弱断面处增设加固钢筋。

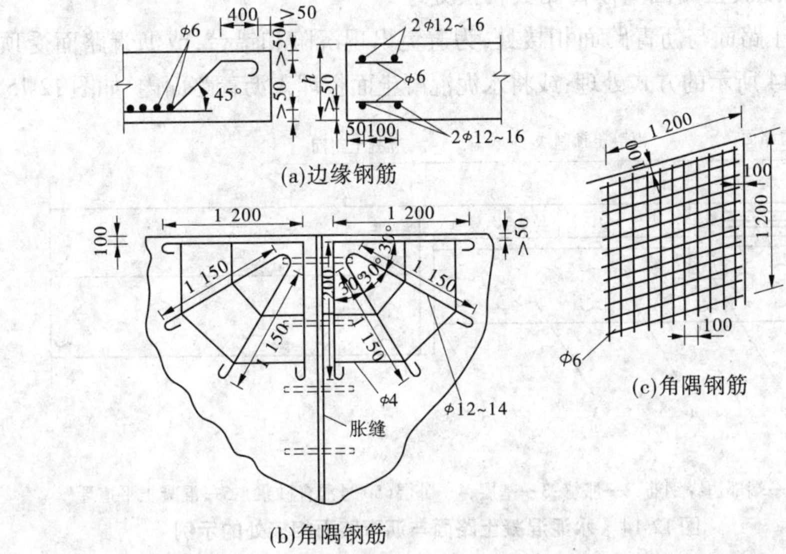

(a)边缘钢筋　(b)角隅钢筋　(c)角隅钢筋

图 12-12　边缘和角隅钢筋的布置　(单位:mm)

(三)水泥混凝土路面与桥梁相接处理

水泥混凝土路面与桥梁相接处,宜设置钢筋混凝土搭板。搭板一端放在桥台上,并加设防滑锚固钢筋和在搭板上预留灌浆孔。如为斜交桥梁,尚应设置钢筋混凝土渐变板。渐变板的块数,当桥梁斜角大于 70°时设一块;45°~70°时设两块;小于 45°时至少设三块,如图 12-13 所示。渐变板的短边最小为 5 m,长边最大为 10 m。

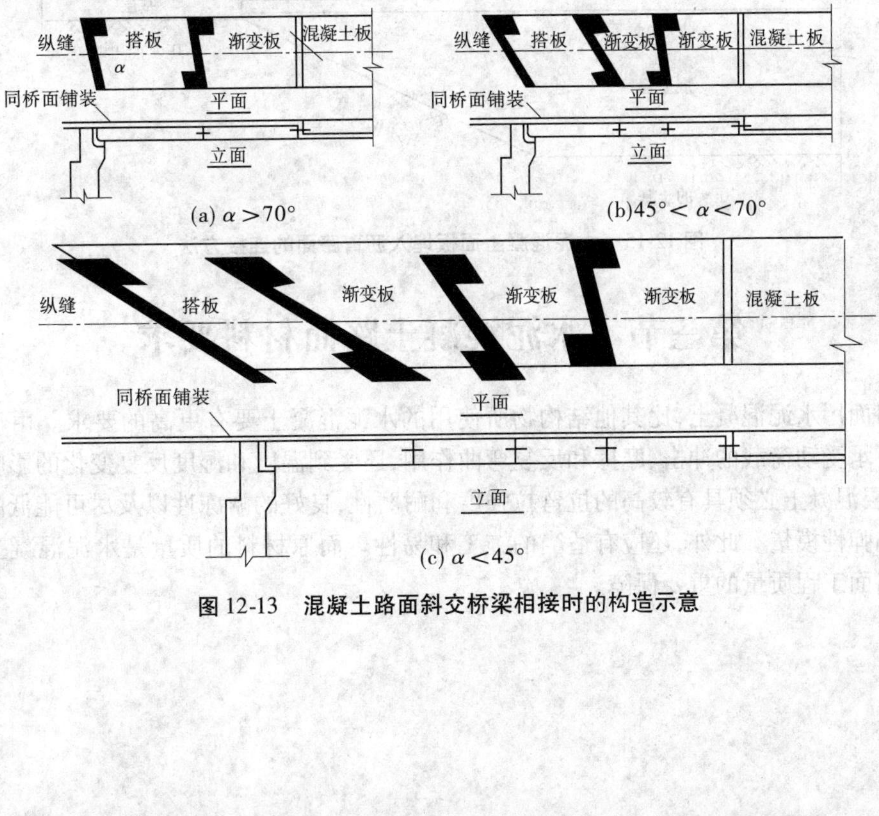

(a) $\alpha>70°$　(b) $45°<\alpha<70°$　(c) $\alpha<45°$

图 12-13　混凝土路面斜交桥梁相接时的构造示意

(四)水泥混凝土路面与沥青路面相接处理

水泥混凝土路面与沥青路面相接处,为避免出现沉陷和错台,或沥青路面受顶推而拥起,宜按图12-14所示的方式处理;或将水泥混凝土面板埋入沥青路面内,如图12-15所示。

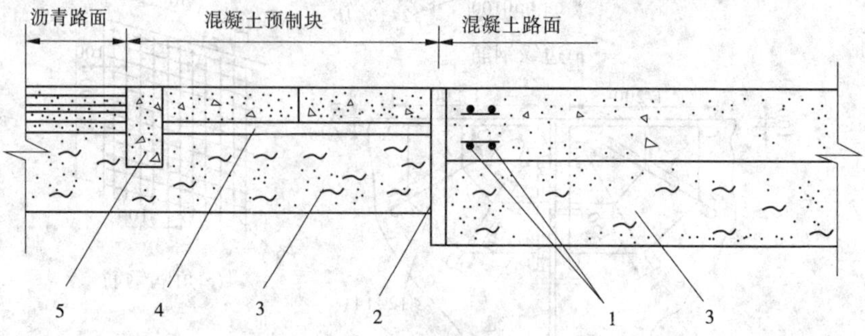

1—端部边缘钢筋;2—胀缝;3—基层;4—卧层(50号混合砂浆);5—混凝土平道牙

图12-14　水泥混凝土路面与沥青路面相接处的示例

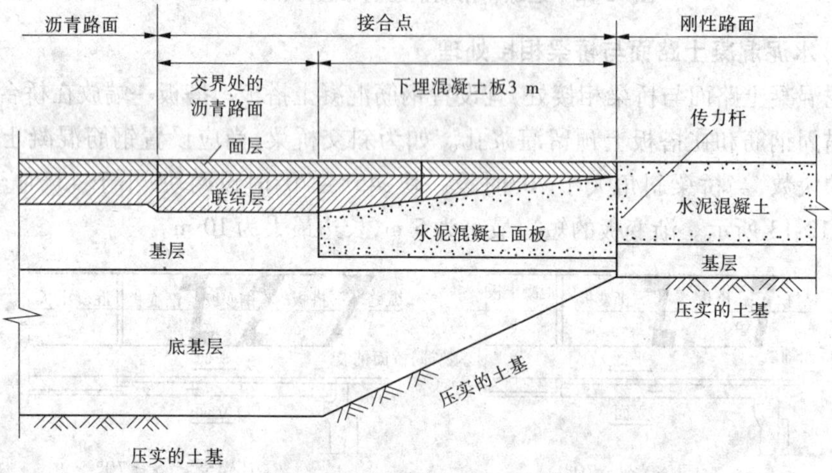

图12-15　水泥混凝土面板埋入沥青路面的连接方法

第三节　水泥混凝土路面材料要求

路面用水泥混凝土,比其他结构物所使用的水泥混凝土要有更高的要求。由于路面板除了承受动荷载的冲击、摩擦和反复弯曲作用,还受到温度和湿度反复变化的影响。因此,面层混凝土必须具有较高的抗弯拉强度和耐磨性,良好的耐冻性以及尽可能低的膨胀系数和弹性模量。此外,还应有适当的施工和易性。而原材料的质量是水泥混凝土与混凝土路面工程质量的重要保障。

一、水泥

水泥作为混凝土的胶结料，是混凝土成分中最重要的部分，一般要求采用42.5级以上的普通硅酸盐水泥（普通水泥）和硅酸盐水泥。高速公路、一级公路以及通行特重、重交通的道路路面应采用旋窑生产的道路硅酸盐水泥，或采用旋窑生产的硅酸盐水泥和普通硅酸盐水泥，对于通行中、轻交通的道路可采用矿渣硅酸盐水泥。不同交通等级路面水泥抗折强度、抗压强度应符合表12-2的要求。

表12-2 不同交通等级路面水泥的抗折强度、抗压强度标准

交通等级	特重交通		重交通		中、轻交通	
龄期(d)	3	28	3	28	3	28
抗压强度(MPa)，≥	25.5	57.5	22.0	52.5	16.0	42.5
抗折强度(MPa)，≥	4.5	7.5	4.0	7.0	3.5	6.5

根据公路等级及通行交通的状况选定水泥强度等级后，应检验或验证选用水泥的化学成分、物理性能和路用品质是否符合要求，表12-3可作为水泥各项性能指标的参考标准。

表12-3 各交通等级路面用水泥的化学成分和物理指标

水泥性能	特重、重交通路面	中、轻交通路面
铝酸三钙	不宜大于7.0%	不宜大于9.0%
铁铝酸四钙	不宜小于15.0%	不宜小于12.0%
游离氧化钙	不得大于1.0%	不得大于1.5%
氧化镁	不得大于5.0%	不得大于6.0%
三氧化硫	不得大于3.5%	不得大于4.0%
碱含量	$Na_2O + 0.685K_2O \leqslant 0.6\%$	有碱活性集料时，≤0.6% 无碱活性集料时，≤1.0%
混合料种类	不得掺窑灰、煤矸石、石灰和黏土，有抗盐冻要求时不得掺石灰、石粉	不得掺窑灰、煤矸石、石灰和黏土，有抗盐冻要求时不得掺石灰、石粉
出磨时安定性	雷氏夹或蒸煮法检验必须合格	蒸煮法检验必须合格
标准稠度需水量	不宜大于28%	不宜大于30%
烧失量	不得大于3.0%	不得大于5.0%

续表 12-3

水泥性能	特重、重交通路面	中、轻交通路面
比表面积	宜为 300 ~ 450 m^2/kg	宜为 300 ~ 450 m^2/kg
细度(80 μm)	筛余量不得大于 10%	筛余量不得大于 10%
初凝时间	不早于 1.5 h	不早于 1.5 h
终凝时间	不迟于 10 h	不迟于 10 h
28 d 干缩率	不得大于 0.09%	不得大于 0.10%
耐磨性	不得大于 3.6 m^2/kg	不得大于 3.6 m^2/kg

二、粗集料

水泥混凝土中的粗集料(粒径大于 4.75 mm)宜选用基岩为岩浆岩或未风化的沉积岩碎石、碎卵石和卵石,要求质地坚硬、耐久、洁净,符合表 12-4 的要求。水泥混凝土的粗集料按技术性能分为Ⅰ、Ⅱ、Ⅲ三级。

高速公路、一级公路和二级公路以及有抗冻、抗盐腐蚀要求的三、四级公路混凝土路面使用粗集料级别不应低于Ⅱ级,无抗冻、抗盐腐蚀要求的三、四级公路混凝土路面、碾压混凝土及贫混凝土基层可使用Ⅲ级粗集料。有抗冻、抗盐腐蚀要求时,Ⅰ级集料吸水率不应大于 1.0%,Ⅱ级集料吸水率不应大于 2.0%。

表 12-4　碎石、碎卵石和卵石技术指标

项目	技术要求		
	Ⅰ级	Ⅱ级	Ⅲ级
碎石压碎指标(%)	<10	<15	<20
卵石压碎指标(%)	<12	<14	<16
坚固性(按质量损失计,%)	<5	<8	<12
针片状颗粒含量(按质量计,%)	<5	<15	<20
含泥量(按质量计,%)	<0.5	<0.1	<1.5
泥块含量(按质量计,%)	<0	<0.2	<0.5

续表 12-4

项目	技术要求		
	Ⅰ级	Ⅱ级	Ⅲ级
有机物含量(比色法)	合格	合格	合格
硫化物及硫酸盐含量(按 SO_3 质量计,%)	<0.5	<1.0	<1.0
岩石抗压强度	火成岩不应小于 100 MPa,变质岩不应小于 80 MPa,水成岩不应小于 60 MPa		
表观密度	>2 500 kg/m³		
松散堆积密度	>1 350 kg/m³		
空隙率	<47%		
碱－集料反应	经碱－集料反应试验后,试件无裂缝、酥裂、胶体外溢等现象,在规定试验龄期的膨胀率应小于 0.10%		

用作路面和桥面混凝土的粗集料不得使用不分级的统料,应按公称最大粒径的不同采用 2～4 个粒级的集料进行掺配,并应符合表 12-5 列出的合成级配的要求。卵石公称最大粒径不宜大于 19.0 mm,碎卵石公称最大粒径不宜大于 26.5 mm,碎石公称最大粒径不应大于 31.5 mm。贫混凝土基层中公称最大粒径不应大于 31.5 m;钢纤维混凝土与碾压混凝土中公称最大粒径不宜大于 19.0 mm。碎卵石或碎石中粒径小于 75 μm 的石粉含量不宜大于 1.0%。

三、细集料

水泥混凝土中的细集料(粒径小于 4.75 mm)应采用质地坚硬、耐久、洁净的天然砂、机制砂或混合砂。细集料的各项技术指标应符合表 12-6 的规定。

高速公路、一级公路和二级公路以及有抗冻、抗盐腐蚀要求的三、四级公路混凝土路面,使用的细集料等级应为Ⅰ级或Ⅱ级,无抗冻、抗盐腐蚀要求的三、四级公路混凝土路面、碾压混凝土以及贫混凝土基层可使用Ⅲ级细集料。特重、重交通道路混凝土路面应采用河砂,且砂的硅质含量不低于 25%。

细集料的级配应满足表 12-7 的规定。此外,路面混凝土用天然砂宜为中砂,也可采用细度模数为 2.0～3.5 的砂。

路面混凝土中所用的机制砂除满足表 12-6 和表 12-7 的要求外,还应检验砂浆磨光值,其值宜大于 35。

表 12-5　粗集料级配范围

类型	级配粒径(mm)	方筛孔尺寸(mm)							
		2.36	4.75	9.50	16.0	19.0	26.5	31.5	37.5
		累计筛余(以质量计)(%)							
合成级配	4.75~16.0	95~100	85~100	40~60	0~10				
	4.75~19.0	95~100	85~95	60~75	30~45	0~5	0		
	4.75~16.0	95~100	90~100	70~90	50~70	25~40	0~5	0	
	4.75~16.0	95~100	90~100	70~90	60~75	40~60	20~35	0~5	0
粒级	4.75~16.0		95~100	80~90	0~15	0			
	4.75~16.0		95~100	85~100	40~60	0~15	0		
	4.75~16.0			95~100	55~70	25~40	0~10	0	
	4.75~16.0			95~100	85~100	55~70	25~40	0~10	0

表 12-6　细集料技术标准

项目	技术要求		
	Ⅰ级	Ⅱ级	Ⅲ级
机制砂单粒级最大压碎指标(%)	<20	<25	<30
氯化物(按氯离子质量计,%)	<0.01	<0.02	<0.06
坚固性(按质量损失计,%)	<6	<8	<10
云母(按质量计,%)	<1.0	<2.0	<2.0
天然砂、机制砂含泥量(按质量计,%)	<1.0	<2.0	<3.0
天然砂、机制砂泥块含量(按质量计,%)	0	<1.0	<2.0
机制砂 *MB* 值<1.4 或合格石粉含量(按质量计,%)	<3.0	<5.0	<7.0
机制砂 *MB* 值<1.4 或不合格石粉含量(按质量计,%)	<1.0	<3.0	<5.0
有机物含量(比色法)	合格	合格	合格
硫化物及硫酸盐(按 SO_3 计)	<0.5	<0.5	<0.5
轻物质(按质量计,%)	<1.0	<1.0	<1.0
机制砂母岩抗压强度	火成岩不应小于 100 MPa,变质岩不应小于 80 MPa,水成岩不应小于 60 MPa		

续表 12-6

项目	技术要求		
	Ⅰ级	Ⅱ级	Ⅲ级
表观密度	>2 500 kg/m³		
松散堆积密度	>1 350 kg/m³		
空隙率	<47%		
碱-集料反应	经碱-集料反应试验后,由砂配制的试件无裂缝、酥裂、胶体外溢等现象,在规定试验龄期的膨胀率应小于0.10%		

表 12-7　细集料级配范围

砂分级	方孔筛尺寸(mm)					
	0.15	0.30	0.60	1.18	2.36	4.75
	累计筛余百分率(以质量计)(%)					
粗砂	90~100	80~95	71~85	35~65	5~35	0~10
中砂	90~100	70~92	41~70	10~50	0~25	0~10
细砂	90~100	55~85	16~40	0~25	0~15	0~10

四、水

饮用水可直接作为水泥混凝土搅拌和养生用水。对水质有疑问时,应检验下列指标,合格者方可使用:

(1)硫酸盐含量(按 SO_4^{2-} 计)小于0.002 7 mg/mm³。

(2)含盐量不得超过0.005 mg/mm³。

(3)pH 值不得小于4。

(4)不得含有油污、泥和其他有害杂质。

五、外加剂

外加剂已经成为水泥混凝土的重要成分。为了保障水泥混凝土具有足够的强度和密实度,将水灰比限制在一定的取值范围内,但是由此又会影响施工和易性与混合料的均匀性,掺加塑化剂(减水剂)则可缓解这一矛盾,使得强度、密实度与和易性均优。有时为了施工的需要,要求水泥混凝土提早硬化,达到规定的强度,可以掺加早强剂、减水剂等。外加剂的种类很多,我国有关部门已颁布专用规范以指导施工。对于路面水泥混凝土所用的外加剂,规范已提出了几种常用外加剂的技术性能指标要求,如表 12-8 所示。

表 12-8 混凝土外加剂产品的技术性能指标

试验项目		普通减水剂	高效减水剂	早强减水剂	缓凝高效减水剂	缓凝减水剂	引气减水剂	早强剂	缓凝剂	引气剂
减水率(%),不小于		8	15	8	15	8	12	—	—	6
泌水率比(%)		95	90	95	100	100	70	100	100	70
含气量(%)		≤3.0	≤4.0	≤3.0	<4.5	<5.5	>3.0			>3.0
缓凝时间(min)	初凝	-90~	-90~	-90~	>+90	>+90	-90~	-90~	>+90	-90~
	终凝	+120	+120	+120	—	—	+120	+120	—	+120
抗压强度比(%),不小于	1 d	—	140	140	—	—	—	135	—	—
	3 d	115	115	130	125	100	115	130	100	95
	7 d	115	125	115	125	110	110	110	100	95
	28 d	110	120	105	120	110	100	100	100	90
收缩率比 28 d(%),不小于		120	120	120	120	120	120	120	120	120
抗冻标号		50	50	50	50	50	200	50	50	200
对钢筋锈蚀作用		应说明对钢筋无锈蚀危害								

注:1. 除含气量外,表中数据为掺外加剂混凝土与基准混凝土差值或比值。

2. 凝结时间指标"-"表示提前,"+"表示延缓。

六、接缝材料

接缝材料按使用性能分接缝板和填缝料。接缝板要求能适应水泥混凝土面板的膨胀与收缩,且施工时不变形,耐久性良好。填缝料要求能与混凝土面板缝壁黏结力强,且材料的回弹性好,能适应水泥混凝土面板的膨胀与收缩,不溶于水,不渗水,高温时不溢出,低温时不脆裂和耐久性好。

(一)膨胀板

应选用能适应水泥混凝土面板膨胀和收缩、施工时不变形、弹性复原率高、耐久性好的膨胀板。高速公路、一级公路宜采用塑胶、橡胶泡沫板或沥青纤维板,其他等级公路可采用各种膨胀板。其技术要求应符合表 12-9 的规定。

各类膨胀板吸水后的压缩应力不应小于不吸水状况下的 90%,木板应去除结疤,沥青浸泡后木板厚度应为(20~25)mm ±1 mm。

表 12-9 膨胀板的技术要求

试验项目	胀缝板种类		
	木材类	塑胶、橡胶泡沫类	纤维类
压缩应力(MPa)	5.0~20.0	0.2~0.6	2.0~10.0
弹性复原率(%)	≥55	≥90	≥65
挤出量(mm)	<5.5	<5.0	<3.0
弯曲荷载(N)	100~400	0~50	5~40

(二)填缝料

填缝料应具有与水泥混凝土板壁黏结牢固、回弹性好、不溶于水、不渗水,高温时不挤出、不流淌、抗嵌入能力强、耐老化龟裂,负温拉伸量大,低温时不脆裂、耐久性好等性能。因此,理想的填缝料应能长期保持弹性、韧性,热天缝隙缩窄时不软化挤出,冷天缝隙增宽时能胀大并不脆裂,同时还要与水泥混凝土粘牢,防止土、砂石、雨水进入缝内,此外还要耐磨、耐疲劳、不易老化。

填缝料有常温施工式和加热施工式两种,其技术指标应分别符合表 12-10 和表 12-11 的规定。常温施工式填缝料主要有聚(氨)酯、硅树脂类、氯丁橡胶、沥青橡胶类等。加热施工式填缝料主要有沥青玛瑞脂类、聚氯乙烯胶泥类、改性沥青类等。高速公路、一级公路应优先使用树脂类、橡胶类或改性沥青类等填缝料,并宜在填缝料中加入耐老化剂。

表 12-10　常温施工式填缝技术要求

试验项目	低弹性型	高弹性型	试验项目	低弹性型	高弹性型
失黏(固化)时间(h)	6~24	3~16	(-10 ℃)拉伸量(mm)	≥15	≥25
弹性复原率(%)	≥75	≥90	与混凝土黏结强度(MPa)	≥0.2	≥0.4
流动度	0	0	黏结延伸率(%)	≥200	≥400

注:低弹性型适宜在气候严寒、寒冷地区使用,高弹性型适宜炎热、温暖地区使用。

表 12-11　加热施工式填缝料技术要求

试验项目	低弹性型	高弹性型	试验项目	低弹性型	高弹性型
针入度(0.01 mm)	<50	<90	流动度(mm)	<5	<2
弹性复原率(%)	≥30	≥60	(-10 ℃)拉伸量(mm)	≥10	≥15

第四节　路面水泥混凝土配合比设计

路面水泥混凝土的配合比设计是工程质量保障的重要关键性技术。我国《公路水泥混凝土路面施工技术规范》(JTG F30—2011)明确规定:路面混凝土的配合比设计在兼顾经济性的同时,应满足强度、工作性、耐久性三项技术要求。不同的水泥混凝土路面(如普通混凝土路面、钢纤维混凝土路面、碾压混凝土路面等)采用不同的施工工艺(滑模摊铺机、轨道摊铺机、三辊轴摊铺机及小型机)施工时对水泥混凝土配合比设计均有不同的要求。现以普通水泥混凝土配合比设计为重点,介绍设计过程与关键问题,同时也兼顾其他不同类型的混凝土。

一、路面混凝土的技术要求

(一)水泥混凝土的弯拉强度

不同交通等级的水泥混凝土路面应具有不同的弯拉强度要求。《公路水泥混凝土路面设计规范》(JTG D40—2011)明确规定水泥混凝土的弯拉强度标准为强制性条文,在设计水泥混凝土路面时,必须严格执行。水泥混凝土及钢纤维混凝土弯拉强度标准值如表12-12所示。

表 12-12　水泥混凝土弯拉强度标准值 f_r　(单位:MPa)

交通等级	特重	重	中等	轻
水泥混凝土	5.0	5.0	4.5	4.0
钢纤维混凝土	6.0	6.0	5.5	5.0

水泥混凝土强度标准以 28 d 弯拉强度标准值 f_r 为准,其 28 d 弯拉强度的均值按式(12-1)计算确定。

$$f_c = \frac{f_r}{1 - 1.04C_v} + ts \tag{12-1}$$

式中 f_c——配置 28 d 弯拉强度的均值,MPa;

f_r——设计弯拉强度标准值,MPa;

s——弯拉强度试验样本的标准差,MPa;

t——保证率系数,如表 12-13 所示;

C_v——弯拉强度变异系数,如表 12-14 所示。

表 12-13　保证率系数 t

公路等级	判别概率 p	样本数 n			
		6	9	15	20
高速公路	0.05	0.79	0.61	0.45	0.39
一级公路	0.10	0.59	0.46	0.35	0.30
二级公路	0.15	0.46	0.37	0.28	0.24
三、四级公路	0.20	0.37	0.29	0.22	0.19

表 12-14　各级公路水泥混凝土弯拉强度变异系数

公路等级	高速公路	一级公路		二级公路	三、四级公路	
混凝土弯拉强度变异水平等级	低	低	中	中	中	高
弯拉强度变异系数 C_v 允许变化范围	0.05 ~ 0.10	0.05 ~ 0.10	0.10 ~ 0.15	0.10 ~ 0.15	0.10 ~ 0.15	0.15 ~ 0.20

变异系数 C_v 的高低是由施工试验数据记录统计得到的,而表 12-14 列出的 C_v 值是根据水泥混凝土路面可靠度设计原理提出的变异系数范围。若实际统计的数据超过表列

变异系数的上限,则可以认为不合格,应调整施工工艺、更换施工设备、加强管理、提高质量、限制 C_v 范围。

(二)水泥混凝土的工作性

水泥混凝土的工作性是指水泥混凝土在特定施工工艺装备条件下,在规定的时间内能否达到规定要求的密实程度和均匀性的一项技术指标。通常用坍落度或振动强度系数来表征。水泥混凝土的工作性与施工工艺、施工设备有直接关系。采用滑模摊铺机铺筑混凝土路面时,水泥混凝土的工作性应满足表 12-15 的要求;采用其他摊铺机具施工时,水泥混凝土的工作性应满足表 12-16 的要求。

表 12-15　混凝土路面滑模摊铺最佳工作性及允许范围

界限指标	坍落度(mm)		振动黏度系数 (N·s/m²)
	卵石混凝土	碎石混凝土	
最佳工作性	20~40	25~50	200~500
允许波动范围	5~55	10~65	100~600

注:1. 滑模摊铺机适宜的摊铺速度应控制在 0.5~2.0 m/min。

2. 本表适用于设超铺角的滑模摊铺机;对不设超铺角的滑模摊铺机,最佳振动黏度系数为 250~600 N·s/m²,最佳坍落度,卵石为 10~40 mm,碎石为 10~30 mm。

3. 滑模摊铺时的最大单位用水量,卵石混凝土不宜大于 155 kg/m³,碎石混凝土不宜大于 160 kg/m³。

表 12-16　不同施工方式混凝土坍落度及最大单位用水量

摊铺方式	轨道摊铺机摊铺		三轴机组摊铺		小型机具摊铺	
出机坍落度(mm)	40~60		30~50		10~40	
摊铺坍落度(mm)	20~40		10~30		0~20	
最大单位用水量 (kg/m³)	碎石	卵石	碎石	卵石	碎石	卵石
	156	153	153	148	150	145

注:1. 最大单位用水量系采用中砂、粗细集料为风干状态的取值,采用细砂时,应使用减水率较大的(高效)减水剂。

2. 使用碎卵石时,最大单位用水量可取碎石与卵石中值。

(三)水泥混凝土的耐久性

水泥混凝土的耐久性主要受冻融和腐蚀环境的影响,因此在冰冻地区以及海风、酸雨、除冰盐或硫酸盐等腐蚀环境影响范围内的水泥混凝土路面和桥面,在使用硅酸盐水泥时,应掺加粉煤灰、磨细矿渣或硅灰掺合料,以增强耐久性。不宜单独使用硅酸盐水泥,可使用矿渣硅酸盐水泥或普通硅酸盐水泥。

在当地水泥混凝土路面需要提高抗冻性或抗盐性要求时,或虽无抗冻性要求但希望提高耐久性时,可参考表 12-17 所列,对不同公称最大粒径集料的混凝土应采用不同的含气量。

表 12-17　路面混凝土含气量建议值　(%)

公称最大粒径(mm)	无抗冻要求	有抗冻要求	有抗盐冻要求
19.0	4.0 ±1.0	5.0 ±0.5	6.0 ±0.5
26.5	3.5 ±1.0	4.5 ±0.5	5.5 ±0.5
31.5	3.5 ±1.0	4.0 ±0.5	5.0 ±0.5

各交通等级路面混凝土满足耐久性的最大水灰(胶)比和最小单位水泥用量应符合表 12-18 的规定。最大水泥用量不得大于 400 kg/m^3;掺加粉煤灰时,最大单位胶材总量不得大于 420 kg/m^3。

表 12-18　满足耐久性的最大水灰(胶)比和最小单位水泥用量

公路技术等级		高速公路、一级公路	二级公路	三、四级公路
最大水灰(胶)比		0.44	0.46	0.48
抗冰冻要求最大水灰(胶)比		0.42	0.44	0.46
抗盐冻要求最大水灰(胶)比		0.40	0.42	0.44
最小单位水泥用量(kg/m^3)	42.5 级	300	300	290
	32.5 级	310	310	305
抗冰(盐)冻要求时最小单位水泥用量(kg/m^3)	42.5 级	320	320	315
	32.5 级	330	330	325
掺粉灰煤时最小单位水泥用量(kg/m^3)	42.5 级	260	260	255
	32.5 级	280	270	265
抗冰(盐)冻掺粉煤灰最小单位水泥用量(kg/m^3)	42.5 级	280	270	265

注:1. 掺粉煤灰,并有抗冰冻性和抗盐性要求时,不得使用 32.5 级水泥。

2. 水灰比计算以砂石料的自然风干状态计(砂含水率≤0.5%)。

3. 处于除冰盐、海风、酸雨或硫酸盐等腐蚀性环境中,或在大纵坡等加减速车道上的水泥混凝土,最大水灰比可比表中数值降低 0.01 ~0.02。

二、配合比设计参数的确定

(一)水灰(胶)比的确定

水泥混凝土的水灰比可根据集料的类型不同,按式(12-2)和式(12-3)计算确定。

碎石或碎砾石混凝土

$$\frac{W}{C}=\frac{1.5684}{f_c+1.0097-0.3595f_s}\qquad(12\text{-}2)$$

砾石混凝土
$$\frac{W}{C}=\frac{1.2816}{f_c+1.5492-0.4709f_s}$$

式中 $\frac{W}{C}$——水灰比；

f_c——拟配制的水泥混凝土 28 d 的弯拉强度平均值，MPa；

f_s——水泥实测 28 d 抗折强度，MPa。

当掺用粉煤灰时，应计入超量取代法中代替水泥的那一部分粉煤灰含量，用水胶比 $\frac{W}{C+F}$ 代替水灰比 $\frac{W}{C}$。

（二）砂率的确定

砂率应根据砂的细度模数和粗集料种类按表 12-19 取值。

表 12-19 砂的细度模数与最优砂率关系

砂细度模数		2.2~2.5	2.5~2.8	2.8~3.1	3.1~3.4	3.4~3.7
砂率 S_p(%)	碎石	30~34	32~36	34~38	36~40	38~42
	卵石	28~32	30~34	32~36	34~38	36~40

注：碎卵石可在碎石和卵石混凝土之间取插值。

（三）按工作性要求确定单位用水量

混凝土的单位用水量直接影响工作性指标。可根据粗集料的种类，用以下公式计算确定与坍落度相对应的混凝土单位用水量。

碎石及破碎的砾石混凝土

$$W_O=104.97+0.309S_L+11.27\frac{C}{W}+0.61S_P \tag{12-3}$$

砾石混凝土

$$W_O=86.89+0.370S_L+11.24\frac{C}{W}+1.00S_P \tag{12-4}$$

式中 W_O——不掺外加剂与掺合料混凝土的单位用水量，kg/m^3；

S_L——坍落度，mm；

$\frac{C}{W}$——灰水比，水灰比的倒数；

S_P——砂率(%)。

掺外加剂的混凝土单位用水量按式(12-5)计算确定。

$$W_{OW}=W_O(1-\frac{\beta}{100}) \tag{12-5}$$

式中 W_{OW}——掺外加剂混凝土的单位用水量，kg/m^3；

β——所用外加剂剂量的实测减水率(%)。

（四）单位水泥用量的确定

单位水泥用量按式(12-6)计算确定。

$$C_O = \left(\frac{C}{W}\right)W_O \tag{12-6}$$

式中　C_O——单位水泥用量，kg/m^3。

（五）砂石料用量的确定

砂石料用量可按密度法或体积法计算确定。按密度法计算时，混凝土单位质量可按 2 400 ~ 2 450 kg/m^3 取值；按体积法计算时，应计入设计含气量。采用超量取代法掺加粉煤灰时，超量部分应代替砂，并折减用砂量。经计算得到的配合比，应验算单项粗集料填充体积率，且不宜小于70%。

对于重要公路路面和桥面铺装工程，配合比计算确定后应采用正交试验法进行配合比优选。

习题与思考题

1. 何谓水泥混凝土路面？它主要有哪几种类型？
2. 水泥混凝土路面有何特点？
3. 水泥混凝土路面为何设接缝？试述接缝的构造与布置。
4. 对面层混凝土及其组成材料有何技术要求？
5. 如何进行路面混凝土配合比设计？
6. 水泥混凝土路面施工的主要工序有哪些？
7. 水泥混凝土路面摊铺和振捣有哪几种方法？

第十三章　水泥混凝土路面结构设计

学习要点　通过本章的学习，学生应了解掌握水泥混凝土路面的设计构件及设计内容，了解水泥混凝土路面荷载应力分析及温度应力分析，掌握水泥混凝土路面板厚设计方法，了解双层水泥混凝土路面结构设计方法。

第一节　概　述

水泥混凝土路面设计的目的，是以最低的寿命周期费用提供一种与所处的自然环境相适应，并能承受预期的行车荷载作用，满足预定的使用性能要求的路面结构。由于路面的结构特性会随环境和行车荷载的反复作用而逐渐变坏，以至于完全丧失工作能力，路面结构设计的具体目标，便是控制或限制其结构特性在预定的使用年限内不恶化到某一规定的程度。

一、设计标准

路面的损坏是行车荷载和自然因素与路面相互作用的结果，并随着路面工作特性和外界因素影响程度的不同而变化。有些损坏属于结构组合或材料组成不当造成，有些损坏属于板厚或者水泥混凝土强度不足造成。目前，许多人认为，疲劳断裂是水泥混凝土路面破坏的主要模式，在设计中应予以着重考虑，即从保证路面结构承载能力的角度出发，疲劳开裂作为确定水泥混凝土板厚时考虑的临界损坏状态。

水泥混凝土路面在经受行车荷载重复作用的同时，还经受周围气温周期性变化的影响。水泥混凝土路面板的疲劳破坏不仅与荷载重复作用有关，而且与温度周期性变化产生的温度翘曲应力重复作用有关。为防止路面板在这两种因素综合作用下而产生疲劳开裂，以行车荷载与温度梯度综合作用产生的疲劳断裂作为我国水泥混凝土路面设计的极限状态，并引入可靠度理论计入变异性的影响，其表达式为

$$\gamma_r(\sigma_{pr} + \sigma_{tr}) \leqslant f_r \tag{13-1}$$

式中　γ_r——可靠度系数；

σ_{pr}——行车荷载疲劳应力，MPa；

σ_{tr}——温度梯度疲劳应力，MPa；

f_r——水泥混凝土弯拉强度标准值，MPa。

二、水泥混凝土路面设计内容

由于水泥混凝土路面的损坏形态是多种多样的，而水泥混凝土路面设计标准仅考虑断裂损坏模式作为极限状态，并不能控制其他损坏类型。为此，水泥混凝土路面设计还必

须从结构、材料等多方面采取措施,来防止水泥混凝土路面拱起、错台、接缝挤碎和唧泥等损坏,以保证在预定的使用年限内路面不恶化到某一规定的程度,即水泥混凝土路面设计应包括下述内容。

(一)路面结构组合设计

应根据公路等级、交通荷载、路基条件、当地温度和湿度状况以及使用性能要求,选择其组合与之相适应的水泥混凝土路面结构。路面结构组合设计,应使各结构层的力学特性及其组成材料性质满足相应的功能要求。应充分考虑各相邻结构层的相互作用、层间结合条件和要求,以及结构组合的协调与平衡。应充分考虑地表水的渗入和冲刷作用。采取封堵和疏排措施,减少地表水渗入,防止渗入水积滞在路面结构内。基层应选用抗冲刷能力强的材料。

(二)各结构层组成材料配合比设计

针对各结构层在路面结构中所起的作用,依据当地材料供应情况,选择满足结构层性能要求的混合料,进行配合比设计。混合料的各项性质参数应按有关试验规程规定的试验方法经试验确定。

通过材料配合比设计,使路面混凝土具有足够的弯拉强度及抗疲劳性能,基层又有良好的抗冲刷性能和一定的刚度,垫层达到要求的稳定性及一定的刚度。

(三)平面尺寸、接缝构造和配筋设计

根据水泥混凝土路面板内产生的荷载应力和温度应力进行板的平面尺寸设计。依据接缝的作用,选择缩缝、胀缝或施工缝等类型,确定接缝的间距,布设接缝的位置,设计接缝的构造,包括传力杆、拉杆的布置及填缝料的确定,同时还应确定板内的配筋量和配筋布置。

(四)路面厚度设计

根据公路等级、材料类型和参数,以及当地的气候、水文、地质条件,确定满足设计使用期内使用要求所需的水泥混凝土路面结构层厚度。

(五)路面排水设计

行车道路面横坡坡度宜为1% ~2%,路肩表面的横向坡度宜为2% ~3%。行车道路面结构设置排水基层或垫层时,应在排水基层或垫层外侧边缘设置纵向集水沟和带孔集水管,井间距50 ~100 m设置横向排水管。排水基层的纵向边缘集水沟,当路肩采用水泥混凝土面层时,可设在路肩下或路肩外侧边缘内。排水垫层的纵向边缘集水沟宜设在路床边缘。带孔集水管的管径宜采用100 ~150 mm。集水沟的宽度宜采用300 mm。集水沟深度应能保证集水管顶低于排水层底面,并有足够厚度的回填料使集水管不被施工机械压裂。沟内回填料宜采用与排水基层或垫层相同的透水性材料,或不含细粒的碎石或砾石粒料。横向排水管应不带孔,其管径与集水管相同。集水沟和集水管的纵坡宜与路线纵坡相同,且不宜小于0.3%。横向排水管的坡度不宜小于5%。横向排水管出口端应设端墙,端头宜用镀锌铁丝网罩住,出水口下方应铺设水泥混凝土防冲垫板或进行坡面防护。在横向排水管上方路肩边缘应设置标志标明出水口位置。

(六)路肩设计

路肩铺面结构应具有一定的承载能力,其结构层组合和材料选用应与行车道路面相协调,不应使渗入的路表水积滞在行车道路面结构内。行车道混凝土面层宜宽出外侧车道边缘线0.6 m。高速公路和一级公路以及承载极重、特重和重交通荷载等级的公路,路肩铺面应采用与行车道路面相同的结构层组合和组成材料类型。其他等级公路,路肩铺面的基层和底基层应采用与行车道路面结构相同的材料类型和厚度。路肩面可选用水泥混凝土或沥青类材料。路肩面层选用沥青材料时,中等交通荷载以上等级公路,应采用热拌沥青混合料;低等级公路和轻交通荷载等级公路,可采用沥青表面处治。路肩基层为颗粒材料时,其细粒(粒径小于0.075 mm)含量不应超过6%。路肩混凝土面层与行车道面层应设置拉杆相连,二者的横向缩缝应连通。行车道面层为连续配筋混凝土时,路肩混凝土面层的横向缩缝间距应为4.5 m。

第二节　水泥混凝土路面荷载应力分析

水泥混凝土路面板的厚度不到其平面尺寸的1/10,荷载作用下板的挠度又远小于其厚度,因此水泥混凝土路面的构造和工作状态符合小挠度薄板理论。目前,水泥混凝土路面应力分析大多是以弹性地基上的弹性薄板为理论基础的。

一、弹性地基板理论

(一)小挠度薄板的基本假设

板是由两个平行面和垂直于这两个平行面的柱面或棱柱面所围成的物体。两个平行面之间的垂直距离为板厚,通常用 h_c 表示,平分厚度 h_c 的平面称为板的中面。如果板厚 h_c 远小于中面的最小边尺寸 b(如 $h_c < b/8 \sim b/5$),这种板称薄板。研究薄板在垂直于中面的荷载作用下的弯曲时,通常采用下述基本假设:

(1)垂直于中面的法线长度变形前后保持不变,即 $\varepsilon_z = 0$,由 $\varepsilon_z = \dfrac{\partial \omega}{\partial z}$ 得 $\omega = \omega(x,y)$,这表明垂直位移沿板的垂直向相等,可以用板中面的挠度代表板弯曲挠度。

(2)中面内各点无平行于中面的位移,即 $u_0 = v_0 = 0$。

(3)直法线假设,即变形前垂直于板中面的法线在变形后仍垂直于板中面,因而横向剪切应变 $\gamma_{zx} = \gamma_{zy} = 0$;$\gamma_{zx} = \dfrac{\partial \omega}{\partial x} + \dfrac{\partial u}{\partial z} = 0$ 和 $\gamma_{zx} = \dfrac{\partial \omega}{\partial y} + \dfrac{\partial u}{\partial z} = 0$ 可得:$u = -z\dfrac{\partial \omega}{\partial x}$ 和 $u = -z\dfrac{\partial \omega}{\partial y}$,这表明中面的水平位移为零,而平行于板中面的各面都产生水平位移,大小同该面与板中面距离成反比。

(4)板内平行于中面的各面互不挤压,即 $\sigma_z = 0$。

由几何方程和物理方程可推导出薄板应力场

$$
\left.\begin{aligned}
\sigma_x &= \frac{E_c}{1-\mu_c^2}(\varepsilon_x + \mu_c \varepsilon_y) = -\frac{E_c z}{1-\mu_c^2}\left(\frac{\partial^2 \omega}{\partial x^2} + \mu_c \frac{\partial^2 \omega}{\partial y^2}\right) \\
\sigma_y &= \frac{E_c}{1-\mu_c^2}(\mu_c \varepsilon_x + \varepsilon_y) = -\frac{E_c z}{1-\mu_c^2}\left(\mu_c \frac{\partial^2 \omega}{\partial x^2} + \frac{\partial^2 \omega}{\partial y^2}\right) \\
\tau_{xy} &= \frac{E_c}{2(1+\mu)}\tau_{xy} = -\frac{E_c z}{1+\mu_c}\frac{\partial^2 \omega}{\partial x \partial y}
\end{aligned}\right\} \tag{13-2}
$$

式中　E_c、μ_c——板的弹性模量与泊松比；

ω——z 方向位移，即板的挠度。

由此可见，薄板的挠度 ω 是其基本未知量，其他分量都可用 ω 来表示。因此，在薄板弯曲问题中，关键是根据各种不同边界条件和约束条件，求解板的挠度 ω。当板置于弹性地基上并与其共同作用时，通常假设垂直位移连续，薄板与地基在变形过程中不发生脱离，无脱空现象，而且薄板与地基两接触面之间剪应力为零。

对式(13-2)积分，可得截面上的弯矩和扭矩

$$\left.\begin{aligned} M_x &= \int_{-h_c/2}^{h_c/2}\sigma_x z\mathrm{d}z = -D\left(\frac{\partial^2\omega}{\partial x^2}+\mu_c\frac{\partial^2\omega}{\partial y^2}\right) \\ M_y &= \int_{-h_c/2}^{h_c/2}\sigma_y z\mathrm{d}z = -D\left(\mu_c\frac{\partial^2\omega}{\partial x^2}+\frac{\partial^2\omega}{\partial y^2}\right) \\ M_{xy} &= \int_{-h_c/2}^{h_c/2}\tau_{xy} z\mathrm{d}z = -D(1+\mu_c)\frac{\partial^2\omega}{\partial x\partial y} \end{aligned}\right\} \tag{13-3}$$

式中　D——板的弯曲刚度，按 $D=\int_{-h_c/2}^{h_c/2}\frac{E_c z}{1-\mu_c^2}z\mathrm{d}z=\frac{E_c h_c^2}{12(1-\mu_c^2)}$计算；

h_c——板厚。

(二)弹性曲面微分方程

从板上割取长和宽各为 dx 和 dy，高为 h 的单元，作用单元上的内力和外力如图 13-1 所示。

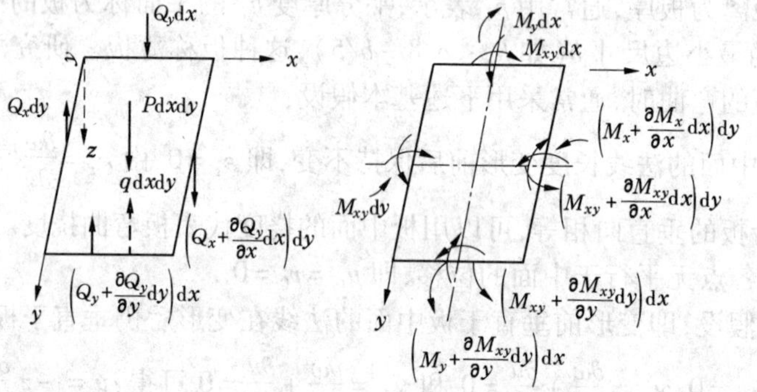

图 13-1　微分单元受力

取薄板的挠度 ω 作为基本未知函数，当板表面作用竖向荷载 p 和地基对板底面作用竖向反力 q，由单元的平衡条件($\sum z=0, \sum M_x=0, \sum M_y=0$)可导出，板中心挠曲面的微分方程为

$$D\nabla^2\nabla^2\omega(x,y) = p(x,y) - q(x,y) \tag{13-4}$$

式中　∇^2——拉普拉斯算子，即$\nabla^2=\frac{\partial^2}{\partial x^2}+\frac{\partial^2}{\partial y^2}$。

根据式(13-4)求得 ω 后，由式(13-3)可计算得到板的应力。在微分方程式(13-4)中有两个未知数，即位移 ω 和地基反力 q。建立 ω 和 q 之间的附加方程，就可以对式(13-4)

求解,求得 ω。对地基的受力变形采用不同的假设,所建立的 ω 和 q 的关系方程也就不同。目前,常用的地基模型主要有文克勒地基模型和弹性半空间体地基模型,因此有两种求解弹性地基板应力和位移的方法。

二、文克勒地基板的荷载应力分析

文克勒地基是以地基反应模量 k(MPa/m)表征的弹性地基,它假设地基如同由许多紧密排列而互不关联的线性弹簧所组成,地基上任一点的反力仅与该点的挠度成正比,而与其他点上的压力无关,如图 13-2 所示。地基顶面的压力 q 与该点的挠度 ω 的关系为

$$q(x,y) = -k\omega(x,y) \tag{13-5}$$

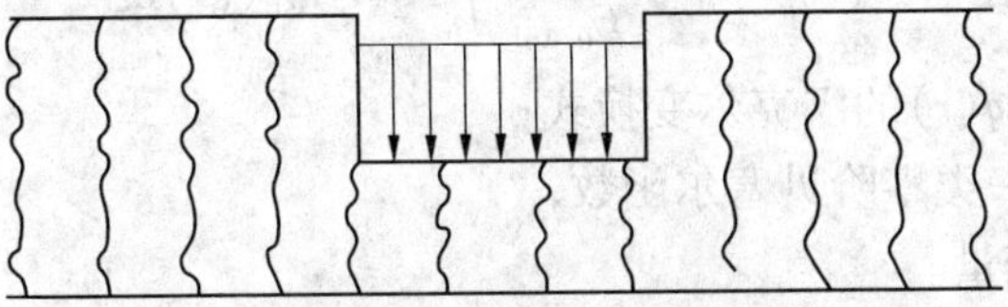

图 13-2　文克勒地基模型表面变形图

威斯特卡德采用这一地基假说,分析了图 13-3 所示三种车轮荷载位置下板的挠度和弯矩,即:①均布于半径为 R 的圆面积内的荷载 P,作用于无限大板的中央;②均布于半径为 R 的半个圆面积内的荷载 P,作用于受一条直线边限制的半无限大板的边缘(圆心位于边缘);③均布于半径为 R 的圆面积内的荷载 P,作用在受两条相互垂直的直线边限制的大板的角隅处,其圆心距角隅 $\sqrt{2}R$。

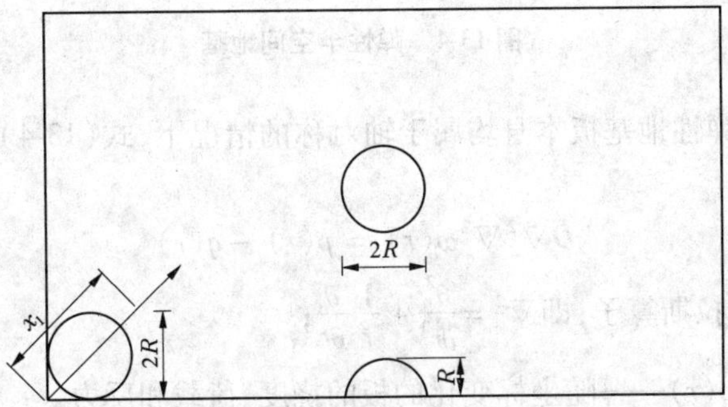

图 13-3　三种荷载位置

在求解微分方程式(13-4)时,利用式(13-5)建立的 ω 和 q 的附加方程,并引入边界条件可求得挠度 ω,代入式(13-2),最后得到如图 13-3 所示三种荷载位置处的最大应力计算公式。

三、弹性半空间体地基板的荷载应力分析

文克勒地基忽略了地基侧向联系,低估了地基承载能力,尤其不能较好地反映层状地基的工作状态。因此,在水泥混凝土路面荷载应力分析中,弹性半空间地基假定得到了较

为广泛的应用。威氏也认为文克勒地基假说仅仅是一种经验的实用可行的权宜之计，在他后期的研究中，也更多地倾向于弹性半空间地基。

弹性半空间地基用弹性模量 E_0 和泊松比 μ_0 表征。它假设地基是均质的半无限连续介质。地基顶面任一点的挠度不仅与作用于该点的压力有关，也与顶面其他点上的压力有关，如图 13-4(a)所示，即

$$q(x,y) = f\left[\omega(x,y)\right] \tag{13-6}$$

根据弹性半空间体地基假设，当弹性半空间体地基上作用任意竖向轴对称荷载 $q(r)$ 时，如图 13-4(b)所示，其表面挠度 $\omega(r)$ 为

$$\omega(r) = \frac{2(1-\mu_0^2)}{E_0}\int_0^{\infty}\bar{q}(\xi)J_0(\xi r)\mathrm{d}\xi \tag{13-7}$$

式中 $\bar{q}(\xi)$——荷载 $q(r)$ 的汉克尔变换式；

$J_0(\xi r)$——第一类零阶贝塞尔函数；

ξ——任意参变量。

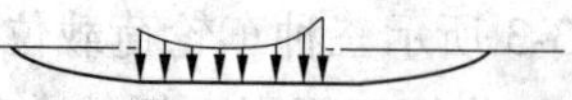

(a)弹性地基表面变形图

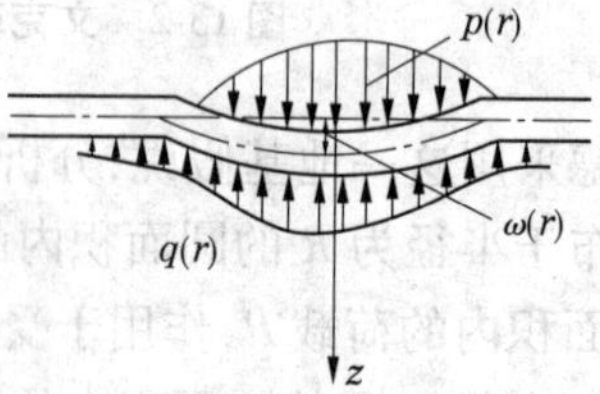

(b)挠度计算图示

图 13-4 弹性半空间地基

对于外荷载和弹性地基板本身均属于轴对称的情况下，式(13-4)的挠曲面微分可改写为

$$D\nabla^2\nabla^2\omega(r) = p(r) - q(r) \tag{13-8}$$

式中 ∇^2——拉普拉斯算子，即 $\nabla^2 = \frac{\partial^2}{\partial r^2} + \frac{1}{r}\frac{\partial}{\partial r}$；

$\omega(r)$、$p(r)$、$q(r)$——随坐标变化的板的挠度、荷载和反力。

此时，板内的径向弯矩 M_r 和切向弯矩 M_t 的表达式为

$$\left.\begin{aligned} M_r &= -D\left(\frac{\mathrm{d}^2}{\mathrm{d}r^2} + \frac{\mu_c}{r}\frac{\mathrm{d}}{\mathrm{d}r}\right)\omega(r) \\ M_t &= -D\left(\frac{1}{r}\frac{\mathrm{d}^2}{\mathrm{d}r^2} + \mu_c\frac{\mathrm{d}^2}{\mathrm{d}r^2}\right)\omega(r) \end{aligned}\right\} \tag{13-9}$$

当荷载作用于板中时，如图 13-5 所示，应用弹性地基上无限大板轴对称课题的理论解来计算荷载位置的弯矩。将式(13-7)代入式(13-8)中可解得板挠度方程式的贝塞尔函数解 $\omega(r)$，再将它代入式(13-9)便得圆形均布荷载下板在单位宽度内所产生的最大弯矩(见图 13-6)。当轮载距计算点一定距离时，可按集中荷载考虑。

应当指出，在上述理论中所称的无限大圆形薄板，应符合下列条件

$$S = 3\frac{1-\mu_c^2 E_0 R_B^3}{1-\mu_c^2 E_c h_c^3} \geqslant 10 \tag{13-10}$$

式中　S——板的刚性指数；

R_B——与板面积相等的圆形板半径；

其余符号意义同前。

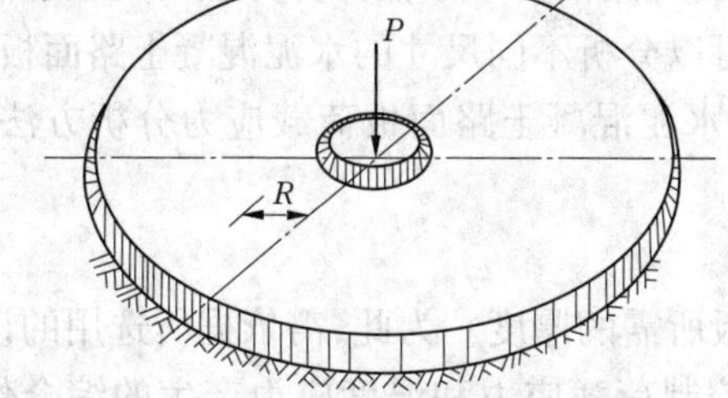

图 13-5　在无限大圆板上的圆形均布荷载图

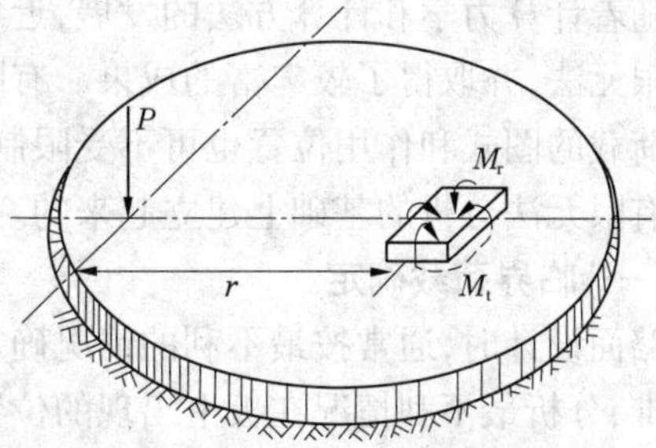

图 13-6　距离集中荷载作用点 r 处的弯矩

一般现场浇筑的水泥混凝土路面均能符合上述条件，故无须验算。

当单后轴汽车的两侧后轮同时作用在板上时，由于两组车轮相距较远，其中一组后轮对另一组后轮下板所引起的附加弯矩，相对来说是很小的，一般不予考虑。至于两组后轮中央处板所承受的弯矩要较一组后轮下板所产生的弯矩小很多，一般也不予计算。所以对于单后轴车的两组后轮，通常仅按双轮胎的一组后轮的均布荷载来计算板的最大弯矩。

当荷载相等而形成对称的多组车轮作用在一块板上时，例如双后轴汽车的四组后轮，平板挂车的多组后轮以及飞机起落架上的两组或四组轮子等，则应选其中一组轮子作主轮，按圆形均布荷载计算板所受的最大弯矩 M_0；对其他各组轮子则按集中荷载计算其在主轮轮迹中心下板所承受的附加径向弯矩 M_r 和切向弯矩 M_t，然后把这些 M_r 和 M_t 按下式换算为 x 向和 y 向的弯矩（见图 13-7）

$$\left.\begin{aligned} M_x &= M_r\cos^2\beta + M_t\sin^2\beta \\ M_y &= M_r\sin^2\beta + M_t\cos^2\beta \end{aligned}\right\} \tag{13-11}$$

式中　M_x、M_y——换算得到的板在单位宽度上的 x 向和 y 向的弯矩；

β——集中荷载作用点与主轮轮迹中心点连线与 x 轴的夹角。

最后，把所有各个轮子对板所引起的 x 向弯矩和 y 向弯矩分别叠加起来，得出 $\sum M_x$ 和 $\sum M_y$。

按上述方法所算得的弯矩，只是中部受荷时所产生的弯矩。弹性半空间地基板的荷载应力计算理论对于荷载作用于板边、板角隅处，以及有限尺寸的矩形板，在不同组合轮载作用于板上任何位置时，均无法解决。

四、荷载应力有限元分析

弹性半空间体地基板的解析解目前仅适用于无限大板或轴对称的情况，矩形板仅有

文克勒地基的威氏解，且这些以解析法为基础的应力分析方法无法反映许多工程结构中的实际问题，具有一定的局限性，如随着轮载形式的增多，当量单轮法更能正确反映实际情况；水泥混凝土路面板应力极限值在路面板上的位置，有很大的随意性；关于路面板与地基的连续条件及滑动条件的假定与实际情况相比，有较大的差异；在温度变化或重型荷载反复作用下，路面板发生翘曲或边角部位路面板由于地基局部沉陷而脱空的情况，用解析法无法计算其应力。

随着计算力学和计算方法的发展，近年来，国内外路面力学数值计算方法研究较多的是有限元法，并取得了较丰富的成果。有限元法可以分析不同尺寸的水泥混凝土路面板，同时荷载的图式和作用位置也可不受限制。我国水泥混凝土路面板荷载应力分析方法，是在有限元法分析的基础上建立起来的。

(一)临界荷载确定

路面设计时，通常按最不利的情况确定路面板所需的厚度。为此，需依据所选用的设计标准，分析最不利情况在板上出现的位置。以控制荷载应力和温度应力产生的综合作用下的疲劳断裂为设计标准时，则需分析在板上产生最大综合疲劳损耗的位置，该位置作为结构设计时所考虑的临界荷位。为简化计算工作，选取几种典型的路面结构进行荷载和温度的疲劳损耗分析，结果如表 13-1 所示。

表 13-1 各类接缝情况的临界荷载位置

纵边、横边	设传力杆横缝	不设传力杆横缝	自由横边
企口缝 + 拉杆	纵边	纵边	横边
平缝 + 拉杆	纵边	纵边	纵边
自由纵边	纵边	纵边	纵边或横边

由表 13-1 数据可知，对于考虑荷载应力和温度应力产生的综合疲劳作用的情况下，只有在纵缝具有较大传荷能力的企口缝加拉杆和横缝不考虑传荷能力的假缝（当作自由边处理）时，临界荷位出现在横缝边缘中部，其余情况均应选取纵缝边缘中部为临界荷位，而前一种情况出现的可能性很小。因此，规范选取纵缝边缘中部为临界荷位。

(二)荷载应力计算

应用有限元法，分析轴载作用于四边自由矩形板的临界荷位处不同路面结构参数条件下的最大应力值。根据计算结果，建立最大荷载应力 σ_p 的回归公式

$$\sigma_p = A' l_0^{m'} P^n h_c^{-2} \tag{13-12}$$

式中 P——单轴、双轴或三轴的轴重，kN；

l_0——弹性地基板的相对刚度半径，m，即 $l_0 = \dfrac{1}{\alpha} = 0.537 h_c \left(\dfrac{E_c}{E_t}\right)^{\frac{1}{3}}$；

E_t——基层顶面当量回弹模量，MPa；

h_c——路面板厚度，m；

A'、m'、n——回归系数，如表 13-2 所示。

表 13-2　荷载应力公式回归系数

轴型	单轴单轮组	单轴双轮组	双轴单轮组	双轴双轮组
A'	0.002 47	0.001 75	0.000 872	0.000 541
m'	0.707	0.862	0.843	0.710
n	0.881	0.905	0.893	0.892

式(13-12)是弹性地基上板数值解的回归结果,地基模型为弹性半空间体。实际水泥混凝土路面板的基础为层状结构,它们之间存在着明显的差异。按弯沉等效的原则求得的基层顶面当量模量 E_t 和泊松比 μ_t 值不能很好地表征地基特性,需引入一个系数(基层顶面模量修正系数) n_0 加以修正。经修正后的地基模量称之为基层顶面当量计算模量 E_{tc}。E_{tc} 与 n_0 表达式为

$$E_{tc} = n_0 E_t \tag{13-13}$$

式中　n_0——基层顶面模量修正系数,按 $n_0 = 3.79 l_0^{0.92}$ 计算;

l_0——水泥混凝土路面板的相对刚度半径,按 $l_0 = h_c \left[\dfrac{E_c(1-\mu_0^2)}{6E_t(1-\mu_0^2)} \right]^{\frac{1}{3}}$ 计算。

为了便于设计和减少计算误差,在计算水泥混凝土路面相对刚度半径时,仍然采用基层顶面当量模量 E_t 值,而将基层顶面模量修正系数 n_0 纳入应力计算回归式之中,这时式(13-12)回归系数 n 不变,A'、m' 改为表 13-3 中的 A、m。

表 13-3　计入基层顶面模量修正系数后的荷载应力公式回归系数

轴型	单轴单轮组	单轴双轮组	双轴双轮组	双轴单轮组
A	0.001 8	0.001 19	0.000 599	0.000 395
m	0.49	0.597	0.585	0.493
n	0.881	0.905	0.893	0.892

(三)标准轴载作用下荷载应力计算

以标准轴载 $P_s = 100$ kN 和表 13-3 中单轴双轮组的回归系数代入式(13-12)中,便可得到标准轴载 P_s 在四边自由板临界荷位处的荷载应力计算式

$$\sigma_{ps} = 0.077 l_0^{0.60} h_c^{-2} \tag{13-14}$$

由于已将模量修正系数包含在荷载应力计算式中,在计算相对刚度半径和荷载应力时,可直接采用实测模量值按基层顶面当量回弹模量换算关系式换算得到的基层顶面当量回弹模量值 E_t。

第三节　水泥混凝土路面温度应力分析

水泥混凝土路面板内温度随气温的变化而变化。这种变化将使水泥混凝土产生明显

的体积变化，由此产生膨胀、收缩等变形。当变形受阻时，板内便产生温度应力，包括胀缩应力或翘曲应力。温度应力和荷载应力是水泥混凝土路面板产生破坏的主要因素。

一、胀缩应力分析

当气温缓慢变化时，路面板内温度均匀升降，则路面板沿断面的深度均匀伸缩。设 x 为路面板的纵轴，y 为路面板的横轴。如有一平面尺寸很大的路面板，在温差影响下路面板内任一点的应变为

$$\left.\begin{aligned}\varepsilon_x &= \frac{1}{E_c}(\sigma_x - \mu_c\sigma_y) + \alpha_c\Delta t\\ \varepsilon_y &= \frac{1}{E_c}(\sigma_y - \mu_c\sigma_x) + \alpha_c\Delta t\end{aligned}\right\} \tag{13-15}$$

式中 ε_x、ε_y——路面板纵向和横向应变；

σ_x、σ_y——路面板纵向和横向的温度应力，MPa；

α_c——水泥混凝土的线膨胀系数，约为 1×10^{-5}；

Δt——路面板温差，℃。

受路面板与基层之间的摩阻约束，在温度升降时路面板中部不能移动，即 $\varepsilon_x=\varepsilon_y=0$，以此代入式(13-14)，解得路面板内伸缩完全受阻时所产生的应力为

$$\sigma_x = \sigma_y = -\frac{E_c\alpha_c\Delta t}{1-\mu_c} \tag{13-16}$$

如对于未设接缝或者未及时切缝的路面板，设 $E_c=30\ 000$ MPa，$\mu_c=0.15$，当温度下降 15 ℃时，则其最大收缩应力

$$\sigma_x = -\frac{30\ 000\times10^{-5}\times15}{1-0.15} = 5.29(\text{MPa})$$

未及时切缝的新浇筑水泥混凝土路面板早期强度不高，一旦遇有较大的温度骤降时所产生的温度收缩应力有可能超过水泥混凝土的早期强度，使路面板出现断裂。这种完工后非荷载作用引起的开裂，称为施工断板，是一种常见的水泥混凝土路面板断裂损坏。

为了减小收缩应力，在水泥混凝土路面板内设置各种接缝，路面板被划分为有限尺寸板。当自由收缩受到路面板与基础之间的摩阻作用、啮合作用和黏附作用时，因变形受阻而产生的路面板内最大应力出现在路面板长的中央，其值可近似按下式计算

$$\sigma_t = \gamma\cdot f\cdot\frac{L}{2} \tag{13-17}$$

式中 γ——混凝土重度，为 0.024 MN/m^3；

L——路面板长，m；

f——路面板与基础之间的摩阻系数，与基础类型、路面板的位移量和位移反复情况等因素有关，一般为 1.0～2.0。

路面板划分为有限尺寸板后，因收缩而产生的应力很小，可不予考虑。

当水泥混凝土路面板温度升高时，如果未设置胀缝，路面板的膨胀引起的伸长变形受阻，路面板内出现膨胀应力。如果路面板的温度升高 15 ℃，则压应力为 5.29 MPa。这一数值虽然小于水泥混凝土的抗压强度，但要注意在此压力作用下是否出现屈曲现象。

二、翘曲应力分析

由于水泥混凝土路面板、基层和路基的导热性较差，当气温变化较快时，使路面板顶与板底产生温度差，因而板顶与板底的伸缩变形大小也就不同。如前所述，当气温升高时，板顶部温度高于底部温度，板顶膨胀变形较板底大，则板中隆起；反之，则板的角隅翘起，如图 13-7 所示。由于路面板的自重、地基反力和相邻路面板的钳制作用，使部分翘曲变形受阻，从而使路面板内产生翘曲应力。由于温度升高引起的板中隆起受到限制时，路面板底出现拉应力；而当气温降低时引起的板四周翘起受阻时，板顶面出现拉应力。在温度梯度（即板顶和板底温度差与板厚的比值）大时，翘曲应力可接近或者甚至超过荷载应力。

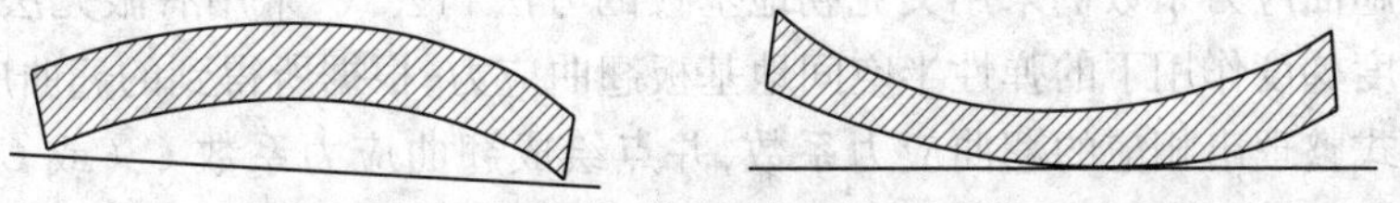

(a)气温升高时　　(b)气温降低时

图 13-7　混凝土面板的翘曲变形

（一）威斯特卡德公式

为了分析温度翘曲应力，威斯特卡德采用 Winkler 地基模型，假设温度沿板厚呈直线变化，板顶温度低于板底温度，板与地基始终保持接触，地基反力为唯一约束力，不计板的自重，从而导出了板中部仅受地基约束时的翘曲应力计算公式。对有限尺寸板，沿板长（L）和板宽（B）方向的板中部翘曲应力分别为

$$\left.\begin{aligned}\sigma_x &= \frac{E_c\alpha_c\Delta T}{2}\left(\frac{C_x+\mu_c C_y}{1-\mu_c^2}\right)\\ \sigma_y &= \frac{E_c\alpha_c\Delta T}{2}\left(\frac{\mu_c C_x+C_y}{1-\mu_c^2}\right)\end{aligned}\right\} \tag{13-18}$$

工程设计中，通常需要计算板中和板边的最大翘曲应力。对于板中，即 $x=y=0$ 时，C_x 和 C_y 分别为

$$\left.\begin{aligned}C_x &= 1-\frac{2\cos b_1\operatorname{ch}b_1}{\sin 2b_1+\operatorname{sh}2b_1}(\tan b_1+\operatorname{th}b_1)\\ C_y &= 1-\frac{2\cos B_1\operatorname{ch}B_1}{\sin 2B_1+\operatorname{sh}2B_1}(\tan B_1+\operatorname{th}B_1)\end{aligned}\right\} \tag{13-19}$$

式中　B_1、b_1——$B_1=\dfrac{B}{\sqrt{8}l}$，$b_1=\dfrac{L}{\sqrt{8}l}$；

ΔT——水泥混凝土路面板顶面和底面的温度差，℃；

l——板与地基相对刚度半径。

$$l = \sqrt[4]{\frac{D}{k}} = \sqrt[4]{\frac{E_c h_c^3}{12(1-\mu_c^2)k}} \tag{13-20}$$

对于板边，最大翘曲应力产生在长边边缘中部，即 $x=0, y=b/2$ 处，$\sigma_y=0$，σ_x 为最大，即

$$\sigma_x = \frac{E\alpha\Delta T}{2}C_x \tag{13-21}$$

式中符号意义同上。

为了简化计算，将翘曲应力系数 C_x 和 C_y 绘制成诺谟图，如图 13-8 所示。

(二)翘曲应力有限元分析

弹性半空间地基有限尺寸板的翘曲应力，目前尚无解析解。我国水泥混凝土路面设计方法中的翘曲应力系数仍采用文克勒地基板的方法和公式，采用有限元法计算不同结构参数和温度梯度作用下的弹性半空间地基板翘曲应力，根据所得到的翘曲应力值，按威斯特卡德公式整理出相应的翘曲应力系数，并点绘成翘曲应力系数 C_x（或 C_y）和相对板 L/l_0 或板宽 B/l_0 的关系曲线，如图 13-8 中的曲线 1 和曲线 2。

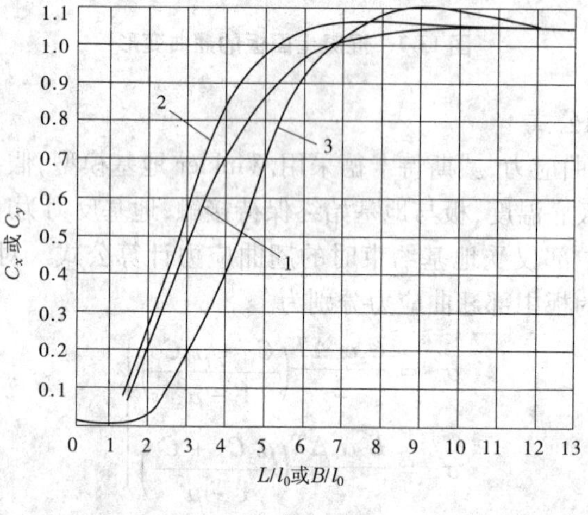

1—弹性半空间地基板中；2—弹性半空间地基板边；3—文克勒地基

图 13-8　温度翘曲应力系数

水泥混凝土路面板内温度沿深度的分布，在大多数情况下呈非线性，并且非线性的程度随路面板厚度的增加而越显著。温度呈非线性分布时，路面板不同深度处各材料层的变形也相应地呈现非线性分布的倾向。受各材料层的相互制约，路面板截面在非线性温度分布作用下产生变形后，仍保持为一垂直于中面的平面。因而，路面板不同深度处材料层便相应地受到拉伸或压缩的内应力作用。为此，应考虑由于温度非线性分布而引起的内应力。此外，由于温度应力的加载速率较荷载应力的慢，水泥混凝土和地基的模量应考虑其徐变的影响。根据美国混凝土协会（简称 ACI）的推荐参数，计算温度应力的水泥混凝土徐变模量（半天加载）约为其弹性模量的 85%；地基徐变模量取其弹性模量的 70%。因此，综合温度翘曲应力系数、温度内应力系数、温度挠度板厚修正系数及徐变影响，最大

温度翘曲应力计算式为

$$\sigma_{tm} = \frac{\alpha_c E_c h_c T_g}{2} B_x \tag{13-22}$$

式中　T_g——温度梯度，℃/m；

B_x——温度应力系数，可表示为温度翘曲应力系数 C_x（或板长与板相对刚度半径之比 L/l_0）和板厚 h_c 的关系值，可绘制成图 13-9，由路面板的相对长度 L/l_0 确定 C_x，再结合板厚 h_c 确定 B_x。

其余符号意义同前。

由于徐变影响已经归并到温度应力系数 B_x 中。因此，在计算温度应力时，仍采用与荷载应力计算时相同的地基弹性模量，即基层顶面当量回弹模量 E_t。

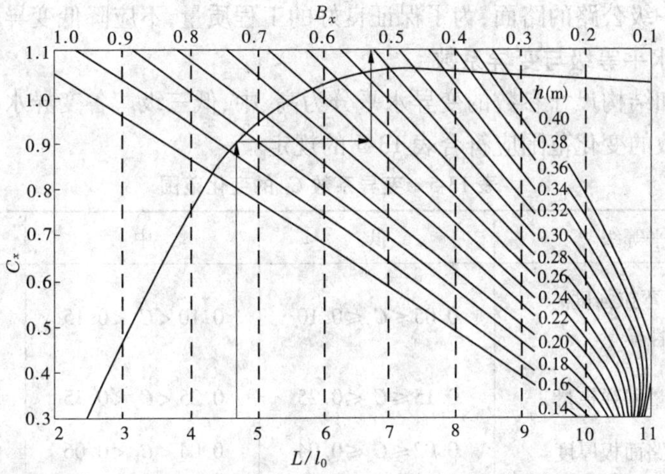

图 13-9　温度应力系数 B_x

第四节　水泥混凝土路面板厚设计

由于水泥混凝土等筑路材料的非均质性和施工偏差，以及道路在使用期内的环境和荷载条件的变异，使水泥混凝土路面结构的设计参数具有一定的不确定性。为考虑这些参数的不确定性以及使设计指标具有可检验性，同时，便于施工控制和质量检验，我国水泥混凝土路面采用可靠性设计方法，计入了设计参数变异性的影响，此外根据实际路面损坏状况调查结果对设计方法与实际情况的不相符偏差进行了适当的修正，并以路面结构的总开裂率为控制指标，以式(13-1)作为路面结构极限状态表达式。

一、设计依据

（一）安全等级与目标可靠度

各级公路水泥混凝土路面结构的设计安全等级及相应的设计基准期、目标可靠指标和目标可靠度，应符合表 13-4 的规定。

表 13-4 水泥混凝土路面可靠度设计标准

公路技术等级	高速公路	一级公路	二级公路	三级公路	四级公路
安全等级	一级		二级	三级	
设计基准期(年)	30		20	15	10
目标可靠度(%)	95	90	85	80	70
目标可靠指标	1.64	1.28	1.04	0.84	0.52

各安全等级路面的材料性能和结构尺寸参数的变异水平等级,宜按表 13-5 选用,也可按施工技术、施工质量控制和管理要求达到和可能达到的具体水平选用其他等级,但对于高速公路和一级公路的路面,为了保证良好的工程质量,不应降低变异水平等级。

(二)变异水平等级与变异系数

材料性能和结构尺寸参数的变异水平分为高、中、低三级。各变异水平等级主要设计参数的变异系数的变化范围应符合表 13-5 的规定。

表 13-5 变异系数 C_v 的变化范围

变异水平等级	低	中	高
水泥混凝土弯拉强度、弯拉弹性模量	$0.05 \leqslant C_v \leqslant 0.10$	$0.10 < C_v < 0.15$	$0.15 < C_v \leqslant 0.02$
基层顶面当量回弹模量	$0.15 \leqslant C_v \leqslant 0.25$	$0.25 < C_v < 0.35$	$0.35 < C_v \leqslant 0.55$
水泥混凝土路面板厚度	$0.02 \leqslant C_v \leqslant 0.04$	$0.04 < C_v < 0.06$	$0.06 < C_v \leqslant 0.08$

(三)可靠度系数与路面结构可靠度

可靠度系数是指为保证所设计的结构具有规定的可靠度,而在极限状态设计表达式中采用的单一综合系数,按表 13-6 取值。

表 13-6 可靠度系数 γ_r

变异水平等级	目标可靠度(%)			
	95	90	85	80
低	1.20~1.33	1.09~1.16	1.04~1.08	—
中	1.33~1.50	1.16~1.23	1.08~1.13	1.04~1.07
高	—	1.23~1.33	1.13~1.18	1.07~1.11

注:变异系数在表 13-5 所示的变化范围的下限时,可靠度系数取低值;上限时,取高值。

水泥混凝土路面结构可靠度是指在规定的设计基准期内,在规定的交通和环境条件下,行车荷载疲劳应力和温度梯度疲劳应力的总和不超过水泥混凝土弯拉强度的概率,即可采用式(13-1)作为极限状态设计表达式。

二、设计参数

(一)标准轴载和轴载换算

水泥混凝土路面结构设计以 100 kN 的单轴双轮组荷载作为标准轴载。

根据等效疲劳断裂损坏的原则,可导出不同轴轮型和轴载作用次数换算为标准轴载作用次数的轴载换算公式

$$N_s = \sum_{i=1}^{n} \delta_i N_i \left(\frac{p_i}{100}\right)^{100} \tag{13-23}$$

式中　N_s——100 kN 的单轴双轮组标准轴载的作用次数;

p_i——单轴单轮组、单轴双轮组、双轴双轮组或三轴双轮组轴型 i 级轴载的总重量,kN;

n——轴型和轴载级位数;

N_i——各类轴型 i 级轴载的作用次数;

δ_i——轴轮型系数,单轴双轮组时,$\delta_i=1$,单轴单轮组时,$\delta_i=2.22\times10^3 P_i^{-0.43}$,双轴双轮组时,$\delta_i=1.07\times10^{-5}P_i^{-0.22}$,三轴双轮组时,$\delta_i=2.24\times10^{-8}P_i^{-0.22}$。

(二)累计当量轴次和交通分级

1. 设计基准期内累计当量轴次

设计基准期内水泥混凝土路面临界荷位处所承受的累计当量轴次,可按下式确定

$$N_e = N_s \times \frac{(1+g_r)^t - 1}{g_r} \times 365 \times \eta \tag{13-24}$$

式中　N_e——设计基准期内累计当量轴次;

N_s——使用初期设计车道的日累计当量轴次;

g_r——交通量年平均增长率,一般变动于2% ~4%,确定的年增长率应控制在设计基准期末的交通量不超出车道通行能力合理范围内;

t——设计基准期,按表 13-4 取值;

η——临界荷位处的车辆轨迹横向分布系数,按表 13-7 选用。

表 13-7　车辆轨迹横向分布

公路等级	高速公路、一级公路、收费站	二级及二级以下公路	
		行车道宽 >7.0 m	行车道宽≤7.0 m
η	0.17 ~0.22	0.34 ~0.39	0.54 ~0.62

注:车道或行车道宽或者交通量较大时,取低值;反之,取高值。

2. 交通分级

水泥混凝土路面所承受的轴载作用,按设计基准期内设计车道所承受的累计当量轴次分为 4 级,分级标准如表 13-8 所示。

表 13-8　交通荷载分级

交通等级	极重	特重	重	中等	轻
设计基准期内设计车道承受设计轴载（100 kN）累计作用次数 N_e（$\times 10^4$ 轴次）	$>1\times10^6$	1×10^6 ~ 2 000	2 000 ~ 100	100 ~ 3	<3

（三）水泥混凝土的设计强度和设计弯拉模量

水泥混凝土的强度以 28 d 龄期的弯拉强度控制。当水泥混凝土浇筑后 90 d 内不开放交通时，可采用 90 d 龄期的弯拉强度。各交通等级要求的水泥混凝土弯拉强度标准值不得低于表 13-9 的规定。

水泥混凝土的弯拉模量可通过试验测定，或参照弯拉强度的经验关系式确定。表 13-9列出了与设计弯拉强度对应的弯拉模量参考值。

表 13-9　混凝土弯拉强度标准值与弹性模量标准值

交通荷载等级	极重、特重、重	中等	轻
水泥混凝土的弯拉强度标准值（MPa）	≥5.0	4.5	4.0
钢纤维混凝土的弯拉强度标准值（MPa）	≥6.0	5.5	5.0

三、温度梯度

根据公路所在地的公路自然区划，按表 13-10 选用水泥混凝土路面板的最大温度梯度标准值 T_g。

表 13-10　最大温度梯度标准值 T_g

公路自然区划	Ⅱ、Ⅴ	Ⅲ	Ⅳ、Ⅵ	Ⅶ
最大温度梯度（℃/m）	83 ~ 88	90 ~ 95	86 ~ 92	93 ~ 98

注：海拔高时，取高值；湿度大时，取低值。

四、基层顶面当量回弹模量

水泥混凝土路面板下的地基通常是由基层、底基层或垫层以及路基组成的多层体系，各层具有不同模量和厚度。分析路面板内荷载应力和温度应力时，应将多层体系换算成当量均质体系，以基层顶面的当量回弹模量作为弹性半空间地基的模量值。

（一）新建公路基层顶面当量回弹模量

新建公路设计时，可根据路基干湿状态拟定底基层或垫层、基层结构类型和厚度，采用规范建议的路基、底基层或垫层、基层材料回弹模量值（见表 13-11、表 13-12）来计算基层顶面的当量回弹模量。

表 13-11　中湿路基路床顶面回弹模量的经验参考值　(单位:MPa)

土的类型	公路自然区划分				
	Ⅱ	Ⅲ	Ⅳ	Ⅴ	Ⅳ
土质砂	26~42	40~50	39~50	35~60	50~60
黏质土	25~45	30~40	25~45	30~45	30~45
粉质土	22~46	32~54	30~50	27~43	30~45

表 13-12　垫层和基层材料回弹模量的经验参考值　(单位:MPa)

材料类型	回弹模量	材料类型	回弹模量
中、粗砂	80~100	石灰粉煤灰稳定粒料	1 300~1 700
天然砂砾	150~200	水泥稳定粒料	1 300~1 700
未筛分碎石	180~220	沥青碎石(粗粒式,20 ℃)	600~800
级配碎砾石(垫层)	200~250	沥青混凝土(粗粒式,20 ℃)	800~1 200
级配碎砾石(基层)	250~350	沥青碎石(中粒式,20 ℃)	1 000~1 400
石灰土	200~700	多孔隙水泥碎石(水泥剂量 9.5%~11%)	1 300~1 700
石灰粉	600~900	多孔隙水泥碎石(沥青剂量 9.5%~11%)	600~800

新建公路基层顶面的当量回弹模量 E_t 的换算,可按式(13-25)计算确定

$$E_t = ah_x^b E_0\left(\frac{E_x}{E_0}\right)^{1/3} \tag{13-25}$$

式中　E_t——基层顶面的当量回弹模量,MPa;

E_0——路床顶面的回弹模量,MPa;

E_x——基层和底基层或垫层的当量回弹模量,MPa;

h_x——基层和底基层式势层的当量厚度,m。

E_x、h_x 分别按式(13-26)和式(13-27)计算

$$E_x = \frac{h_1^2 E_1 + h_2^2 E_2}{h_1^2 + h_2^2} \tag{13-26}$$

$$h_x = \left(\frac{12D_x}{E_x}\right)^{1/3} \tag{13-27}$$

式中　E_1、E_2——基层和底基层或垫层的回弹模量,MPa;

h_1、h_2——基层和底基层或垫层的厚度,m;

D_x——基层和底基层或垫层的当量弯曲刚度，MN/m，按下式计算

$$D_x = \frac{E_1h_1^3 + E_2h_2^3}{12} + \frac{(h_1 + h_2)^2}{4}\left(\frac{1}{E_1h_1} + \frac{1}{E_2h_2}\right)^{-1} \tag{13-28}$$

式中　a、b——与E_x/E_0有关的回归系数，按式(13-29)和式(13-30)计算。

$$a = 6.00\left[1 - 1.51\left(\frac{E_x}{E_0}\right)^{-0.45}\right] \tag{13-29}$$

$$b = 1 - 1.44\left(\frac{E_x}{E_0}\right)^{-0.55} \tag{13-30}$$

底基层和垫层同时存在时，可先按式(15-26)～式(15-28)将底基层和垫层换算成具有当量回弹模量和当量厚度的单层，然后与基层一起按上述各式计算基层顶面当量回弹模量。无底基层和垫层时，相应层的厚度和回弹模量分别以零值代入上述各式进行计算。

(二)旧柔性路面基层顶面当量回弹模量

在原路面顶面，可通过承载板试验测定其当量回弹模量 E_t 值，或者应用后轴重 100 kN 的车辆进行回弹弯沉测定，经统计整理后得到的原路面计算回弹弯沉值 ω_0，利用下述经验关系式转化为当量回弹模量值 E_t

$$E_t = 13\ 739\omega_0^{-1.04} \tag{13-31}$$

式中　ω_0——以后轴重 100 kN 的车辆测得原路面计算回弹弯沉值，0.01 mm。

设计规范已将基层顶面当量回弹模量的修正整合在计算公式和计算曲线中，因此在计算荷载应力和温度应力时，可直接采用实测模量值，不需要进行特别考虑。

(三)荷载疲劳应力分析

标准轴载 P_s 作用于水泥混凝土路面结构临界荷位处产生的荷载疲劳应力可按式(13-32)确定

$$\sigma_{pr} = k_rk_fk_c\sigma_{ps} \tag{13-32}$$

式中　σ_{ps}——标准轴载 P_s 在四边自由板临界荷位处产生的荷载应力；

k_r——考虑接缝传荷能力的应力折减系数，纵缝为设拉杆的平缝时 $k_r = 0.87 \sim 0.92$（刚性和半刚性基层取低值，柔性基层取高值），纵缝为不设拉杆的平缝或自由边时，$k_r = 1.0$，纵缝为设拉杆的企口缝时，$k_r = 0.76 \sim 0.84$；

k_f——考虑设计基准期内荷载应力累计疲劳作用的疲劳应力系数，按式(13-33)确定

$$k_f = N_e^{\lambda} \tag{13-33}$$

式中　λ——与混合料性质有关的指数，普通混凝土、钢筋混凝土、连续配筋混凝土，$v = 0.057$，碾压混凝土和贫混凝土，$v = 0.065$；

k_c——考虑偏载和动载等因素对路面疲劳损坏的综合系数，高速公路时取 1.30，一级公路时取 1.25，二级公路时取 1.20，三、四级公路时取 1.10。

(四)温度疲劳应力分析

依据等效疲劳损耗原则和疲劳方程，将经历日变化和年变化的温度应力等效地转化成由最大温度应力和疲劳温度应力系数组成的疲劳温度应力，即水泥混凝土路面板在临

界荷位产生的温度疲劳应力可按式(13-34)确定

$$\sigma_{tr} = k_t \sigma_{tm} \tag{13-34}$$

式中　σ_{tr}——临界荷位处的温度疲劳应力,MPa;

σ_{tm}——最大温度梯度时水泥混凝土板的温度翘曲应力,MPa,如式(13-22)所示;

k_t——考虑温度应力累计疲劳作用的疲劳应力系数,按式(13-35)计算确定

$$k_t = \frac{f_r}{\sigma_{t,max}}\left[a_t\left(\frac{\sigma_{t,max}}{f_r}\right)^{b_t} - c_t\right] \tag{13-35}$$

式中　a_t、b_t、c_t——回归系数,按所在地区的公路自然区划查表13-13确定。

表13-13　回归系数 a_t、b_t 和 c_t

系数	公路自然区划					
	Ⅱ	Ⅲ	Ⅳ	Ⅴ	Ⅵ	Ⅶ
a_t	0.828	0.855	0.841	0.871	0.837	0.834
b_t	1.323	1.355	1.323	1.287	1.382	1.270
c_t	0.041	0.041	0.058	0.071	0.038	0.052

五、厚度计算流程

水泥混凝土路面厚度的具体设计步骤如下:

(1)根据相关的设计资料,确定设计车道的累计当量轴次和交通等级。

(2)进行路面结构组合设计,初拟路面结构,包括路床、垫层或底基层、基层和面层的材料类型及其材料参数和结构层厚度,并按表13-14所列的水泥混凝土路面板厚度建议范围,依据交通等级、公路等级和所选变异水平等级初选水泥混凝土路面板厚度。

表13-14　水泥混凝土路面板厚度参考范围

交通荷载等级	极重	特重				重			
公路等级	—	高速	一级		二级	高速	一级		二级
变异水平等级	低	低	中	低	中	低	中	低	中
面层厚度(mm)	≥320	320~280	300~260	280~240		270~230		260~220	

交通荷载等级	中等				轻	
公路等级	二级		三、四级		三、四级	
变异水平等级	高	中	高	中	高	中
面层厚度(mm)	250~220	240~210		230~200	220~190	210~180

(3)参照图 13-10 所示的水泥混凝土路面板厚度计算流程,分别计算荷载疲劳应力和温度疲劳应力。

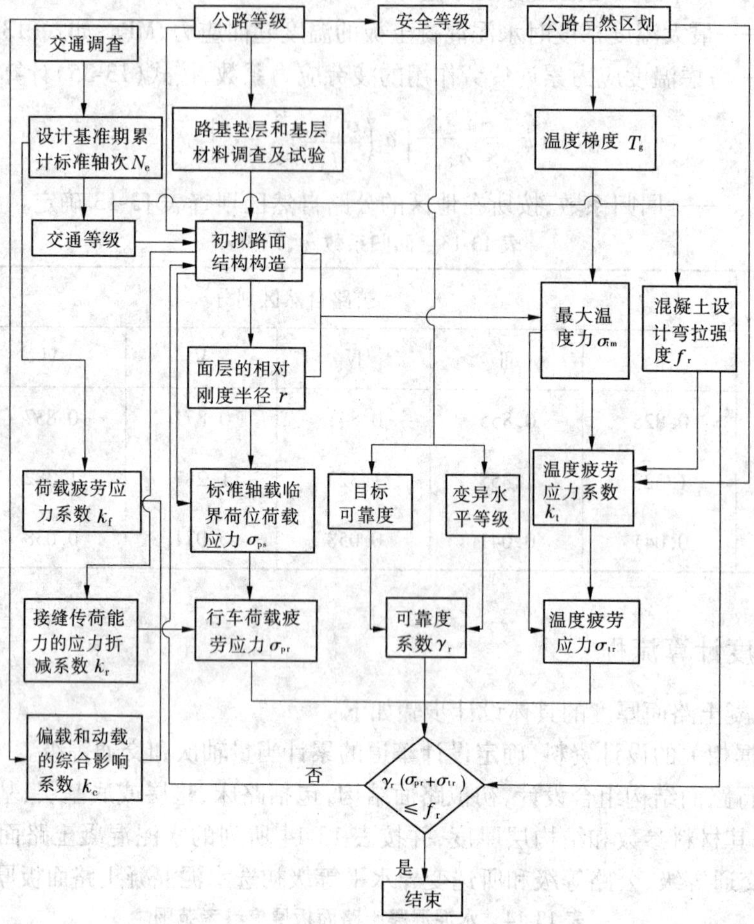

图 13-10　水泥混凝土厚度计算流程图

(4)确定板厚 h_c。当荷载疲劳应力与温度疲劳应力之和与可靠度系数的乘积小于且接近于水泥混凝土弯拉强度标准值,即满足式(13-1)的要求时,则初选厚度可作为水泥混凝土路面板的计算厚度。否则,应改选水泥混凝土路面板厚度,重新计算,直到满足式(13-1)。设计厚度依计算厚度按 10 mm 向上取整。

第五节　双层水泥混凝土路面结构设计

一、双层板荷载应力分析

双层水泥混凝土板临界荷位仍为板的纵向边缘中部。双层水泥混凝土路面的应力临界点,在双层板层间滑动(称为分离式)时位于上层板的板底或下层板的板底,层间结合

(称为结合式)时为下层板的板底。由此,对于分离式双层板,需分别计算上层板的荷载疲劳应力 σ_{pr1} 和下层板的荷载疲劳应力 σ_{pr2};对于结合式双层板,仅需计算下层板的荷载疲劳应力 σ_{pr2}。

$$\left.\begin{aligned}\sigma_{pr1} &= k_r k_f k_c \sigma_{ps1}\\ \sigma_{pr2} &= k_r k_f k_c \sigma_{ps2}\end{aligned}\right\} \tag{13-36}$$

式中应力折减系数 k_r、荷载疲劳应力系数 k_f 和综合影响系数 k_c 的确定方法,与单层水泥混凝土板完全相同。根据等刚度原则,可推演出标准轴载 P_s 在临界荷位处产生的分离式双层板上层和下层混凝土板荷载应力或者结合式双层板下层混凝土板的荷载应力计算公式,即

$$\sigma_{ps1} = 0.077 l_g^{0.60} \frac{E_{c1} h_{01}}{12 D_s} \tag{13-37}$$

$$\sigma_{ps2} = 0.077 l_t^{0.60} \frac{E_{c2}(0.5 h_{02} + k_u h_x)}{6D} \tag{13-38}$$

$$h_x = \frac{E_{c1} h_{01}(h_{01} + h_{02})}{2(E_{c1} h_{01} + E_{c2} h_{02})} \tag{13-39}$$

$$D_g = \frac{E_{c1} h_{01}^3}{12} + \frac{E_{c2} h_{02}^3}{12} + \frac{E_{c1} h_{01} E_{c2} h_{02}(h_{01} + h_{02})^2}{4(E_{c1} h_{01} + E_{c2} h_{02})} k_u \tag{13-40}$$

$$l_g = 1.23\left(\frac{D_g}{E_t}\right)^{1/3} \tag{13-41}$$

式中　σ_{ps1}、σ_{ps2}——双层混凝土板上层板和下层板的荷载应力,MPa;

E_{c1}、E_{c2}——双层混凝土板上层板和下层板的弯拉弹性模量,MPa;

h_{01}、h_{02}——双层混凝土板上层板和下层板的厚度,cm;

k_u——层间结合系数,分离式时,$k_u = 0$,结合式时,$k_u = 1$;

h_x——下层板中面至结合式双层板中面的距离,m;

D_g——双层板的截面总刚度,MN·m;

l_g——双层板的相对刚度半径,m。

二、双层板温度应力分析

双层板混凝土上层和下层的温度疲劳应力 σ_{tr1} 和 σ_{tr2} 按式(13-42)确定

$$\left.\begin{aligned}\sigma_{tr1} &= k_t \sigma_{tm1}\\ \sigma_{tr2} &= k_t \sigma_{tm2}\end{aligned}\right\} \tag{13-42}$$

式中温度疲劳应力系数 k_t 的确定方法,与单层混凝土板完全相同。

由于分离式双层板的上层厚度和隔离层厚度之和一般大于 14 cm,传到下层板内的温度梯度较小,相应温度翘曲应力也就很小,因而可不必考虑下层板的温度疲劳应力 σ_{tr2}。分离式双层板上层板的最大温度应力可按下式计算确定

$$\sigma_{\mathrm{tm1}} = \frac{\alpha_{\mathrm{c}} E_{\mathrm{c1}} h_{01} T_{\mathrm{g}}}{2} \xi_1 B_x \tag{13-43}$$

$$\xi_1 = C_x^{0.32-0.81\ln\left(\frac{h_{01}}{h_{02}}\frac{E_{\mathrm{c1}}}{E_{\mathrm{c2}}}+2.5\frac{h_{01}}{h_{02}}\right)} \tag{13-44}$$

式中　C_x——上层板的温度翘曲应力系数，按 L/l_{g} 查图 13-9 确定；

B_x——上层板的温度应力系数，按 C_x 和 h_{01} 查图 13-9 确定；

ξ_1——上层板的温度应力修正系数。

在轴载作用下，结合式双层板上层板在临界荷位处于受压状态，在正温度梯度（板顶温度大于板底温度）作用下也处于受压状态，而负温度梯度作用下产生的温度应力较小，因而可不必考虑上层板的温度翘曲应力。结合式双层板下层板的最大温度翘曲应力可按下式计算确定

$$\sigma_{\mathrm{tm2}} = \frac{\alpha_{\mathrm{c}} E_{\mathrm{c2}} (h_{01} + h_{02}) T_{\mathrm{g}}}{2} \xi_2 B_x \tag{13-45}$$

$$\xi_2 = 1.77 - 0.27\ln\left(\frac{E_{\mathrm{c1}}}{E_{\mathrm{c2}}}\frac{h_{01}}{h_{02}} + 18\frac{E_{\mathrm{c1}}}{E_{\mathrm{c2}}} - 2\frac{h_{01}}{h_{02}}\right) \tag{13-46}$$

式中　B_x——下层板的温度应力系数，按 C_x 和 $h_{01}+h_{02}$ 查图 13-9 确定；

ξ_2——下层板的温度应力修正系数。

三、双层水泥混凝土路面厚度设计方法

双层水泥混凝土路面仍以路面结构的总开裂率为控制指标，以式（13-1）作为路面结构极限状态表达式。首先，根据相关的设计资料，确定设计车道的标准轴载日作用次数和交通等级；其次，进行路面结构组合设计，初拟路面结构，包括路床、垫层、基层和面层的材料类型和厚度；最后，计算荷载疲劳应力和温度疲劳应力，分层叠加荷载疲劳应力和温度疲劳应力。分离式双层板的上层板和下层板的综合应力（荷载疲劳应力和温度疲劳应力之和）以及结合式双层板的下层板的综合应力与可靠度系数的乘积，要求小于且接近于水泥混凝土弯拉强度标准值，即满足式（13-1）的要求，则初选厚度可作为水泥混凝土板的计算厚度。否则，应改选水泥混凝土板厚度，重新计算，直到满足式（13-1）。设计厚度依计算厚度按 10 mm 向上取整。

习题与思考题

1. 水泥混凝土路面设计包含哪些内容？
2. 水泥混凝土路面设计理论、设计标准和设计指标是什么？
3. 各级公路水泥混凝土路面结构的设计安全等级和目标可靠度是如何规定的？
4. 水泥混凝土路面设计参数有哪些？如何取得这些参数值？
5. 水泥混凝土路面设计中如何进行轴线换算？

6. 水泥混凝土路面荷载应力如何计算?
7. 水泥混凝土路面温度应力如何计算?
8. 水泥混凝土路面板厚如何确定?
9. 双层水泥混凝土路面厚度是如何确定的?

参 考 文 献

[1] 方福森. 路面工程[M]. 2 版. 北京:人民交通出版社,1987.
[2] 方左英. 路基工程[M]. 北京:人民交通出版社,1987.
[3] 邓学钧. 路基路面工程[M]. 2 版. 北京:人民交通出版社,2005.
[4] 邓学钧. 路基路面工程[M]. 北京:人民交通出版社,2000.
[5] 姚祖康. 道路路基和路面工程[M]. 上海:同济大学出版杜,1994.
[6] 陆鼎中,程家驹. 路基路面工程[M]. 2 版. 上海:同济大学出版社,1999.
[7] 资建民. 路基路面工程[M]. 广州:华南理工大学出版社,2002.
[8] 何兆益,杨锡武. 路基路面工程[M]. 北京:人民交通出版社,2006.
[9] 宋金华,张彩利,张雪华. 路基路面工程[M]. 北京:人民交通出版社,2006.
[10] 姚祖康. 铺面工程[M]. 北京:人民交通出版社,2001.
[11] 万德臣. 路基路面工程[M]. 北京:高等教育出版社,2005.
[12] 李西亚,王育军. 路基路面工程[M]. 北京:科学出版社,2004.
[13] 中华人民共和国交通部. JTJ 003—88 公路自然区划标准[S]. 北京:人民交通出版社,1987.
[14] 中华人民共和国交通部. JTG E40—2007 公路土工试验规程[S]. 北京:人民交通出版社,2007.
[15] 中华人民共和国交通部. JTG D30—2004 公路路基设计规范[S]. 北京:人民交通出版社,2004.
[16] 中华人民共和国交通部. JTG B01—2003 公路工程技术标准[S]. 北京:人民交通出版社,2004.
[17] 李峻利,姚代禄. 路基设计原理与计算[M]. 北京:人民交通出版社,2001.
[18] 王秉纲. 水泥混凝土路面设计与施工[M]. 北京:人民交通出版社,2004.
[19] 交通部第二勘察设计院. 公路设计手册　路基[M]. 2 版. 北京:人民交通出版社,1996.
[20] 中华人民共和国交通部. JTJ 004—89 公路工程抗震设计规范[S]. 北京:人民交通出版社,1989.
[21] 陈忠达. 公路挡土墙设计[M]. 北京:人民交通出版社,1999.
[22] 邓学钧,黄晓明. 路面设计原理与方法[M]. 北京:人民交通出版社,2001.
[23] 张登良. 沥青路面工程手册[M]. 北京:人民交通出版社,2003.
[24] 何兆益. 路基路面工程[M]. 重庆:重庆大学出版社,2001.
[25] 沈金安. 沥青及沥青路用性能[M]. 北京:人民交通出版社,2001.
[26] 中华人民共和国交通部. JTG D50—2006 公路沥青路面设计规范[S]. 北京:人民交通出社,2004.
[27] 中华人民共和国交通部. JTG D40—2011 公路水泥混凝土路面设计规范[S]. 北京:人民交通出版社,2011.